"十三五"普通高等教育规划教材

（第二版）

土建工程制图

主　编　莫正波　高丽燕
副主编　王　培　滕绍光
参　编　王胜春　李兆文　杨月英　张效伟
　　　　马晓丽　刘奕捷　康　寅　胡德栋
主　审　张　琳

U0260753

中国电力出版社
CHINA ELECTRIC POWER PRESS

内 容 提 要

本书为"十三五"普通高等教育规划教材。全书共分14章，主要内容包括制图基本知识，点、直线、平面的投影，投影变换，基本体和曲面的投影，立体的截切与相贯，组合体的投影图，轴测投影，建筑形体的图样画法，建筑施工图，结构施工图，设备施工图，建筑室内装饰装修施工图，路桥工程图，机械图。全书总结了同类院校建筑制图课程的教学改革成果，参考了大量资料，结合作者多年的教学经验，内容编排上由浅入深，由简到繁，图文并重，便于读者理解；注重理论与实践的结合，所举建筑实例均来自实际工程；顺应社会发展要求，介绍了钢筋混凝土结构施工图平面整体表示法，加强了本书的平台作用；考虑专业之间的结合，较为详尽地讲解了机械图与建筑图的区别、机械零件的表达方法和机械装配图。本书配套习题集，可供教学使用。

本书可作为普通高等院校土木建筑类及相关专业，如给水排水、建筑设备、材料科学、环境工程、工程造价、工程管理、交通工程、房地产开发与管理等专业的教材，授课参考学时70～100学时，也可作为工程技术人员的培训教材和参考资料。

图书在版编目（CIP）数据

土建工程制图/莫正波，高丽燕主编. —2版 .—北京：中国电力出版社，2016.8（2020.8 重印）

"十三五"普通高等教育规划教材

ISBN 978 - 7 - 5123 - 9347 - 9

Ⅰ. ①土… Ⅱ. ①莫… ②高… Ⅲ. ①土木工程-建筑制图-高等学校-教材 Ⅳ. ①TU204

中国版本图书馆 CIP 数据核字（2016）第 111456 号

中国电力出版社出版、发行

（北京市东城区北京站西街 19 号 100005 http://www.cepp.sgcc.com.cn）

北京天宇星印刷厂印刷

各地新华书店经售

*

2012 年 9 月第一版

2016 年 8 月第二版 2020 年 8 月北京第六次印刷

787 毫米×1092 毫米 16 开本 26 印张 634 千字

定价 **50.00 元**

前　言

　　本书是根据教育部制定的高等学校工科本科"画法几何及工程制图课程教学基本要求"，充分总结了多所院校建筑工程制图教学经验的基础上编写而成。

　　本科教育要培养"基础扎实、知识面宽、能力强、素质高"的人才，针对这一特点，本书在编写过程中突出以下几点。

　　1. 内容编排上由浅入深，由简及繁，系统性强。基础知识与现代科技知识相结合，强调科学的思维方法和空间思维能力和创新能力的培养。

　　2. 紧密联系工程实际，兼顾理论和实践的结合，使教学更加贴近工程应用和生产实际。基础部分强调通过例题来应用理论；建筑施工图、结构施工图、设备施工图、路桥工程图中的图例都来自实际工程；机械图中的实例都是机械生产中最为常用的零件和设备。

　　3. 本书增加了钢筋混凝土结构图平面整体表示方法（简称平法）的制图规则，平法是中国建筑标准设计研究院的研究成果——《混凝土结构施工图平面整体表示方法制图规则和构造详图》（11G101－1、11G101－2、11G101－3），建设部已在全国推广使用。

　　4. 全书采用了建设部 2011 年颁布实施的《房屋建筑制图统一标准》（GB/T 50001—2010）、《建筑制图标准》（GB/T 50104—2010）、《建筑结构制图标准》（GB/T 50105—2010）、《总图制图标准》（GB/T 50103—2010）、《给水排水制图标准》（GB/T 50106—2010）、《钢筋混凝土结构设计规范》（GB 50010—2010）等国家标准。

　　5. 本书在第一版的基础上，做了如下修订：新增建筑室内装饰装修施工图一章，扩充了路桥工程图的内容，更新了机械图的国家标准。

　　本书可以作为普通高等院校土木建筑类以及相关专业，如给水排水、建筑设备、材料科学、环境工程、工程造价、工程管理、交通工程、房地产开发与管理等专业的教材，授课参考学时 70～100 学时，也可以作为工程技术人员的培训教材和参考资料。

　　本书由青岛理工大学莫正波、高丽燕主编，青岛理工大学王培、滕绍光任副主编，山东建筑大学王胜春、齐鲁工业大学李兆文、青岛理工大学杨月英、张效伟、马晓丽、刘奕捷、青岛酒店管理职业技术学院康寅、青岛科技大学胡德栋也参与了本书的编写。

　　本书由青岛理工大学张琳教授主审，在此表示感谢！

　　在编写过程中，吸收和借鉴了国内外同行专家的一些先进经验，在此表示感谢！

　　欢迎广大同仁和读者提出修正和补充意见。

编　者

2016 年 4 月

目　　录

绪　　论

在建筑工程中，无论是建造厂房、住宅、学校、桥梁、道路、商场或其他建筑，都要依据图样进行施工，这是因为建筑的形状、尺寸、设备、装修等都不能只用语言或文字描述清楚。

图样是按照国家或部门有关标准的统一规定而绘制的，是"工程界的技术语言"。它是工程技术人员用来表达设计构思，进行技术交流的重要工具。各国的建筑工程技术界之间经常以建筑工程图为媒介，进行研讨、交流、竞赛、招标等活动。因此，图样是施工或制造的依据，是工程上必不可少的重要技术文件。

由于图样在工程技术上的重要作用，工程技术人员必须具备绘制和阅读工程图样的基本能力。

0.1　本课程的学习任务

"建筑制图"是一门既有理论又有实践的建筑工程类专业必修的技术基础课。本课程分为画法几何和专业制图两部分内容。画法几何是专业制图的理论基础，主要研究在平面上用图形来表示空间的几何形体和如何运用几何作图来解决空间几何问题的基本理论和方法，比较抽象，系统性和理论性较强；专业制图是应用画法几何原理绘制和阅读建筑图样的一门学科，实践性较强，一般需要通过绘制一系列的建筑图样进行掌握和提高。

通过本课程的学习，学生应掌握正投影理论，掌握建筑工程制图的内容与特点，初步掌握绘制和阅读建筑工程图的方法；能正确、熟练地绘制和阅读中等复杂程度的建筑施工图、结构（如钢筋混凝土结构、砖混结构、钢结构等）施工图、给水排水施工图、采暖通风施工图、机械图等。例如，在建造一座厂房的时候，就必须考虑到要安装在厂房中的机器或生产流程的特点，所以仅有建筑制图的知识是不够的，还需要有一定的绘制和阅读机械图的能力。

具体地说，就是要在下列几个方面进行训练：

（1）熟悉有关的制图标准及各种规定画法和简化画法的内容及其应用；

（2）正确使用绘图仪器和工具，掌握用仪器绘图和徒手绘制草图的技巧和技能；

（3）培养绘制和阅读建筑工程图样的基本能力；

（4）培养一定的绘制和阅读机械图的能力，掌握机械工程图样的阅读和绘制方法；

（5）发展空间想象能力和空间构思能力，培养严肃认真的工作态度和一丝不苟的工作作风。

0.2　本课程的学习方法

本课程由于具有相当强的实践性，只有通过认真完成一定数量的绘图作业和习题，正确运用各种投影法的规律，才能不断地提高空间想象能力和空间思维能力。

（1）要严肃认真，一丝不苟。图样是重要的技术文件，是施工和制造的依据，不能有丝毫的差错。图中多画或缺少一条线，写错或遗漏一个尺寸数字，都会给生产带来严重的损失。因此，在学习过程中，必须具备高度的责任心，养成实事求是的科学态度和严肃认真、耐心细致、一丝不苟的工作作风。

（2）要多做多练。绘图和读图能力的培养，主要是通过一系列的绘图实践，包括手工绘图和计算机绘图。因此，应认真对待并及时完成每一次的练习或作业，逐步掌握绘图和读图的方法和步骤，熟悉有关的制图标准规格。

（3）要养成正确使用绘图仪器和工具的习惯，严格遵守国家标准和规定，遵循正确的作图步骤和方法，不断提高绘图效率。

（4）大力培养空间想象能力和空间思维能力。投影制图部分，包括组合体三面投影图和建筑形体的表达方法两章的内容，是建筑制图部分的重点，也是学好有关专业图的重要基础，因此必须达到熟练掌握的程度。要学会把复杂的问题简单化，如利用形体分析法来解决组合体的问题。培养空间想象力和空间思维能力。

0.3　工程制图发展概述

早在人类文明的起源时期，人类就试图用图形来表达和交流思想，从远古的洞穴中的石刻可以看出在没有语言、文字前，图形就是一种有效的交流思想的工具。考古发现，早在公元前 2600 年就出现了可以称为工程图样的图，那是一幅刻在泥板上的神庙地图。直到公元1500 年文艺复兴时期，才出现将平面图和其他多面图画在同一幅画面上的设计图。1795 年，法国著名科学家加斯帕·蒙日将各种表达方法归纳，发表了《画法几何》著作，蒙日所说明的画法是以互相垂直的两个平面作为投影面的正投影法。蒙日方法对世界各国科学技术的发展产生巨大影响，并在科技界，尤其在工程界得到广泛的应用和发展。

中国是世界上文化发达最早的国家之一。在数千年的悠久历史中，勤劳智慧的劳动人民创造了光辉灿烂的文化。历代封建王朝，统治阶级都曾大兴土木，为自己修建宫殿、苑囿、陵寝。

1977 年冬在河北省平山县出土的公元前 323～309 年的战国中山王墓，在大批出土的青铜器中发现一块长 94cm、宽 48cm、厚约 1cm 的铜板，上面用镶嵌金银线表示出中山王及其王后的坟墓和相应享堂的位置和尺寸，这也是世界上罕见的最早工程图样。该图是用1：500 的比例绘制成图，其绘图原理酷似现代图学中的正投影法，这说明我国在 2000 年前就有了正投影法表达的工程图样。

中国古代传统的工程制图技术，与造纸术一起于唐代同一时期（公元 751 年后）传到西方。公元 1100 年宋代李诫（字明仲）所著的雕版印刷书《营造法式》中，有图样 6 卷，约1000 余幅图，是世界上最早的一部建筑规范巨著，对建筑技术、用工用料估算以及装修等都有详细的论述，充分反映了 900 多年前中国工程制图技术的先进和高超。

新中国成立后，工程制图学科得到飞快发展，学术活动频繁，对画法几何、射影几何、透视投影等理论的研究得到进一步深入，并广泛与生产、科研相结合。国家适时制订了相应的制图标准，使制图的理论、应用以及制图技术都有了前所未有的发展。

随着电子计算机的诞生和发展，计算机辅助设计（Computer Aided Design，CAD）使制图技术产生了根本性的革命。CAD技术是以计算机绘图（Computer Graphies，CG）为基础而发展起来的一种新技术，它是建立在图形学、应用数学和计算机科学三者的基础上，应用计算机及其图形输入、输出设备，实现图形显示、辅助设计与绘图的一门新兴学科。利用计算机绘图可以使工程设计人员真正从手工设计绘图的繁琐、低效和重复性的劳动中解脱出来，使之集中于创造性的劳动、控制设计的全过程，以缩短设计周期，提高设计质量，降低成本。

　　在我国，除了国外一批先进的图形、图像软件，如 AutoCAD、Pro/E、3D Studio MAX、Photoshop 等得到广泛使用外，我国自主开发的一批国产绘图软件，如天正建筑CAD、开目 CAD、凯图 CAD、CAXA 电子图板等也在设计、教学、科研生产单位得到广泛使用。随着科学技术的迅猛发展，计算机辅助设计必然能够发挥越来越重要的作用。

第1章 制图基本知识

1.1 制图标准的基本规定

为了使工程图真正起到技术语言的作用，所有图样的绘制和阅读都必须遵循统一的规定，这就产生了"标准"。标准有许多种，制图标准只是其中的一种。各个国家都有自己的国家标准，如代号"JIS"、"ANSI"、"DIN"分别表示日本、美国、德国的国家标准。我国国家标准的代号为"GB"。20世纪40年代成立的国际标准化组织，代号为"ISO"，它也制定了若干国际标准。

1965年，我国初次颁布了国家建筑制图标准（即GBJ—9—1965）。1973年又重新修订和颁布了国家建筑制图标准（即GBJ 1—1973），该标准是在原1965年标准的基础上修订而成的，从1973年6月1号在全国实行。它在我国建筑事业中起了很大的作用。1986年，对1973年的标准分专业进行了修订，修订后的标准共分为六册。2002年又修订了一次。

为了与2008年发布实施的《技术制图》相关国家标准在内容上协调一致，并充分考虑手工绘图与计算机绘图的各自特点，2010年全国范围内广泛征求意见的基础上由中华人民共和国住房和城乡建设部对原来的六项标准进行了修订，并于2011年3月1日起实施。因此目前采用的是2011年3月1日颁布实施的六项标准，分别是《房屋建筑制图统一标准》（GB/T 50001—2010）、《总图制图标准》（GB/T 50103—2010）、《建筑制图标准》（GB/T 50104—2010）、《建筑结构制图标准》（GB/T 50105—2010）、《给水排水制图标准》（GB/T 50106—2010）和《暖通空调制图标准》（GB/T 50114—2010）。

所有建筑图必须符合国家统一的建筑制图标准。本章将介绍建筑制图国家标准的一些基本规定、制图工具的使用、常用的几何作图方法以及建筑制图的一般步骤等。

制图标准对建筑图常用的图纸图幅、图线、字体、比例、尺寸标注等内容作了具体的规定。

1.1.1 图纸幅面、标题栏

一、图纸幅面

图纸幅面是指图纸本身的大小规格，图框是图纸上绘图范围的边线。图纸幅面及图框尺寸，应符合表1-1的规定。

表 1-1　　　　　　　　　　图纸幅面及图框尺寸表（mm）

尺寸代号＼图幅代号	A0	A1	A2	A3	A4
$b \times l$	841×1189	594×841	420×594	297×420	210×297
e	20			10	
c	10			5	
a	25				

注 表中 b 为幅面短边尺寸，l 为幅面长边尺寸。e 为不留装订边的图纸，图框线与幅面线之间的宽度；a 为留装订边时，图框线与装订边之间的宽度，c 为留装订边时，其余三边的图框线与幅面线之间的宽度。

　　当以上尺寸的图纸不能满足要求时，可以采用加长图纸，图纸的短边一般不应加长，长边可加长，但应符合表1-2的规定。图1-1为《技术制图》中规定的常用的图纸幅面以及允许选用的加长幅面。

表1-2　　　　　　　　　　　　　　图纸长边加长后尺寸（mm）

幅面代号	长边尺寸	长边加长后尺寸
A0	1189	1486、1635、1783、1932、2080、2230、2378
A1	841	1051、1261、1471、1682、1892、2102
A2	594	743、891、1041、1189、1338、1486、1635、1783、1932、2080
A3	420	630、841、1051、1261、1471、1682、1892

二、格式

　　图纸以短边作垂直边称为横式，以短边作水平边称为立式，一般A0～A3图纸宜采用横式，必要时也可采用竖式，图1-2为《技术制图》中规定的图纸与图框格式。《房屋建筑制图统一标准》（GB/T 50001—2010）中，根据房屋建筑制图的特点，对图纸和图框的格式进行了调整和规定，A0～A3宜采用横式，必要时也可采用立式，但A4幅面常用立式，如图1-3所示。需要微缩复制的图纸，其一个边上应附有一段精确米制尺度，四个边上均应附有对中标志，对中标志应画在图纸各边长的中点处，线宽应为0.35mm，并应伸入内框边，在框外为5mm，见图1-3。

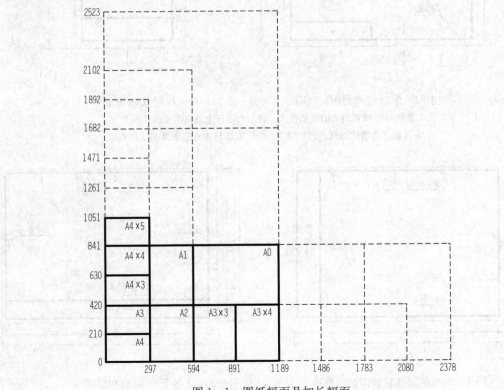

图1-1　图纸幅面及加长幅面

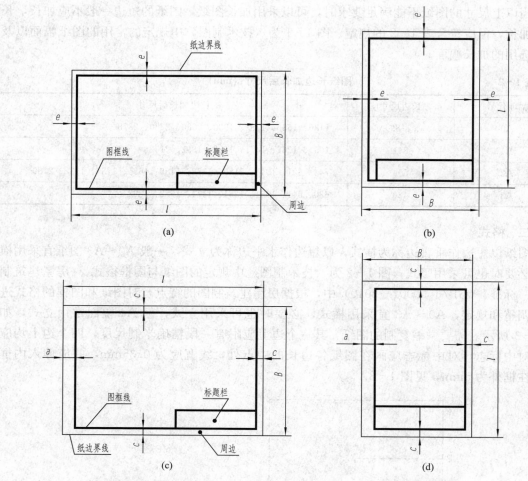

图1-2　《技术制图》（GB/T 14689—2008）对图框格式的规定

（a）无装订边横式图纸的图框格式；（b）无装订边立式图纸的图框格式；

（c）有装订边横式图纸的图框格式；（d）有装订边立式图纸的图框格式

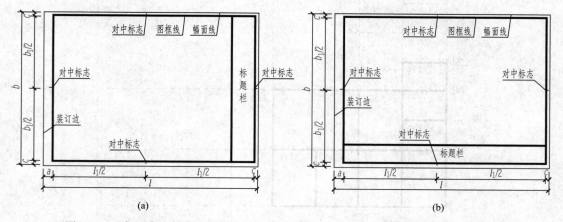

图1-3　《房屋建筑制图统一标准》（GB/T 50001—2010）中图纸幅面和格式（一）

（a）A0～A3 横式幅面（一）；（b）A0～A3 横式幅面（二）

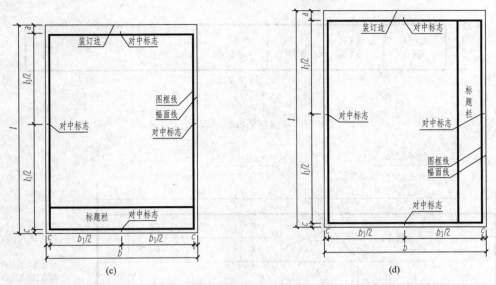

图 1-3 《房屋建筑制图统一标准》(GB/T 50001—2010) 中图纸幅面和格式 (二)

(c) A0～A4 立式幅面 (一);(d) A0～A4 立式幅面 (二)

三、标题栏

图纸标题栏用于填写工程名称、图名、图号以及设计单位、设计人、制图人、审批人的签名和日期等。标题栏一般画在图纸的右方或者下方,如图 1-3 所示。标题栏的方向应与看图的方向一致。图 1-4 为常用的横式和竖式标题栏,要根据工程的需要选择确定其尺寸、格式及分区。签字栏应包含实名列和签名列。在学生学习阶段,标题栏可以相对简单一些,放在图纸的右下角。如图 1-5 为学生学习阶段,常采用的标题栏格式,学习阶段可以不设会签栏。

图 1-4 标题栏 (一)

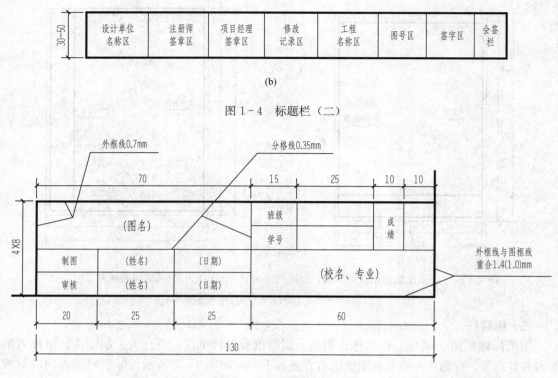

图 1-4　标题栏（二）

图 1-5　学习阶段的标题栏

1.1.2　图线

在图纸上绘制的线条称为图线。工程图中的内容，必须采用不同的线型和线宽来表示，不同的图线表示不同的含义。

一、线宽

每个图样，应根据复杂程度与比例大小，先选定基本线宽 b，再选用表 1-3 中相应的线宽组。应当注意：需要微缩的图纸，不宜采用 0.18mm 及更细的线宽；在同一张图纸内，各不同线宽中的细线，可统一采用较细的线宽组的细线；同一张图纸内相同比例的各图样，应选用相同的线宽组。

表 1-3　　　　　　　　　　　　　　　　线　宽　组

线宽比	线　宽　组			
b	1.4	1.0	0.7	0.5
$0.7b$	1.0	0.7	0.5	0.35
$0.5b$	0.7	0.5	0.35	0.25
$0.25b$	0.35	0.25	0.18	0.13

二、线型

建筑工程中，常用的几种图线的名称、线型、线宽、画法和一般用途见表 1-4。

表 1-4　　　　　　　　　　　　　　线　型

名称		线型	线宽	一般用途
实线	粗		b	1. 主要可见轮廓线； 2. 平、剖面图中被剖切的主要建筑构造的轮廓线； 3. 建筑立面图或室内立面图的外轮廓线； 4. 详图中主要部分的断面轮廓线和外轮廓线； 5. 平立剖面的剖切符号等
	中粗		$0.7b$	1. 平、剖面图中被剖切的次要建筑构造（包括构配件）的轮廓线； 2. 建筑平、立、剖面图中建筑构配件的轮廓线； 3. 建筑构造详图及建筑构配件详图中的一般轮廓线
	中		$0.5b$	尺寸线、尺寸界线、索引符号、标高符号、详图材料做法引出线粉刷线、保温层线、地面、墙面的高差分界线
	细		$0.25b$	图例填充线、家具线、纹样线等
虚线	粗		b	新建建筑物、构筑物的不可见轮廓线
	中粗		$0.7b$	建筑构造详图及建筑构配件不可见轮廓线；平面图中起重机（吊车）轮廓线；拟建、扩建建筑物轮廓线
	中		$0.5b$	一般不可见轮廓线；图例线
	细	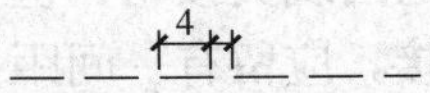	$0.25b$	总平面图上原有建筑物、构筑物和道路、桥涵、围墙等设施的不可见轮廓线；图例线
单点长画线	粗		b	起重机（吊车）轨道线；总平面图中露天矿开采边界线
	中		$0.5b$	土方填挖区的零点线
	细		$0.25b$	分水线、中心线、对称线、定位轴线
双点长画线	粗		b	预应力钢筋线
	细		$0.25b$	假想轮廓线、成型前原始轮廓线
折断线		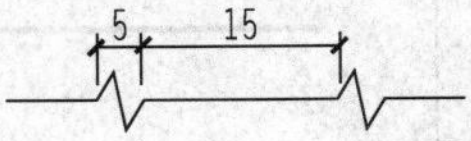	$0.25b$	不需画全的断开界线
波浪线			$0.25b$	不需画全的断开界线；构造层次的断开界线

图 1-6 为图线在工程中的实际应用的一个例子。

三、注意事项

画图线时，还应注意以下几点：

（1）图线不得与文字、数字或符号重叠、混淆，不可避免时，应首先保证文字等的清晰。

（2）单点长画线或双点长画线的线段长度应保持一致，线段的间隔宜相等；虚线的线段和间隔也应保持长短一致。

（3）单点长画线、双点长画线的两端是线段，而不是点。

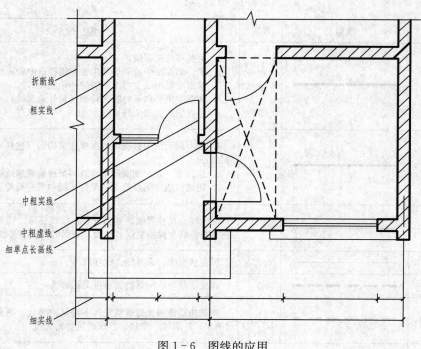

图 1-6　图线的应用

（4）虚线与虚线、点画线与点画线、虚线或点画线与其他图线交接时，应是线段交接；虚线与实线交接，当虚线在实线的延长线上时，不得与实线连接，应留有一间距，见表 1-5。

表 1-5   图 线 相 交 的 画 法

内　容	正　确	错　误
虚线和虚线相交		
两粗实线和两虚线相交		
两单点长画线相交		
虚线在实线的延长线上		

（5）在较小的图形中绘制单点长画线及双点长画线有困难时，可用细实线代替。

1.1.3　字体

图纸上所需注写的文字、数字或符号等，均应笔画清晰、字体端正、排列整齐，标点符号应清楚正确。

文字的字高，应从表 1-6 中选用。字高大于 10mm 的文字宜采用 True type 字体，当需要书写更大的字时，其高度应按 $\sqrt{2}$ 的倍数递增。

表 1-6　　　　　　　　　　　　　　文 字 的 字 高 （mm）

字体种类	中文矢量字体	True type 字体及非中文矢量字体
字高	3.5、5、7、10、14、20	3、4、6、8、10、14、20

一、汉字

图样及说明中的汉字，宜采用长仿宋体或黑体，应符合国家有关汉字简化方案的规定，同一图纸字体种类不应超过两种。长仿宋字的高宽关系应符合表 1-7 中的规定，黑体字的宽度和高度应相同。大标题、图册封面、地形图等的汉字，也可书写成其他字体，但应易于辨认。长仿宋体的字体样式如图 1-7 所示。

表 1-7　　　　　　　　　　　长仿宋字体字高与字宽关系 （mm）

字高（字号）	20	14	10	7	5	3.5
字宽	14	10	7	5	3.5	2.5

横平竖直起落分明排列整齐
建筑厂房平立剖面详图门窗

房屋墙柱基础梁楼板构件断面阳台

图 1-7　长仿宋字示例

工程图上书写的长仿宋汉字，其高度应不小于 3.5mm。在写字前，应先用细线轻轻画出长方格再书写。效果如图 1-8 所示。

图 1-8　画出写字长方格再书写

长仿宋体字的特点是：笔画横平竖直、起落有锋、填满方格、结构匀称。长仿宋体的基本笔画如图 1-9 所示。书写时一定严格要求，认真书写。

图1-9　仿宋字体的基本笔画

二、拉丁字母和数字

图样及说明中的拉丁字母、阿拉伯数字与罗马数字，宜采用单线简体或 ROMAN 字体。拉丁字母、阿拉伯数字与罗马数字 可以写成直体字或者斜体字，斜体字的竖笔与水平线夹角为 $75°$。拉丁字母、阿拉伯数字或罗马数字的字高，不应小于 2.5mm。字母与数字书写示例如图 1-10 所示。

图1-10　拉丁字母、数字示例

1.1.4　图名和比例

一、比例

比例是指图样中图形与实物相应要素的线性尺寸之比。绘制图样时，应根据图样的用途与所绘形体的复杂程度选用适当比例，为此"国标"中规定了一系列比例，见表 1-8，优先采用常用比例。

表 1-8　　　　　　　　　　　　　　　　常用比例和可用比例

常用比例	1:1、1:2、1:5、1:10、1:20、1:30、1:50、1:100、1:150、1:200、1:500、1:1000、1:2000
可用比例	1:3、1:4、1:6、1:15、1:25、1:40、1:60、1:80、1:250、1:300、1:400、1:600、1:5000、1:10 000、1:20 000、1:50 000、1:100 000、1:200 000

一般在建筑施工图中，常采用的比例见表1-9。

表1-9   建筑施工图所用比例

图 名	常用比例	必要时可用比例
总平面图	1：100，1：1000，1：2000	1：2500
平面图、立面图、剖面图	1：50，1：100，1：150，1：200	1：300，1：400
详图	1：1，1：2，1：5，1：10，1：20，1：50	1：3，1：4，1：6，1：15，1：25，1：30，1：40，1：60

比例的符号为"："，比例应以阿拉伯数字表示，比例的大小，是指其比值的大小，比值为1，即1：1，称为原值比例。比值大于1，如2：1，称为放大比例。比值小于1，如1：100，称为缩小比例。当一张图纸中的各图只用一种比例时，也可把该比例统一书写在图纸标题栏内。图1-11为用不同比例绘制的图样。

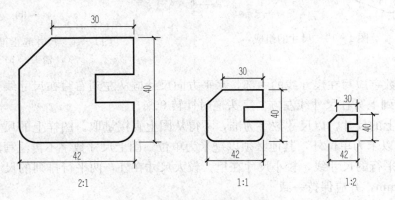

图1-11   不同比例的图样

二、图名

按规定在图样下方应用长仿宋体字写上图样名称和绘图比例。比例宜注写在图名的右侧，字的基准线应取平；比例的字高宜比图名字高小一号或二号，图名下应画一条粗实线，长度应与图名文字所占长度相同，如图1-12所示。

一层平面图 1:100

图1-12   图名和比例

1.1.5   尺寸标注

建筑工程图中除了画出建筑物及其各部分的形状外，还必须准确、详尽和清晰地标注各部分实际尺寸，以确定其大小，作为施工的依据。

一、尺寸的组成与尺寸标注的要求

图样上的尺寸，包括尺寸界线、尺寸线、尺寸起止符号和尺寸数字，如图1-13所示。

(1) 尺寸界线应用细实线绘制，一般应与被注长度垂直，其一端应离开图样轮廓线不小于2mm，另一端宜超出尺寸线2～3mm，必要时，图样轮廓线可用作尺寸界线。

(2) 尺寸线应用细实线绘制，应与被注长度平行，应注意，图样本身的任何图线均不得用作尺寸线。图样轮廓线以外的尺寸线，距图样最外轮廓之间的距离不宜小于10mm。

(3) 尺寸起止符号一般用中粗斜短线绘制，其倾斜方向应与尺寸界线成顺时针45°角，长度宜为 2～3mm。标注直径、半径、角度等尺寸时还会用到箭头作为尺寸起止符号，图 1-14 为尺寸起止符号的两种形式及其画法。

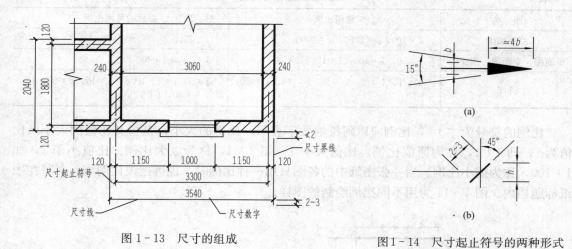

图 1-13　尺寸的组成

图 1-14　尺寸起止符号的两种形式
(a) 箭头；(b) 斜短线

（4）尺寸数字应写在尺寸线的中部，水平方向尺寸应从左到右写在尺寸线上方，垂直方向尺寸应从下到上写在尺寸线左方。字头逆时针转 90°。

（5）图样上的尺寸，以尺寸数字为准，不得从图上直接量取。图样上的尺寸单位，除标高及总平面图以米为单位外，其他必须以毫米为单位，图上尺寸数字不再注写单位。

（6）相互平行的尺寸线，较小尺寸在里，较大尺寸在外，两平行排列的尺寸线之间的距离宜为 7～10mm，并应保持一致。

二、尺寸标注示例

常见的尺寸标注形式见表 1-10。

表 1-10　　　　　　　　　　　　尺 寸 标 注 示 例

内容	图　　　例	说　　　明
标注直径	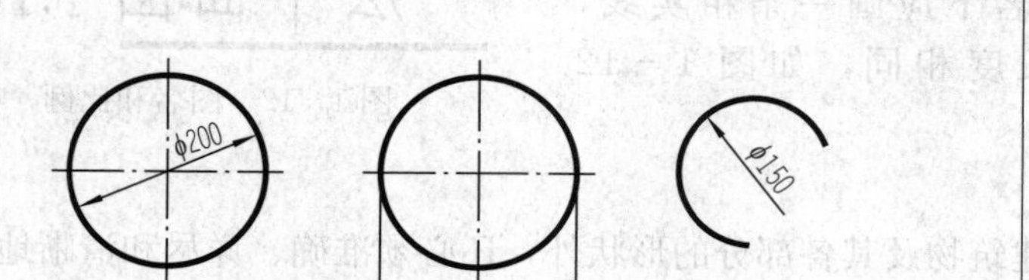 $\phi200$　　$\phi150$　　$\phi200$　　$\phi50$　　$\phi50$　　$\phi50$　　$\phi4$	圆和大于半圆的弧，一般标注直径，尺寸线通过圆心，用箭头作尺寸的起止符号，指向圆弧，并在直径数字前加注直径符号"ϕ"

内容	图　例	说　明
标注半径	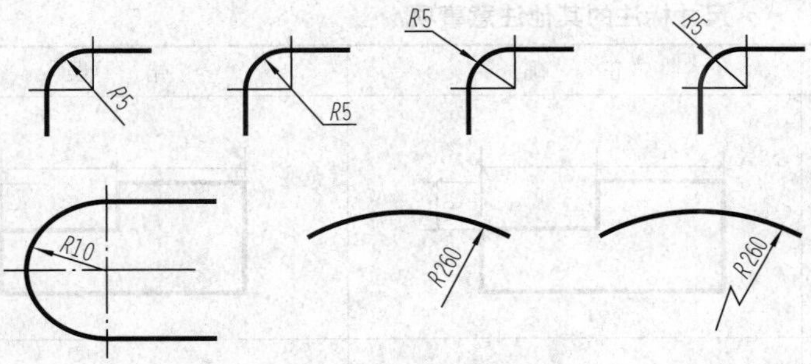	半圆和小于半圆的弧，一般标注半径，尺寸线的一端从圆心开始，另一端用箭头指向圆弧，在半径数字前加注半径符号"R"。较大圆弧的尺寸线画成折线状，但必须对准圆心
标注圆球	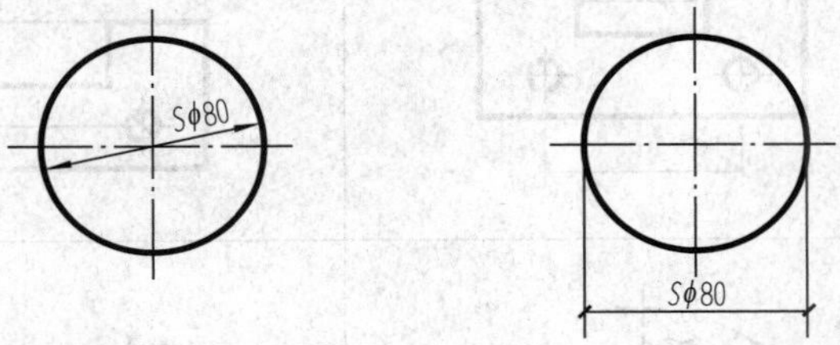	球的尺寸标注与圆的尺寸标注基本相同，只是在半径或直径符号（R 或 φ）前加注"S"
标注角度	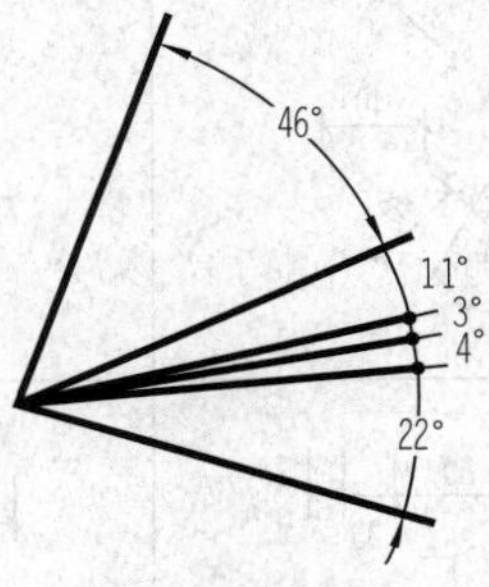	角度的尺寸线，应以圆弧表示。该圆弧的圆心应是该角的顶点，角的两个边为尺寸界线，角度的起止符号应以箭头表示，如没有足够位置画箭头，可用小黑点代替。角度数字应水平书写
标注弦长	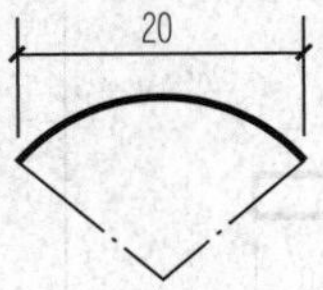	弦长的尺寸线应以平行于该弦的直线表示，尺寸界线应垂直于该弦，起止符号应以中粗斜短线表示
标注弧长	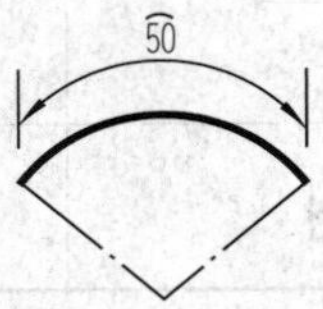	弧长的尺寸线为与该圆弧同心的圆弧，尺寸界线应垂直于该圆弧的弦，起止符号应以箭头表示，弧长数字的上方应加注圆弧符号"⌒"
标注坡度	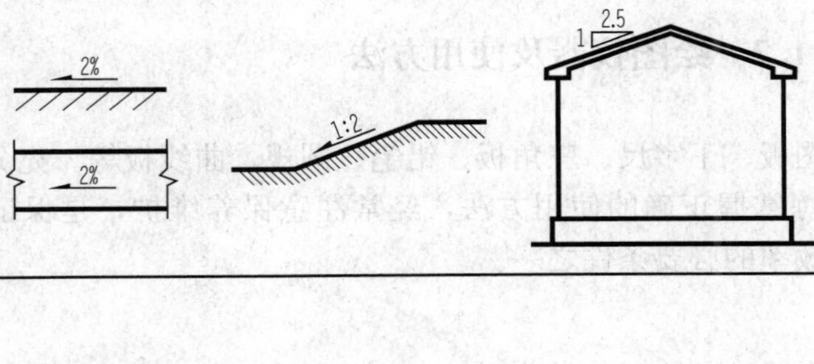	标注坡度时，在坡度数字下，应加注坡度符号，坡度符号的箭头（单面），一般应指向下坡方向。坡度也可用直角三角形形式标注

三、尺寸标注的注意事项

标注尺寸时还应注意一些其他的事项，见表 1 - 11。

表 1 - 11　　　　　　　　　　　　　尺寸标注的其他注意事项

说　明	正　确	错　误
不能用尺寸界线作为尺寸线	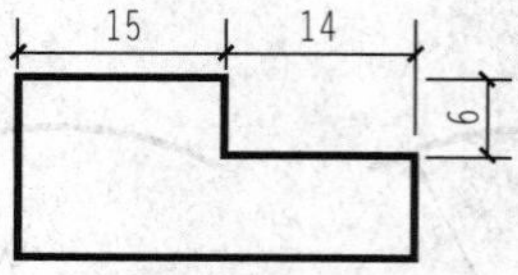	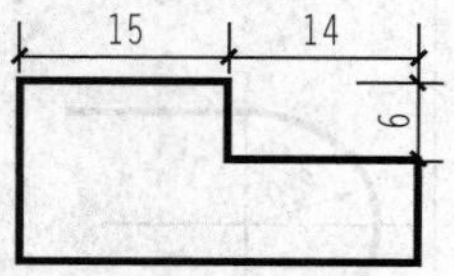
轮廓线、中心线等可用作尺寸界线，但不能用作尺寸线	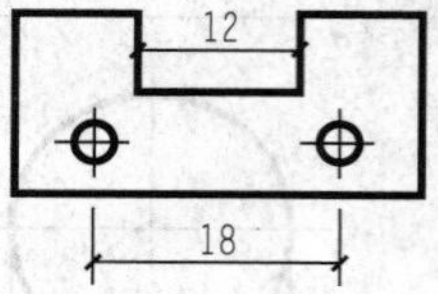	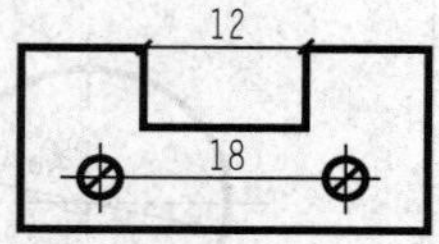
尺寸线倾斜时数字的方向应便于阅读，尽量避免在斜线范围内注写尺寸	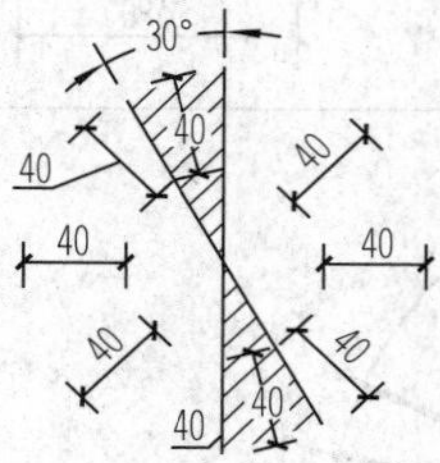	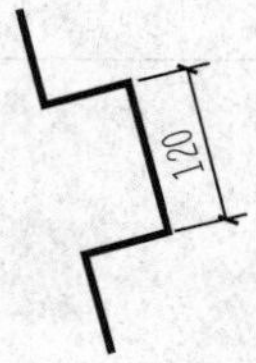
两尺寸界线之间比较窄时，尺寸数字可注在尺寸界线外侧，或上下错开，或用引出线引出再标注	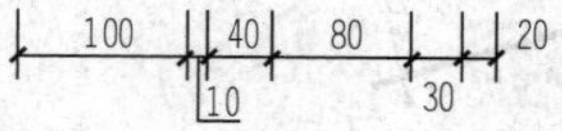	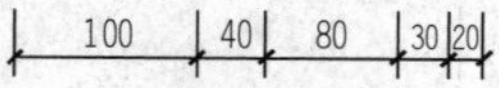
同一张图纸内尺寸数字应大小一致，任何图线与数字重叠时，应断开图线	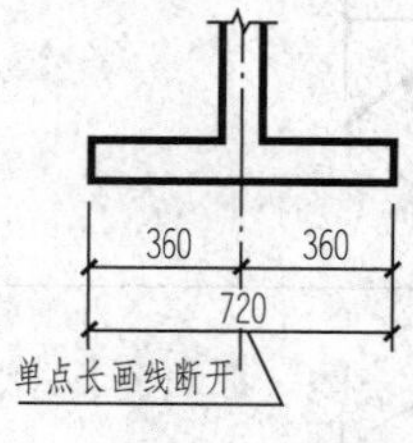	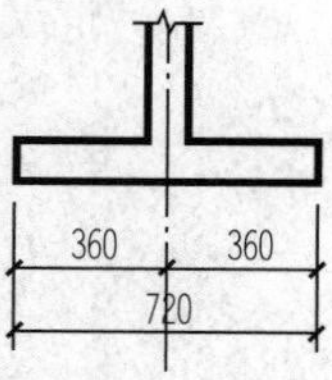
尺寸数字不得贴靠在尺寸线或其他图线上，一般应离开约 0.5～1mm		

1.2　绘图仪器及使用方法

制图所需的工具和仪器有图板、丁字尺、三角板、铅笔、圆规、曲线板等。充分了解各种制图工具、仪器的性能，熟练掌握正确的使用方法，经常注意保养维护，是保证制图质量，加快制图速度，提高制图效率的必要条件之一。

1.2.1　图板

图板用来固定图纸，是用作绘图时的垫板。板面一定要平整光洁。图板的左边是导边，必须保持平整（图 1-15）。图板的大小有各种不同规格，可根据需要而选定，通常比相应的图幅略大。图板放在桌面上，板身宜与水平桌面成 10°～15°倾斜。图纸的四角用胶带纸粘贴在图板上，位置要适中。

注意，要保持图板的整洁，切勿用小刀在图板上裁纸、削铅笔，同时应注意防止潮湿、曝晒、重压等对图板的破坏。

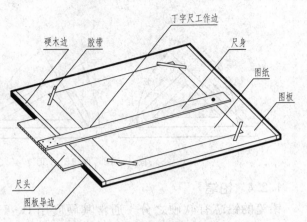

图 1-15　图板与丁字尺

1.2.2　丁字尺

丁字尺由尺头和尺身组成，与图板配合画水平线，尺身的工作边（有刻度的一边）必须保持平直光滑。在画图时，尺头只能紧靠在图板的左边（不能靠在右边、上边或下边）上下移动，画出一系列的水平线，或结合三角板画出一系列的垂直线，如图 1-16所示。

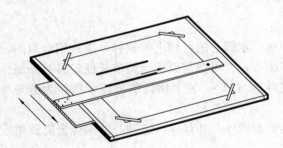
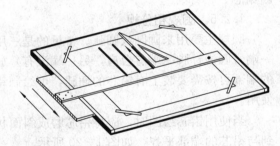

图 1-16　图板、丁字尺与三角板配合的使用

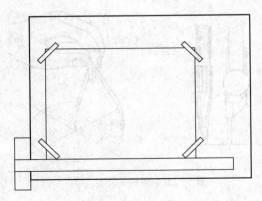

图 1-17　贴图纸

丁字尺在使用时，切勿用小刀靠近工作边裁纸，用完之后要挂起，防止丁字尺变形。

在画图之前，要先固定图纸，将平整的图纸放在图板的偏左下部位，用丁字尺画下一条水平线时，应使大部分尺头在图板的范围内。微调图纸使其下边缘与尺身工作边平行，用胶带纸将四角固定在图板上，如图 1-17 所示。

1.2.3　三角板

一副三角板有 30°×60°×90°和 45°×45°×90°两块。三角板的长度有多种规格如 25cm、30cm 等，绘图时应根据图样的大小，选用相应长度的三角板。三角板除了结合丁字尺画出一系列的垂直线外，还可以配合画出 15°、30°、45°、60°、75°等角度的斜线，如图 1-18 所示。

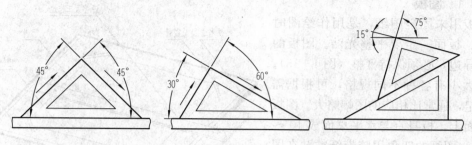

图 1-18　画 15°、30°、45°、60°、75°的斜线

1.2.4　铅笔

铅笔的铅芯有软硬之分，通常其硬度用 B、H 来表示。B，2B，…，6B 表示软铅芯，数字越大表示铅芯越软；H，2H，…，6H 表示硬铅芯，数字越大表示铅芯越硬；HB 表示不软不硬。画底稿时，一般用 H 或 2H，图形加深常用 HB 或 B。

削铅笔时应将 H 或 2H 铅笔尖削成锥形，用于画细线和写字；将 HB 或 B 削成鸭舌状，用于画粗实线，如图 1-19 所示。铅芯露出长度约为 6～8mm，注意不要削有标号的一端。

使用铅笔绘图时，用力要均匀，用力过小则绘图不清楚，用力过大则会划破图纸甚至折断铅芯。

1.2.5　圆规和分规

圆规主要用来画圆或圆弧。常见的是三用圆规，定圆心的针脚上的钢针，应选用台肩的一端（圆规针脚一端有台肩，另一端没有）放在圆心，并可按需要适当调节长度；另一条腿的端部可按需要装上有铅芯的插腿，可绘制铅笔线圆（弧）；装上钢针的插腿，可作为分规使用。

当使用铅芯绘图时，应将铅芯磨成斜面状，斜面向外，并且应将定圆心的钢针台肩调整到与铅芯的端部平齐，如图 1-20 所示。

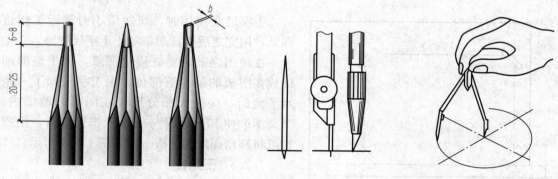

图 1-19　削铅笔的要求　　　　　　　　　　图 1-20　圆规的用法

分规的形状与圆规相似，只是两腿都装有钢针，用来量取线段的长度，或用来等分直线段或圆弧。

1.2.6　曲线板

曲线板是用于画非圆曲线的工具。首先要定出曲线上足够数量的点，徒手将各点连成曲线，然后选用曲线板上与所画曲线吻合的一段，沿着曲线板边缘将该段曲线画出，然后依次连续画出其他各段。注意前后两段应有一小段重合，曲线才显得圆滑，如图 1-21 所示。

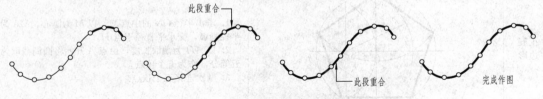

图 1-21 用曲线板画曲线

1.2.7 其他

绘图时常用的其他用品还有图纸、小刀、橡皮、擦线板、胶带纸、细砂纸、排笔、专业模板、数字模板、字母模板等。

1.3 几 何 作 图

表示建筑物形状的图形是由各种几何图形组合而成的，只有熟练地掌握各种几何图形的作图原理和方法，才能更快更好地手工绘制各种建筑物的图形。

1.3.1 等分线段和圆周画法

等分线段、图幅和圆周的画图方法见表 1-12。

表 1-12　　　　　　　　　　　　　等分线段和图幅

等分任意线段		
等分两平行线间距离		
等分图纸幅面		
二、四等分	三、六等分	九等分

1.3.2 正多边形画法

正多边形画法见表 1-13。

表 1 - 13   正 多 边 形

图形	作图过程	说　明
正五边形	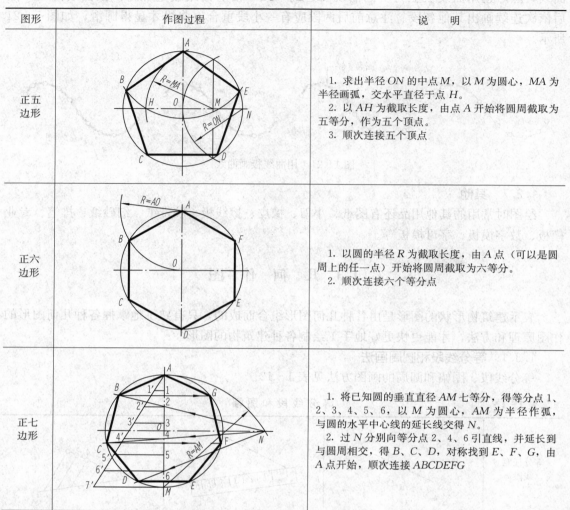	1. 求出半径 ON 的中点 M，以 M 为圆心，MA 为半径画弧，交水平直径于点 H。 2. 以 AH 为截取长度，由点 A 开始将圆周截取为五等分，作为五个顶点。 3. 顺次连接五个顶点
正六边形		1. 以圆的半径 R 为截取长度，由 A 点（可以是圆周上的任一点）开始将圆周截取为六等分。 2. 顺次连接六个等分点
正七边形		1. 将已知圆的垂直直径 AM 七等分，得等分点 1、2、3、4、5、6，以 M 为圆心，AM 为半径作弧，与圆的水平中心线的延长线交得 N。 2. 过 N 分别向等分点 2、4、6 引直线，并延长到与圆周相交，得 B、C、D，对称找到 E、F、G，由 A 点开始，顺次连接 ABCDEFG

1.3.3 椭圆画法

椭圆的画法最常用的是四心法和同心圆法，已知椭圆的长轴 AB 和短轴 CD，作图过程见表 1 - 14。

表 1 - 14   椭 圆 画 法

作图方法	作图过程	说　明
同心圆法		1. 分别以 AB 和 CD 为直径作大小两圆，并等分两圆周为十二等分（也可是其他若干等分）。 2. 由大圆各等分点作竖直线，与由小圆各对应等分点所作的水平线相交，连接各交点即可

续表

作图方法	作图过程	说　明
四心法	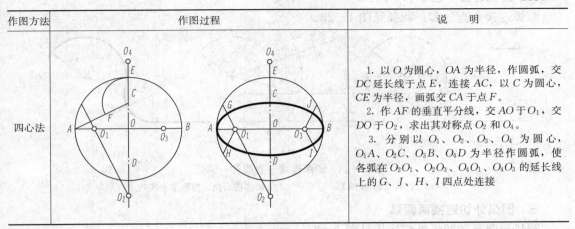	1. 以 O 为圆心，OA 为半径，作圆弧，交 DC 延长线于点 E，连接 AC，以 C 为圆心，CE 为半径，画弧交 CA 于点 F。 2. 作 AF 的垂直平分线，交 AO 于 O_1，交 DO 于 O_2，求出其对称点 O_2 和 O_4。 3. 分别以 O_1、O_2、O_3、O_4 为圆心，O_1A、O_2C、O_3B、O_4D 为半径作圆弧，使各弧在 O_2O_1、O_2O_3、O_4O_1、O_4O_3 的延长线上的 G、J、H、I 四点处连接

1.3.4　圆弧连接

在绘制建筑物的平面图形时，常遇到用已知半径的圆弧光滑地连接两条已知线段（直线或圆弧）的情况，其作图方法称为圆弧连接。圆弧连接要求在连接处要光滑，所以在连接处两线段要相切。

圆弧连接分为三种情况：连接两直线、连接一直线和一圆弧、连接两圆弧；其中连接两圆弧又可分为外切连接两圆弧、内切连接两圆弧和内外切连接两圆弧三种情况。圆弧连接的作图关键是要准确地求出连接圆弧的圆心和连接点（切点）。作图过程一般分为找圆心、求切点和画圆弧三步。

在找圆心时，掌握以下原则：

圆弧与直线相切时，圆心与直线的距离等于半径。

圆弧与已知圆弧内切，则两圆弧的圆心距等于两半径之差。

圆弧与已知圆弧外切，则两圆弧的圆心距等于半径之和。

求切点时，掌握以下原则：

圆弧与直线相切，切点就是从圆心作直线的垂线得到的垂足；两圆弧相切，切点在两圆心连线上或其延长线上。

下面是圆弧连接的各种情况的作图过程。

一、圆弧连接两直线

圆弧连接两直线见图 1-22。

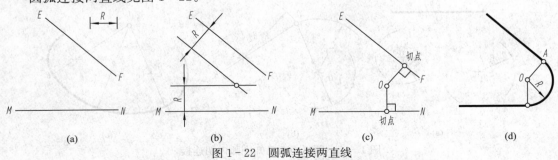

图 1-22　圆弧连接两直线

（a）已知；（b）找圆心；（c）求切点；（d）画连接圆弧，擦除多余线条

二、圆弧连接一直线和一圆弧

圆弧连接一直线和一圆弧见图 1-23。

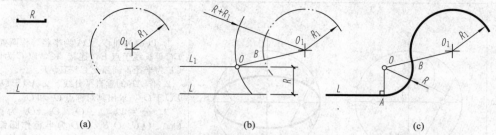

(a) (b) (c)

图 1-23　圆弧连接一直线和一圆弧

(a) 已知；(b) 找圆心，求切点；(c) 画连接圆弧，擦除多余线条

三、圆弧外切连接两圆弧

圆弧与两已知圆弧外切连接见图 1-24。

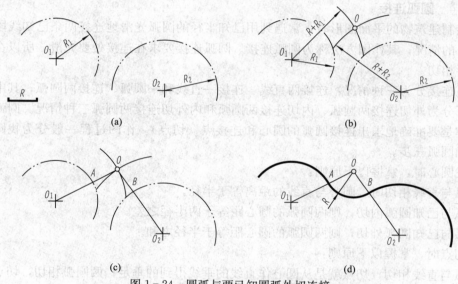

(a) (b)

(c) (d)

图 1-24　圆弧与两已知圆弧外切连接

(a) 已知条件；(b) 找圆心；(c) 求切点；(d) 画连接圆弧

四、圆弧内切连接两圆弧

圆弧与两已知圆弧内切连接见图 1-25。

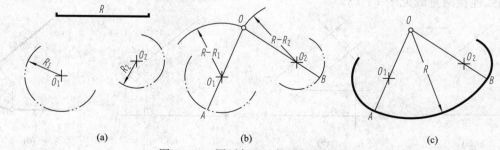

(a) (b) (c)

图 1-25　圆弧与两已知圆弧内切连接

(a) 已知条件；(b) 找圆心、求切点；(c) 画连接圆弧

五、圆弧内外切连接两圆弧

圆弧内外切连接两圆弧见图1-26。

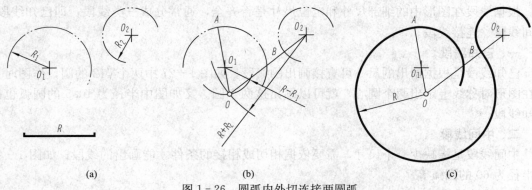

图1-26 圆弧内外切连接两圆弧
(a)已知条件;(b)找圆心、求切点;(c)画圆弧

1.4 平面图形画法

一般平面图形都是由若干线段（直线或曲线）连接而成。要正确绘制一个平面图形，必须对平面图形进行尺寸分析和线段分析，从而确定平面图形的画图顺序和步骤。

1.4.1 平面图形的尺寸分析

尺寸按其在平面图形中所起的作用，可分为定形尺寸和定位尺寸。

一、定形尺寸

确定平面图形各组成部分形状、大小的尺寸，称为定形尺寸，如确定直线的长度、角度的大小、圆弧的半径（直径）等的尺寸。图1-27中$R15$、$R12$、$R6$、$\phi12$、$R60$、$60°$等都是定形尺寸。

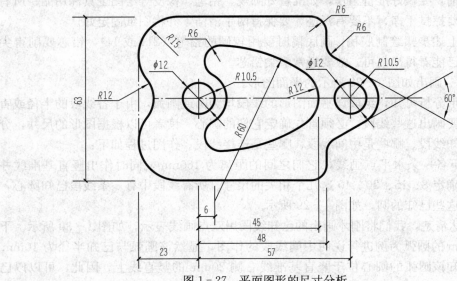

图1-27 平面图形的尺寸分析

二、定位尺寸

确定平面图形各组成部分相对位置的尺寸，称为定位尺寸。图1-27中23、6、45、57

等都是定位尺寸。

1.4.2　平面图形的线段分析

根据线段在图形中的细部尺寸和定位尺寸是否齐全，通常分成三类线段，即已知线段、中间线段、连接线段。

一、已知线段

已知线段是根据给出的尺寸可直接画出的线段。如图 1-27 中两个 $\phi 12$ 的圆，作图时只要在图形对称线上定出两个圆心，就可以画出这两个圆。又如图中半径为 10.5 的圆弧也是已知线段。

二、中间线段

中间线段是指缺少一个尺寸，需要依据相切或相接的条件才能画出的线段，如图 1-27 中半径为 60 的圆弧等。

三、连接线段

连接线段是指缺少两个尺寸，完全依据两端相切或相接的条件才能画出的线段，如图 1-27 中半径分别为 15 和 6 的圆弧。

在绘制平面图形时，应先画已知线段，再画中间线段，最后画连接线段。

1.4.3　平面图形的画图步骤

（1）选定比例，布置图面，使图形在图纸上位置适中。

（2）画出基准线。

（3）画出已知线段。

（4）画出中间线段。

（5）画出连接线段。

（6）分别标注定形尺寸和定位尺寸。

在画图之前，要做好准备工作，如准备好圆规、铅笔、橡皮等绘图工具和用品；所有的工具和用品都要擦拭干净，不要有污迹，要保持两手清洁，并将图纸固定好。

然后按照上述步骤绘制底稿，画底稿时要用较硬的铅笔（2H 或 H），铅芯要削得尖一些，绘图者自己能看得出便可，故要经常磨尖铅芯。

【例 1-1】　画出如图 1-28 所示的平面图形。

通过对图形分析可知，组成该平面图形的线段均为圆或圆弧，由于各线段的半径或直径都是已知，故要画出这些线段，必须首先确定它们的圆心。读者可以根据图形的尺寸，分析一下哪些是已知线段、哪些是中间线段、哪些是连接线段。作图过程如下：

（1）作上下各一条水平点画线，它们之间的距离为 160mm，同时作出竖直基准线并由此基准线分别确定 8、15、20、40 这几个相关的尺寸。所有线段中有 5 条线段已知圆心，所以可以先画出这些已知的圆，如图 1-29 所示。

（2）为表达清楚，我们将刚才画出的已知线段用双点画线表示，如图 1-30 所示。下面以半径为 30mm 的圆弧为例进行说明中间线段的作图，显然该圆弧与已知半径为 10mm 的圆弧外切，又知该圆弧的圆心位于竖直基准线右侧 20mm 的竖直线上。因此，可以以已知 $R10$ 圆弧的圆心为圆心，以 40（30＋10）为半径作圆弧，所作圆弧与位于竖直基准线右侧 20mm 的竖直线相交而得到的交点，即为所求圆弧的圆心，然后根据圆心和半径画该中间线段即可。其他几条中间线段，可参见图中表示，不再赘述。

（3）作出连接线段。如图 1-31 所示，除了已经确定的线段用粗线表示外，其他已经作出但还没有确定起（止）点的线段均用双点画线表示，该步骤要作出的线段用细实线表示。以半径为 20 mm 的圆弧为例，该圆弧与相邻的两圆弧均是外切连接，因此在确定该圆弧的圆心时，要分别用 46（26＋20）和 178（158＋20）为半径，以对应的圆弧圆心为圆心作出两个圆弧，其交点即为所求圆弧的圆心，最后根据圆心和半径画出该连接线段。其他 3 条连接线段的作图过程，读者可自行分析。

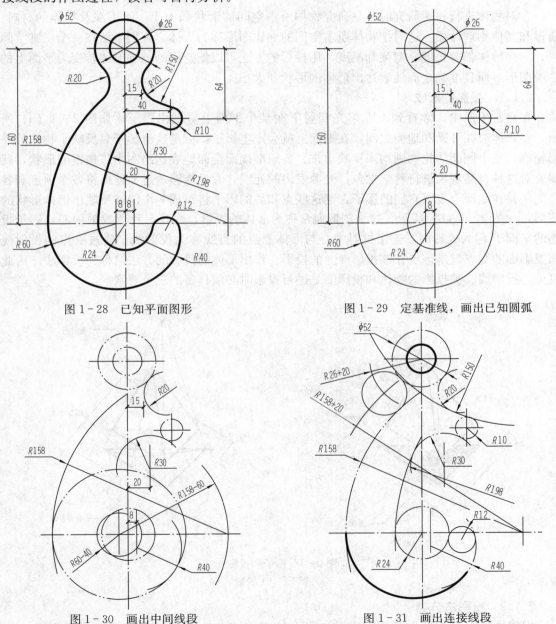

图 1-28　已知平面图形　　　　　　　　　图 1-29　定基准线，画出已知圆弧

图 1-30　画出中间线段　　　　　　　　　图 1-31　画出连接线段

（4）加粗、加深图形轮廓线，擦掉多余的图线，并且标注尺寸，完成作图，如图 1-28 所示。

第2章 点、直线、平面的投影

2.1 投影基本知识

在对物体进行投影研究时，只研究物体所占空间的形状和大小，而不涉及物体的材料、质量和其他物理性质。这时把物体所占空间的立体图形称为形体。人们生活在一个三维空间里，一切形体都有长度、宽度和高度，用投影的方法可以把空间的三维形体转变为平面上的二维图形，而且准确全面地表达出形体的形状和大小。

2.1.1 投影的形成

在日常生活中，常看到人在阳光照射下在某个平面上呈现出影子，如图2-1（a）所示，将物体放在灯光和地面之间，在地面上就会产生影子，但是这个影子只反映了物体的外形轮廓，三个侧面的轮廓则均未反映出来。要想准确而全面地表达出图中三棱锥的形状，就需要对这种自然现象进行科学抽象：光源发出的光线，假设能够透过形体而将各个顶点和各条侧棱并在地面上投下它们的影子，则这些点和线的影子将组成一个能够反映出形体形状的图形，如图2-1（b）所示。这个图形通常称为形体的投影，光源 S 称为投射中心，影子投落的平面 P 称为投影面。连接投射中心与形体上点的直线称为投射线。通过一点的投射线与投影面的交点就是该点在该投影面上的投影。作出形体的投影的方法，称为投影法。由此可见，投射线、被投影的物体和投影面是进行投影时必须具备的三个要素。

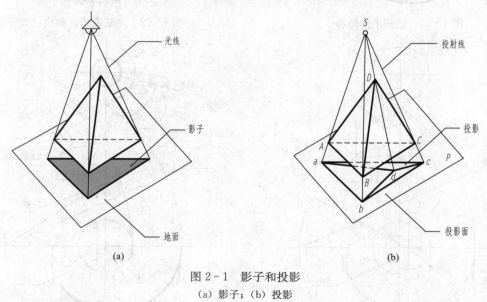

图2-1 影子和投影

（a）影子；（b）投影

2.1.2 投影法分类

根据投射中心（S）与投影面的距离不同，投影法可分为中心投影法和平行投影法两大类。

一、中心投影法

当投射中心距离投影面为有限远时，所有的投射线都交汇于一点，这种投影法称为中心投影法，如图 2 - 2 （a） 所示，用这种方法所作的投影称为中心投影。

二、平行投影法

当投射中心距离投影面为无限远时，所有的投影线均可看作互相平行，这种投影法称为平行投影法 〔图 2 - 2 （b）、（c）〕。根据投射线与投影面的倾角不同，平行投影法又分为斜投影法和正投影法两种。

（1） 斜投影法：当投影线倾斜于投影面时，称为斜投影法，如图 2 - 2 （b） 所示，用这种方法所得的投影称为斜投影。

（2） 正投影法：当投影线垂直于投影面时，称为正投影法，如图 2 - 2 （c） 所示，用这种方法所得的投影称为正投影。

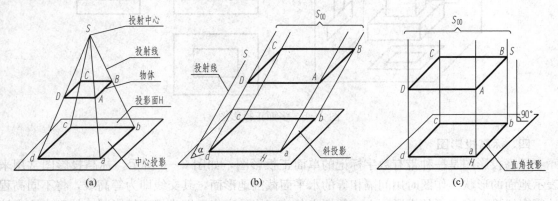

图 2 - 2 中心投影和平行投影
（a） 中心投影；（b） 斜投影；（c） 正投影

2.1.3 工程上常用的投影图

表达工程物体时，由于表达目的和被表达对象特性的不同，往往需要采用不同的投影图。常用的投影图有四种。

一、透视投影图

透视投影图简称为透视图，它是按中心投影法绘制的，如图 2 - 3 所示。这种图的优点是形象逼真，立体感强，其图样常用作建筑设计方案的比较、展览。缺点是绘图较繁，度量性差。

二、轴测投影图

轴测投影图简称为轴测图，是按平行投影法绘制的，如图 2 - 4 所示。这种图的优点是立体感较强。缺点是度量性较差，作图较麻烦，工程中常用作辅助图样。

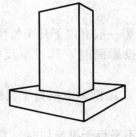

图 2 - 3 透视投影图

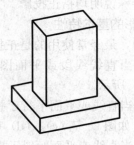

图 2 - 4 轴测投影图

三、正投影图

用正投影法把物体向两个或两个以上互相垂直的投影面进行投影所得到的图样称为多面正投影图，简称为正投影图，如图 2-5 所示。这种图的优点是能准确地反映物体的形状和大小，作图方便、度量性好，在工程中应用最广。缺点是立体感差，需经过一定的训练才能看懂。

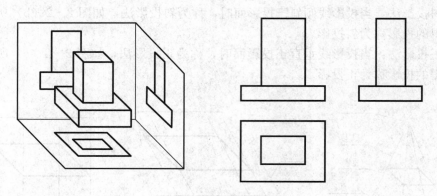

图 2-5　多面正投影图

四、标高投影图

标高投影图是一种带有数字标记的单面正投影图，如图 2-6 所示。标高投影图常用来表示地面的形状。作图时用间隔相等的水平面截割地形面，其交线即为等高线，将不同高程的等高线投射在水平的投影面上，并标出各等高线的高程，即为标高投影图，从而表达出该处的地形情况。

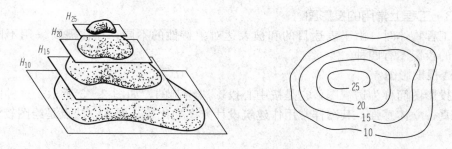

图 2-6　标高投影图

大多数工程图是采用正投影法绘制的。正投影法是本课程研究的主要对象，以下各章所指的投影，如无特殊说明均指正投影。

2.1.4　正投影的基本特性

在工程实践中，最经常使用的是正投影，正投影一般有以下几个特性：

（1）实形性。当直线线段或平面图形平行于投影面时，其投影反映实长或实形，如图 2-7 （a）、（b）所示。

（2）积聚性。当直线或平面平行于投影线时（在正投影中垂直于投影面），其投影积聚为一点或一直线，如图 2-7 （c）、（d）所示。

（3）类似性。当直线或平面倾斜于投影面而又不平行于投影线时，其投影小于实长或不反映实形，但与原形类似，如图 2-7（e）、（f）所示。

（4）平行性。互相平行的两直线在同一投影面上的投影保持平行，如图 2-7（g）所示，$AB /\!/ CD$，则 $ab /\!/ cd$。

（5）从属性。若点在直线上，则点的投影必在直线的投影上，如图 2-7（e）中 C 点在 AB 上，C 点的投影 c 必在 AB 的投影 ab 上。

（6）定比性。直线上一点所分直线线段的长度之比等于它们的投影长度之比；两平行线段的长度之比等于它们没有积聚性的投影长度之比，如图 2-7（e）中 $AC : CB = ac : cb$，图 2-7（g）中 $AB : CD = ab : cd$。

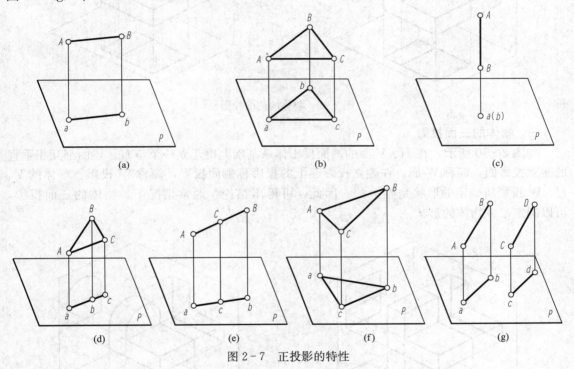

（a）　　　　　　　　（b）　　　　　　　　（c）

（d）　　　　（e）　　　　（f）　　　　（g）

图 2-7　正投影的特性

2.1.5　三面投影图

一、物体的一面投影

如图 2-8 所示，在正立投影面 V 面上有一个 L 形的投影，V 面投影只能反映出形体的高度和长度，反映不出形体的宽度。从图 2-8 中可看出，该投影可以是图 2-8 中所示的任意一个形体的投影，当然还可以设计出更多符合条件的形体。因此可以得出结论：物体的一面投影不能确定物体的形状。

二、物体的两面投影

如图 2-9 所示，由水平投影面 H 和正立投影面 V 组成的两面投影体系中，这两个形体都是由一个水平板和一个侧立板所组成，其中 H 面投影可

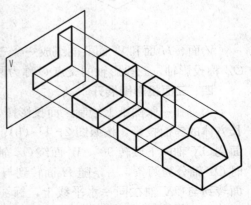

图 2-8　物体的一面投影

以反映出水平底板的实形。但这两个形体的 H 面投影和 V 面投影完全一样，都反映不出侧立板的实际形状。因此，可得出结论：物体的两面投影有时也不能唯一确定物体的形状。

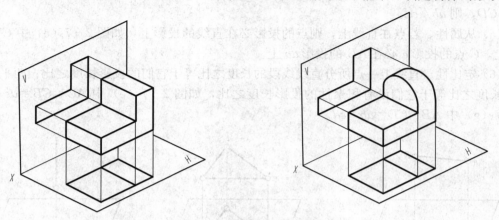

图 2-9　物体的两面投影

三、物体的三面投影

如图 2-10 所示，在 H、V 面的两面投影体系基础上再建立一个与 H、V 面都互相垂直的侧立投影面，简称 W 面。在侧立投影面上的投影称侧面投影，简称 W 投影。形体的 V、H、W 投影所确定的形状是唯一的。因此，可得出结论：通常情况下，物体的三面投影，可以确定唯一物体的形状。

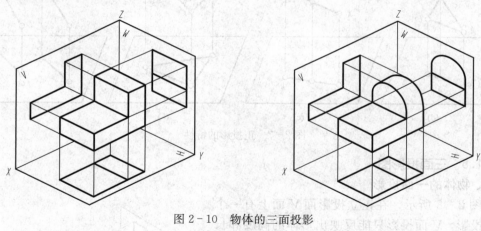

图 2-10　物体的三面投影

V 面、H 面和 W 面共同组成一个三面投影体系，三投影面两两相交的交线 OX、OY 和 OZ 称投影轴，三投影轴的交点 O 称为原点。

四、三面投影图展开

为了在一张图纸上绘制三面投影图，需要把三个投影面展开。如图 2-11（a）所示的长方体的三面投影，按照图 2-11（b）所示的方法将投影面展开：规定 V 面固定不动，H 面绕 OX 轴向下旋转 $90°$，W 面绕 OZ 轴向右旋转 $90°$，从而都与 V 面处在同一平面上。这时 OY 轴分为两条，一条随 H 面转到与 OZ 轴在同一铅直线上，标注为 OY_H；另一条随 W 面转到与 OX 轴在同一水平线上，标注为 OY_W，如图 2-11（c）所示。正面投影（V 投影）、水平投影（H 投影）和侧面投影（W 投影）组成的投影图，称为三面投影图。

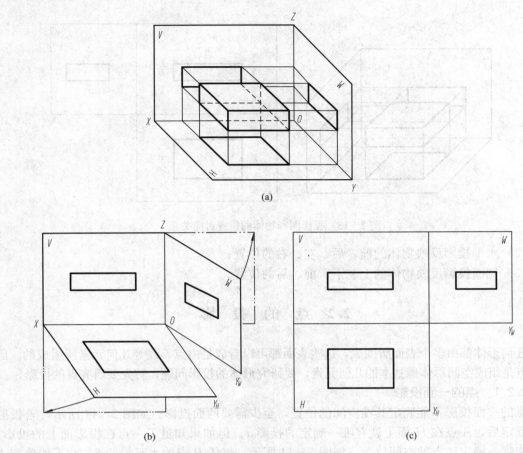

(a)

(b)   (c)

图 2-11 三面投影图的展开

实际作图时，只需画出物体的三个投影
而不需画投影面边框线，如图 2-12 所示。熟
练作图后，三条轴线亦可省去。

2.1.6 三面投影图的特性

一、度量相等

三面投影图共同表达同一物体，它们的
度量关系为：

（1）正面投影与水平投影长对正；

（2）正面投影与侧面投影高平齐；

（3）水平投影与侧面投影宽相等。

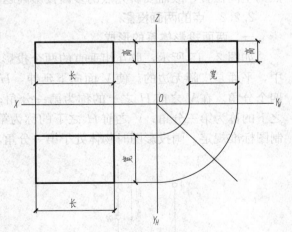

图 2-12 三面投影图的度量对应关系

这种关系称为三面投影图的投影规律，
简称三等规律。应该指出：三等规律不仅适
用于物体总的轮廓，也适用于物体的局部。

二、位置对应

从图 2-13 中可以看出：物体的三面投影图与物体之间的位置对应关系为：

（1）正面投影反映物体的上、下、左、右的位置；

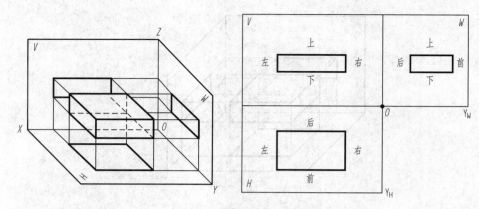

图 2-13　投影图和物体的位置对应关系

（2）水平投影反映物体的前、后、左、右的位置；

（3）侧面投影反映物体的上、下、前、后的位置。

2.2 点 的 投 影

任何形体都由多个表面所围成，这些表面都可以看成是由点、线等几何元素所组成的。因此，点是组成空间形体最基本的几何元素，要研究形体的投影问题，首先要研究点的投影。

2.2.1 点的一面投影

点的一面投影不能确定其在空间的位置，至少需要两面投影。如图 2-14 所示，若投射方向确定后，A 点在 H 面上就有唯一确定的投影 a。但如果知道了一点在投影面上的投影，并不能唯一确定该点的空间位置，如图 2-14 所示，仅凭 B 点的水平投影 b，并不能确定 B 点的空间位置，故需要研究点的多面投影问题。

2.2.2 点的两面投影

一、两面投影体系的形成

如图 2-15 所示，取互相垂直的两个投影面 H 和 V，两者的交线为 OX 轴，在几何学中，平面是广阔无边的。使 V 面向下延伸，H 面向后延伸，则将空间划分为四个部分，称四个分角。在 V 之前 H 之上的称为第一分角；V 之后 H 之上的称为第二分角；V 之后 H 之下的称为第三分角；V 之前 H 之下的称为第四分角，则该体系称为两投影面体系。我国制图标准规定，画投影图时物体处于第一分角，所得的投影称为第一分角投影。

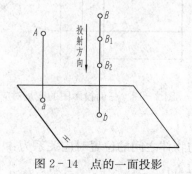

图 2-14　点的一面投影

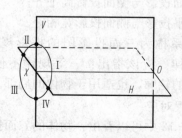

图 2-15　两面投影体系

二、点的两面投影及其投影规律

如图 2-16（a）所示，空间点 A 在第一分角内，由 A 点向 H 面作垂线，此垂线与 H 面的交点称为 A 点在 H 面上的投影，用 a 表示；由 A 点向 V 面作垂线，此垂线与 V 面的交点称为 A 点在 V 面上的投影，用 a' 表示。规定空间点用大写字母标记，如 A、B、C 等，H 面投影用相应的小写字母标记，如 a、b、c 等，V 面投影用相应的小写字母加一撇标记，如 a'、b'、c' 等。A 点的两个投影 a' 和 a 便可唯一确定空间点的位置。

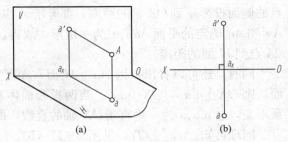

图 2-16　点的两面投影及其投影规律
（a）空间状况；（b）投影图

由图 2-16（a）可看出，由 Aa' 和 Aa 可以确定一个平面 Aaa_xa'，且 Aaa_xa' 为一矩形，故得：$aa_x = Aa'$（A 点到 V 面的距离），$a'a_x = Aa$（A 点到 H 面的距离）。

同时，还可以看出：因 $Aa \perp H$ 面，$Aa' \perp V$ 面，故平面 $Aaa_xa' \perp H$ 面，$Aaa_xa' \perp V$ 面，则 $OX \perp a'a_x$，$OX \perp aa_x$。当两投影面体系按展开规律展开后，aa_x 与 OX 轴的垂直关系不变，故 $a'a_xa$ 为一垂直于 OX 轴的直线，见图 2-16（b）。

综上所述，可得点的两面投影规律如下：

（1）一点的正面投影与水平投影的连线垂直于 OX 轴；

（2）一点的正面投影到 OX 轴的距离等于该点到 H 面的距离，一点的水平投影到 OX 轴的距离等于该点到 V 面的距离。

2.2.3　点的三面投影

一、点的三面投影形成

图 2-17（a）是空间点 A 的三面投影的直观图，过 A 点分别向 H、V、W 面的投影为 a、a'、a''。

将三面投影体系按投影面展开规律展开，便得到 A 点的三面投影图，因为投影面的大小不受限制，所以通常不必画出投影面的边框。图 2-17（b）是点 A 的三面投影图。

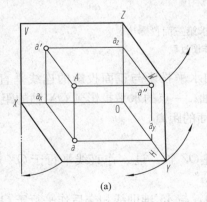 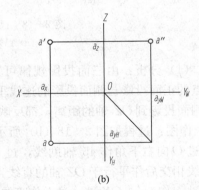

图 2-17　点的三面投影
（a）空间状况；（b）投影图

二、点的三面投影规律

从图 2-17（a）可看出：$aa_x = Aa' = a''a_z$，即 A 点的水平投影 a 到 OX 轴的距离等于 A

点的侧面投影 a'' 到 OZ 轴的距离，都等于 A 点到 V 面的距离。由图 2-17（a）可看出，由 Aa' 和 Aa 确定的平面 Aaa_xa' 为一矩形，故得：$aa_x=Aa'$（A 点到 V 面的距离），$a'a_x=Aa$（A 点到 H 面的距离）。

同时，还可以看出：因 $Aa\perp H$ 面，$Aa'\perp V$ 面，故平面 $Aaa_xa'\perp H$ 面，$Aaa_x a'\perp V$ 面，则 $OX\perp a'a_x$，$OX\perp aa_x$。当两投影面体系按展开规律展开后，aa_x 与 OX 轴的垂直关系不变，故 $a'a_xa$ 为一垂直于 OX 轴的直线，即 $a'a\perp OX$。

同理可知：$a'a''\perp OY$，见图 2-17（b）。

综上所述，可得点的三面投影规律如下：

（1）一点的水平投影与正面投影的连线垂直于 OX 轴；

（2）一点的正面投影与侧面投影的连线垂直于 OZ 轴；

（3）一点的水平投影到 OX 轴的距离等于该点的侧面投影到 OZ 轴的距离，都反映该点到 V 面的距离。

由上述规律可知，已知点的两个投影便可求出第三个投影。

三、例题分析

下面用例题说明如何根据点的两个投影求出第三个投影。

【例 2-1】　如图 2-18（a）所示，已知点 A、B 的两面投影求作第三面投影。

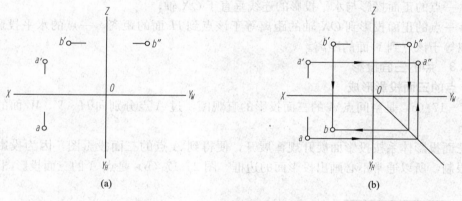

图 2-18　已知两面投影求第三面投影
(a) 已知条件；(b) 作图过程

解　（1）分析：由三面投影规律可知：一点的水平投影与正面投影的连线垂直于 OX 轴；一点的正面投影与侧面投影的连线垂直于 OZ 轴；一点的水平投影到 OX 轴的距离等于该点的侧面投影到 OZ 轴的距离，都反映该点到 V 面的距离。

（2）作图：过程如图 2-18（b）所示。

1）过 O 向右下角作 45°辅助线，过 a' 作 $a'a''\perp OZ$ 轴，过 a 作直线平行于 OX 轴，与 45°辅助线相交后作平行于 OZ 轴的直线且交 $a'a''$ 于 a''。

2）过 b' 作 $bb'\perp OX$ 轴，过 b'' 作直线平行 OZ 轴，与 45°辅助线相交后作平行于 OX 轴的直线交 bb' 于 b。

四、投影面上的点和投影轴上的点

如果空间点处于特殊位置，比如点恰巧在投影面上或投影轴上，那么，这些点的投影规律又如何呢？如图 2-19 所示：

（1）若点在投影面上，则点在该投影面上的投影与空间点重合，另两个投影均在投影轴上，如图 2-19 中的点 A 和点 B；

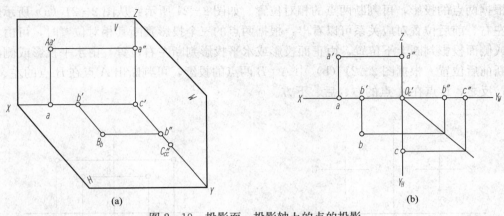

(a)　　　　　　　　　　　　　(b)

图 2-19　投影面、投影轴上的点的投影

(a) 空间状况；(b) 投影图

（2）若点在投影轴上，则点的两个投影与空间点重合，另一个投影在投影轴原点，如图 2-19 中的点 C。

五、点的投影与坐标的关系

空间点的位置除了用投影表示以外，还可以用坐标来表示。

可以把投影面当作坐标面，把投影轴当作坐标轴，把投影原点当作坐标原点，则点到三个投影面的距离便可用点的三个坐标来表示，如图 2-20 所示，点的投影与坐标的关系如下：

A 点到 H 面的距离 $Aa = Oa_z = a'a_x = a''a_y = z$ 坐标；

A 点到 V 面的距离 $Aa' = Oa_y = aa_x = a''a_z = y$ 坐标；

A 点到 W 面的距离 $Aa'' = Oa_x = a'a_z = aa_y = x$ 坐标。

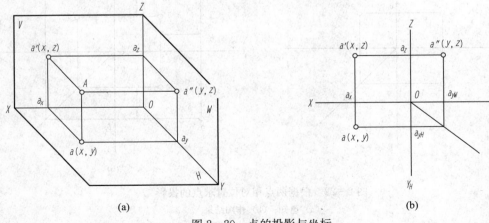

(a)　　　　　　　　　　　　　(b)

图 2-20　点的投影与坐标

(a) 空间状况；(b) 投影图

由此可见，已知点的三面投影就能确定该点的三个坐标；反之，已知点的三个坐标，就能确定该点的三面投影或空间点的位置。

2.2.4 两点的相对位置与重影点

一、两点的相对位置

根据两点的投影，可判断两点的相对位置。如图 2-21 所示：从图 2-21 (a) 所示的上下、左右、前后位置对应关系可以看出：根据两点的三个投影判断其相对位置时，可由正面投影或侧面投影判断上下位置，由正面投影或水平投影判断左右位置，由水平投影或侧面投影判断前后位置。根据图 2-21 (b) 中 A、B 两点的投影，可判断出 A 点在 B 点的左、前、上方；反之，B 点在 A 点的右、后、下方。

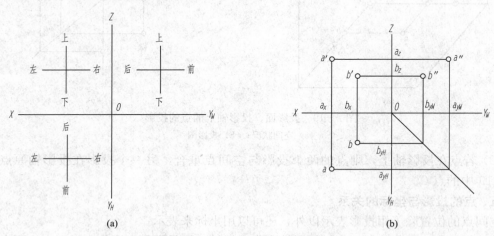

图 2-21 两点的相对位置

【例 2-2】 如图 2-22 (a) 所示，已知点 A 的三投影，另一点 B 在点 A 上方 8mm，左方 12mm，前方 10mm 处，求点 B 的三个投影。

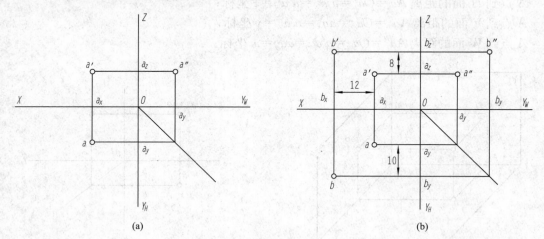

图 2-22 根据两点相对位置求点的投影
(a) 已知；(b) 作图结果

解 作图步骤：

(1) 在 a' 左方 12mm，上方 8mm 处确定 b'；

(2) 作 $b'b \perp OX$ 轴，且在 a 前 10mm 处确定 b；

（3）按投影关系求得 b''。作图结果见图 2 - 22（b）。

二、重影点及可见性的判断

当空间两点位于某一投影面的同一条投影线上时，则此两点在该投影面上的投影重合，这两点称为对该投影面的重影点。

如图 2 - 23（a）所示，A、C 两点处于对 V 面的同一条投影线上，它们的 V 面投影 a'、c' 重合，A、C 就称为对 V 面的重影点。同理，A、B 两点处于对 H 面的同一条投影线上，两点的 H 面投影 a、b 重合，A、B 就称为对 H 面的重影点。

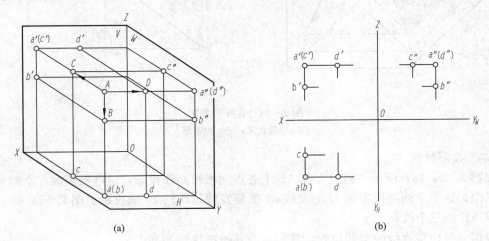

图 2 - 23　重影点的可见性
(a) 空间状况；(b) 投影图

当空间两点在某一投影面上的投影重合时，其中必有一点遮挡另一点，这就存在着可见性的问题。如图 2 - 23（b）所示，A 点和 C 点在 V 面上的投影重合为 $a'(c')$，A 点在前遮挡 C 点，其正面投影 a' 是可见的，而 C 点的正面投影（c'）不可见，加括号表示（称前遮后，即前可见后不可见）。同时，A 点在上遮挡 B 点，a 为可见，（b）为不可见（称上遮下，即上可见下不可见）。同理，也有左遮右的重影状况（左可见右不可见），如 A 点遮住 D 点。

2.3 直 线 的 投 影

直线的投影一般情况下仍然是直线，特殊情况下当直线垂直于投影面时积聚为一点。由于空间两个点可以确定一条直线，所以直线的投影可以由直线上任意两点的同面投影连成直线来确定。对于直线段，一般取其两个端点，要绘制一条直线的三面投影图，只要将直线上两端点的各同面投影相连，便得直线的投影。直线的投影用粗实线表示。

2.3.1 各类直线的投影特性

根据直线与投影面的不同相对位置，直线可分为投影面平行线、投影面垂直线和一般位置直线，投影面平行线和投影面垂直线统称为特殊位置直线。

一、一般位置直线

（一）空间位置

一般位置直线对三个投影面都处于倾斜位置，它与 H、V、W 面的倾角 α、β、γ 均不等于 0°或 90°，如图 2-24（a）所示。

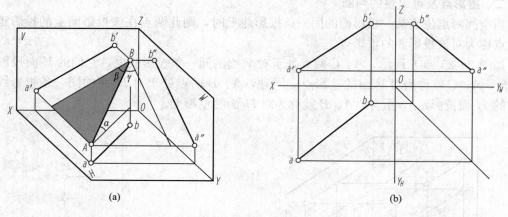

图 2-24　直线的投影
（a）空间状况；（b）投影图

（二）投影特性

如图 2-24（a）所示，通过直线 AB 上各点向投影面作投影，这些投影线在空间形成了一个平面，这个平面与投影面 H 的交线 ab 就是直线 AB 的 H 面投影。图 2-24（b）所示为直线 AB 的三个投影。

根据一般位置直线的空间位置，我们可得其投影特性如下：

（1）一般位置直线的三个投影均倾斜于投影轴，均不反映实长；

（2）三个投影与投影轴的夹角均不反映直线与投影面的夹角。

二、投影面平行线

（一）投影面平行线分类

平行于某一个投影面，且与其他两投影面都倾斜的直线，称为投影面平行线。可分为三种：平行于 H 面，与 V、W 面倾斜的直线称为水平线；平行于 V 面，与 H、W 面倾斜的直线称为正平线；平行于 W 面，与 H、V 面倾斜的直线称为侧平线。

（二）投影特性

根据投影面平行线的空间位置，我们可以得出其投影特性。水平线、正平线及侧平线的直观图、投影图及投影特性见表 2-1。

表 2-1　　　　　　　　　　投影面平行线的投影特性

直线的位置	正 平 线	水 平 线	侧 平 线
直 观 图			

直线的位置	正 平 线	水 平 线	侧 平 线
投影图	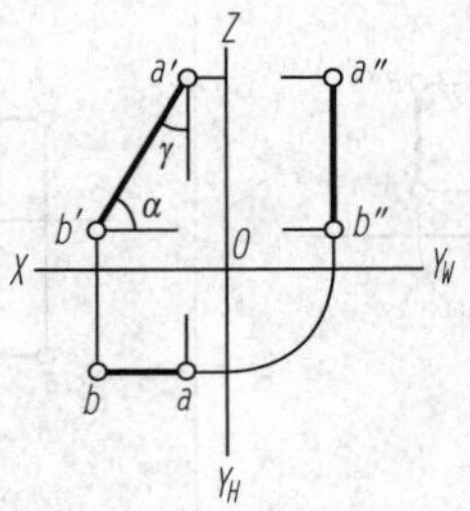	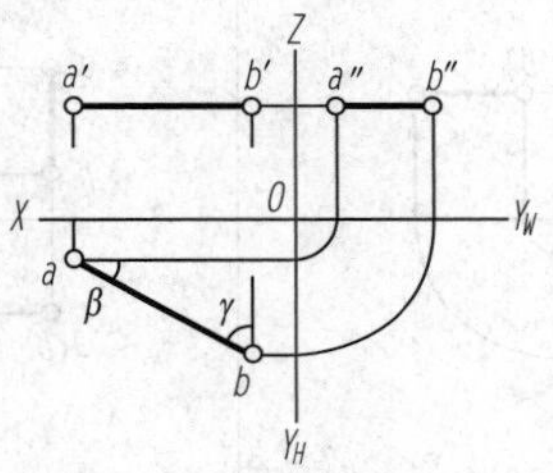	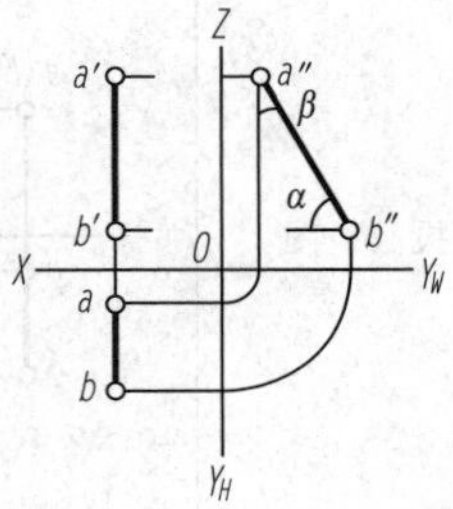
投影特性	1. 正面投影 $a'b'$ 反映线段实长，它与 OX、OZ 轴的夹角反映实际倾角 α、γ； 2. 其他两投影分别平行 OX、OZ 轴（或同垂直于 OY 轴）	1. 水平投影 ab 反映线段实长，它与 OX 轴、OY_H 轴的夹角反映实际倾角 β、γ； 2. 其他两投影分别平行 OX、OY_W 轴（或同垂直于 OZ 轴）	1. 侧面投影 $a''b''$ 反映线段实长，它与 OY_W、OZ 轴的夹角反映实际倾角 α、β； 2. 其他两投影分别平行 OZ、OY_H 轴（或同垂直于 OX 轴）

从表 2-1 可概括出投影面平行线的投影特性：投影面平行线在其所平行的投影面上的投影反映实长，并反映与另两投影面的实际夹角；在其他两投影面上的投影分别平行于该直线所平行的那个投影面的两条投影轴（或在其他两投影面上的投影同垂直于同一投影轴），且长度都小于其实长。

三、投影面垂直线

（一）投影面垂直线分类

把垂直于某一个投影面，与其他两投影面都平行的直线，称为投影面垂直线。投影面垂直线分为三种：垂直于 V 面的直线称为正垂线；垂直于 H 面的直线称为铅垂线；垂直于 W 面的直线称为侧垂线。

（二）投影特性

根据投影面垂直线的空间位置，我们可以得出其投影特性。正垂线、铅垂线、侧垂线的直观图、投影图及投影特性见表 2-2。

表 2-2   **投影面垂直线的投影特性**

直线的位置	正 垂 线	铅 垂 线	侧 垂 线
直观图	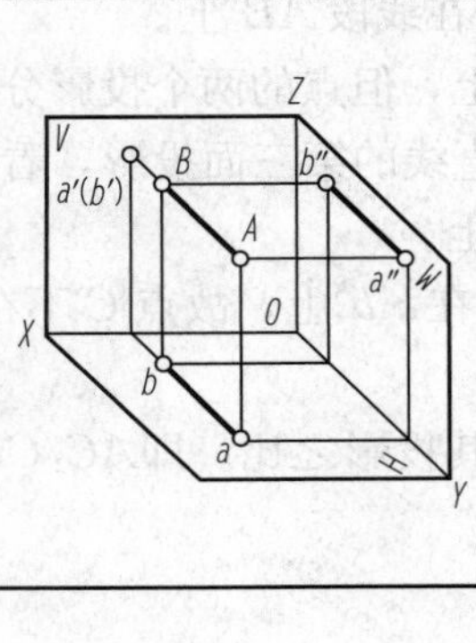	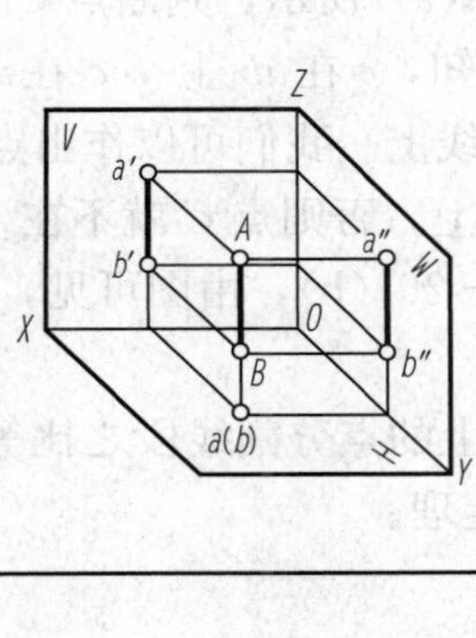	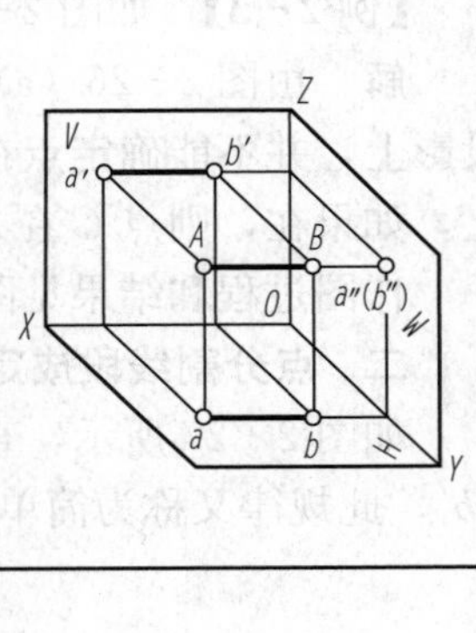

续表

直线的位置	正 垂 线	铅 垂 线	侧 垂 线
投 影 图			
投影特性	1. 正面投影 $a'(b')$ 积聚成一点； 2. 水平投影 $ab \perp OX$ 轴，侧面投影 $a''b'' \perp OZ$ 轴（即 ab、$a'b'$ 均平行于 OY 轴），并且都反映线段实长	1. 水平投影 $a(b)$ 积聚成一点； 2. 正面投影 $a'b' \perp OX$ 轴，侧面投影 $a''b'' \perp OY_W$ 轴（即 $a'b'$、$a''b''$ 均平行于 OZ 轴），并且都反映线段实长	1. 侧面投影 $a''(b'')$ 积聚成一点； 2. 正面投影 $a'b' \perp OZ$ 轴，水平投影 $ab \perp OY_H$ 轴（即 $a'b'$、ab 均平行于 OX 轴），并且都反映线段实长

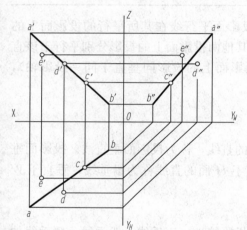

图 2-25　点和直线的从属关系

从表 2-2 可概括出投影面垂直线的投影特性：投影面垂直线在其所垂直的投影面上的投影积聚成一点；在其他两个投影面上的投影分别垂直于该直线所垂直的那个投影面的两条投影轴（或其他两投影同平行于同一投影轴），并且都反映线段的实长。

2.3.2　直线上的点

一、点和直线的从属关系

若点在直线上，则点的各个投影必在直线的同面投影上。如图 2-25 所示，C 在直线 AB 上，则有 c 在 ab 上，c' 在 $a'b'$ 上，c'' 在 $a''b''$ 上。反之，如果点的各个投影均在直线的同面投影上，则可判断点在直线上。

在图 2-25 中，C 点在直线 AB 上，而 D、E 两点均不满足上述条件，所以 D、E 都不在直线 AB 上。

【例 2-3】　如图 2-26（a）所示，判断点 C 是否在线段 AB 上。

解　由图 2-26（a）可知，c 在 ab 上，c' 在 $a'b'$ 上，但点的两个投影分别在直线的同面投影上，并不能确定点在直线上。我们可以作出点和直线的第三面投影，看是否 c'' 也在 $a''b''$ 上，如果在，则点 C 在 AB 上，否则点 C 就不在 AB 上。

作图过程和结果见图 2-26（b），由图可见，c'' 不在 $a''b''$ 上，故点 C 不在 AB 上。

二、点分割线段成定比

如图 2-27 所示，直线上的点分割线段之比等于其投影之比。即 $AC/CB = ac/cb = a'c'/c'b'$，此规律又称为简单比定理。

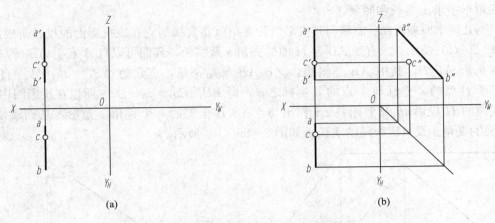

图 2 - 26　判断点是否在线上（作第三投影）

(a) 已知；(b) 作图过程和结果

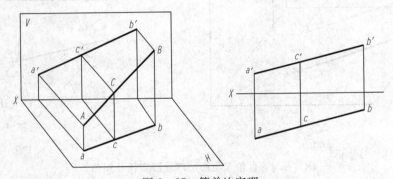

图 2 - 27　简单比定理

【例 2 - 4】　应用根据简单比定理，来判断 [例 2 - 3] 中的点 C 是否在 AB 上。

解　(1) 分析：如果点 C 在 AB 上，则点 C 分割 AB 应符合简单比定理，因此，只需要判断 ac/cb 是否等于 $a'c'/c'b'$，就能推断出点 C 是否在 AB 上。

(2) 作图过程如图 2 - 28 所示：

1) 在 H 投影上，过 b（或 a）任作一条直线 bA_1；

2) 在 bA_1 上取 $bA_1 = a'b'$，$bC_1 = b'c'$；

3) 连接 A_1a，过 C_1 作直线平行于 A_1a，与 ab 交于 c_1。

若 c 与 c_1 重合，说明 C 分割 AB 符合简单比定理，则点 C 在 AB 上。但由图可见，已知投影 c 与 c_1 不重合，所以点 C 不在直线 AB 上。

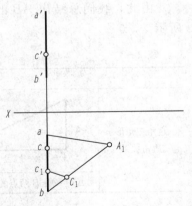

图 2 - 28　判断点是否在线上

（应用简单比定理）

2.3.3　直角三角形法求一般位置直线的实长及倾角

从前面直线的投影可以看出，对于特殊位置直线，比较容易从投影求得它们的实长和倾角，但对于一般位置直线，直接从其三面投影中很难求出实长和倾角。但可以采用直角三角形法求线段的实长和倾角，即在投影、倾角、实长三者之间建立起直角三角形关系，从而在直角三角形中求出实长和倾角。

根据几何学原理可知：直线与其投影面的夹角就是直线与它在该投影面的投影所成的角。如图 2-29（a）所示；求直线 AB 与 H 面的夹角 α 及实长，我们可以自 A 点引 $AB_1 /\!/ ab$，得直角三角形 AB_1B，其中 AB 是斜边，$\angle B_1AB$ 就是 α 角，直角边 $AB_1 = ab$，另一直角边 BB_1 等于 B 点的 Z 坐标与 A 点的 Z 坐标之差，即 $BB_1 = z_B - z_A = \Delta z$。所以在投影图中就可根据线段的 H 投影 ab 及坐标差 Δz 作出与 $\triangle AB_1B$ 全等的一个直角三角形，从而求出 AB 与 H 面的夹角 α 及 AB 线段的实长，如图 2-29（b）所示。

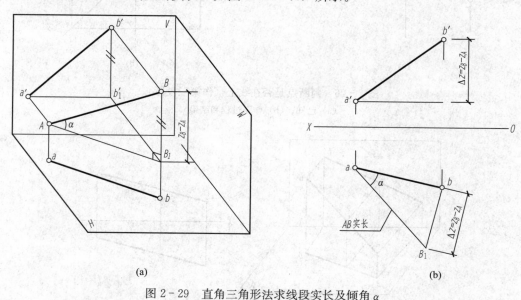

图 2-29　直角三角形法求线段实长及倾角 α
（a）空间状况；（b）投影图

由此，我们总结出 AB 的投影、倾角与实长之间的直角三角形边角关系如表 2-3 所示。

表 2-3	线段 *AB* 的直角三角形边角关系		
倾角	α	β	γ
直角三角形边角关系	Δz　AB实长　α　水平投影 ab	Δy　AB实长　β　正面投影 $a'b'$	Δx　AB实长　γ　侧面投影 $a''b''$
	$\Delta z = A$、B 两点的 Z 坐标差	$\Delta y = A$、B 两点的 Y 坐标差	$\Delta x = A$、B 两点的 X 坐标差

从表 2-3 可以看出，构成各直角三角形共有四个要素，即：①某投影的长度（直角边）；②坐标差（直角边）；③实长（斜边）；④对投影面的倾角（投影与实长的夹角）。在这四个要素中，只要知道其中任意两个要素，就可求出其他两个要素。并且我们还能够知道：不论用哪个直角三角形，所作出的直角三角形的斜边一定是线段的实长，斜边与投影的夹角就是该线段与相应的投影面的倾角。

利用直角三角形关系图解关于直线段投影、倾角、实长问题的方法称为直角三角形法。

在图解过程中，若不影响图形清晰时，直角三角形可直接画在投影图上，也可画在图纸的任何空白地方。

【例 2 - 5】 如图 2 - 30 （a） 所示，已知直线 AB 的水平投影 ab 和 A 点的正面投影 a'，并知 AB 对 H 面的倾角 $\alpha = 30°$，B 点高于 A 点，求 AB 的正面投影 $a'b'$。

解 （1）分析：在构成直角三角形四个要素中，已知其中两要素，即水平投影 ab 及倾角 $\alpha = 30°$，可直接作出直角三角形，从而求出 b'。

（2）作图步骤：

1）在图纸的空白地方，如图 2 - 30 （c） 所示，以 ab 为一直角边，过 a 作 30° 的斜线，此斜线与过 b 点的垂线交于 B_0 点，bB_0 即为另一直角边 Δz。

2）利用 bB_0 即可确定 b'，连接 $a'b'$ 即得 AB 得正面投影，如图 2 - 30 （b） 所示。

此题也可将直角三角形直接画在投影图上，以便节约时间与图纸，如图 2 - 30 （b） 所示。

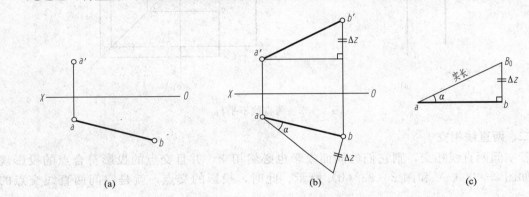

图 2 - 30 利用直角三角形法求 $a'b'$

(a) 已知条件；(b) 作图 （一）；(c) 作图 （二）

2.3.4 两直线的相对位置

两直线在空间的相对位置关系有三种情况：平行、相交、交叉。

一、两直线平行

若空间两直线平行，则它们的同面投影必然互相平行，如图 2 - 31 （a） 和图 2 - 31 （b） 所示。

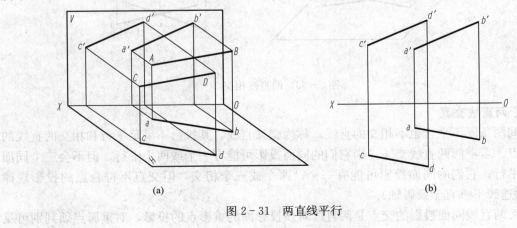

图 2 - 31 两直线平行

反过来，若两直线的同面投影互相平行，则此两直线在空间也一定互相平行。但当两直线均为某投影面平行线时，如图2-32（a）所示，则需要观察两直线在该投影面上的投影才能确定它们在空间是否平行。如图2-32（b）所示，通过侧面投影可以看出AB、CD两直线在空间不平行。

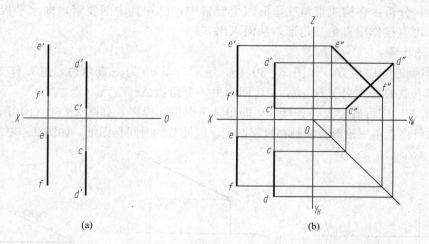

图2-32 两直线不平行

二、两直线相交

若空间两直线相交，则它们的同面投影也必然相交，并且交点的投影符合点的投影规律，如图2-33（a）和图2-33（b）所示。此时，投影的交点，就是空间两直线交点的投影。

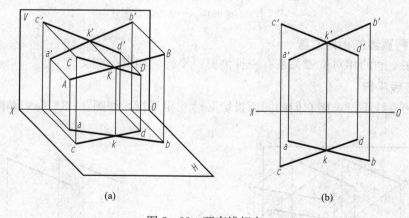

图2-33 两直线相交

三、两直线交叉

空间两条既不平行也不相交的直线，称为交叉直线，其投影不满足平行和相交两直线的投影特点。若空间两直线交叉，则它们的同面投影可能有一个或两个平行，但不会三个同面投影都平行；它们的同面投影可能有一个、两个或三个相交，但交点不符合点的投影规律（交点的连线不垂直于投影轴）。

交叉两直线同面投影的交点是两直线对该投影面的重影点的投影，对重影点须判别可见性。重影点的可见性可根据重影点的其他投影按照前遮后、上遮下、左遮右的原则来判断。如图 2-34 所示，AB 与 CD 的 H 面投影 ab、cd 的交点为 CD 上的 E 点和 AB 上的 F 点在 H 面上的重合投影，从 V 面投影看，E 点在上，F 点在下，所以 e 为可见，f 为不可见。同理，AB 与 CD 的 V 面投影 $a'b'$、$c'd'$ 的交点为 AB 上的 M 点与 CD 上 N 点在 V 面上的重合投影，从 H 面投影看，M 点在前，N 点在后，所以 m' 可见，n' 不可见。

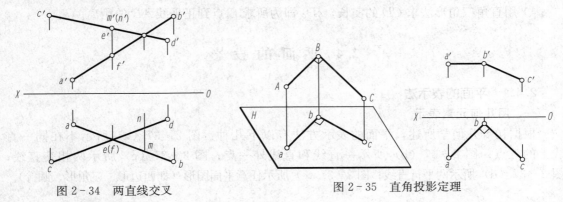

图 2-34　两直线交叉　　　图 2-35　直角投影定理

四、两直线垂直

两直线垂直包括相交垂直和交叉垂直，是相交和交叉两直线的特殊情况。

两直线垂直，其夹角的投影有以下三种情况：

（1）当两直线都平行于某一投影面时，其夹角的投影反映直角实形；

（2）当两直线都不平行于某一投影面时，其夹角的投影不反映直角实形；

（3）当两直线中有一条直线平行于某一投影面时，其夹角在该投影面上的投影仍然反映直角实形。这一投影特性称为直角投影定理。

如图 2-35 所示是对该定理的证明：设直线 $AB\perp BC$，且 $AB /\!/ H$ 面，BC 倾斜于 H 面。由于 $AB\perp BC$，$AB\perp Bb$，所以 $AB\perp$ 平面 $BCcb$，又 $AB /\!/ ab$，故 $ab\perp$ 平面 $BCcb$，因而 $ab\perp bc$。

【例 2-6】　已知如图 2-36（a）所示，求点 C 到正平线 AB 的距离。

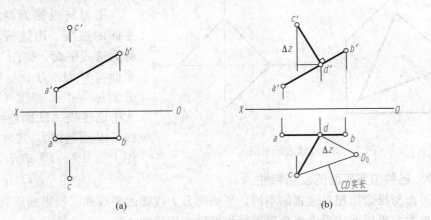

(a)　　　　　　　　(b)

图 2-36　求一点到正平线的距离

(a) 已知条件；(b) 作图过程

解　（1）分析：一点到一直线的距离，即由该点到该直线所引的垂线的长度，因此该题应分两步进行：一是过已知点 C 向正平线 AB 引垂线，二是求垂线的实长。

（2）作图过程如图 2-36（b）所示：

1）过 c' 作 $c'd' \perp a'b'$；

2）由 d' 求出 d；

3）连 cd，则直线 $CD \perp AB$；

4）用直角三角形法求 CD 的实长，cD_0 即为所求 C 点到正平线 AB 的距离。

2.4 平面的投影

2.4.1 平面的表示法

一、用几何元素表示

根据初等几何学所述，平面的表示方法有以下几种：图 2-37（a）所示不在同一直线上的三点；图 2-37（b）所示一直线和直线外一点；图 2-37（c）所示两相交直线；图 2-37（d）所示两平行直线；图 2-37（e）所示任意平面图形（如四边形、三角形、圆等）。

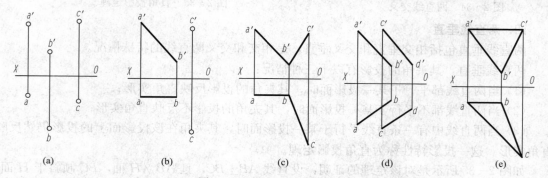

| (a) | (b) | (c) | (d) | (e) |

图 2-37　几何元素表示平面

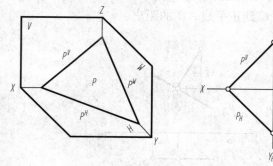

图 2-38　迹线表示平面

二、用迹线表示

平面与投影面的交线，称为平面的迹线，用迹线表示的平面称为迹线平面，如图 2-38 所示。平面与 V 面、H 面、W 面的交线分别称为正面迹线（V 面迹线）、水平面迹线（H 面迹线）、侧面迹线（W 面迹线），迹线的符号分别用 P^V、P^H、P^W 表示。

2.4.2 各种位置平面的投影特性

根据平面与投影面相对位置的不同，平面可分为投影面平行面、投影面垂直面、一般位置平面。投影面平行面和投影面垂直面统称特殊位置平面。

一、一般位置平面

（一）空间位置

与三个投影面均倾斜，形成一定的角度的平面，称为一般位置平面，如图 2-39（a）所示。

（二）投影特性

因为一般位置平面与三个投影面既不平行，也不垂直。因此，可概括出一般位置平面的三个投影既不反映实形，也不积聚成直线，均是类似形，如图 2 - 39 （b）所示。

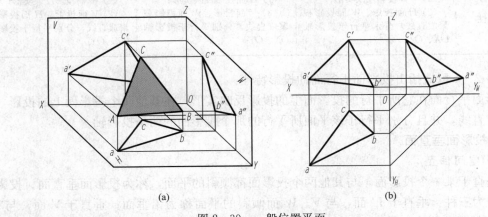

图 2 - 39　一般位置平面
(a) 空间示意；(b) 投影图

二、投影面平行面

（一）空间位置

将平行于某一个投影面，且与其他两个投影面都垂直的平面，称为投影面平行面。投影面平行面分为三种：平行于 H 面，与 V、W 面垂直的平面称为水平面；平行于 V 面，与 H、W 面垂直的平面称为正平面；平行于 W 面，与 H、V 面垂直的平面称为侧平面。

（二）投影特性

根据投影面平行面的空间位置，可以得出其投影特性。各种投影面平行面的直观图、投影图及投影特性见表 2 - 4。

表 2 - 4　　　　　　　　　　　　投影面平行面的投影特性

名　　称	正 平 面	水 平 面	侧 平 面
直观图			
投影图			

续表

名　称	正　平　面	水　平　面	侧　平　面
投影特性	(1) V 面投影反映实形； (2) H 面投影、W 面投影积聚成直线，分别平行于投影轴 OX、OZ	(1) H 面投影反映实形； (2) V 面投影、W 面投影积聚成直线，分别平行于投影轴 OX、OY_W	(1) W 面投影反映实形； (2) V 面投影、H 面投影积聚成直线，分别平行于投影轴 OZ、OY_H

从表 2-4 可概括出投影面平行面的投影特性：

投影面平行面在它所平行的投影面上的投影反映实形；在其他两个投影面上的投影，分别积聚成直线，并且分别平行于该平面所平行的那个投影面的两条投影轴。

三、投影面垂直面

（一）空间位置

将垂直于某一个投影面，与其他两个投影面都倾斜的平面，称为投影面垂直面。投影面垂直面分为三种：垂直于 H 面，与 V、W 面倾斜的平面称为铅垂面；垂直于 V 面，与 H、W 面倾斜的平面称为正垂面；垂直于 W 面，与 H、V 面倾斜的平面称为侧垂面。

（二）投影特性

各种投影面垂直面的直观图、投影图及投影特性见表 2-5。

表 2-5　　　　　　　　　　　投影面垂直面的投影特性

名　称	正　垂　面	铅　垂　面	侧　垂　面
直观图	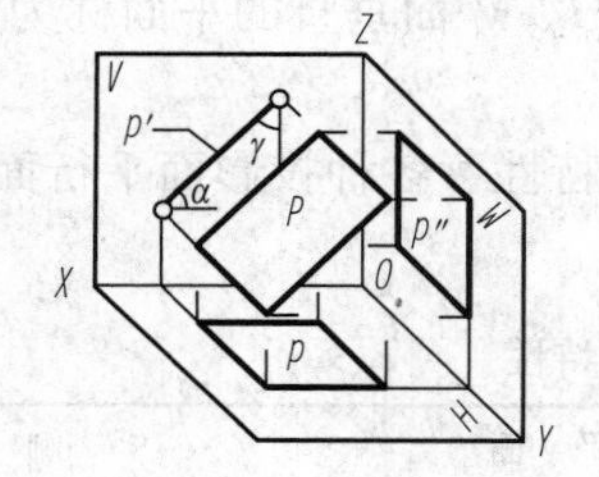	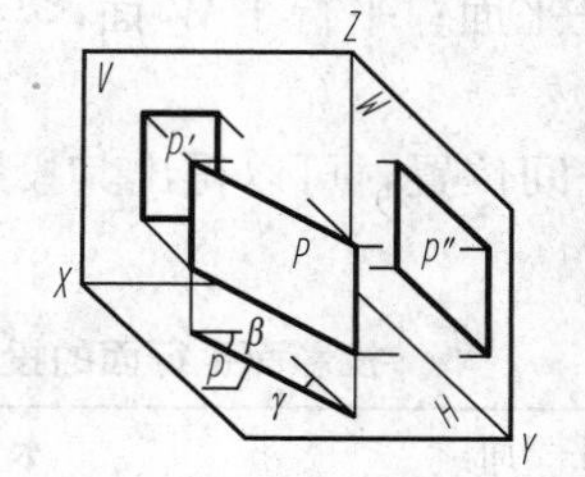	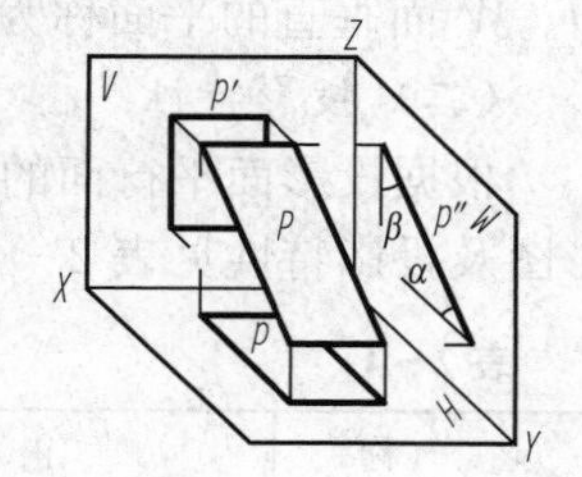
投影图	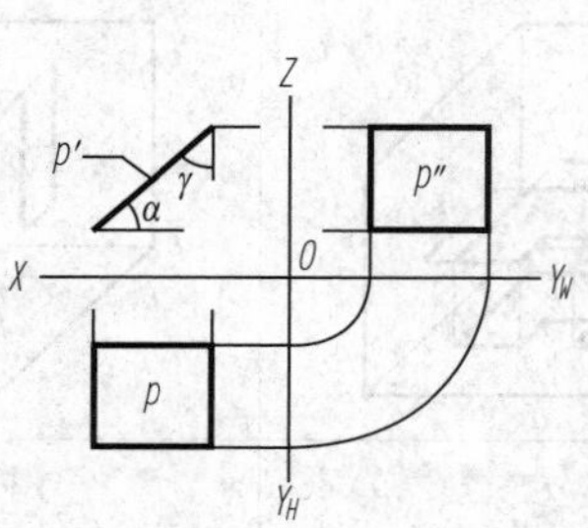	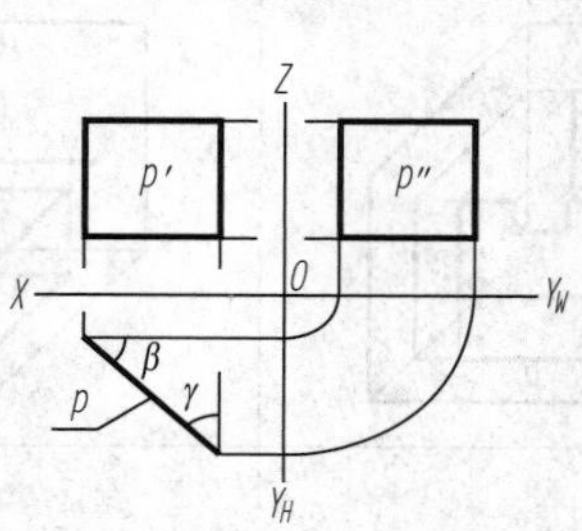	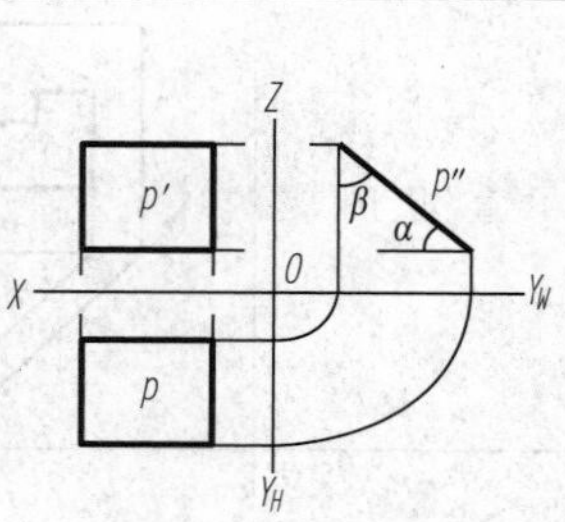
投影特性	(1) V 面投影积聚成一直线，并反映与 H、W 面的倾角 α、γ； (2) 其他两投影为面积缩小的类似形	(1) H 面投影积聚成一直线，并反映与 V、W 面的倾角 β、γ； (2) 其他两投影为面积缩小的类似形	(1) W 面投影积聚成一直线，并反映与 H、V 面倾角 α、β； (2) 其他两投影为面积缩小的类似形

从表 2-5 可概括出投影面垂直面的投影特性：

投影面垂直面在它所垂直的投影面上的投影积聚成直线，它与投影轴的夹角，分别反映该平面对其他两投影面的夹角；在其他两投影面上的投影为面积缩小的类似形。

2.4.3 平面上的直线和点

一、平面上的直线

直线在平面上的几何条件是：直线通过平面上的两点，或通过平面上一点且平行于平面上的一直线，如图 2-40 （a）、（b）所示。

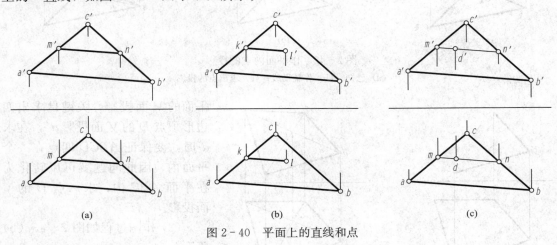

图 2-40 平面上的直线和点

二、平面上的点

点在平面上的几何条件是：点在平面上的一条直线上。因此，要在平面上取点必须先在平面上取线，然后再在此线上取点，即点在线上，线在面上，那么点一定在面上，如图 2-40 （c）所示。

三、特殊位置平面上的直线和点

因为特殊位置的平面在它所垂直的投影面上的投影积聚成直线，所以特殊位置平面上的点、直线和平面图形，在该平面所垂直的投影面上的投影，都位于这个平面的有积聚性的同面投影上，如图 2-41 所示。

【例 2-7】 如图 2-42 （a）所示，已知△ABC 的两面投影，及△ABC 内 K 点的水平投影 k，作其正面投影 k'。

解 （1）分析：由初等几何可知，过平面内一个点可以在平面内作无数条直线，任取一条过该点且属于该平面的已知直线，则点的投影一定落在该直线的同面投影上。

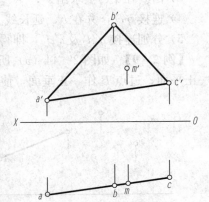

图 2-41 投影面垂直面上的点

（2）作图：过程如图 2-42 （b）、（c）所示。

过△ABC 的某一顶点与点 K 作一直线如 AD，k' 在直线 AD 的正面投影上。

【例 2-8】 已知四边形平面 ABCD 的 H 投影 abcd 和 ABC 的 V 投影 $a'b'c'$，如图 2-43 （a）所示，试完成平面的 V 面投影。

解 （1）分析：已知四边形平面 ABCD 的 H 投影 abcd 和 ABC 的 V 投影 $a'b'c'$，要完成

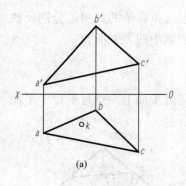 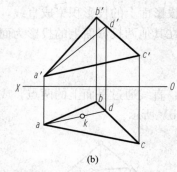 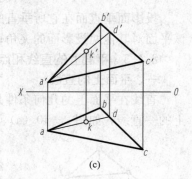

（a）　　　　　　　　　　（b）　　　　　　　　　　（c）

图 2-42　作平面内点的投影

（a）已知；（b）作辅助线；（c）求出点的投影

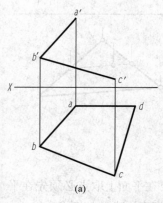 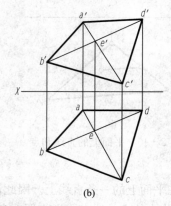

平面的 V 面投影，关键是求出四边形顶点 D 的 V 面投影 d'，在求 d' 时，要保证 $ABCD$ 四点在一个平面内，因此问题就可以转化为在平面 ABC 内，求一点 D 的 V 面投影。

（a）　　　　　　　　　　（b）

图 2-43　补全平面的投影

（a）已知；（b）作图过程

（2）作图过程如图 2-43（b）所示：

1）连接 ac 和 $a'c'$，得辅助线 AC 的两投影；

2）连接 bd 交 ac 于 e；

3）由 e 在 $a'c'$ 上求出 e'；

4）连接 $b'e'$，并在 $b'e'$ 延长线上求出 d'；

5）分别连接 $a'd'$ 及 $c'd'$，即得到四边形的 V 面投影。

【例 2-9】　如图 2-44（a）所示，已知点 A、B 和直线 CD 的两面投影，试过点 A 作一正平面；过点 B 作一正垂面，使 $\alpha=45°$；过直线 CD 作一铅垂面。

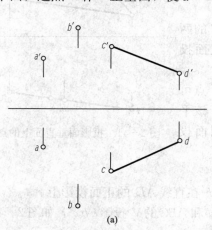 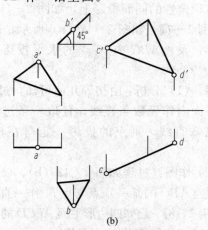

（a）　　　　　　　　　　　　（b）

图 2-44　过点或直线作特殊位置平面

（a）已知；（b）作图过程

解 根据特殊位置平面的投影特性可知：过 A 点所作的正平面，其水平投影一定是包含 a 且平行与 X 轴的一条直线，正面投影可包含 a' 作任一平面图形；同理，可作包含点 B 的正垂面和包含 CD 直线的铅垂面，如图 2-44（b）所示。其中，包含点 B 的正垂面可以作很多个。

2.4.4 平面上的特殊位置直线

平面上的特殊位置直线包括投影面平行线和最大斜度线。

一、平面上的投影面平行线

平面上的投影面平行线有三种：平面上的水平线、平面上的正平线和平面上的侧平线。平面上的投影面平行线必须符合两个条件：既在平面上，又符合投影面平行线的投影特性。

【例 2-10】 如图 2-45 所示，已知 $\triangle ABC$ 为一般位置平面，试求此平面上任意一条正平线及一条水平线的 V 面、H 面投影。

解 过 $\triangle ABC$ 上一已知点 $C(c', c)$ 作正平线 CE。因正平线的水平投影平行于 OX 轴，所以过 c 作 $ce /\!/ OX$ 轴，与 ba 交于点 e，由 e 作出 e'，连接 $c'e'$ 即得 CE 的正面投影。同理在 $\triangle ABC$ 内作水平线 BD，由水平线的投影特性，过 b' 作 $b'd' /\!/ OX$ 轴，交 $a'c'$ 于 d'，由 d' 求出 d，连接 bd 即得 BD 的水平投影 bd。

【例 2-11】 如图 2-46 所示，已知平面 ABC 的两面投影，要求在其上取一点 K，使点 K 在 H 面之上 10mm，V 面之前 15mm。

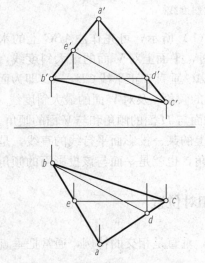

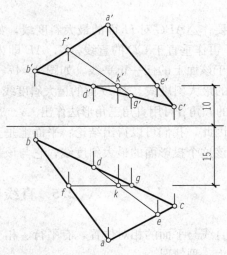

图 2-45 作平面上的投影面平行线   图 2-46 在平面上求一定点 K

解 平面上距 H 面为 10mm 的点的轨迹为平面内的水平线，即 DE 直线；平面内距 V 面为 15mm 的点的轨迹为平面内的正平线，即 FG 直线。直线 DE 与 FG 的交点，即为所求点 K，作图过程如图 2-46 所示。

二、平面上的最大斜度线

平面上对投影面所成倾角最大的直线称为平面上的最大斜度线，它必然垂直于这个平面上平行于该投影面的所有直线（包括该平面与该投影面的交线——迹线），它与该投影面的夹角就是这个平面与该投影面的夹角。

　　平面上的最大斜度线有三种：对 H 面的最大斜度线、对 V 面的最大斜度线和对 W 面的最大斜度线。

　　如图 2-47（a）所示，平面 P 上的直线 AC，是平面 P 上对 H 面倾角最大的直线，它垂直于水平线 AB 和 H 面迹线 P^H，AC 对 H 面的倾角 α 就是平面 P 对 H 面的倾角。设平面 P 上过点 A 有另一根任意直线 AD，它对 H 面的倾角为 δ。不难看出，在直角三角形 ACa 和 ADa 中，$Aa=Aa$，$AD>AC$，所以 $\angle\delta<\angle\alpha$，证明 AC 对 H 面的倾角比面上任何直线的倾角都大，它代表平面 P 对 H 面的倾角。

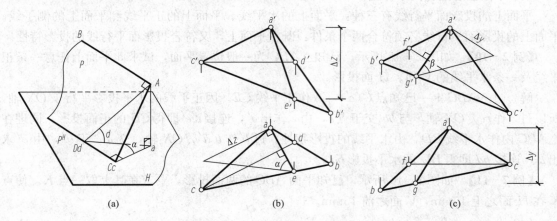

图 2-47　平面上的最大斜度线

　　要作 $\triangle ABC$ 对 H 面的最大斜度线，如图 2-47（b）所示，可先作 $\triangle ABC$ 上的水平线 CD，再作垂直于 CD 的直线 AE，AE 即为所求。同时，平面上对 V 面的最大斜度线，必然垂直于该面上的任一正平线。如图 2-47（c）所示，AG 垂直于正平线 CF，AG 即为面上对 V 面的最大斜度线。对 H 面的最大斜度线 AE 与 H 面的倾角 α 及对 V 面的最大斜度线 AG 与 V 面的倾角 β 可用直角三角形法作出。α、β 即分别为平面与 H 面的倾角和与 V 面的倾角。

　　因此，我们可以得出结论：平面上垂直于该平面上的某一投影面平行线的直线，是平面上对该这个投影面的最大斜度线，它与该投影面的倾角，也就是平面与该投影面的倾角。

2.5　直线与平面的相对位置

　　直线与平面的相对位置，有平行、相交两种情况，垂直是相交的特例，通常把垂直也单独列为一种情况。

2.5.1　直线与平面平行

　　直线与平面相平行的几何条件是：直线平行于平面上的某一直线。利用这个几何条件可以进行直线与平面平行的检验和作图。

　　【例 2-12】　如图 2-48（a）所示，已知直线 AB、$\triangle CDE$ 和点 P 的两面投影，试求：

　　（1）检验直线 AB 是否与 $\triangle CDE$ 互相平行？

　　（2）过点 P 作一水平线平行于 $\triangle CDE$。

　　解　（1）检验直线 AB 是否与 $\triangle CDE$ 平行，只需要检验能否在 $\triangle CDE$ 平面上作出一条平行于 AB 的直线即可。检验过程如图 2-48（b）所示。

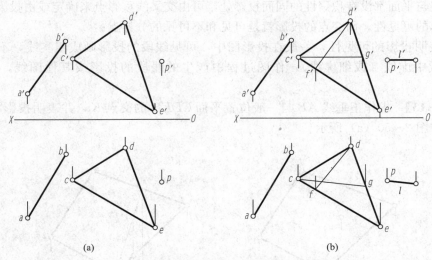

图 2-48　直线和平面平行的检验和作图
(a) 已知条件；(b) 作图过程

1) 过 d' 作 $d'f'\,/\!/\,a'b'$，与 $c'e'$ 交得 f'。过 f' 作 OX 轴的垂线，与 ce 交得 f，连接 d 与 f。

2) 检验 df 是否与 ab 平行：由于图中的检验结果是不平行的，说明在△CDE 平面上不可能作出平行于 AB 的直线，故 AB 不平行于△CDE。

(2) 水平线的平行线仍然是一水平线，所以过点 P 作一水平线与△CDE 相平行，只需在△CDE 平面内作出一任意水平线，过点 P 作出该水平线的平行线即可。作图过程如图 2-48 (b) 所示：

1) 过 c' 作 $c'g'\,/\!/\,OX$ 轴，与 $d'e'$ 交得 g'。过 g' 作 OX 轴的垂线，与 de 交得 g，连接 cg。

2) 过 p' 作 $l'\,/\!/\,c'g'$，过 p 作 $l\,/\!/\,cg$，l、l' 即为所求水平线的两面投影。

当平面为特殊位置时，则直线与平面的平行关系，可直接在平面有积聚性的投影中反映出来。如图 2-49 所示，设空间有一直线 AB 平行于铅垂面 $CDEF$，由于过 AB 的铅垂投射面与平面 $CDEF$ 平行，故它们与 H 面交成的 H 面投影 ab 和 cf 相平行。若直线也与 H 面垂直，如图 2-49 中的直线 MN，则直线肯定与平面 $CDEF$ 平行，这时，直线和平面都具有积聚性。

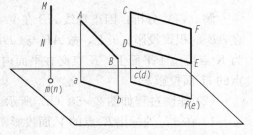

图 2-49　特殊位置的平面与直线平行

由此可推导出，当平面垂直于投影面时，直线与平面相平行的投影特性为：在平面有积聚性的投影面上，直线的投影与平面的积聚投影平行，或者直线的投影也有积聚性。

2.5.2　直线与平面相交

直线与平面相交于一点，该点称为交点。直线与平面的相交问题，主要是求交点和判别可见性的问题。直线与平面的交点，既在直线上，又在平面上，是直线和平面的共有点，交点又位于平面上通过该交点的直线上。

一、直线与平面中至少有一个元素垂直于投影面时相交

直线与平面相交，只要其中有一个元素垂直于投影面，就可直接用投影的积聚性求作交点。在直线与平面都没有积聚性的同面投影处，可由交叉线重影点来确定或由投影图直接看出直线投影的可见性，而交点的投影就是可见和不可见的分界点。

为了表明投影的可见性，一般在投影图中，可见线段的投影画成粗实线，不可见线段的投影画成中虚线（或细虚线），作图过程中产生的线段的投影或其他图线，都画成细实线。

【例 2 - 13】 求作正垂线 AB 与一般位置平面 $CDEF$ 的交点 K，并表明投影的可见性，已知条件如图 2 - 50（a）所示。

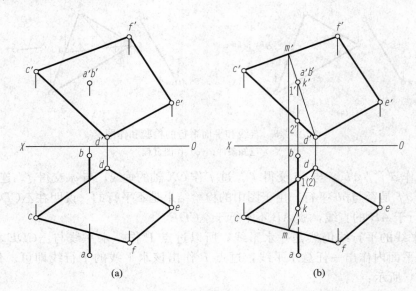

图 2 - 50　投影面垂直线与一般位置平面相交
(a) 已知条件；(b) 作图过程

解　（1）分析：因正垂线 AB 在 V 面上的投影有积聚性，AB 上各点的 V 面投影都积聚在 AB 的积聚投影 $a'b'$ 上，故 AB 与 $CDEF$ 的交点 K 的 V 面投影 k' 必定积聚在 $a'b'$ 上，又因为 K 点也位于平面上，K 点必在平面内过 K 点的直线 DM 上，所以可利用辅助线法求出 K 点的 H 面投影 k。

（2）作图过程如图 2 - 50（b）所示：

1）在 $a'b'$ 处标出 K 点的 V 面投影 k'，连接 d' 和 k'，延长 $d'k'$，与 $c'f'$ 交得 m'。

2）由 m' 作 OX 轴的垂线，与 cf 交得 m，连 d 和 m，dm 与 ab 交得 k，即为交点 K 的 H 面投影。

3）在 ab 与 cd 的交点处，标注出 AB 与 CD 对 H 面的重影点 Ⅰ 与 Ⅱ 的 H 面投影 1(2)，由 1(2) 作 OX 轴的垂线，与 $c'd'$ 交得 $2'$，$1'$ 与 $a'b'$ 重合，经观察，点 Ⅰ 位于点 Ⅱ 的上方，于是 $a'b'$ 上的 $1'$ 可见，$c'd'$ 上的 $2'$ 不可见，从而 $1k$ 画成粗实线，以 k 为分界点，ab 的另一段必为不可见，画成虚线。

【例 2 - 14】 如图 2 - 51（a）所示，求作一般位置直线 MN 与正垂面 $\triangle ABC$ 的交点 K，并表明投影的可见性。

解　（1）分析：因 $\triangle ABC$ 平面在 V 面上的投影有积聚性，$\triangle ABC$ 上各点的 V 面投影都

积聚在△ABC 的积聚投影 $b'a'c'$ 上，故 MN 与△ABC 的交点 K 的 V 面投影 k' 必定积聚在 $b'a'c'$ 上，又因为 K 点也位于直线 MN 上，所以就可在 $m'n'$ 与 $b'a'c'$ 的相交即为 k'，再由 k' 作 OX 轴的垂线，与 mn 交得 k。

（2）作图过程如图 2-51（b）所示：

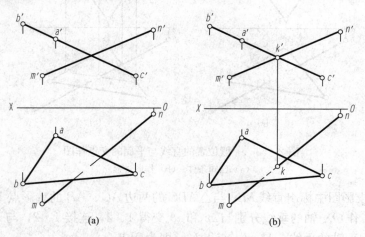

图 2-51　投影面垂直面与直线一般位置相交
(a) 已知条件；(b) 作图过程

1）在 $m'n'$ 与 $b'a'c'$ 的相交处，标注出交点 K 的 V 面投影 k'，由 k' 作 OX 轴的垂线，与 mn 交得点 K 的 H 面投影 k。

2）在 V 面投影中可直接看出直线 MN：交点 K 左侧的一段，位于△ABC 之下，故 mk 上与平面重合的那一段为不可见，画成虚线，另一段则可见，画成粗实线。

二、直线与平面都不垂直于投影面时相交

当直线与平面都不垂直于投影面时，不能用前面介绍的方法直接求出交点，我们可以通过作辅助直线的方法来求。如图 2-52 所示，有一直线 MN 和一般位置平面△ABC，为求直线 MN 和平面△ABC 的交点，可先在平面 ABC 上求一条直线 ⅠⅡ，使该直线的 H 面投影与 MN 的 H 面投影重合，然后求出直线 ⅠⅡ 的 V 面投影 $1'(2')$，$1'(2')$ 与 $m'n'$ 的交点 k' 即为所求。这种求直线与平面的交点的方法，称为辅助直线法。

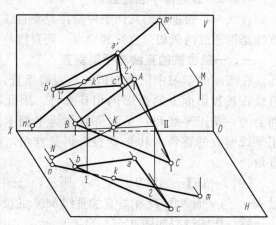

图 2-52　直线与平面都不垂直于
投影面时相交

【例 2-15】　如图 2-53（a）所示，求作直线 MN 和平面△ABC 的交点 K，并判别投影的可见性。

解　（1）分析：由已知条件可见，直线 MN 为一般位置直线，平面 ABC 为一般位置平面，因此交点就可以采用辅助直线法来求。

（2）作图过程如图 2-53（b）所示：

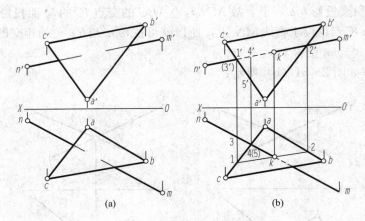

图 2-53　一般位置的直线与平面的交点作图
(a) 已知条件；(b) 作图过程

1）在 V 面投影图中标出直线 MN 与△ABC 的两边 AC、AB 的重影点 $1'$、$2'$。

2）由 $1'$、$2'$ 作 OX 轴的垂线分别与 ac 和 ab 交得 1、2，连接 1、2，与 mn 交得 k。

3）由 k 作 OX 轴的垂线，与 $m'n'$ 交得 k'，即为所求。

4）判别可见性。直线 MN 穿过△ABC 之后，必有一段被平面遮挡而看不见，为此可以利用 [例 2-13] 的方法进行判别：过 $m'n'$ 和 $a'c'$ 的交点作 OX 轴的垂线，与 ac 交得 1，与 mn 交得 3，由于 1 位于 3 之前，故可判断，在 V 面投影图中，直线 MN 上的一段 $3'k'$ 位于平面△ABC 后面而不可见，画成虚线，另一段 $2'k'$ 必为可见，画成粗实线。同理可判别：在 H 面投影图中 $4k$ 为可见。

2.5.3　直线与平面垂直

直线与平面垂直的几何条件是：只要直线垂直于该平面上的任意两条相交直线，不管该直线是否通过两条相交直线的交点，则直线与平面必相互垂直。

一、一般位置的直线与平面垂直

在前面的学习中已经知道，两直线垂直，当其中一条直线为投影面的平行线时，则两直线在该投影面上的投影仍相互垂直。因此在投影图上作平面的垂线时，可首先作出平面上的一条正平线和一条水平线作为平面上的相交两直线，再作垂线。此时所作垂线与正平线所夹的直角，其 V 面投影仍是直角，垂线与水平线所夹的直角，其 H 面投影也是直角。

【例 2-16】　如图 2-54 (a) 所示，已知空间一点 M 和平面 $ABCD$ 的两面投影，求作过 M 点与平面 $ABCD$ 相垂直的垂线 MN 的投影（MN 可为任意长度）。

解　作图过程如图 2-54 (b) 所示：

(1) 过 a' 作 $a'1'$∥OX 轴，与 $b'c'$ 交得 $1'$，过 $1'$ 作 OX 轴的垂线，与 bc 交得 1，连接 $a1$ 并延长 $a1$，过 m 作 $a1$ 的垂线。

(2) 过 a 作 $a2$∥OX 轴，交 bc 得 2，过 2 作 OX 轴的垂线，交 $b'c'$ 得 $2'$。

(3) 连 $a'2'$ 并延长 $a'2'$，过 m' 作 $a'2'$ 的垂线 $m'n'$。

(4) 过 n' 作 OX 轴的垂线，得 n 点，将 $m'n'$ 和 mn 画成粗实线。$m'n'$、mn 即为所求垂线 MN 的投影。

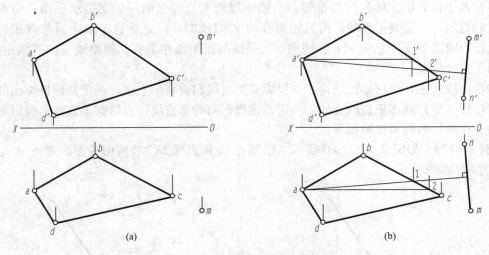

图 2 - 54　一般位置的直线与平面垂直

（a）已知条件；（b）作图过程

本题只是要求作出一任意长度的垂线 MN，故在取 N 点的投影时，可在两面投影中的垂线上任意定出点 N，只是要求点 N 的两面投影符合投影规律而已。

二、特殊位置的直线与平面垂直

特殊位置的直线与平面相垂直，只有图 2 - 55 所示的两种情况。

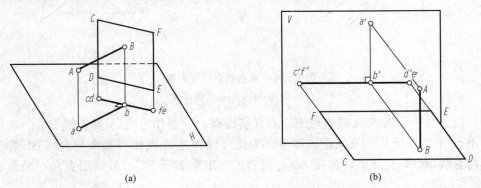

图 2 - 55　特殊位置的直线与平面垂直的投影特性

（a）同一投影面的平行线与垂直面相垂直；（b）同一投影面的垂直线与平行面相垂直

图 2 - 55（a）所示是同一投影面的平行线与垂直面相垂直的情况，图中 AB 是水平线，$CDEF$ 是铅垂面，由立体几何可推知：与水平线相垂直的平面，一定是铅垂面；与铅垂面相垂直的直线，一定是水平线；而且水平线的 H 面投影，一定垂直于铅垂面的有积聚性的 H 面投影，即图中 $ab\perp cdef$。同理，正平线与正垂面相垂直，侧平线与侧垂面相垂直，也都属于这种情况。

综合上段所述，可以得出结论：与投影面平行线相垂直的平面，一定是该投影面的垂直面；与投影面垂直面相垂直的直线，一定是该投影面的平行线；投影面平行线在所平行的投影面上的投影，必垂直于该投影面垂直面的有积聚性的同面投影。

图 2 - 55（b）所示是同一投影面的垂直线与平行面相垂直的情况，图中 AB 是铅垂线，

$CDEF$ 是水平面，由立体几何可推知：与铅垂线相垂直的平面，一定是水平面；与水平面相垂直的直线，一定是铅垂线；而且铅垂线的 V 面投影，一定垂直于水平面的有积聚性的 V 面投影，即图中 $a'b' \perp c'd'e'f'$。同理，正垂线与正平面相垂直，侧垂线与侧平面相垂直，也都属于这种情况。

综合上段所述，可以得出结论：与投影面垂直线相垂直的平面，一定是该投影面的平行面；与投影面平行面相垂直的直线，一定是该投影面的垂直线；投影面垂直线的投影必定与平面的有积聚性的同面投影相垂直。

【例 2-17】 如图 2-56（a）所示，已知点 A 和直线 BC 的两面投影，求点 A 与直线 BC 间的真实距离。

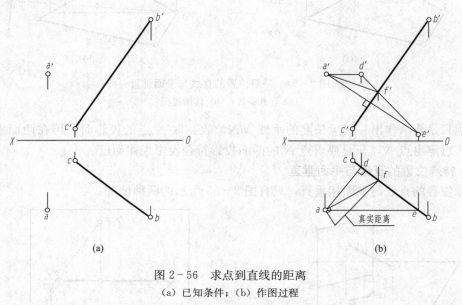

(a)   (b)

图 2-56　求点到直线的距离
(a) 已知条件；(b) 作图过程

解　（1）分析：求点 A 到直线 BC 的真实距离，只要作出点 A 到直线 BC 的垂线 AF，然后求出点 A 与垂足 F 的真实距离即可。为此可以先过 A 点作一平面与直线 BC 垂直，求出平面与直线 BC 的交点 F，连接 AF，则 AF 一定垂直于 BC，最后用直角三角形法求出 AF 的真实长度。

（2）作图过程如图 2-56（b）所示：

1）过 a 作 $ad \perp bc$，与 bc 交得 d，过 d 作 OX 轴的垂线，交过 a' 且与 OX 轴平行的直线于 d'；过 a 作 $ae // OX$ 轴，与 bc 交得 e，过 e 作 OX 轴的垂线，交过 a' 且与 $b'c'$ 垂直的直线于 e'，连接 $d'e'$。

2）求出直线 BC 与平面 $\triangle ADE$ 的交点 F 的两面投影 f、f'，连接 af、$a'f'$。

3）因所作的 $\triangle ADE \perp BC$，又 AF 在 $\triangle ADE$ 上，故 $AF \perp BC$，F 为垂足。

4）利用直角三角形法求出 AF 的真实长度，标注在投影图上。

【例 2-18】 如图 2-57（a）所示，求作一直线 MN 与两交叉直线 AB 和 CD 相交，且与另一直线 EF 平行。

解　（1）分析：过直线 AB 若作出一个平面与 EF 平行，在这个平面上可以有无数条直线与 EF 平行，且与 AB 相交。要满足所求直线与直线 CD 也相交，只需求出直线 CD 与所

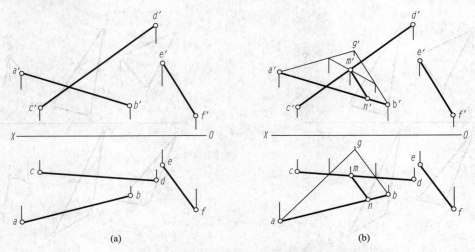

图 2-57   作直线与交叉两直线相交且与已知直线平行
(a) 已知条件；(b) 作图过程

作平面的交点 M，过 M 作 $MN /\!/ EF$，与 AB 交于 N 点即可。

(2) 作图过程如图 2-57 (b) 所示：

1) 过 b' 作 $b'g' /\!/ e'f'$，过 b 作 $bg /\!/ ef$。

2) 求出直线 CD 与平面 ABG 的交点 M 的投影 m、m'。

3) 过 m' 作 $m'n' /\!/ e'f'$，与 $a'b'$ 交得 n'。

4) 过 m 作 $mn /\!/ ef$，与 ab 交得 n 或过 n' 作 OX 轴的垂线，与 ab 交得 n，结果一样。

5) 完成作图，mn、$m'n'$ 即为所求。

2.6   平面与平面的相对位置

两平面的相对位置，我们也分为平行、相交、垂直三种情况。

2.6.1   平面与平面平行

两平面相平行的几何条件是：如果一平面上的一对相交直线，分别与另一平面上的一对相交直线互相平行，则两平面互相平行。利用这个几何条件可以进行平面与平面平行的检验和作图。

【例 2-19】   如图 2-58 (a) 所示，已知两平面 $\triangle ABC$ 和 $\triangle DEF$ 以及点 P 的两面投影。试求：

(1) 检验两平面 $\triangle ABC$ 和 $\triangle DEF$ 是否互相平行？

(2) 过点 P 作一平面平行于 $\triangle DEF$。

解   (1) 检验两平面是否平行，只要在一平面上作出两相交直线，检验是否与另一平面上的相交直线平行即可，作图过程如图 2-58 (b) 所示：

1) 在 $\triangle DEF$ 的 DF 边上找一点 G，标出其两面投影 g、g'。

2) 过 g' 作 $g'1' /\!/ a'c'$，与 $d'e'$ 交得 $1'$。

3) 过 g' 作 $g'2' /\!/ b'c'$，与 $d'e'$ 交得 $2'$。

4) 过 $1'$、$2'$ 分别作 OX 轴的垂线，与 de 交得 1、2，连接 $g1$ 和 $g2$。

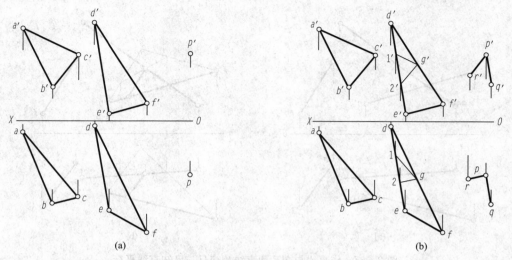

图 2 - 58　平面与平面平行的检验和作图

（a）已知条件；（b）作图过程

5）检验 $g2$ 是否平行于 bc，$g1$ 是否平行于 ac。本题经检验 $g2 /\!/ bc$，$g1 /\!/ ac$，即 $G\mathrm{II} /\!/$ BC，$G\mathrm{I} /\!/ AC$，故 $\triangle ABC /\!/ \triangle DEF$。

若检验结果为 $g2$ 不平行于 bc 或 $g1$ 不平行于 ac，即可判断 $\triangle ABC$ 与 $\triangle DEF$ 一定不平行。

（2）过点 P 作一平面与 $\triangle DEF$ 相平行，只要过点 P 作出两条与 $\triangle DEF$ 平行的相交直线即可。作图过程如图 2 - 58（b）所示：

1）过 p' 作 $p'r' /\!/ g'2'$，$p'q' /\!/ d'e'$。

2）过 p 作 $pr /\!/ g2$，$pq /\!/ de$。

3）因两条相交直线即可确定一个平面，故 pqr 和 $p'q'r'$ 即为所求平面的两面投影。

在特殊情况下，当两平面都是同一投影面的垂直面时，则两平面的平行关系可直接在两平行平面有积聚性的投影中反映出来，即两平面的有积聚性的同面投影互相平行。如图 2 - 59（a）所示，设铅垂面 P 和 Q 在空间互相平行，故它们的 H 面投影 $P^H /\!/ Q^H$，P 和 Q 两面投影图的表示方式如图 2 - 59（b）所示；反之，因 H 面中的积聚投影 $P^H /\!/ Q^H$，由之所作的 H 面垂直面 P 和 Q 在空间亦必互相平行。

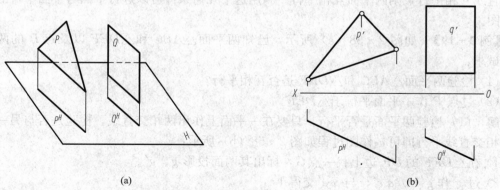

图 2 - 59　特殊位置的两平面平行

（a）空间状况；（b）投影图

2.6.2 平面与平面相交

两平面相交于一条直线，称为交线。平面与平面相交的问题，主要是求交线和判别可见性的问题。两平面的交线是两平面所共有的直线，一般通过求出交线的两端点来连得交线。交线求出后，在判别投影可见性时必须注意：可见性是相对的，有遮挡就有被遮挡；可见性只存在于两平面图形投影重叠部分，对两平面图形投影不重叠部分不需判别，都是可见的。

一、两特殊位置平面相交

垂直于同一个投影面的两个平面的交线，必为该投影面的垂直线，两平面的积聚投影的交点就是该垂直线的积聚投影。如图 2-60（a）所示，平面 P 与平面 Q 都垂直于投影面 H，则两平面 P 和 Q 的交线 MN 必垂直于投影面 H，而且 P 和 Q 的 H 面投影 P^H 和 Q^H 的交点必为 MN 的积聚投影 mn。

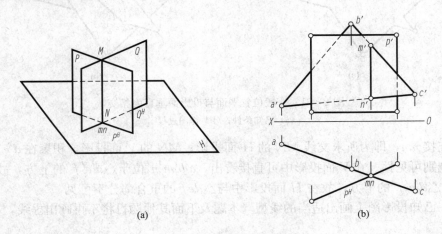

(a)　　　　　　　　　　　(b)

图 2-60　两投影面垂直面相交
(a) 空间状况；(b) 两投影面垂直面相交作图

【例 2-20】 求作如图 2-60（b）所示两投影面垂直面 P 和 $\triangle ABC$ 的交点 MN，并表明可见性。

解 （1）在 abc 与 P^H 的交点处标出 mn，即为交线 MN 的 H 面投影。

（2）过 mn 作 OX 轴的垂线，得交点 m'、n'，连接 $m'n'$，即为所求交线 MN 的 V 面投影。

（3）判别可见性。在 mn 的左方，P^H 位于 $abmn$ 之前，故在 V 面投影中 p' 在 $m'n'$ 左侧为可见，右侧与 $\triangle ABC$ 重叠的部分必为不可见，作图结果如图 2-60（b）所示。

二、两个平面中有一个平面处于特殊位置时相交

两平面相交，只要其中有一个平面对投影面处于特殊位置，就可直接用投影的积聚性求作交线。在两平面都没有积聚性的同面投影重合处，可由投影图直接看出投影的可见性，而交线的投影就是可见和不可见的分界线。

【例 2-21】 如图 2-61（a）所示，求作一般位置的平面 $\triangle ABC$ 与正垂面 $\triangle DEF$ 的交线 MN，并表明可见性。

解 作图过程如图 2-61（b）所示：

（1）在 $b'c'$、$a'c'$ 有积聚性的同面投影 $d'e'f'$ 的交点处，分别标出 m'、n'，由 m'、n' 分别作 OX 轴的垂线，与 bc 交得 m，与 ac 交得 n。

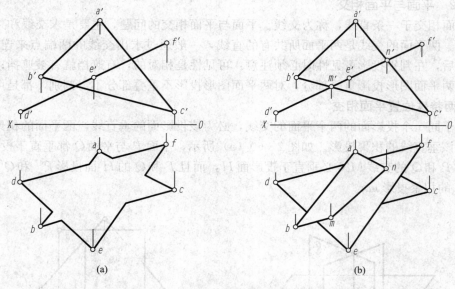

图 2-61　一般位置平面与投影面垂直面相交

(a) 已知条件；(b) 作图过程

（2）连接 mn，即为所求交线 MN 的 H 面投影；MN 的 V 面投影，积聚在 $d'e'f'$ 上。

（3）判别可见性。在 V 面投影中可直接看出，$a'b'm'n'$ 位于 $\triangle d'e'f'$ 的上方，故应可见，$c'm'n'$ 位于 $\triangle d'e'f'$ 的下方，故在 H 面投影中与 $\triangle def$ 的重合部分不可见。

（4）在已知投影图上画出适当的线型（本题及下面其他题目将不再画出虚线，亦可表示不可见）。

【例 2-22】 如图 2-62（a）所示，求作一般位置的平面 $\triangle ABC$ 与正垂面 $\triangle DEF$ 的交线 MN，并表明可见性。

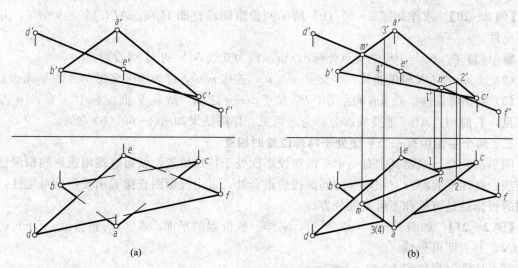

图 2-62　一般位置平面与投影面垂直面相交

(a) 已知条件；(b) 作图过程

解　两平面的交线是两平面的公有线，因正垂面的 V 面投影具有积聚性，故交线 MN 的 V 面投影必积聚在正垂面的 V 面投影上。由图 2－62 可知，一般位置的平面△ABC 的 AB 边与△DEF 必产生一个交点，即为交线 mn 的一个端点 m，现求另一端点 N 的投影。

由作图知，△ABC 的 BC 边与△DEF 并没有产生实际的交点，也就是说交线 MN 的另一端点 N 只能是由△DEF 的某一条边与△ABC 相交产生的。为此，需要分别分析 DE、EF、DF 这三条边与△ABC 的相交情况，最终能够确定 N 是由 EF 边与△ABC 相交产生的。在求出 M、N 后，连接其 H 面投影 mn，最后按照可见性的判别方法进行可见性分析，作图过程如图 2－62（b）所示。

［例 2－21］中的两个平面，其中一个平面图形完全穿过另一个平面图形，交线 MN 的两个端点 M、N 落在同一平面△ABC 的两条边 BC 和 AC 上，这种情况称为全交；［例 2－22］中的两个平面，彼此都只有一部分相交，交线 MN 的两个端点 M、N 分别落在平面△ABC 的 AB 边和平面△DEF 的 EF 边上，这种情况称为半交。

特殊位置平面与一般位置平面的相交，可以用来求一般位置直线与一般位置平面的交点，如图 2－63 所示，直线 DE 和△ABC 均为一般位置，直线 DE 与△ABC 相交，必有一个交点 K，现设交点 K 已求出，则过交点 K 在△ABC 上可作出无数条直线，其中每一条直线（如ⅠⅡ线）与 DE 相交可组成一个平面，这样可作无数个平面。其中必有一个平面是铅垂面或正垂面或侧垂面。所作平面称为过 DE 直线的辅助平面 P，ⅠⅡ线即为 P 面与△ABC 的交线，ⅠⅡ线与 DE 的交点也就是直线 DE 与△ABC 的交点。这种求直线与平面的交点的方法，称为辅助垂直面法。

作图过程如下：

（1）过 DE 作铅垂面 P。在投影图上将 de 标记为 P^H。

（2）求 P 与△ABC 的交线ⅠⅡ。P^H 与 ab 交于 1，与 ac 交于 2，12 即为交线的 H 面投影，由 12 求出其 V 面投影 1'2'。

（3）求直线 DE 与交线ⅠⅡ的交点。1'2'与 d'e'相交于 k'，由 k'在 de 上求出 k，k、k'即为所求交点 K 的两面投影。

（4）判别可见性。作图结果如图 2－63（b）所示。

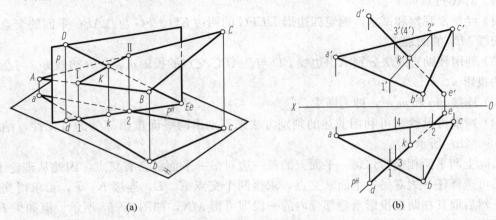

图 2－63　利用辅助垂直面求一般位置直线与平面的交点

(a) 空间示意；(b) 作图过程

可以看出，辅助垂直面法的作图过程完全相同于辅助直线法，仅是设想的不同而已。

三、两个一般位置平面相交

求两个一般位置平面的交线，实质上是分别求某一平面内的两条边线与另一平面的两个交点，连接这两个交点即是两平面的交线。由于两平面的投影都没有积聚性，在解题前，可先观察出投影图上没有重叠的平面图形边线，它们不可能与另一平面有实际的交点，故不必求取这种边线对另一平面的交点。如图 2-64（a）中的边线 AC、DG、EF。这种方法称为线面交点观察法。

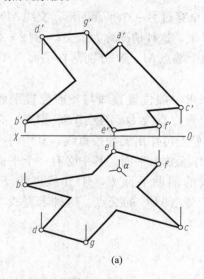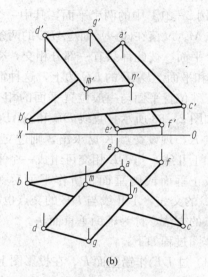

（a）　　　　　　　　　　　　　　　　（b）

图 2-64　两个一般位置平面相交的求解

（a）已知条件；（b）作图过程

【例 2-23】　如图 2-64（a）所示，求作平面 △ABC 与四边形 DEFG 的交线 MN 的两面投影，并表明可见性。

解　作图过程如下：

（1）经反复观察和试求，确定四边形 DEFG 的两边 ED、FG 与 △ABC 平面的交点即为所求交线 MN 的两端点。

（2）利用辅助直线法分别求出边线 ED 与 △ABC 交点的投影 m、m'，边线 FG 与 △ABC 交点的投影 n、n'。

（3）连接 mn 和 $m'n'$，即为所求。

（4）判别可见性。可利用前述的判别方法来判别出两平面重影部分的可见性，结果如图 2-64（b）所示。

实际上两平面相交时，每一平面上的每一边对另一平面都会有交点，因此从理论上说，作图时可选择任一边对另一平面求交点，求得两个交点 K、L，连接 K、L，可求得交线的方向，然后取其在两面投影重叠部分内的一段即可得 MN，如图 2-65 所示。但如果 K、L 落在图形外较远处，作图就不是很方便了。

【例 2-24】　如图 2-66（a）所示，求作△ABC 和△DEF 的交线 MN，并表明可见性。

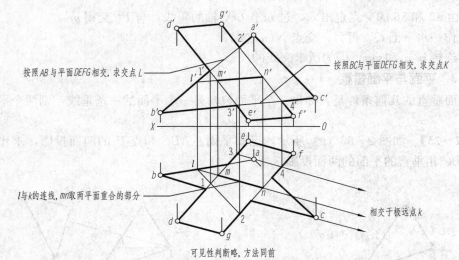

按照 AB 与平面 DEFG 相交，求交点 L

按照 BC 与平面 DEFG 相交，求交点 K

l 与 k 的连线，mn 取两平面重合的部分

相交于极远点 k

可见性判断略，方法同前

图 2-65　求解两个一般位置平面交线的一般方法

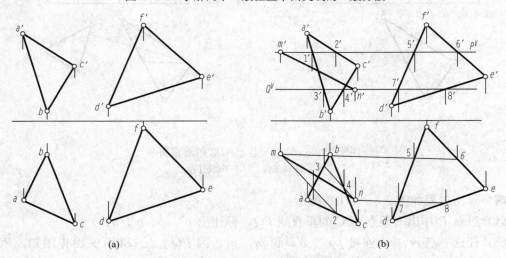

(a)　　　　　　　　　　　　　　　　　(b)

图 2-66　两个一般位置平面相交的求解图
(a) 已知条件；(b) 作图过程

解　经观察可发现，两个平面△ABC 和△DEF 的所有
边线在投影图中均不可能与另一平面有实际的交点，线面交
点观察法在本题中已不宜应用。为此，可取两个投影面平行
面 P 和 Q 作为辅助平面，利用三面共点原理，如图 2-67 所
示，分别求出它们与两个已知平面的辅助交线Ⅰ Ⅱ、Ⅲ Ⅳ、
Ⅴ Ⅵ、Ⅶ Ⅷ，每个辅助平面上的两条辅助交线的交点，即为
所求交线 MN 上的一点，连接两个交点，即为所求交线，这
种方法称为辅助平行面法。作图过程如图 2-66（b）
所示：

（1）作一水平面 P，截△ABC 和△DEF 得交线Ⅰ Ⅱ和
Ⅴ Ⅵ。

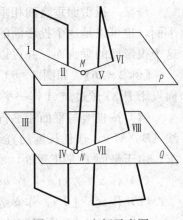

图 2-67　空间示意图

（2）由 12 和 56 的交点定出 m，过 m 作 OX 轴的垂线，与 P^V 交得 m'。

（3）作一水平面 Q，得另一交点 $N(n，n')$。

（4）连接 $m'n'$ 和 mn，即为所求交线的投影。

2.6.3 平面与平面垂直

两平面垂直的几何条件是：如果一个平面包含另一个平面的一条垂线，则两个平面就相互垂直。

【例 2-25】 如图 2-68（a）所示，已知平面 $\triangle ABC$ 和点 P 的两面投影，求作过点 P 且与 $\triangle ABC$ 相垂直的平面的两面投影。

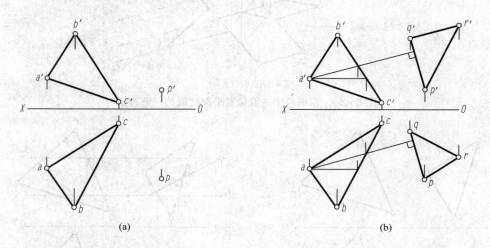

图 2-68　过点 P 作 $\triangle ABC$ 的垂直面

(a) 已知条件；(b) 作图过程

解　作图过程如图 2-68（b）所示：

（1）过点 P 作出一条 $\triangle ABC$ 的垂直线 PQ，标注出 p'、p、q'、q。

（2）任选一点 r'、r，连接 $p'r'$、$q'r'$ 和 pr、qr，因 $PQ \perp \triangle ABC$，又由作图知，PQ 位于平面 $\triangle PQR$ 上，故 $\triangle p'q'r'$、$\triangle pqr$ 即为所求平面的投影。

综合上述，可得出以下结论：

与某一投影面垂直面相垂直的平面，一定包含该投影面垂直面的垂线，可以是一般位置平面，也可以是这个投影面的垂直面或平行面；与某一投影面平行面相垂直的平面，一定是这个投影面的垂直面，并可以是其他两个投影面的平行面。

【例 2-26】 如图 2-69（a）所示，已知 A 点和直线 MN 的投影，以及正垂面 P 的 V 面投影 P^V，试过点 A 作一平面，使该平面与直线 MN 相平行，与平面 P 相垂直。

解　按直线与平面相平行以及两平面相垂直的几何条件，只要过 A 点作任意长度的直线 $AB /\!/ MN$，作任长度的直线 $AC \perp$ 平面 P，则相交两直线 AB 和 AC 确定的平面，即为所求。由于平面 P 是正垂面，所以 AC 必为正平线。作图过程如图 2-69（b）所示：

（1）作 $a'b' /\!/ m'n'$，作 $ab /\!/ mn$。

（2）作 $a'c' \perp P^V$，作 $ac /\!/ OX$ 轴。

（3）AB 和 AC 所确定的平面 ABC，即为所求。

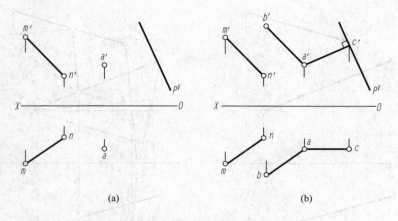

(a)   (b)

图 2-69 特殊位置的平面与平面垂直
(a) 已知条件；(b) 作图过程

当两个平面都是同一投影面的垂直面时，它们
有积聚性的同面投影也互相垂直。如图 2-70 所示，
两个矩形铅垂面 $PQMN$ 和 $PQRS$ 互相垂直，它们的
有积聚性的 H 面投影 $pqmn \perp pqrs$。

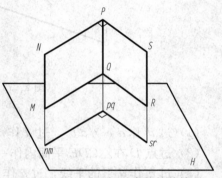

【例 2-27】 如图 2-71 (b) 所示，已知两直线
AB、CD 投影，求它们的公垂线 KL，并求最短
距离。

解 如图 2-71 (a) 所示，假设 KL 已经作出，
它与 AB、CD 两直线均成正交，所以能够过 CD 线
作出一个平面 P 垂直于 KL 直线。因为 $AB \perp KL$，

图 2-70 两平面相垂直的特殊情况

而 $KL \perp P$，所以 $AB /\!/ P$。于是为了要作出 KL 线的位置，应作出 AB 在 P 面上的投影
MN。MN 与 CD 的交点为 K，过点 K 向 AB 或 P 面作垂线，交 AB 于点 L，KL 即为所求。
作图过程如图 2-71 (c) 所示：

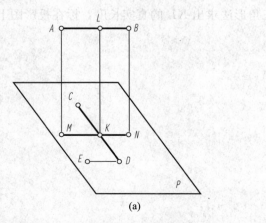

(a)

图 2-71 求公垂线与最短距离（一）
(a) 空间示意

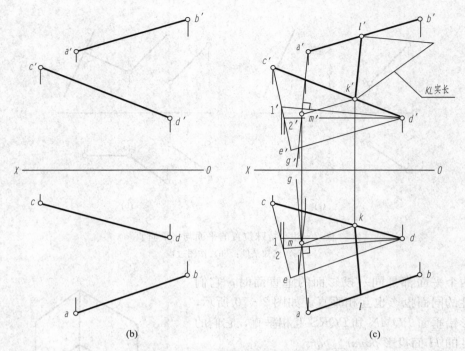

图 2-71 求公垂线与最短距离（二）

(b) 已知条件；(c) 作图过程

（1）过 d' 作 $d'e' \parallel a'b'$，过 d 作 $de \parallel ab$，故△$CDE \parallel AB$。

（2）过点 D 在△CDE 平面内作一正平线 $D\text{I}$ 和一水平线 $D\text{II}$。

（3）过 a' 作 $d'1'$ 的垂线，过 a 作 $d2$ 的垂线，得△CDE 的垂线 AG（ag，$a'g'$）。

（4）求直线 AG 与△CDE 的交点 M（m，m'）。

（5）过 m 作 $mk \parallel ab$，过 m' 作 $m'k' \parallel a'b'$，MK 与 CD 交于 K。

（6）过 k' 作 $k'l' \parallel m'a'$，与 $a'b'$ 交得 l'，过 k 作 $kl \parallel ma$，与 ab 交得 l，kl、$k'l'$ 即为公垂线 KL 的投影。

（7）利用直角三角形法求出 KL 的真实长度，标在投影图上。

第3章 投 影 变 换

通过前面章节的讨论可知，当空间几何元素对投影面处于一般位置时，求解有关它们的定位或度量问题的作图一般比较复杂；而当空间几何元素对投影面处于特殊位置的时候，它们的投影反映实长、实形或有积聚性，从而简化了作图过程。如果能把直线和平面从一般位置变换成特殊位置，那么问题的解决就会变得快速而准确。投影变换正是研究如何改变空间几何元素对投影面的相对位置，以达到简化解题的目的。

让空间几何元素保持不动，设立新的投影面来代替旧的投影面，使空间几何元素对新的投影面的相对位置处于有利于解题的特殊位置，进行投影变换，这种方法称为换面法。

3.1 点 的 投 影 变 换

3.1.1 新投影面体系的建立

如图 3-1 所示一铅垂面$\triangle ABC$，在 V 面和 H 面的投影体系（简称 V/H 体系）中的两个投影都不反映实形。为使新的投影反映实形，取一个平行于$\triangle ABC$ 且垂直于 H 面的面 V_1，来代替 V 面，则新的 V_1 面和不变的 H 面构成一个新的投影面体系 V_1/H。

$\triangle ABC$ 在新的 V_1 面上的投影$\triangle a_1'b_1'c_1'$就反映实形。

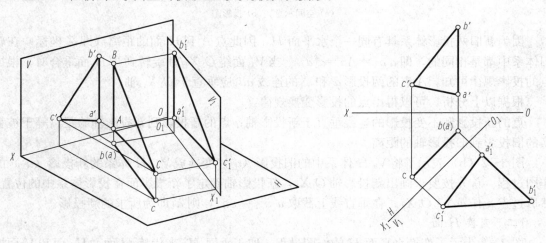

图 3-1 新投影面体系的建立

V_1 面称为新投影面，H 面称为不变投影面，V 面称为旧投影面；O_1X_1 轴称为新投影轴，OX 轴称为旧投影轴；相应地把 V_1 面上的投影$\triangle a_1'b_1'c_1'$称为新投影，H 面上的投影$\triangle abc$ 称为不变投影，V 面上的投影$\triangle a'b'c'$称为旧投影。

新投影面的建立必须符合以下两个条件：

（1）新投影面必须垂直于一个不变投影面（正投影原理的需要）。

（2）新投影面必须和空间几何元素处于有利于解题的位置。

3.1.2 点的投影变换规律

点是最基本的几何元素，因此，在变换投影面时，首先要了解点的投影变换规律。

一、点的一次变换

（一）变换 V 面

如图 3 - 2 所示，点 A 在 V/H 体系中的正面投影为 a'，水平投影为 a。现在保留 H 面不变，取一铅垂面 $V_1(V_1 \perp H)$，使之形成新的两投影面体系 V_1/H。O_1X_1 轴为新投影轴，过 A 点向 V_1 面作垂线，垂线与 V_1 面的交点 a_1' 即为 A 点在 V_1 面上的新投影。

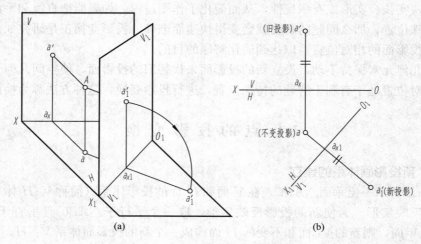

图 3 - 2　点的一次变换（变换 V 面）
(a) 空间示意；(b) 投影图

因为新旧两投影体系具有同一个水平面 H，因此点 A 到 H 面的距离（即 Z 坐标）在新旧体系中都是相同的，即 $a'a_x = Aa = a_1'a_{x1}$。当 V_1 面绕 O_1X_1 轴旋转到与 H 面重合时，根据点的投影规律可知，A 点的两投影 a 和 a_1' 的连线 aa_1' 应垂直于 O_1X_1 轴。

根据以上分析，可以得出点的投影变换规律：

点的新投影和不变投影的连线垂直于新投影轴；点的新投影到新投影轴的距离等于被替换的旧投影到旧投影轴的距离。

图 3 - 2（b）表示了将 V/H 体系中的旧投影（a'）变换成 V_1/H 体系的新投影（a_1'）的作图过程。首先按要求画出新投影轴 O_1X_1，新投影轴确定了新投影面在投影体系中的位置。然后过点 a 作 $aa_1' \perp O_1X_1$，在垂直线上截取 $a_1'a_{x1} = a'a_x$，则 a_1' 即为所求的新投影。

（二）变换 H 面

图 3 - 3 表示了变换水平面 H 的作图过程。取正垂面 H_1 来代替 H 面，H_1 面和 V 面构成新投影体系 V/H_1，新旧两体系具有同一个 V 面，因此 $a_1a_{x1} = Aa' = aa_x$。图 3 - 3（b）表示在投影图上，由 a、a' 求作 a_1 的过程，首先作出新投影轴 O_1X_1，然后过 a' 作 $a'a_{x1} \perp O_1X_1$，在垂线上截取 $a_1a_{x1} = aa_x$，则 a_1 即为所求的新投影。

二、点的二次变换

在运用换面法解决实际问题时，有时变换一次投影面不足以解决问题，此时必须变换两次或更多次。二次换面是在一次换面的基础上再作一次换面。其原理及作图方法和一次变换完全相同，如图 3 - 4 所示。

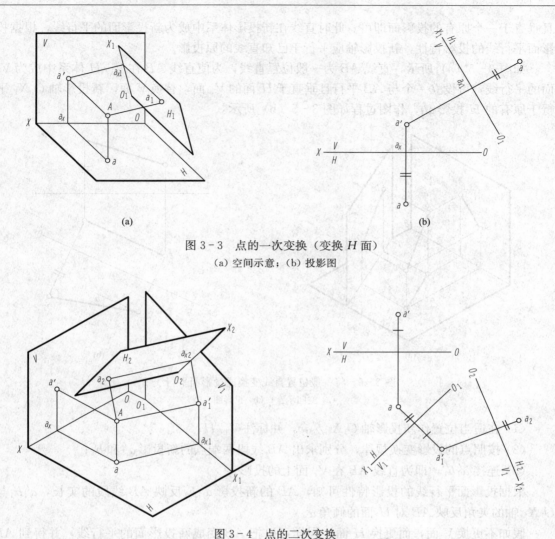

图 3 - 3 点的一次变换（变换 H 面）

（a）空间示意；（b）投影图

图 3 - 4 点的二次变换

必须指出：在更换多次投影面时，新投影面的选择除必须符合前述的两个条件外，还必须是在一个投影面更换完以后，在新的两面体系中交替地再更换另一个。即 $V/H \rightarrow V_1/H \rightarrow V_1/H_2 \rightarrow V_3/H_2 \rightarrow \cdots$，或者是 $V/H \rightarrow V/H_1 \rightarrow V_2/H_1 \rightarrow V_2/H_3 \rightarrow \cdots$。

3.2 直线的投影变换

空间直线的投影可由直线上的两点的同面投影来确定，因而直线的投影变换即为直线上两点的投影变换。

3.2.1 直线的一次变换

一、一般位置直线变换成投影面平行线

通过一次换面可将一般位置直线变换成投影面平行线，从而解决求一般位置直线的实长及对某一投影面的倾角问题。

要将一般位置直线变换为投影面平行线，只要作一个新的投影面使其平行于已知直线，且垂直于一个原有的投影面即可。此时直线在新投影体系中成为新投影面的平行线，根据投影面平行线的投影特性，新投影轴应平行于已知直线的原投影。

如图 3-5（a）所示，直线 AB 为一般位置直线，为使直线 AB 在 V_1/H 体系中成为 V_1 面的平行线，可设立一个与 AB 平行且垂直于 H 面的 V_1 面，替换 V 面，新投影轴 O_1X_1 平行于原有的 H 投影 ab，作图过程如图 3-5（b）所示：

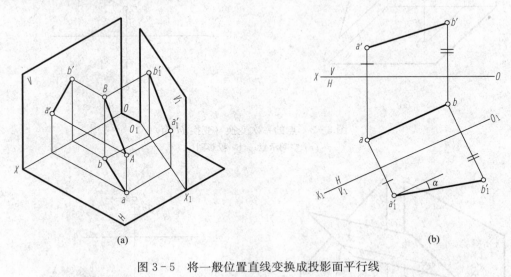

图 3-5　将一般位置直线变换成投影面平行线
（a）空间示意；（b）投影图

（1）在适当位置作新投影轴 $O_1X_1 /\!/ ab$，并标注 V_1/H；

（2）按照点的投影变换规律，分别求出 AB 线段两端点的新投影 a_1' 和 b_1'；

（3）连接 $a_1'b_1'$，即为直线 AB 在 V_1 面上的投影。

根据投影面平行线的投影特性可知，AB 的新投影 $a_1'b_1'$ 反映 AB 线段的实长，$a_1'b_1'$ 与 O_1X_1 轴的夹角反映 AB 对 H 面的倾角 α。

假如不更换 V 面，而更换 H 面，同样可以把 AB 变成新投影面的平行线，并得到 AB 的实长及其对 V 面的倾角 β。

二、投影面平行线变换成投影面垂直线

通过一次换面可将投影面平行线变换成投影面垂直线，从而解决点到投影面平行线的距离和两条平行的投影面平行线的距离等问题。

要将投影面平行线变换为投影面垂直线，只要作一个新的投影面使其垂直于已知直线，且垂直于一个原有的投影面即可。此时，投影面平行线在新投影体系中成为新投影面的垂直线，其新投影积聚为一点，因此投影轴 O_1X_1 应垂直于投影面平行线中反映实长的投影。

如图 3-6（a）所示，在 V/H 体系中，有正平线 AB，因为与 AB 垂直的平面必然垂直于 V 面，故可用 H_1 面来替换 H 面，使 AB 成为 V/H_1 中的 H_1 面垂直线。在 V/H_1 中，按照 H_1 面垂直线的投影特性，新投影轴 O_1X_1 应垂直于 $a'b'$。作图过程如图 3-6（b）所示：

（1）在适当位置作新投影轴 $O_1X_1 \perp a'b'$，并标注 V/H_1；

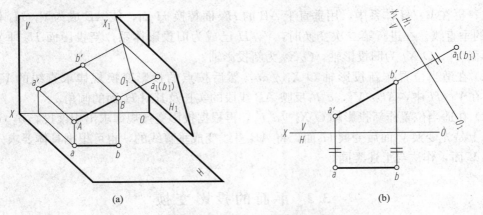

图 3-6　将投影面平行线变换为投影面垂直线

(a) 空间示意；(b) 投影图

（2）按照点的投影变换规律，求得 A、B 两点的积聚投影 $a_1(b_1)$，AB 即为 V/H_1 体系中 H_1 面的垂直线。

同理，通过一次换面，也可将水平线变换成 V_1 面垂直线。

3.2.2　直线的两次变换

把一般位置直线变为投影面的垂直线，显然，一次换面是不能完成的。因为若选新投影面垂直于已知直线，则新投影面也必定是一般位置平面，它和原投影体系中的两投影面均不垂直，不能构成新的投影面体系。

如果所给直线为投影面平行线，要变为投影面垂直线，则经一次换面就可以了。因此，可以通过两次换面，将一般位置直线先变换成投影面平行线，再变换成投影面的垂直线，从而解决点到一般位置直线的距离及两平行的一般位置直线间的距离等实际问题。

变换过程如图 3-7 所示。

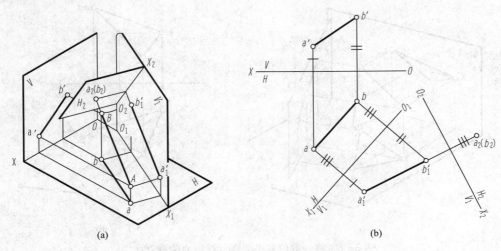

图 3-7　一般位置直线变为投影面垂直线

(a) 空间示意；(b) 投影图

首先在 V/H 体系中，用平行于 AB 的 V_1 面替换 V 面，AB 成为 V_1/H 体系中 V_1 面的

平行线；再在 V_1/H 体系中，用垂直于 AB 的 H_2 面替换 H 面，使 AB 成为 V_1/H_2 体系中 H_2 面的垂直线。在进行第二次变换时，V_1/H 已成为旧投影体系，新投影面 H_2 垂直于不变投影面 V_1，O_1X_1 为旧投影轴，O_2X_2 为新投影轴。

（1）在适当位置作新投影轴 $O_1X_1 // ab$，然后按点的投影变换规律求直线的 V_1 投影 $a_1'b_1'$；在 V_1/H 中，$AB//V_1$，$a_1'b_1'$ 反映 AB 线段的实长及其对 H 面的倾角 α。

（2）在适当位置作新投影轴 $O_2X_2 \perp a_1'b_1'$，再根据投影变换规律求出积聚投影 $a_2(b_2)$。

以上是先变换 V 面后变换 H 面，将 AB 直线变成垂直线的，也可根据具体要求先换 H 面后换 V 面，作法与上述类同。

3.3 平面的投影变换

3.3.1 平面的一次变换

一、一般位置平面变换成投影面垂直面

通过一次换面可将一般位置平面变换成投影面垂直面，从而解决平面对投影面的倾角、点到平面的距离、两平行平面间的距离、直线与一般面的交点和两平面交线等问题。

根据初等几何原理可知，要将一般位置平面变换成投影面垂直面，只需将平面上的某一直线变成投影面的垂直线即可。但如果想将平面上的一条一般位置直线转换成投影面垂直线，则必须经过两次换面，而如果在平面上取一条投影面平行线，要转换成投影面垂直线只需一次换面。因此，要把一般位置平面变成投影面的垂直面，可分两步进行，先在一般位置平面上取一条投影面平行线，然后再经一次换面将投影面平行线变成投影面垂直线。

如图 3-8（a）所示，$\triangle ABC$ 在 V/H 体系中是一般位置平面，为了把它转换成投影面垂直面，先在 $\triangle ABC$ 上作一水平线 AD，然后作新投影面 V_1 垂直于 AD，此时 $\triangle ABC$ 在 V_1/H 体系中就变成 V_1 面的垂直面了。

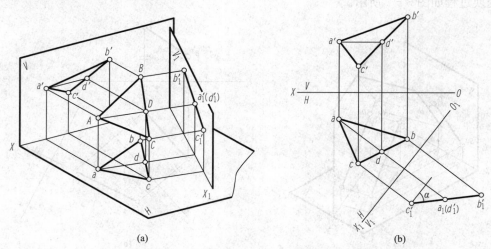

(a)　　　　　　　　　(b)

图 3-8 将一般位置平面变成投影面的垂直面

(a) 空间示意；(b) 投影图

作图过程如图 3-8（b）所示：

（1）在 $\triangle ABC$ 上取一条水平线 $AD(a'd', ad)$；

（2）在适当位置作新投影轴 O_1X_1，垂直于 ad；

（3）按点的投影变换规律，求出各点的新投影 $a_1'b_1'c_1'$，则 $a_1'b_1'c_1'$ 必然积聚成一条直线。并且 $a_1'b_1'c_1'$ 与 O_1X_1 轴的夹角即为 $\triangle ABC$ 与 H 面的夹角 α。

若要求作 $\triangle ABC$ 与 V 面的倾角 β，应在 $\triangle ABC$ 上取一条正平线，将这条正平线变成新投影面 H_1 面的垂直线，$\triangle ABC$ 就变成新投影面 H_1 面的垂直面了，积聚投影 $a_1b_1c_1$ 与 O_1X_1 轴的夹角即反映 $\triangle ABC$ 与 V 面的倾角 β。

二、投影面垂直面变换为投影面平行面

通过一次换面可将投影面垂直面变换为投影面平行面，从而解决求投影面垂直面的实形问题。

要将投影面垂直面变换为投影面平行面，应设立一个与已知平面平行，且与 V/H 投影体系中某一投影面垂直的新投影面。根据投影面平行面的投影特点可知，新投影轴应平行于平面有积聚性的投影。

将正垂面 $\triangle ABC$ 变换为投影面平行面的作图过程如图 3-9 所示。

（1）作 $O_1X_1 /\!/ a'b'c'$；

（2）在新投影面上求出 A、B、C 三点的新投影 a_1、b_1、c_1，得 $\triangle a_1b_1c_1$。$\triangle a_1b_1c_1$ 即为 $\triangle ABC$ 的实形。

若要求作处于铅垂位置的平面图形的实形，应使新投影面 V_1 平行于该平面，新投影轴平行于平面有积聚性的投影。此时，平面在 V_1 面上的投影反映实形。

3.3.2　平面的二次变换

通过二次换面可将一般位置平面变换为投影面平行面，从而解决求一般位置平面的实形问题。

要将一般位置平面变换为投影面平行面，显然一次换面是不行的。因为若选新投影面平行于一般位置平面，则新投影面也必然是一般位置平面，它与原体系中的两投影面均不垂直，不能构成新的投影面体系。若想达到上述目的应先将一般位置平面变换成投影面垂直面，再将投影面垂直面变换成投影面平行面。

如图 3-10 所示，要求一般位置平面 $\triangle ABC$ 的实形，可先将 V/H 中的一般位置平面 $\triangle ABC$ 变成 H_1/V 的 H_1 面垂直面，再将 H_1 垂直面变成 V_2/H_1 中的 V_2 面的平行面，$\triangle a_2'b_2'c_2'$ 即为 $\triangle ABC$ 的实形。

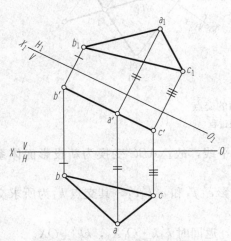

图 3-9　将投影面垂直面变为投影面平行面

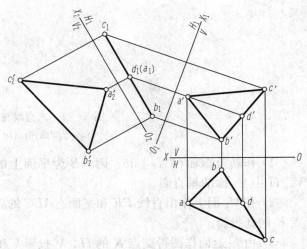

图 3-10　将一般位置平面变为投影面平行面

（1）先在 V/H 中作△ABC 上的正平线 AD 的两面投影 $a'd'$ 和 ad；

（2）作 $O_1X_1\perp a'd'$ 求出点 A、B、C 的 H_1 面投影 a_1、b_1、c_1；

（3）作 $O_2X_2 // a_1b_1c_1$，在 V_2 面上作出△$a_2'b_2'c_2'$，即为△ABC 的实形。

当然也可在△ABC 上取水平线，先将△ABC 变成 V_1/H 中的 V_1 面垂直面，再将之变成 V_1/H_2 中的 H_2 面的平行面，在 H_2 面上作出△$a_2b_2c_2$ 即为△ABC 的实形。

3.4　解　题　举　例

用换面法可以较为方便地解决空间几何元素间的定位问题和度量问题。

3.4.1　定位问题

【**例 3 - 1**】　如图 3 - 11（a）所示，求直线 EF 与△ABC 的交点。

解　（1）分析：因△ABC 和直线 EF 均为一般位置，所以它们的交点不能直接作出。但当平面为投影面垂直面时，利用积聚性可直接求出直线与平面的交点。因此，可采用换面法将△ABC 变换为投影面垂直面，就可求出直线 EF 与△ABC 的交点。

（2）作图过程如图 3 - 11（b）所示：

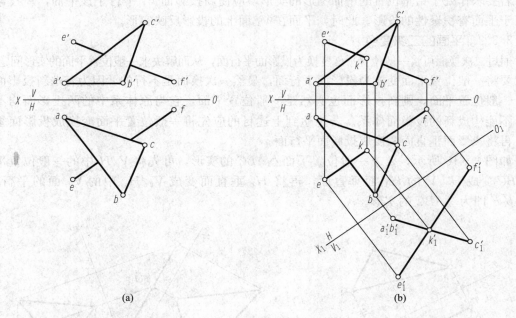

(a)　　　　　　　　　　　　　　　　(b)

图 3 - 11　求直线与平面的交点

(a) 已知条件；(b) 作图过程

1）作新投影轴 $O_1X_1\perp ab$。因 AB 为平面上的水平线，故△ABC 变换为新投影面体系 V_1/H 中 V_1 面的垂直面。

2）在 V_1 面上作出直线 EF 和平面△ABC 的新投影 $e_1'f_1'$ 和 $a_1'b_1'c_1'$，其交点 k_1' 为所求交点 K 的新投影。

3）由 k_1' 返回作图得交点 K 的 H、V 投影 k 和 k'，返回时 $k_1'k\perp O_1X_1$，$kk'\perp OX$。

4）判断直线 EF 的可见性，完成解题。

【例 3 - 2】 如图 3 - 12（a）所示，已知线段 $AB /\!/ CD$，且相距为 10mm，求 $c'd'$。

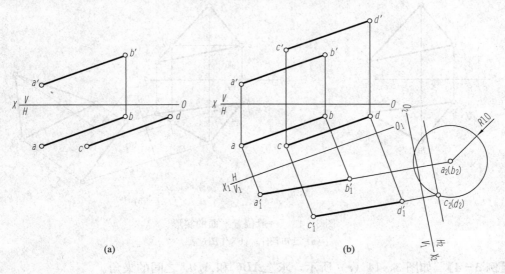

图 3 - 12 求 CD 的正面投影 $c'd'$

(a) 已知条件；(b) 作图过程

解 （1）分析 $AB /\!/ CD$，它们的间距 L 能在垂直于两直线的新投影面上的投影反映出来。因此，要把 AB、CD 变换为新投影面的垂直线，而 AB、CD 为一般位置直线，故需经过两次变换。

（2）作图过程如图 3 - 12（b）所示：

1）作 $O_1X_1 /\!/ ab$，在 V_1 面上作出 $a_1'b_1'$，$a_1'b_1' = AB$。

2）作 $O_2X_2 \perp a_1'b_1'$，在 H_2 面上作出 $a_2(b_2)$（积聚成一点），此时 CD 在 H_2 面上的投影也为一点，且到 $a_2(b_2)$ 的距离为 L（10mm）。

3）以 $a_2(b_2)$ 为圆心，以 L（10mm）为半径画圆弧，则 $c_2(d_2)$ 点必在这个圆弧上。

4）根据投影变换规律，CD 线的 H 投影 cd 到 O_1X_1 轴的距离等于 CD 线在 H_2 面上的投影 $c_2(d_2)$ 到 O_2X_2 轴的距离，因此在 H_2 面上作 O_2X_2 轴的平行线，距离为 cd 到 O_1X_1 轴的距离，该线与圆弧的交点 $c_2(d_2)$ 即为 CD 线的投影。显然有两解。

5）过 $c_2(d_2)$ 作 O_2X_2 轴的垂线，过 c、d 分别作 O_1X_1 轴的垂线，交于 c_1'、d_1'，再根据点的投影变换规律，画出 $c'd'$，即为所求。

3.4.2 度量问题

【例 3 - 3】 如图 3 - 13（a）所示，求一般位置平面 ABC 的实形。

解 （1）分析：如果将平面经过换面变换为投影面的平行面，则在与它平行的那个投影面上的投影就反映实形。一般位置平面需要经过二次换面才能变换为投影面的平行面，从而求出实形。

（2）作图过程如图 3 - 13（b）所示：

1）作△ABC 内水平线 AD 的正面投影 $a'd' /\!/ OX$ 轴，求出其水平投影 ad；

2）作新轴 $O_1X_1 \perp ad$，求出平面 ABC 的新投影 $a_1'b_1'c_1'$；

3）作新轴 $O_2X_2 /\!/ a_1'b_1'c_1'$，其新投影 $a_2b_2c_2$ 反映平面 ABC 的实形。

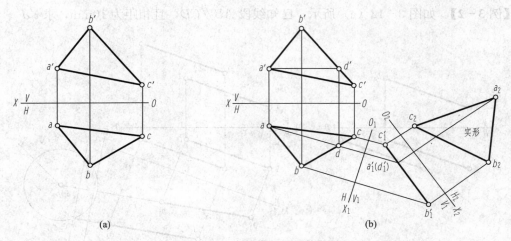

图 3 - 13　一般位置平面的实形

(a) 已知条件；(b) 作图过程

【例 3 - 4】　如图 3 - 14 (a) 所示，求△ABC 和 ABD 之间的夹角。

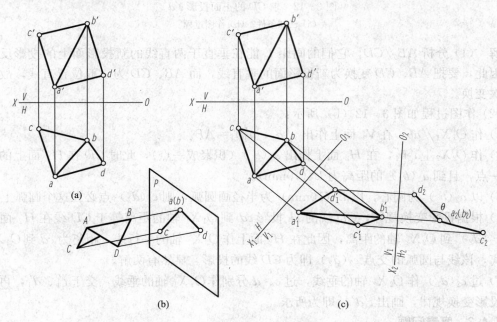

图 3 - 14　求两平面夹角

(a) 已知条件；(b) 空间示意；(c) 作图过程

　　解　(1) 分析：当两三角形平面同时垂直于某一投影面时，则它们在该投影面上的投影直接反映两平面夹角的实形，如图 3 - 14 (b) 所示。要把两三角形平面同时变成投影面垂直面，只要把它们的交线 AB 变成投影面的垂直线即可。但根据已知条件，交线 AB 为一般位置直线，若变为投影面垂直线则需要换两次投影面，即先变为投影面平行线，再变为投影面垂直线。

　　(2) 作图过程如图 3 - 14 (c) 所示：

1）作 O_1X_1 轴 // ab，使交线 AB 在 V_1/H 体系中变为 V_1 面的平行线；

2）作 O_2X_2 轴 $\perp a_1'b_1'$，使交线 AB 在 V_1/H_2 体系中变为 H_2 面的垂直线。这时两三角形在 H_2 面上的投影积聚为两相交直线 $a_2(b_2)c_2$ 和 $a_2(b_2)d_2$，则 $\angle c_2a_2d_2$ 即为两面夹角 θ。

【例 3-5】 如图 3-15（a）所示，求交叉二直线 AB 和 CD 之间的最短距离，并定出它们公垂线的位置。

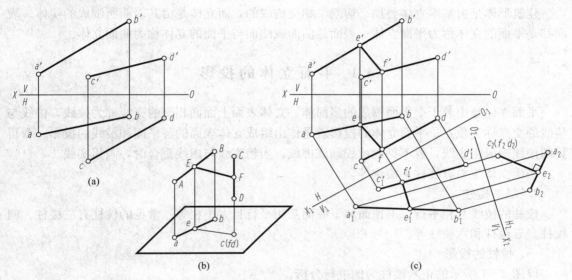

图 3-15 交叉二直线间的距离

（a）已知条件；（b）空间示意；（c）作图过程

解 （1）分析：两交叉直线的最短距离，就是它们公垂线的长度，如果将两交叉直线之一变换成投影面的垂直线，则公垂线必成为新投影面的平行线，其新投影就能反映距离的实长，且与另一直线在新投影面上的投影垂直，如图 3-15（b）所示。

（2）作图过程如图 3-15（c）所示：

1）作 O_1X_1 轴 // cd，使 CD 变为新投影面 V_1 面的平行线，作出新投影 $a_1'b_1'$，$c_1'd_1'$；

2）作 O_2X_2 轴 $\perp c_1'd_1'$，使 CD 变为新投影面 H_2 面的垂直线，作出新投影 a_2b_2，$c_2(d_2)$；

3）过 $c_2(d_2)$ 作 $e_2f_2\perp a_2b_2$，e_2f_2 即为公垂线 EF 的实长；

4）按投影变换规律，将 e_2f_2 返回即可作出公垂线的 H、V 投影 ef 和 $e'f'$，其中 $e_1'f_1'$ // O_2X_2。

对于点到直线、点到平面、平行两直线、平行两平面及平行的直线与平面间的距离问题，均可仿照上述方法，使二者之一的直线或平面变换成投影面的垂直线或垂直面，这样，所求距离的实长就在所垂直的投影面上反映出来。

第4章 基本体和曲面的投影

建筑形体是由基本立体叠加、切割、相交构成的，而立体是由其表面所围成的实体。表面都是平面的立体称为平面立体；表面是曲面或曲面与平面的立体称为曲面立体。

4.1 平面立体的投影

平面立体是由若干个平面围成的多面体。立体表面上面面相交的交线称为棱线，棱线与棱线的交点称为顶点。平面立体的投影就是作出组成立体表面的各平面和棱线的投影。看得见的棱线画成粗实线，看不见的棱线画成虚线。当粗实线与虚线重合时，画粗实线。

平面立体主要有棱柱、棱锥等。

4.1.1 棱柱

棱柱的棱线互相平行，上顶面和下底面互相平行且大小相等。常见的棱柱有三棱柱、四棱柱、五棱柱和六棱柱等。

一、棱柱的投影

以图4-1所示的正六棱柱为例进行分析。

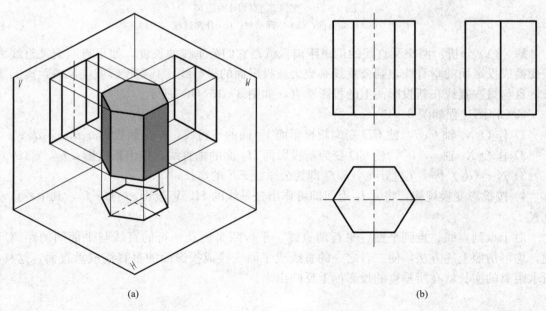

(a)　　　　　　　　　　　　　　　　　　(b)

图4-1 正六棱柱的投影

(a) 空间示意；(b) 投影图

（一）分析

正六棱柱是由两个端面和六个侧棱面围成。两个端面为正六边形、六个侧面为矩形，六条棱线相互平行。当正六棱柱如图4-1所示铅垂放置时，它的上顶面和下底面为水平面，前棱面和后棱面为正平面，其余四个棱面为铅垂面。上顶面、下底面的水平投影反映实形，正面投影和侧面投影积聚为直线，但这两条直线的长度是不一样的，正面投影反映正六边形的对角距离，侧面投影反映正六边形的对边距离；前后棱面的正面投影反映实形，水平和侧面投影积聚为直线；其余四个棱面的水平投影积聚为直线，正面和侧面投影为类似形。

其中棱线和顶点的投影，读者可自行分析。

（二）棱柱投影的画法

从本章开始，在画图时就不再画出投影轴。作图时，只要各点的正面投影与水平投影在铅垂方向对应起来（长对正），正面投影与侧面投影在水平方向对应起来（高平齐），任意两点的水平投影和侧面投影的 Y 坐标之差保证相等（宽相等）就可以了。

正六棱柱的画图过程：

（1）先画出对称中心线，如图 4 - 1（b）所示。

（2）画出上顶面和下底面水平投影的正六边形，然后，再根据投影规律画出六边形的其余两个投影。

（3）画出各棱线的三面投影：H 面投影积聚为的正六边形的六个顶点，其 V 面投影和 W 面投影均反映实长。

（4）三面投影满足长对正、高平齐、宽相等三等定律，省略三根投影轴，如图 4 - 1（b）所示。

二、棱柱表面取点、取线

由于组成棱柱的各表面都是平面，因此，在平面立体表面上取点、取线的问题，实质上就是在平面上取点、取线的问题，可利用前述在平面上取点、取线的方法求得。解题时应首先确定所给点、线在哪个表面上，再根据表面所处的空间位置利用投影的积聚性或辅助线作图。

对于表面上的点和线，还要考虑它们的可见性，判别立体表面上点和线可见与否的原则是：如果点、线所在表面的投影可见，那么点、线的同面投影可见，否则不可见。

【例 4 - 1】 如图 4 - 2（a）所示，已知正三棱柱表面上点 M、N 的 V 面投影 m'、(n') 及 K 点的 H 投影 k。求 M、N、K 点的其余两投影。

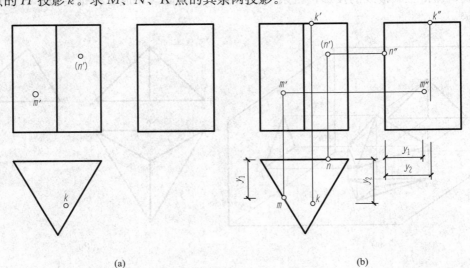

(a)　　　　　　　　　　(b)

图 4 - 2　三棱柱表面上取点

(a) 已知条件；(b) 作图过程

解 （1）分析：三棱柱的两个侧面均为铅垂面，一个侧面为正平面，H 投影都有积聚性，根据 m'、(n') 判断 M 点和 N 点分别位于三棱柱的左前侧面和后侧面上，其 H 投影必在该两侧面的积聚投影上。根据 K 点的 H 投影 k 可判断 K 点位于三棱柱的顶面上，而三棱柱的顶面为水平面，其 V 投影和 W 投影均积聚为直线段，因此 k' 和 k'' 也必然位于其顶面的积聚投影上。

（2）作图过程如图 4-2（b）所示：

1）分别过 m'、(n') 向下引垂线交积聚投影于 m、n 点。

2）根据已知点的两面投影求第三投影的方法（二补三）求得 m''、n''。

3）过 K 点的 H 投影 k 向上引垂线交顶面的积聚投影于 k'。

4）根据 k、k'（二补三）求得 k''。

5）判别可见性：因 M 点在左前侧面，则 m'' 可见；而 N 点的 H 投影、W 投影及 K 点的 V 投影、W 投影均在积聚投影上，所以均可见。

4.1.2 棱锥

棱锥的棱线交于一点。常见的棱锥有三棱锥、四棱锥、五棱锥等。

一、棱锥的投影

现以图 4-3 所示的正三棱锥为例进行分析：

（一）分析

该正三棱锥是由一个底面和三个侧面所组成。底面及侧面均为三角形。三条棱线交于一个顶点。当三棱锥如图 4-3（a）所示位置放置时，它的底面为水平面，侧面△SAC 为侧垂面，其余△SAB 和△SBC 面均为一般位置平面。

（二）棱锥投影的画法

（1）画出底面△ABC 的三面投影：H 投影反映实形，V、W 投影均积聚为直线段。

（2）画出顶点 S 的三面投影，将顶点 S 和底面△ABC 的三个顶点 A、B、C 的同面投影两两连线，即得三条棱线的投影，三条棱线围成三个侧面，完成三棱锥的投影，如图 4-3（b）所示。

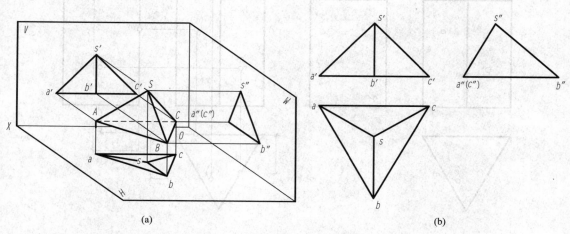

图 4-3 三棱锥的投影

（a）空间示意；（b）投影图

二、棱锥表面上取点、线

【例 4 - 2】 如图 4 - 4 （a） 所示，已知正四棱锥表面上折线 *ABCED* 的 *H* 面投影 *abced*，求四棱锥的 *W* 面投影及折线 *ABCED* 的其余两投影。

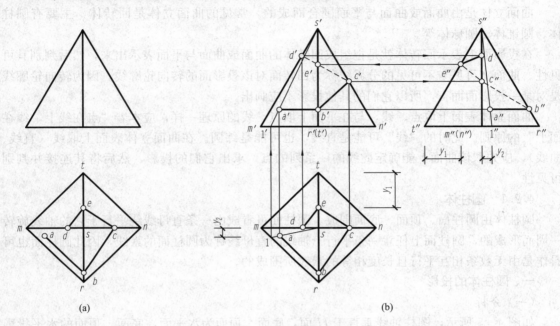

图 4 - 4 四棱锥表面上取点
(a) 已知条件；(b) 作图过程

解 （1）分析：正四棱锥的四个侧面均为三角形平面，三个投影均没有积聚性，底面为水平面，在其余两个投影面上的投影积聚为直线，由于该四棱锥左右、前后对称，故其 *W* 面投影的形状与 *V* 面投影完全一样。折线 *ABCED* 共有四段，分别位于四个侧面上，只要求出了 *A*、*B*、*C*、*E*、*D* 五个点的投影，进行连线即可求出折线的投影。在求点的投影时，棱线上的点 *B*、*C*、*E*、*D* 的投影可根据投影规律直接求得；*A* 点不在棱线上，在棱锥的左前平面内，需要作辅助线来求。

（2）作图过程如图 4 - 4 （b） 所示：

1）首先补画出四棱锥的 *W* 面投影。然后求 *A* 点的投影：连接 *sa* 并延长至 *mr*，且与 *mr* 相交于点 1，过点 1 向上作垂线与四棱锥底面在 *V* 面上的积聚投影相交与 1′，连接 *s*′1′，然后过点 *a* 向上作垂线，与 *s*′1′ 相交得 *a*′，根据 *a*、*a*′（二补三）求得 *a*″。

2）由于 *AB* 平行于 *MR*，所以可利用平行性求得点 *B* 的两面投影 *b*、*b*′。

3）点 *D*、*C* 分别在侧棱 *SM*、*SN* 上，利用从属性求得点 *D* 和点 *C* 的两面投影 *d*″、*d*′、*c*″、*c*′。

4）根据"宽相等"的规律，在 *W* 面投影中求出点 *E* 的 *W* 面投影 *e*″，进而求出 *e*′。

5）在 *V* 面投影中，依次连接 *a*′*b*′*c*′*e*′*d*′，在 *W* 面投影中，依次连接 *a*″*b*″*c*″*e*″*d*″。

6）判别可见性：因 *CED* 在后两侧面上，则 *c*′*e*′*d*′ 不可见，画成虚线；因 *BCE* 在右两侧面上，则 *b*″*c*″*e*″ 不可见，画成虚线。

4.2　曲面立体的投影

　　曲面立体是由曲面或曲面与平面围合而成的。常见的曲面立体是回转体，主要有圆柱体、圆锥体、圆球体等。

　　在投影面上表示回转体就是把组成回转体的曲面或曲面与平面表示出来，然后判别其可见性。曲面上可见与不可见的分界线称为回转面对该投影面的转向轮廓线。因为转向轮廓线是对某一投影面而言，所以它们的其他投影不应画出。

　　曲面立体表面上取点、线，与在平面上取点、线的原理一样，应本着"点在线上，线在面上"的原则。此时的"线"可能是直线，也可能是纬圆。在曲面立体表面上取线（直线、曲线），应先取该曲面上能确定此线的一系列的点，求出它们的投影，然后将其连接并判别可见性。

4.2.1　圆柱体

　　圆柱体由圆柱面、顶面、底面围成。圆柱面可看成由一条直母线绕平行于它的轴线旋转一周而形成的，圆柱面上任意一条平行于轴线的直母线称为圆柱面的素线，因此圆柱面也可看作是由无数条相互平行且长度相等的素线所围成的。

一、圆柱体的投影

（一）分析

　　如图 4-5 所示，圆柱轴线垂直于 H 面，底面、顶面为水平面，底面、顶面的水平投影反映圆的实形，其他投影积聚为直线段。

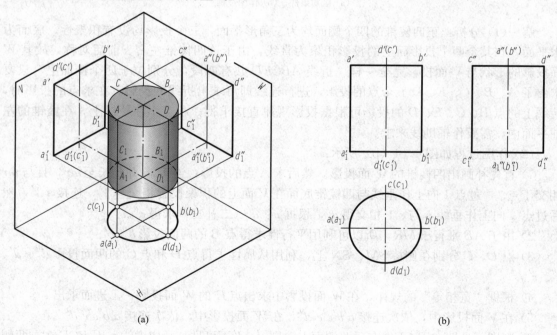

图 4-5　圆柱体的投影

(a) 空间示意；(b) 投影图

圆柱面上所有素线都是铅垂线，圆柱面的水平投影积聚成一个圆，与顶面和底面的水平投影重合。圆柱的正面投影左右两侧是圆柱面的正面投影转向轮廓线 $a'a_1'$ 和 $b'b_1'$，它们分别为圆柱面上最左最右素线 AA_1 和 BB_1 的正面投影；AA_1 和 BB_1 的侧面投影 $a''a_1''$ 和 $b''b_1''$ 与轴线的侧面投影重合，不需要画出；同样，圆柱的侧面投影前后两侧是圆柱面的侧面投影转向轮廓线 $c''c_1''$ 和 $d''d_1''$，它们分别为圆柱面上最前最后素线 CC_1 和 DD_1 的侧面投影；CC_1 和 DD_1 的正面投影 $c'c_1'$ 和 $d'd_1'$ 与轴线的正面投影重合，不需要画出。

（二）圆柱投影的画法

（1）用点画线画出圆柱体的轴线、中心线。

（2）画出顶面、底面圆的三面投影。

（3）画转向轮廓线的三面投影：该圆柱面对正面的转向轮廓线（正视转向轮廓线）为 AA_1 和 BB_1，其侧面投影与轴线重合，对侧面的转向轮廓线（侧视转向轮廓线）为 DD_1 和 CC_1，其正面投影与轴线重合。

（4）还应注意圆柱体的 H 投影圆是整个圆柱面积聚成的圆周，圆柱面上所有的点和线的 H 投影都重合在该圆周上。圆柱体的三面投影特征为一个圆对应两个矩形。

二、圆柱表面上取点、取线

在圆柱体表面上取点，可直接利用圆柱投影的积聚性作图。

【例 4-3】　如图 4-6（a）所示，已知圆柱面上的点 M、N 的正面投影，求其另两个投影。

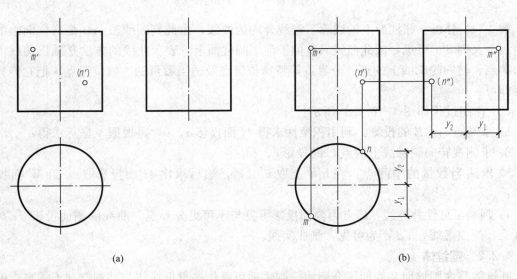

(a)　　　　　　　　　　　　　　　　(b)

图 4-6　圆柱表面上取点
(a) 已知条件；(b) 作图过程

解　（1）分析：M 点的正面投影 m' 可见，又在点画线的左面，由此判断 M 点在左、前半圆柱面上，其 H 面投影就应在圆上左前部分，其侧面投影也可见。N 点的正面投影 (n') 不可见，又在点画线的右面，由此判断 N 点在右后半圆柱面上，侧面投影不可见。

（2）作图过程如图 4-4（b）所示：

1）求 m、m''。过 m' 向下作垂线交于圆周上一点为 m，根据 y_1 坐标求出 m''。

2）求 n、n''。作法与 M 点相同。

【例 4-4】 如图 4-7（a）所示，已知圆柱面上的 AB 线段的正面投影 $a'b'$，求其另两个投影。

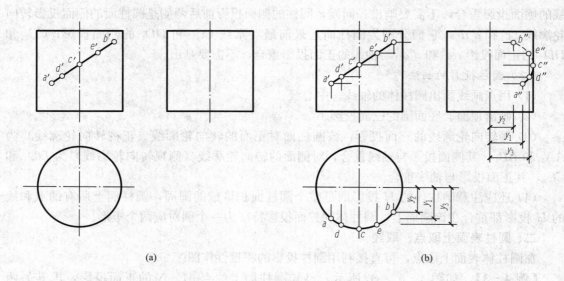

图 4-7　圆柱表面上取线
（a）已知条件；（b）作图过程

解　（1）分析：圆柱面上的线除了素线外均为曲线，由此判断线段 AB 是圆柱面上的一段曲线。又因 $a'b'$ 可见，因此曲线 AB 位于前半圆柱面上。表示曲线的方法是画出曲线上的诸如端点、转向轮廓线上的点、分界点等特殊位置点及适当数量的一般位置点，把它们光滑连接即可。

（2）作图过程如图 4-7（b）所示：

1）求端点 A、B 的投影：利用积聚性求得 H 面投影 a、b，再根据 y 坐标求得 a''、b''。

2）求侧视转向轮廓线上的点 C 的投影 c、c''。

3）求适当数量的中间点：在 $a'b'$ 上取 d'、e'，然后求出 H 面投影 d、e 和 W 面投影 d''、e''。

4）判别可见性并连线：C 点为侧面投影可见与不可见分界点，曲线的侧面投影 $c''e''b''$ 为不可见，画成虚线。$a''d''c''$ 为可见，画成实线。

4.2.2　圆锥体

圆锥体是由圆锥面和底面围合而成。圆锥面可看作一直母线绕与其相交（不垂直）的轴线旋转而成。因此圆锥体可看作是由无数条交于顶点的素线所围成，也可看作是由无数个平行于底面的纬圆所组成。

一、圆锥体的投影

以图 4-8 所示的圆锥体为例。

（一）分析

圆锥体是由圆锥面和底面围合而成。圆锥面可看作一直母线绕与其相交的轴线旋转而成。因此圆锥体可看作是由无数条交于顶点的素线所围成，也可看作是由无数个平行于底面

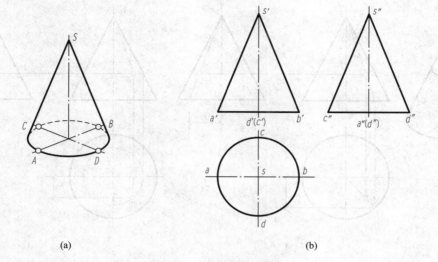

图 4-8　圆锥体的投影

(a) 空间示意；(b) 投影图

的纬圆所组成。圆锥轴线垂直于 H 面，底面为水平面，H 面投影反映底面圆的实形，其他两投影均积聚为直线段。

（二）作图过程

作图过程如图 4-8 (b) 所示。

（1）用点画线画出圆锥体各投影轴线、中心线。

（2）画出底面圆和锥顶 S 的三面投影。

（3）画出各转向轮廓线的投影，正视转向轮廓线的 V 投影 $s'a'$、$s'b'$，侧视转向轮廓线的 W 面投影为 $s''c''$、$s''d''$。

（4）圆锥面的三个投影都没有积聚性。圆锥面三面投影的特征为一个圆对应两个三角形。

二、圆锥体表面上取点、取线

由于圆锥面的三个投影都没有积聚性，求表面上的点时，需采用辅助线法。为了作图方便，在曲面上作的辅助线应尽可能的是直线（素线）或平行于投影面的圆（纬圆）。因此在圆锥面上取点的方法有两种：素线法和纬圆法。

【例 4-5】 如图 4-9 所示，已知圆锥面上点 M 的正面投影 m'，求 m、m''。

解　方法一：素线法

（1）分析：如图 4-9 (a) 所示，M 点在圆锥面上，一定在圆锥面的一条素线上，故过锥顶 S 和点 M 作一素线 ST，求出素线 ST 的各投影，根据点线的从属关系，即可求出 m、m''。

（2）作图过程如图 4-9 (b) 所示：

1）在图 4-9 (b) 中连接 $s'm'$ 延长交底圆于 t'，在 H 面投影上求出 t 点，根据 t、t' 求出 t''，连接 st、$s''t''$ 即为素线 ST 的 H 投影和 W 面投影。

2）根据点线的从属关系求出 m、m''。

方法二：纬圆法

（1）分析：过点 M 作一平行于圆锥底面的纬圆。该纬圆的水平投影为圆，正面投影、侧面投影为一直线。M 点的投影一定在该圆的投影上。

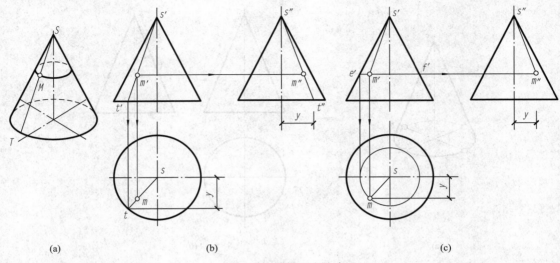

图 4-9　圆锥面上取点

(a) 空间示意；(b) 素线法；(c) 纬圆法

(2) 作图过程如图 4-9 (c) 所示：

1) 在图 4-9 (c) 中，过 m' 作与圆锥轴线垂直的线 $e'f'$，它的 H 投影为一直径等于 $e'f'$、圆心为 S 的圆，m 点必在此圆周上。

2) 由 m'、m 求出 m''。

【例 4-6】　如图 4-10 (a) 所示，已知圆锥面上的曲线 CD 的水平投影，求它的另两个投影。

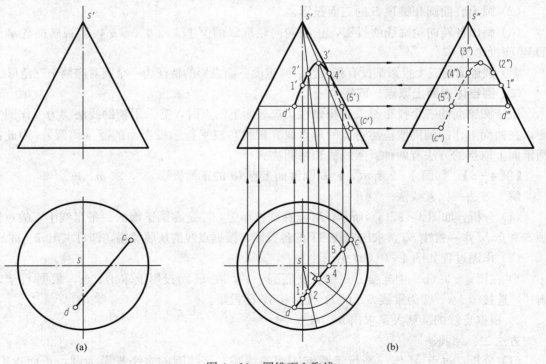

图 4-10　圆锥面上取线

(a) 已知条件；(b) 作图过程

解　（1）分析：求圆锥面上线段的投影的方法是求出线段上端点、轮廓线上的点、分界点等特殊位置点及适当数量的一般点，依次光滑连接各点的同面投影即可。

（2）作图过程如图 4-10（b）所示：

1）补充圆锥面的 W 面投影。

2）求端点：CD 两点均为一般点，可利用纬圆法或素线法求出其 V 面投影和 W 面投影（图 4-10 中采用的纬圆法）。

3）求特殊点：CD 与圆锥的最前最右素线相交，设交点为 Ⅰ 和 Ⅳ，根据 Ⅰ 点的 H 投影 1 和投影对应关系，很容易利用 y 坐标之差在 W 面投影中求出 1″；Ⅳ 点由其 H 面投影 4 先求出 4′，再根据投影规律求出 4″；对圆锥来讲，点离锥顶越近，就越高。因此在线条离锥顶最近的点就是最高点；在 H 面投影中过 s 作 cd 的垂线，垂足为 3，那么 Ⅲ 点就应该是最高点，在图中利用素线法求出 3′ 和 3″。

4）求一般点：为保证作图准确，还需要取一定数量的一般点，图中取了 Ⅱ、Ⅴ 两个一般点。先在线的 H 面投影中点较稀疏的地方（如 4 和 c 之间），标出一般点的 H 面投影 2、5，然后用纬圆法或素线法求出其另外两个投影。

5）连线：依次光滑连接这些点的同面投影，在连接时，注意可见性的判断，不可见的画成虚线，如 V 面投影 4′5′c′ 和 W 面投影中的 1″2″3″4″5″c″。

4.2.3　圆球体

圆球体是由圆球面围合而成，圆球面可看作是由半圆绕其直径旋转一周而形成的。

一、圆球体的投影

（1）分析：如图 4-11 所示，圆球的三个投影均为大小相等的圆，其直径等于圆球的直径。正面投影圆是前后半球的分界圆，也是球面上最大的正平圆；水平投影圆是上下半球的分界圆，也是球面上最大的水平圆；侧面投影圆是左右半球的分界圆，也是球面上最大的侧平圆。三投影图中的三个圆分别是球面对 V 面、H 面、W 面的转向轮廓线。

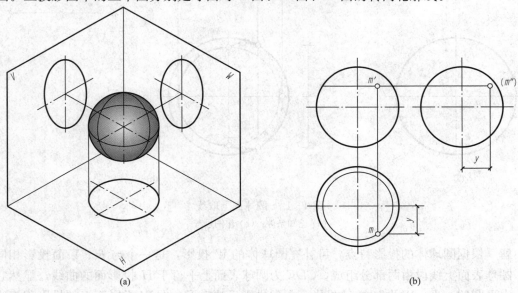

图 4-11　圆球体的投影及圆球面上取点

（a）空间示意；（b）投影图

（2）作图：过程如图 4 - 11（b）所示。

1）确定球心位置，并用点画线画出它们的对称中心线。各中心线分别是转向轮廓线投影的位置；

2）分别画出球面上对三个投影面的转向轮廓线圆的投影。

二、圆球面上取点、取线

球面的三个投影均无积聚性。为作图方便，球面上取点常用纬圆法。圆球面是比较特殊的回转面，它的特殊性在于过球心的任意一直径都可作为回转轴，过表面上一点，可作属于球面上的无数个纬圆。为作图方便，常选用平行于投影面的纬圆作辅助纬圆，即过球面上一点可作正平纬圆、水平纬圆或侧平纬圆。

如图 4 - 11（b）所示，已知属于球面上的点 M 的正面投影 m'，求其另两投影。

根据 m' 的位置和可见性，可判断 M 点在上半球的右前部，因此 M 点的水平投影 m 可见，侧面投影 m'' 不可见。作图时可过 m' 作一水平纬圆，作出水平纬圆的 H、W 面投影，从而求得 m、m''。当然，也可采用过 m' 作正平纬圆或侧平纬圆来解决，读者可以自己尝试，这里不再详述。

【例 4 - 7】 如图 4 - 12（a）所示，已知圆球面上的线段 $CBAFE$ 和 CDE 的正面投影，画出圆球的 W 投影，并求出圆球表面上曲线 $CBAFE$ 和 CDE 的其余两投影。

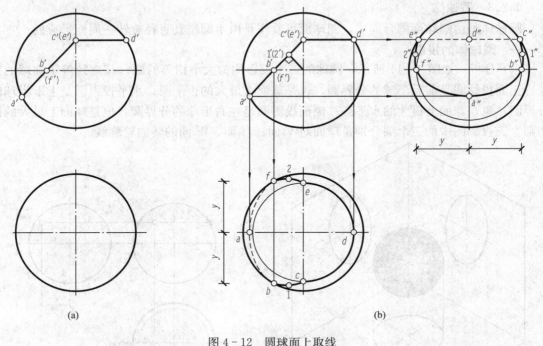

图 4 - 12　圆球面上取线
（a）已知条件；（b）作图过程

解　根据圆球体的投影特点，可补充圆球体的 W 投影，是一个与 H、V 面投影相同的圆。圆球表面上线段由两部分组成，CDE 为圆球表面上平行于 H 投影面的曲线，显然它是一个水平圆的一半，因此它在 H 投影面上的投影反映实形，在 W 投影面上的投影积聚为直线段；$CBAFE$ 为圆球表面上倾斜于三个投影面的曲线，它在 H、W 投影面上的投影为椭圆的一部分，作图时通过 A、B、C、D、E 五个点的投影外，还需要作出最前点Ⅰ和最后点Ⅱ的投影。作图过程如图 4 - 12（b）所示，不再赘述。

4.3　曲面的投影

在建筑实践中，会遇到各种各样的曲面，如图 4 - 13 所示。有必要对一些常用曲面的形成规律、图示特点及其画法等进行学习。

　　　　　　（a）

　　　　　　（b）

图 4 - 13　曲面应用
（a）北京奥运自行车场馆；（b）西北农业科技大学昆虫博物馆

4.3.1　曲面的形成和分类

一、曲面的形成

曲面是由直线或曲线在一定约束条件下运动而形成的。这条运动的直线或曲线，称为曲面的母线。母线运动时所受的约束，称为运动的约束条件。由于母线的不同，或约束条件的不同，会形成不同的曲面。例如圆柱面可以看成由直母线绕与它平行的轴线旋转而形成的。

当母线运动到曲面上任一位置时，称为曲面的素线。曲面也可认为是由许许多多按一定条件而紧靠着的素线所组成。

在约束条件中，把约束母线运动的直线或曲线称为导线，而把约束母线运动状态的平面称为导平面。图 4 - 14 中的轴线 O 即为导线。

二、曲面的分类

（一）根据母线运动方式分类

根据母线的运动方式来分，可以将曲面分为回转面和非回转面。

（1）回转面。这类曲面是由母线绕一轴线旋转而形成。母线绕轴线旋转时，母线上任一点（见图 4 - 14 中点 A）的运动轨迹都是一个垂直于回转轴的圆，该圆称为回转面的纬圆。曲面上比其相邻两侧的纬圆都大的纬圆，称

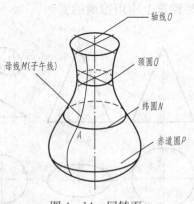

图 4 - 14　回转面

为曲面的赤道圆。曲面上比其相邻两侧的纬圆都小的纬圆，称为曲面的颈圆。过轴线的平面与回转面的交线，称为子午线，它可以作为该回转面的母线。

（2）非回转面。这类曲面是由母线根据其他约束条件运动而形成。

（二）根据母线的形状分类

（1）直纹曲面：由直母线运动而形成的曲面。

（2）曲线面：只能由曲母线运动而形成的曲面。

在建筑物中常见的非回转曲面是由直母线运动而形成的直纹曲面。直纹曲面可分为：①可展直纹曲面——曲面上相邻的两素线是相交或平行的共面直线。这种曲面可以展开，常见的可展直纹曲面有锥面和柱面。②不可展直纹曲面（又称为扭面）——曲面上相邻两素线是交叉的异面直线。这种曲面只能近似地展开，常见的扭面有双曲抛物面、锥状面和柱状面。

4.3.2 锥面

直母线 M 沿着一曲导线 L 移动，并始终通过一定点 S，所形成的曲面称为锥面，如图 4-15（a）所示，定点 S 称为锥顶。曲导线 L 可以是平面曲线，也可以是空间曲线；可以是闭合的，也可以是不闭合的。锥面上相邻的两素线是相交二直线。

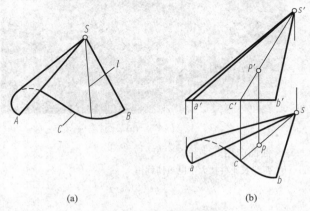

图 4-15 锥面及其投影
(a) 立体图；(b) 投影图

画锥面的投影图，必须画出锥顶 S 和曲导线 L 的投影，并画出一定数量的素线的投影，其中包括不闭合锥面的起始、终止素线（如 SA、SG），各投影的轮廓素线（如 V 投影轮廓素线 SC、SE，H 投影轮廓 SE）等。作图结果如图 4-15（b）所示。

各锥面是以垂直于轴线的截面（正截面）与锥面的交线（正截交线）形状来命名。如图 4-16（a）为正圆锥面；图 4-16（b）所示为椭圆锥面；图 4-16（c）所示曲面圆的正截交线也是一个椭圆，因此是一个椭圆锥面，但它的曲导线是圆，轴线倾斜于圆所在的平面，所以通常称为斜圆锥面。以平行于锥底的平面截该曲面时，截交线是一个圆。图 4-17 是建筑上应用锥面的实例。

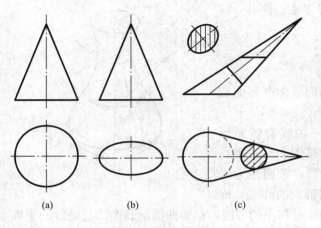

图 4-16 各种锥面
(a) 正圆锥面；(b) 椭圆锥面；(c) 斜圆锥面

图 4-17 锥面的应用

4.3.3　柱面

直母线 M 沿着曲导线 L 移动，并始终平行于一直导线 K 时，所形成的曲面称为柱面，如图 4 - 18（a）所示。画柱面的投影图时，也必须画出曲导线 L、直导线 K 和一系列素线的投影，如图 4 - 18（b）所示。柱面上相邻的两素线是平行直线。

柱面也是以它的正截交线的形状来命名的。如图 4 - 19（a）所示为正圆柱面，图 4 - 19（b）所示为椭圆柱面，图 4 - 19（c）也是一个椭圆柱面（其正截交线是椭圆）但它是以底圆为曲导线，母线与底圆倾斜，所以通常称为斜圆柱面。以平行于柱底的平面截该曲面时，截交线是一个圆。

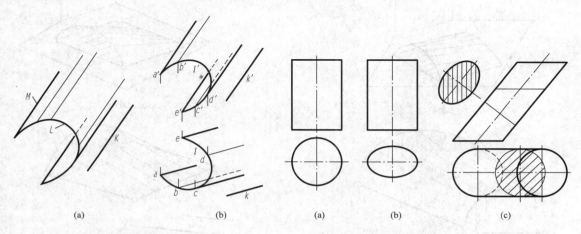

图 4 - 18　柱面及其投影　　　　图 4 - 19　各种柱面
(a) 立体图；(b) 投影图　　　　(a) 正圆柱面；(b) 椭圆柱面；(c) 斜圆柱面

近年来建筑物的造型显得活泼，富于变化。不少高层建筑主楼部分的墙面，设计成不同形式的柱面，如图 4 - 20 所示。

图 4 - 20　柱面的应用

4.3.4　柱状面

柱状面是由直母线沿着两条曲导线移动，并始终平行于一个导平面而形成的。如图 4 - 21（a）所示，柱状面的直母线 AC，沿着曲导线 AB 和 CD 移动，并始终平行于铅垂的导平面 P。图 4 - 21（b）是以 V 面为导平面（或平行于 V 面），以 AB 和 CD 为导线所作出的锥状面投影图。

4.3.5　锥状面

锥状面是由直母线沿着一条直导线和一条曲导线移动，并始终平行于一个导平面而形成。如图 4 - 22（a）所示，锥状面的直母线 AC 沿着直导线 CD 和曲导线 AB 移动，并始终平行于铅垂的导平面 P。图 4 - 22（b）所示是以铅垂面 P 为导平面（不平行于 V 面），以 AB 和 CD 为导线所作出的锥状面投影图。

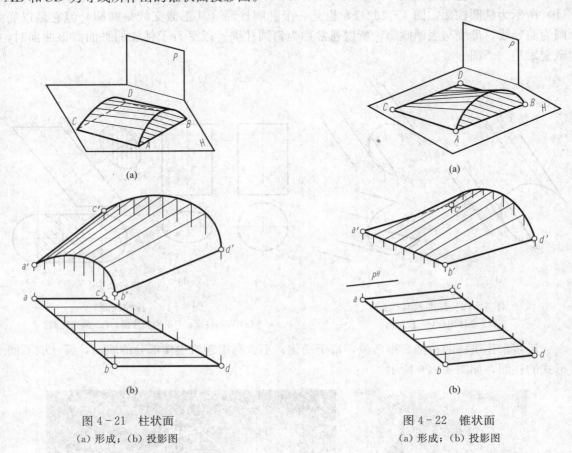

图 4 - 21　柱状面
(a) 形成；(b) 投影图

图 4 - 22　锥状面
(a) 形成；(b) 投影图

4.3.6　螺旋线与螺旋面

一、圆柱螺旋线

（一）形成

若曲线上所有的点均位于同一平面上，则此曲线称为平面曲线，如圆、椭圆、双曲线和抛物线等。若曲线上任意四个连续的点不在同一平面上，则此曲线称为空间曲线，最常见的空间曲线是圆柱螺旋线。

当一个动点 M 沿着一直线等速移动，而该直线同时绕与其平行的一轴线 O 等速旋转时，动点的轨迹就是一根圆柱螺旋线（图 4 - 23）。直线旋转时形成一圆柱面，圆柱螺旋线是该圆柱面上的一根曲线。当直线旋转一周，回到原来位置时动点移动到位置 M_1，点 M 在该直线上移动的距离 MM_1，称为螺旋线的螺距，以 P 标记。

（二）圆柱螺旋线的分类

螺旋线按动点移动方向的不同分为右螺旋线和左螺旋线。

右螺旋线——螺旋线的可见部分自左向右上升，如图 4 - 24（a）所示，右螺旋线上动点运动的规律可由右手法则来记：用右手握拳，动点沿着弯曲的四指向指尖方向转动的同时，沿着拇指的方向上升。

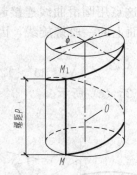

图 4 - 23　圆柱螺旋线的形成

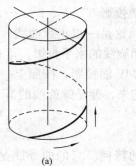
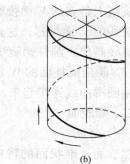

(a)　　　　　　　　　(b)

图 4 - 24　圆柱螺旋线
(a) 右螺旋线；(b) 左螺旋线

左螺旋线——螺旋线的可见部分自右向左上升，图 4 - 24（b）左螺旋线动点的运动方向与左手手指方向相对应。

（三）圆柱螺旋线的作图方法

圆柱的直径（或螺旋线的螺旋直径）ϕ、螺旋线的螺距 P、动点的移动方向是确定圆柱螺旋线的三个基本要素，若已知圆柱螺旋线的这三个基本要素，就能确定该圆柱螺旋线的投影。

【例 4 - 8】　已知圆柱的直径 ϕ 和螺距 P，如图 4 - 25（a）所示，求作该圆柱面上的右螺旋线。

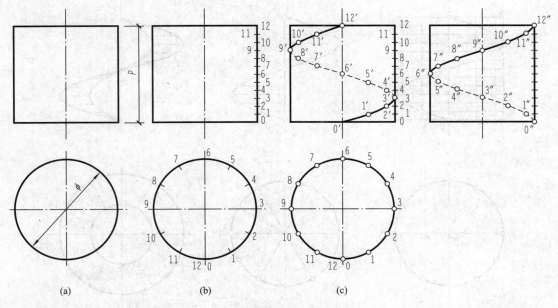

图 4 - 25　作螺旋线投影图
(a) 画出圆柱和螺距；(b) 等分圆周和螺距；(c) 右螺旋线的投影

解　作图过程如下：

（1）将 H 面投影圆周分为若干等份（如十二等份），把螺距 P 也分为同数等份，如图 4-25（b）所示。

（2）从 H 面投影的圆周上各分点引连线到 V 投影，与螺距相应分点所引的水平线相交，得螺旋线上各点的 V 面投影 0′、1′、2′、…、11′、12′，并将这点用圆滑曲线连接起来，便是螺旋线的 V 面投影。这是一根正弦曲线。在圆柱后半圆柱面上的一段螺旋线，因不可见而用虚线画出。圆柱螺旋线的水平投影，落在圆周上。

（3）画出圆柱面的 W 面投影，按照上一步的过程确定 0″、1″、2″、…、11″、12″，并将这点用圆滑曲线连接起来，便是螺旋线的 W 面投影，如图 4-25（c）所示。

二、螺旋面

（一）形成

螺旋面是锥状面的特例。它的曲导线是一条圆柱螺旋线，而直导线是该螺旋线的轴线。当直母线运动时，一端沿着曲导线，另一端沿着直导线移动，但始终平行于与轴线垂直的一个导平面，如图 4-26 所示。

（二）画法

若已知圆柱螺旋线及其轴 O 的两投影，由图 4-27（a）可作出圆柱螺旋面的投影图，作图过程如图 4-27（b）所示。因螺旋线的轴⊥H 投影面，故螺旋面的素线∥H 投影面。

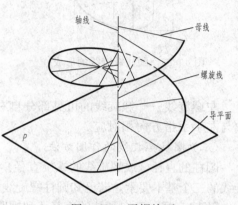

图 4-26　平螺旋面

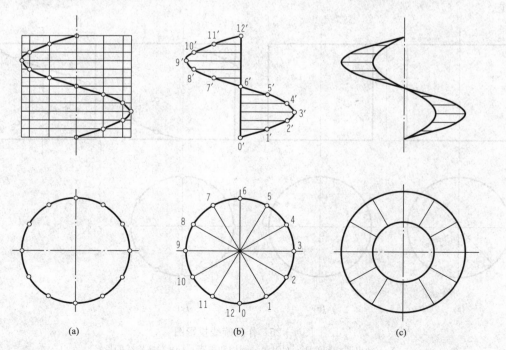

图 4-27　螺旋面的投影

（a）螺旋线；（b）螺旋面之一；（c）螺旋面之二

（1）素线的 V 面投影是过螺旋线上各分点的 V 面投影引到轴线的水平线；

（2）素线的 H 面投影是过螺旋线上的相应的各分点的 H 面投影引向圆心的直线，即得螺旋面的两投影。

如果螺旋面被一个同轴的小圆柱面所截，如图 4 - 27（c）所示。小圆柱面与螺旋面的所有素线相交，交线是一条与螺旋曲导线有相等螺距的螺旋线。该螺旋面是柱状面的特例。

【例 4 - 9】 完成图 4 - 28 楼梯扶手弯头的 V 面投影。

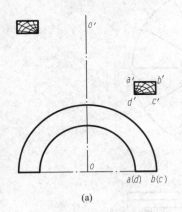
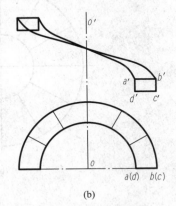
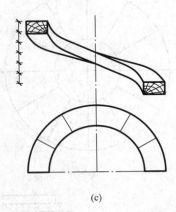

（a）   （b）   （c）

图 4 - 28 螺旋楼梯扶手弯头投影

（a）已知条件；（b）作过 AB 的螺旋面；（c）完成投影图

解 作图过程如下：

（1）从所给投影图可看出，弯头是由一矩形截面 $ABCD$ 绕轴线 O 做螺旋运动而形成。运动后，截面的 AD 和 BC 边形成内、外圆柱面的一部分，而 AB 和 CD 边则分别形成螺旋面。

（2）根据螺旋面的画法把半圆分成六等份，作出 AB 线形成的螺旋面。

（3）同法作出 CD 线形成的螺旋面，判别可见性，完成 V 面投影，作图过程如图 4 - 28（b）、（c）所示。

（三）螺旋楼梯的画法

螺旋面在工程上应用最广的是螺旋楼梯，螺旋楼梯的实例见图 4 - 29。

螺旋楼梯投影图画法（图 4 - 30）如下：

（1）确定螺旋面的导程及其所在圆柱面的直径。为简化作图，假设沿螺旋楼梯走一圈有十二级，一圈高度就是该螺旋面的导程。螺旋梯内外侧到轴线的距离，分别是内外圆柱的半径。

（2）根据内外圆柱的半径、导程以及梯级数，画出螺旋面的 H 面投影 [图 4 - 30（a）]。

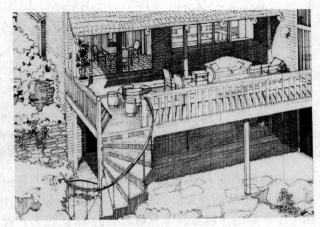

图 4 - 29 螺旋楼梯

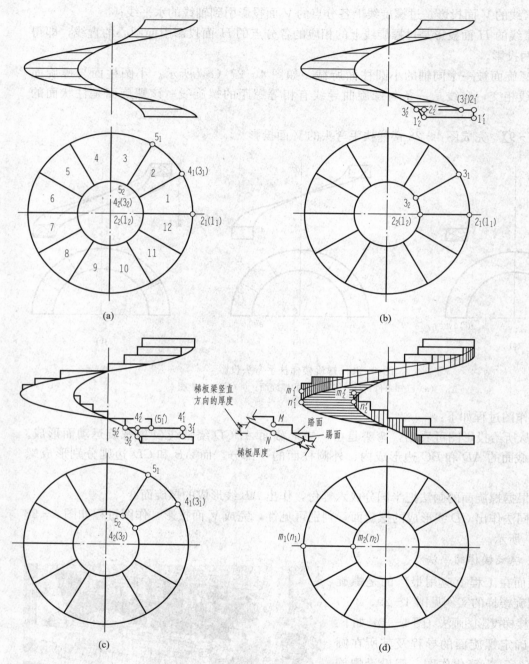

图 4 - 30　螺旋楼梯的画法

（a）作出圆柱螺旋面以及螺旋梯的 H 面投影；（b）作出第一步级踢面和踏面的 V 面投影；

（c）作出第二步级踢面和踏面的 V 面投影，并完成其余各级；（d）螺旋楼梯的两投影

　　把螺旋面的 H 面投影分为十二等份，每一等份就是螺旋梯上一个踏面的 H 面投影。螺旋梯踢面的 H 面投影分别积聚在两踏面的分界线上。因此在画螺旋楼梯的两投影时，只要按一个导程的步级数目等分螺旋面的 H 面投影，就完成了 H 面投影。

（3）画第一步级的 V 面投影〔图 4 - 30（b）〕。第一步级踢面 $I_1 II_1 II_2 I_2$ 的 H 面投影积聚成一水平线段 $(1_1)2_12_2(1_2)$，踢面的底线 $I_1 I_2$ 是螺旋面的一根素线，求出它的 V 面投影后，过两端点分别画一竖直线，截取一个步级的高度，得点。矩形 $1_1'2_1'2_2'1_2'$ 就是第一步级踢面的 V 面投影，它反映该踢面的实形。

第一步级踏面的 H 面投影 $2_12_23_23_1$，是螺旋面 H 面投影的第一等份。第一步级踏面的 V 面投影积聚成一水平线段 $2_1'2_2'3_23_1'$，其中 $3_1'3_2'$ 是第二级踢面的底线（螺旋面的另一根素线）的 V 面投影〔图 4 - 30（b）〕。

（4）画第二步级的 V 面投影〔图 4 - 30（c）〕。过点 $3_1'$ 和 $3_2'$ 分别画一竖直线，截取一步级的高度，得点 $4_1'$ 和 $4_2'$。矩形 $3_1'3_24_24_1'$ 就是第二步级踢面的 V 面投影。

第二步级踏面的 V 面投影积聚成一水平线段 $4_1'4_2'5_2'5_1'$，它与该踏面的 H 面投影 $4_14_25_25_1$ 相对应，从而可以找到 V 面投影中的 $5_2'5_1'$，线段 $5_2'5_1'$ 是第三步级踢面底线的 V 面投影。

依此类推就可画出各步级的投影图，如图 4 - 30（c）所示。

（5）最后画出螺旋楼梯板底面的投影。梯板底面也是一个螺旋面，它的形状和大小与梯级的螺旋面完全一样，只是两者相距一个梯板沿竖直方向的厚度。

楼梯底板的 H 面投影与梯级螺旋面的 H 面投影重合。底板的 V 面投影，可以对应于梯级螺旋面上的各点，向下量取高度后光滑连接。完成后的螺旋楼梯两面投影见图 4 - 30（d）。

4.3.7　双曲抛物面

双曲抛物面是由直母线沿着两交叉直导线移动，并始终平行于一个导平面而形成，如图 4 - 31 所示。双曲抛物面的相邻两素线是交叉二直线。如果给出两交叉直导线 AB、CD 和导平面 P，如图 4 - 32 所示，只要画出一系列素线的投影，便可完成该双曲抛物面的投影图。

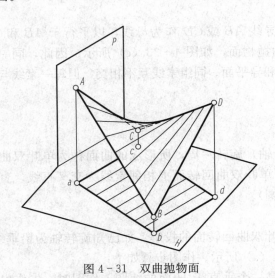

图 4 - 31　双曲抛物面

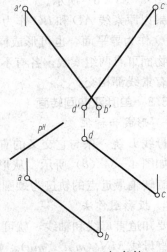

图 4 - 32　已知条件

作图步骤如下：

（1）分直导线 AB 为若干等份，如六等份，得各等分点的 H 投影 a、1、2、3、4、5、b

和 V 投影 a'、$1'$、$2'$、$3'$、$4'$、$5'$、b'。

（2）由于各素线平行于导平面 P，因此素线的 H 面投影都平行于 P^H。例如作过分点 Ⅱ 的素线 Ⅱ Ⅱ$_1$ 时先作 22_1 // P^H，求出 $c'd'$ 上的对应点 $2_1'$ 后，即可画出该素线的 V 面投影 $2'2_1'$，过程如图 4-33（a）所示。

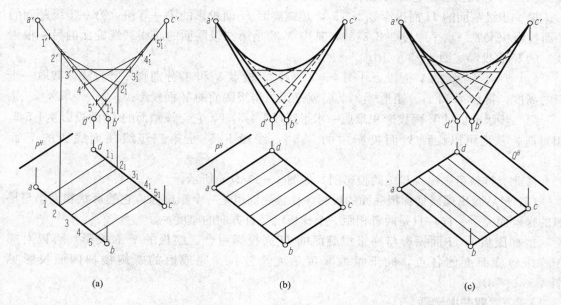

图 4-33　双曲抛物面的画法
(a) 作出素线；(b) 完成投影图；(c) 另一组素线

（3）同法作出过各等分点的素线的两面投影。

（4）在 V 面投影中，用光滑曲线作出与各素线 V 投影相切的包络线。这是一条抛物线，结果如图 4-33（b）所示。

如果以原素线 AD 和 BC 作为导线，原导线 AB 或 CD 作为母线，以平行于 AB 和 CD 的平面 Q 作为导平面，也可形成同一个双曲抛物面，如图 4-33（c）所示。因此，同一个双曲抛物面可有两组素线，各有不同的导线和导平面。同组素线互不相交，但每一素线与另一组所有素线都相交。

4.3.8　单叶双曲回转面

（一）形成和特征

直母线 L 绕一条与它交叉的直线（旋转轴）旋转一周，所形成的曲面称为单叶双曲回转面，如图 4-34（d）所示。从形成可知，单叶双曲回转面上相邻素线为交叉直线。直母线上距旋转轴最近点的轨迹为颈圆（又称喉圆）。

（二）投影图作法

只要知道直母线和轴线，就可以作出单叶双曲回转面的投影。如已知旋转轴为铅垂线，并已知直母线 MN（$m'n'$，mn），如图 4-34（a）所示。作图步骤如下：

（1）母线旋转时，每一点的运动轨迹都是一个垂直于 H 面的纬圆。作图时，先作出过母线两端点 M 和 N 的纬圆：以轴线的 H 面投影 o 为圆心，分别以 om 和 on 为半径作圆，即为所求两纬圆的 H 面投影；这两个纬圆的 V 面投影分别是过 m' 和 n' 的水平线段，长度等于纬圆的直径，如图 4 - 34（b）所示。

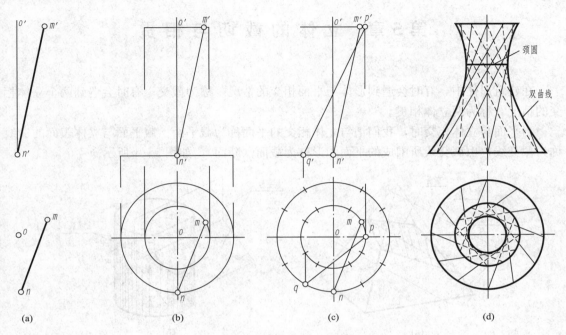

图 4 - 34　单叶旋转双曲面的投影

(a) 已知轴线 O 和母线 MN；(b) 作出过母线两端点的纬圆；(c) 作出素线 PQ；(d) 作出整个曲面

（2）把所作纬圆分别从 M 和 N 开始，等分为相同等份，如进行十二等分，如图 4 - 34（c）所示，MN 旋转 30°后，即为素线 PQ。根据其 H 面投影 pq 作出 V 面投影 $p'q'$。

（3）顺次作出每旋转 30°后，各素线的 H 面投影和 V 面投影。

（4）作出 V 面投影轮廓线：引圆滑曲线作为包络线与各素线的 V 面投影相切，作出来的 V 面投影轮廓线是一对双曲线。因此，整个曲面也可以看成是由这对双曲线绕着它的虚轴旋转而成。

（三）工程应用

单叶双曲旋转在土建工程中应用得较广泛，如冷凝塔等，见图 4 - 35。

图 4 - 35　冷凝塔

第5章 立体的截切与相贯

在建筑形体中，有时会遇到形体与平面相交的情况，称为截交；有时会遇到两个立体相交的情况，称为两立体相贯。

当平面与立体相交时，我们把与立体相交的平面称为截平面；截平面与立体表面的交线称为截交线；由截交线所围成的平面图形称为截面（断面），如图5-1所示。

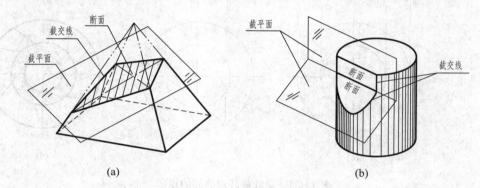

图5-1 平面与立体表面相交
(a) 平面体的截交线；(b) 曲面体的截交线

截平面的位置不同，立体形状的不同，所得截交线的形状也不同，但任何截交线都具有以下基本性质：

（1）封闭性。立体表面上的截交线总是封闭的平面图形（平面折线、平面曲线或两者组合）。

（2）共有性。截交线既属于截平面，又属于立体的表面，所以截交线是截平面与立体表面的共有线。

因此，组成截交线的每一个点，都是立体表面与截平面的共有点。所以，求截交线实质上就是求截平面与立体表面共有点的问题。

5.1 平面立体的截切

5.1.1 截交线的形状分析

平面截割平面体所得的截交线，是由直线段组成的封闭的平面多边形。平面多边形的每一个顶点是平面体的棱线与截平面的交点，每一条边是平面体的表面与截平面的交线，如图5-1（a）所示。

求平面立体截交线的方法通常有两种：

（1）交点法——求出平面体的棱线与截平面的交点，再把同一侧面上的点相连。

（2）交线法——直接求平面体的表面与截平面的交线。

5.1.2 例题

【例 5-1】 如图 5-2 所示，求四棱锥被正垂面 P 截割后，截交线的投影。

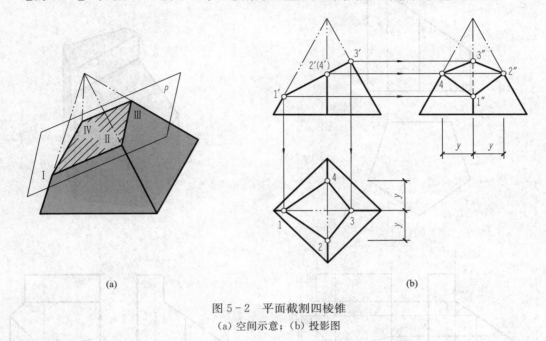

图 5-2 平面截割四棱锥
(a) 空间示意；(b) 投影图

解 （1）分析：由图 5-2（a）可见，截平面 P 与四棱锥的四个侧面都相交，所以截交线为四边形。四边形的四个顶点是四棱锥的四条棱线与截平面的交点。由于截平面 P 为正垂面，故截交线的 V 面投影积聚为直线，可直接确定，然后再由 V 面投影求出 H 面和 W 面投影。

（2）作图过程如图 5-2（b）所示：

1）根据截交线投影的积聚性，在 V 面投影中直接求出截平面 P 与四棱锥四条棱线交点的 V 投影 1′、2′、3′、4′。

2）根据从属性，在四棱锥各条棱线的 H、W 面投影上，求出交点的相应投影 1、2、3、4 和 1″、2″、3″、4″。

3）将各点的同面投影依次相连（注意同一侧面上的两点才能相连），即得截交线的各投影。由于四棱锥去掉了被截平面切去的部分，所以截交线的三个投影均为可见。

4）整理棱线：将各个投影中棱线被截切掉的部分去除，要注意 W 面投影中四棱锥的右棱线到 3″，不要漏掉那段虚线。

【例 5-2】 如图 5-3（a）所示，已知正五棱柱及其上缺口的 V 面投影，求 H 面和 W 面投影。

解 从给出的 V 面投影可知，五棱柱的缺口是由正垂面 P 和侧平面 Q 截割而形成的。正垂面 P 截切五棱柱的四个侧面且与侧平面 Q 相交，截交线应为五边形；侧平面 Q 截切五棱柱的右前、右后棱面和上顶面且与正垂面 P 相交，截交线应为矩形；画图时只要分别求出这两个截平面与五棱柱的截交线，以及 P、Q 两平面的交线即可。具体作图过程如图 5-3（c）所示，作图结果见图 5-3（d），不再详述。

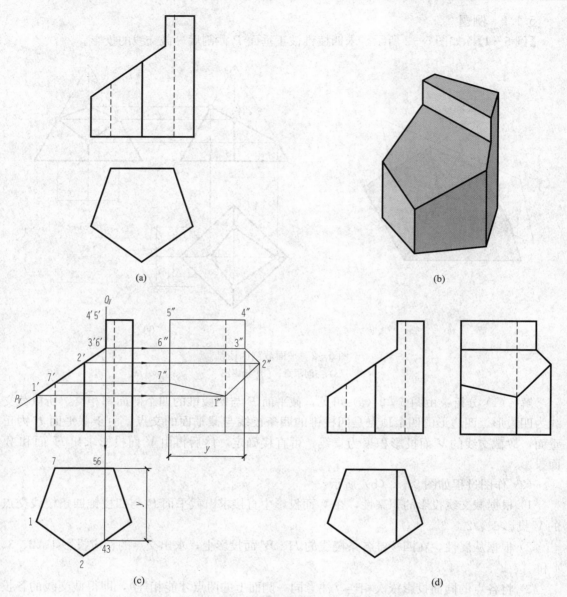

图 5-3　求缺口五棱柱的投影

（a）已知；（b）立体；（c）作图过程；（d）作图结果

5.1.3　画平面立体截交线的步骤

由前面两个例子，总结画平面立体截交线的步骤：

（1）分析截平面的数目和立体以及它们与投影面的相对位置，确定截交线的形状。

（2）找出截交线的积聚投影，并求出棱线与截平面交点的其他两面投影。

（3）连接各交点，同一表面上的相邻两点才能相连。

（4）如果有多个截平面还应求出截平面的交线。

（5）判别可见性。可见表面上的交线可见，否则不可见。不可见的交线用虚线表示。

（6）整理立体的棱线。

5.2　曲面立体的截切

5.2.1　截交线的形状分析

平面与曲面立体相交，其截交线一般为封闭的平面曲线，特殊情况为直线与曲线或完全由直线组成。其形状取决于曲面体的几何特征，以及截平面与曲面体的相对位置。截交线是截平面与曲面立体表面的共有线，求截交线时只需求出若干共有点，然后按顺序光滑连接成封闭的平面图形即可。因此，求曲面体的截交线实质上就是在曲面体表面上取点。

平面与曲面立体相交，截交线上的任一点都可看作是曲面体表面上的某一条线与截平面的交点。对回转体来讲，我们一般在曲面上适当地作出一系列的素线或纬圆，并求出它们与截平面的交点。交点分为特殊点和一般点，作图时应先作出特殊点。特殊点能确定截交线的形状和范围，如最高、最低点，最前、最后点，最左、最右点以及转向轮廓线上的点等；为能较准确地作出截交线的投影，还应在特殊点之间作出一定数量的一般点。

5.2.2　平面截切圆柱

（一）截切圆柱的三种情况

平面截切圆柱时，根据截平面与圆柱轴线的相对位置的不同，截交线有三种不同的形状，见表 5-1。

表 5-1　　　　　　　　　　　　　　　　　平面与圆柱相交

名称	截平面与轴线平行	截平面与轴线垂直	截平面与轴线倾斜
立体图	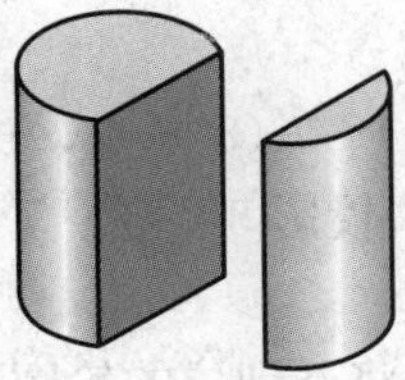		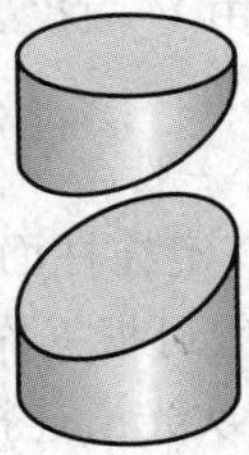
投影图	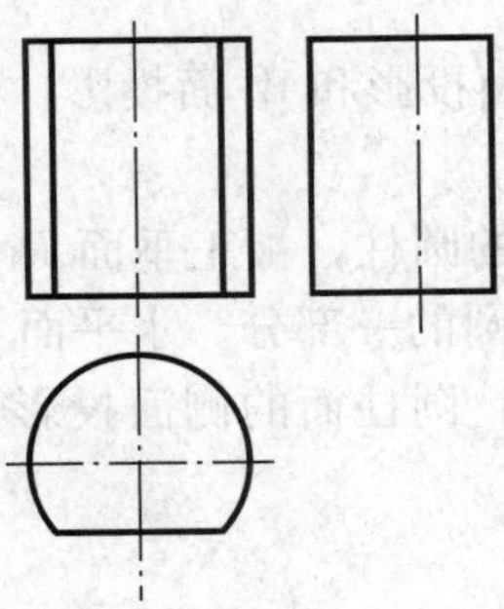	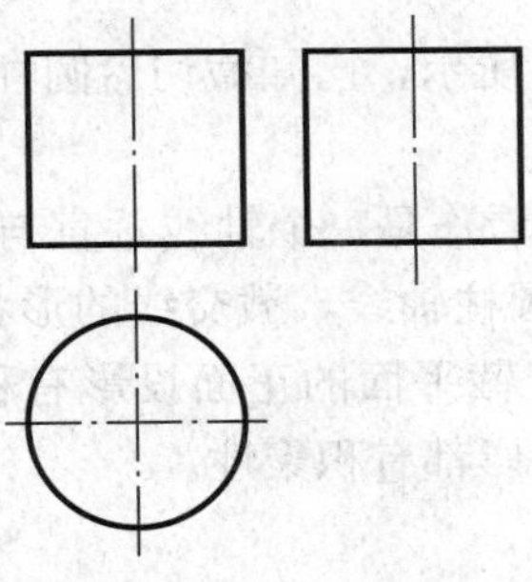	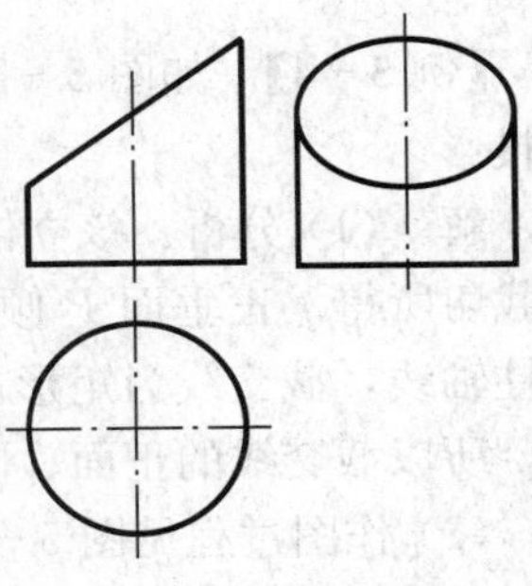
	截交线为矩形	截交线为圆	截交线为椭圆

（二）例题

【例 5-3】　如图 5-4 所示，求正垂面 P 截切圆柱所得的截交线的投影。

解　（1）分析：正垂面 P 倾斜于圆柱轴线，截交线的形状为椭圆。平面 P 垂直于 V 面，所以截交线的 V 投影和平面 P 的 V 面投影重合，积聚为一段直线。由于圆柱面的水平投影具有积聚性，所以截交线的水平投影也有积聚性，与圆柱面 H 面投影的圆周重合。截交线的侧面投影仍是一个椭圆，需作图求出。

（2）作图：过程见图 5-4。

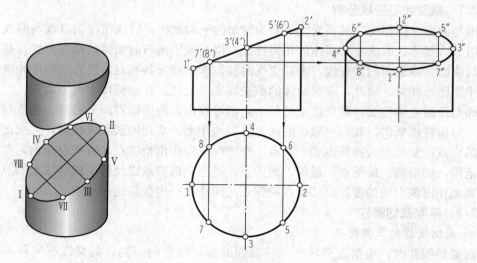

图 5-4　平面截切圆柱

1）求特殊点。要确定椭圆的形状，需找出椭圆的长轴和短轴。椭圆短轴为 Ⅰ Ⅱ，长轴为 Ⅲ Ⅳ，其投影分别为 $1'2'$、$3'(4')$。Ⅰ、Ⅱ、Ⅲ、Ⅳ 分别为椭圆投影的最低、最高、最前、最后点，由 V 面投影 $1'$、$2'$、$3'$、$4'$ 可直接求出 H 面投影 1、2、3、4 和 W 面投影 $1''$、$2''$、$3''$、$4''$。

2）求一般点。为作图方便，在 V 面投影上对称性的取 $5'(3')$、$7'(8')$ 点，H 面投影 5、3、7、8 一定在柱面的积聚投影上，由 H、V 面投影再求出其 W 投影 $5''$、$3''$、$7''$、$8''$。取点的多少一般可根据作图准确程度的要求而定。

3）依次光滑连接 $1''8''4''3''2''5''3''7''1''$ 即得截交线的侧面投影，将不到位的轮廓线延长到 $3''$ 和 $4''$。

【例 5-4】　如图 5-5（a）所示，已知截切后圆柱的 V 面投影和 W 面投影，补画其 H 面投影。

解　（1）分析：该立体可以看作是一个轴线垂直与 W 面的圆柱，被正垂面 P 和水平面 Q 截切所得。正垂面 P 倾斜于圆柱轴线，截交线的形状为椭圆的一部分。水平面 Q 平行于圆柱轴线，截交线为矩形。由于截平面的正面投影有积聚性，圆柱面的侧面投影具有积聚性，所以截交线的正面、侧面投影都有积聚性。

（2）作图过程见图 5-5（b）。

1）作出圆柱的 H 投影，求正垂面 P 截切的特殊点。在 V 面投影中，标出平面 P 截切圆柱的特殊点 $1'(2')$、$3'(4')$、$5'(6')$，并根据积聚性找出它们的侧面投影 $1''$、$2''$、$3''$、$4''$、$5''$、$6''$；根据投影对应规律求出 1、2、3、4、5、6。同样，求出 Q 面 7、8 点。

2）求一般点。为使作图更加准确，又不失一般性，在 $1'(2')$ 与 $3'(4')$ 之间取一对一般点 $9'(10')$，为作图方便，本例取的 $9'(10')$ 与 $5'(6')$ 对应的 W 面投影对称，并求出它们的 H 面投影 9、10。

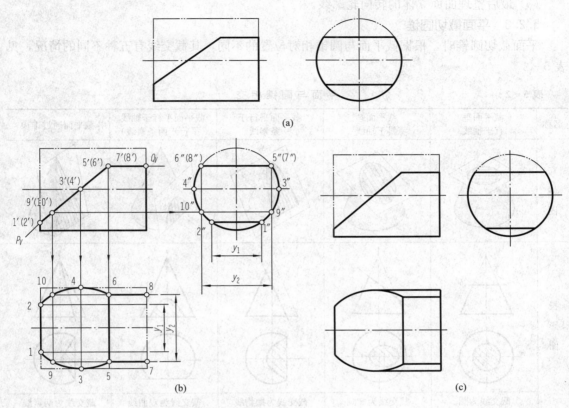

图 5-5 圆柱截切

(a) 已知；(b) 作图过程；(c) 作图结果

3) 求水平面 Q 与圆柱的截交线。截交线为矩形，该矩形两个顶点的 V 面投影应为 $5'(6')$，另外两个顶点的 V 面投影应为 $7'(8')$，根据圆柱面 W 面投影的积聚性求出 7、8。

4) 顺次连接 1、9、3、5 和 2、10、4、6 成两段椭圆弧，5、7 和 6、8 连成直线；注意两截平面的交线 5、6 不能遗漏；它们的 H 面投影都是可见的，连成粗实线。

5) 整理圆柱的转向轮廓线，3、4 左边的最前最后素线已经被截切，H 面投影不应再画出。作图结果如图 5-5（c）所示。

（三）画曲面立体截交线的具体步骤

由以上两个例子，总结出如下求曲面立体截交线的步骤：

（1）分析立体、截平面的数目以及它们的相对位置，从而确定出截交线的形状。

（2）看截交线的投影有无积聚性，找出截交线上特殊点的一面投影，特殊点包括：

1) 极限点：最高点、最低点、最左点、最右点、最前点、最后点；

2) 转向点：求截平面与转向轮廓线的交点。

为作图方便，通常在求点时编上号，做到三个投影相对应；并补全这些特殊点的其他两面投影。

（3）作出截交线上一些一般点的三面投影。

（4）将所作的点的同面投影顺序相连成光滑的曲线，在连线时，注意分清虚实。

（5）最后整理曲面立体的转向轮廓线。

5.2.3　平面截切圆锥

平面截切圆锥时，根据截平面与圆锥相对位置的不同，其截交线有五种不同的情况，见表 5-2。

表 5-2 平面与圆锥相交

名称	截平面垂直于轴线	截平面倾斜于轴线	截平面平行于一条素线	截平面平行于轴线（平行于两条素线）	截平面通过锥顶
立体图					
投影图					
	截交线为圆	截交线为椭圆	截交线为抛物线	截交线为双曲线	截交线为两素线

【例 5-5】 如图 5-6（a）所示，求平面 P 截切圆锥所得的截交线的投影。

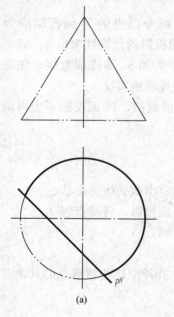

(a)

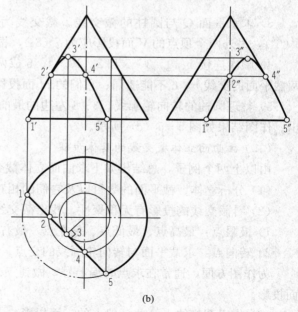

(b)

图 5-6　平面截切圆锥

(a) 已知；(b) 作图过程

解　（1）分析：由图 5-6 可看出，截平面 P 为平行于圆锥轴线的铅垂面，截切圆锥所得的截交线为应双曲线，双曲线的 H 面投影与铅垂面 P 的 H 积聚投影重合，为一直线段，双曲线的 V、W 面投影均不反映实形。

（2）作图过程如下：

1）求特殊点。确定双曲线形状的点是双曲线的顶点和端点，图 5-6（b）中点 Ⅰ 和 Ⅴ 为双曲线的端点，位于圆锥底面圆周上；点 Ⅲ 为双曲线的顶点（最高点）；点 Ⅱ 和 Ⅳ 为圆锥面转向轮廓线上的点。这些点均可用辅助素线法或纬圆法求出其余两个投影。

2）求一般点。根据需要可以再找出几个一般位置的点，用以准确完成双曲线的投影图，本例由于五个特殊点求出后，足以画出双曲线，因此没有再找一般点。

3）依次光滑连接 $1'2'3'4'5'$ 和 $1''2''3''4''5''$，即得截交线的 V 面投影和 W 面投影，最后整理轮廓线。

【例 5-6】　如图 5-7（a）所示，求圆锥被平面 P、Q、R 截切后的 H 面投影和 W 面投影。

解　（1）分析：由图 5-7 可看出，正垂面 P 过圆锥锥顶，截交线应该为两条素线的一部分，截平面 Q 为垂直与圆柱轴线的水平面，截交线为水平圆的一部分，截平面 R 为正垂面，其截交线应为椭圆的一部分。

（2）作图过程如下：

1）补画圆锥的 W 面投影，求平面 Q 的截交线。平面 Q 截切该圆锥得一水平纬圆，其水

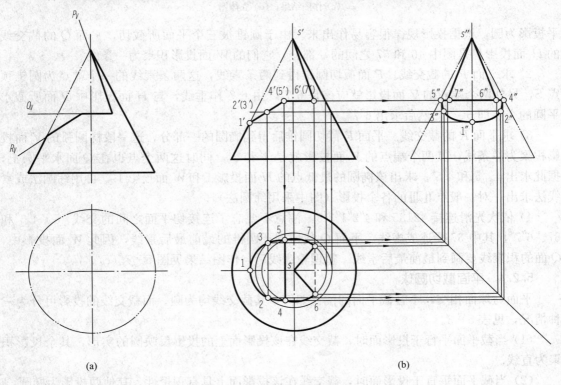

(a)　　　　　　　　　　　　　　　　　　　　(b)

图 5-7　圆锥被多个平面截切（一）

(a) 已知；(b) 作图过程

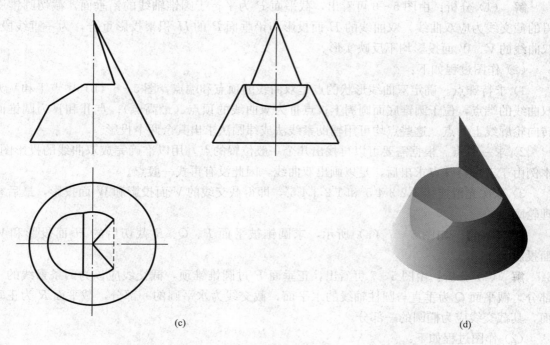

(c)   (d)

图 5-7   圆锥被多个平面截切（二）

(c) 作图结果；(d) 立体图

平投影为圆，根据投影规律很容易作出来。由于圆锥被三个平面所截切，平面 Q 的截交线的 H 面投影只是图中 46 和 57 之间的一部分，它们的 W 面投影积聚为一条线。

2）求平面 P 的截交线。P 面截切圆锥得到两条素线，这两条素线的一个端点为圆锥顶点 S，另外两个端点的 V 面投影就应该是 $6'7'$，由 $6'7'$ 作垂线，与 H 面投影中 Q 面所截水平圆的交点即 6、7，然后求出 $6''7''$。

3）求平面 R 的截交线。平面 R 截切圆锥后得到椭圆的一部分，这一段椭圆弧的 V 面投影积聚为一条线，其两个端点的 V 面投影就是 $4'$ 和 $5'$，同时这两个点也在 Q 面水平圆上，据此求出 4、5 和 $4''5''$。求出该椭圆的最低点的 H 面投影 1 和 W 面投影 $1''$，再用纬圆法或素线法求出一对一般点 Ⅱ Ⅲ 的各个投影（图中采用纬圆法）。

4）依次光滑连接 42135 和 $4''2''1''3''5''$，注意不要忘了连接切平面之间的交线 45、$4''5''$ 和 67、$6''7''$，其中 67 要连成虚线。平面 Q 截切到了圆锥的最前最后素线，因此 W 面投影中，Q 面的积聚线要画到最前最后素线。整理轮廓线后，作图结果见图 5-7（c）。

5.2.4 平面截切圆球

平面与球面相交，不管截平面的位置如何，其截交线均为圆。而截交线的投影可分为三种情况，见表 5-3。

（1）当截平面平行于投影面时，截交线在该投影面上的投影反映圆的实形，其余投影积聚为直线。

（2）当截平面垂直于投影面时，截交线在该投影面上具有积聚性，其他两投影为椭圆。

（3）截平面为一般位置时，截交线的三个投影都是椭圆。

表 5-3	平面与球相交		
截平面位置	与 V 面平行	与 H 面平行	与 V 面垂直
轴测图			
投影图			
特点	V 面投影是反映实形的圆 H 面投影是反映圆的直径	H 面投影是反映实形的圆 V 面投影是反映圆的直径	V 面投影是反映圆的直径 H 面投影是椭圆

【例 5-7】 如图 5-8 所示，求正垂面截切圆球所得截交线的投影。

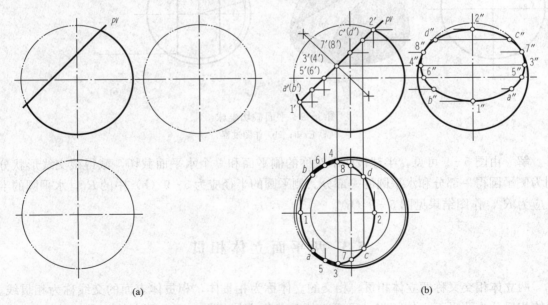

图 5-8 平面截切圆球
(a) 已知；(b) 作图过程

解 正垂面 P 截切圆球所得截交线为圆，因为截平面垂直于 V 面，所以截交线的 V 面投影积聚为直线，H 面投影和 W 面投影均为椭圆。作图过程如下：

（1）求特殊点：椭圆短轴的端点为Ⅰ、Ⅱ，并且Ⅰ、Ⅱ分别为最低点、最高点，均在球的轮廓线上。根据 V 面投影 $1'$、$2'$ 可定出 H、W 面投影 1、2 和 $1''$、$2''$。取 $1'2'$ 的中点 $3'(4')$（作 $1'2'$ 线段的垂直平分线，求出中点），用纬圆法求出 34 和 $3''4''$，34 和 $3''4''$ 分别为 H、W 面投影椭圆的长轴，Ⅲ点和Ⅳ点是截交线上的最前、最后点。另外，P 平面与球面水平投影转向轮廓线相交于 $5'(6')$ 点，可直接求出 H 面投影 5、6，并由此求出其 W 面投影 $5''$、$6''$。P 平面与球面侧面投影转向轮廓线相交于 $7'(8')$，可直接求出 W 面投影 $7''$、$8''$，并由此求出其 H 面投影 7、8。

（2）求一般点：可在截交线的 V 面投影 $1'2'$ 上插入适当数量的一般点［图5-8（b）中 $ABCD$ 点］，用纬圆法求出其他两投影（在此不再详细作图，读者可自行试作）。

（3）光滑连接各点的 H 面投影和 W 面投影，即得截交线的投影。最后整理圆球的转向轮廓线。

【例5-8】 如图5-9（a）所示，求半球被截切后所得截交线的投影。

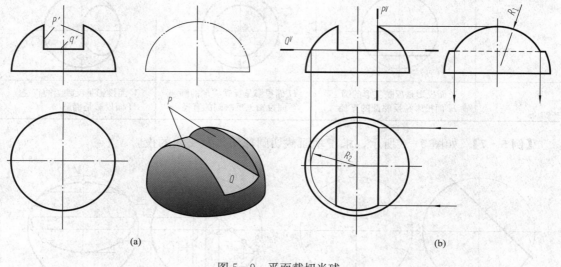

图5-9 平面截切半球
(a) 已知；(b) 作图过程

解 由图5-9可见，半球被两个对称的侧平面和一个水平面截切，截得截交线形状分别为侧平圆得一部分和水平圆的一部分。侧平圆的半径应为5-9（b）中的 R_1，水平圆的半径应为 R_2，作图结果见图5-9（b）。

5.3 两平面立体相贯

两立体相交又称两立体相贯，相交的立体称为相贯体，相贯体表面的交线称为相贯线。立体相贯分为两平面立体相贯、平面立体与曲面立体相贯、两曲面立体相贯三种情况，如图5-10所示。

本节介绍两平面立体相贯时相贯线的求法。如图5-11所示，一个立体全部贯穿另一个立体的相贯称为全贯，当两个立体相互贯穿时称为互贯。

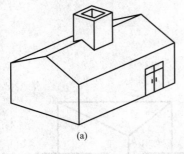
(a)

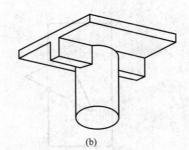
(b)

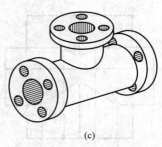
(c)

图 5-10　两平面立体相贯的三种情况

（a）坡顶屋（两平面立体相贯）；（b）柱头（平面立体与曲面立体相贯）；（c）三通管（两曲面立体相贯）

5.3.1　相贯线的特点

两立体相贯，其相贯线是两立体表面的共有线，相贯线上的点为两立体表面的共有点。两平面体相贯时，相贯线为封闭的空间折线或平面多边形，每一段折线都是两平面立体某两侧面的交线，每一个转折点为一平面体的某棱线与另一平面体某侧面的交点（贯穿点）。因此，求两平面立体相贯线，实质上就是求直线与平面的交点或求两平面交线的问题。

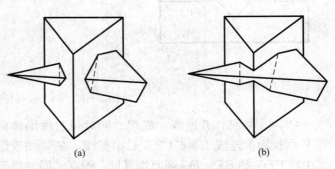
(a)　　　　　　　　(b)

图 5-11　两平面立体相贯

（a）全贯（有两条交线）；（b）互贯（有一条交线）

5.3.2　相贯线的求法

（1）交点法。依次检查两平面体的各棱线与另一平面体的侧面是否相交，然后求出两平面体各棱线与另一平面体某侧面的交点，即相贯点，依次连接各相贯点，即得相贯线。

（2）交线法。直接求出两平面体某侧面的交线，即相贯线段。依次检查两平面体上各相交的侧面，求出相交的两侧面的交线（一般可利用积聚投影求交线，参考前面两平面相交求交线的方法），即为相贯线。

【例 5-9】　如图 5-12 所示，求作两三棱柱的相贯线。

解　（1）分析：图中三棱柱 ABC 和三棱柱 EFG 互贯，相贯线为一组空间折线。三棱柱 ABC 各个侧面垂直于 W 面，侧面投影有积聚性，相贯线的侧面投影与其重合。三棱柱 EFG 各个侧面都垂直于 H 面，水平投影有积聚性，相贯线的水平投影与其重合。这样相贯线的水平投影与侧面投影都可直接求得，只需作图求其正面投影。

（2）作图过程如下：

1）求三棱柱 ABC 的棱线 A 与三棱柱 EFG 的侧面 EF、FG 的贯穿点Ⅰ、Ⅱ。在 H 面投影上找到 1、2，从而求出 $1'$、$2'$。

2）求三棱柱 ABC 的棱线 C 与三棱柱 EFG 的侧面 EF、FG 的贯穿点Ⅲ、Ⅳ。在 H 面投影上找到 3、4，从而求出 $3'$、$4'$。

3）求三棱柱 EFG 的棱线 F 与三棱柱 ABC 的侧面 AB、BC 的贯穿点Ⅴ、Ⅵ。在 W 面投影上找到 $5''$、$6''$，从而求出 $5'$、$6'$。

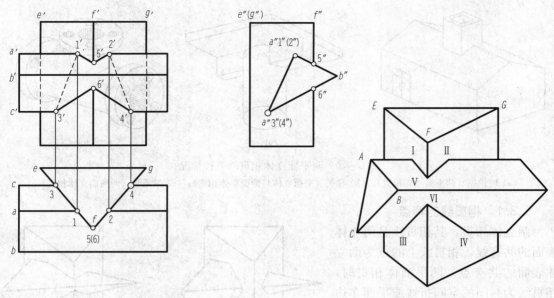

图 5-12　两三棱柱相贯

4）判别可见性并连线。根据"同时位于两形体同一侧面上的两点才能相连"的原则，在 V 面投影上连成 $1'3'6'4'2'5'1'$ 相贯线。在 V 面投影上，三棱柱 ABC 的 AB、BC 侧面和三棱柱 EFG 的 EF、FG 侧面均可见，根据"同时位于两形体都可见的侧面上的交线才是可见的"的原则判断：$1'5'$、$2'5'$、$3'6'$、$4'6'$可见，$1'3'$、$2'4'$不可见。

【例 5-10】　如图 5-13 所示，补全四棱锥与四棱柱相贯体的 H 面投影。

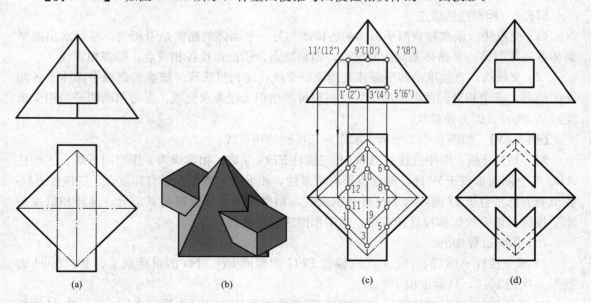

图 5-13　四棱锥和四棱柱相贯
(a) 已知；(b) 立体；(c) 取点；(d) 作图结果

解　（1）分析：根据已知的 V 面投影并参照 H 面投影可以想象出两立体为全贯，见

图 5 - 13（b）。四棱锥的前后侧棱与四棱柱相交，四棱柱的四条棱线都与四棱锥相交，且前后对称。因此，四棱锥两条侧棱交棱柱于 4 个点，四棱柱的四条侧棱交棱锥于 8 个点，只要求出这 12 个相贯线的转折点（贯穿点），即可求出相贯线的投影。

（2）作图过程如图 5 - 13（c）所示：

1）四棱柱的四个侧面有两个水平面、两个侧平面，12 个交点都在这两个水平面与四棱锥的交线上。所以，可以先求出四棱柱上下两个水平面与棱锥表面的交线的 H 投影，然后在 V 面投影中标出 12 个交点的投影 $1'(2')$、$3'(4')$、$5'(6')$、$7'(8')$、$9'(10')$、$11'(12')$，依据投影规律求出 1、2、3、4、5、6、7、8、9、10、11、12。

2）依据 V 面投影中点的连接顺序，H 面投影中连点的顺序是：1→3→5→7→9→11→1，这是第一条相贯线；2→4→6→8→10→12→2，这是第二条相贯线，与第一条对称。在连接过程中，注意可见性的判断：按照"只有当其所在的两立体的两个侧面同时可见时，它才是可见的"原则，1→3→5 与 2→4→6 在四棱柱底部，是不可见的，要画成虚线。

3）整理立体的轮廓线：四棱锥左右棱线没与棱柱相贯，仍然画成粗实线；前后棱线上部分可见，画成粗实线，中间两段与四棱柱相贯为一体，不再画出，下面两段被四棱柱挡住，画成虚线；四棱锥底面的正方形也有一部分被四棱柱挡住，画成虚线。四棱柱的四条棱线画到交点为止。

【例 5 - 11】 求作高低房屋相交的表面交线，如图 5 - 14 所示。

解 （1）分析：高低房屋相交，可看成两个五棱柱相贯，由于两个五棱柱的底面（相当于地面）在同一平面上，所以相

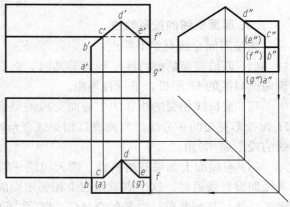

图 5 - 14 高低屋面的交线

贯线是不封闭的空间折线。两个五棱柱中的一个五棱柱的棱面都垂直于侧面，另一个五棱柱的棱面都垂直于正面，所以交线的正面、侧面投影为已知，根据正面、侧面投影求作交线的水平投影。

（2）作图结果如图 5 - 14 所示。

5.3.3 求两平面立体相贯线的步骤

从以上例子总结求两平面立体相贯线的步骤：

（1）分析两立体表面特征及与投影面的相对位置，确定相贯线的形状及特点，观察相贯线的投影有无积聚性。

（2）求一平面体的棱线与另一平面体侧面的交点（贯穿点）。

（3）连接各交点。连接时必须注意：

1）同时位于两立体同一侧面上的相邻两点才能相连。

2）相贯的两立体应视为一个整体，一个立体位于另一立体内部的部分不必画出（即：同一棱线上的两点不能相连）。

3）各投影面上点的连接顺序应一致。

（4）判别可见性。每条相贯线段，只有当其所在的两立体的两个侧面同时可见时，它才是

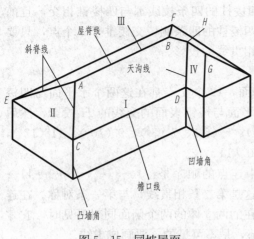

图 5 - 15　同坡屋面

可见的；否则，若其中的一个侧面不可见，或两个侧面均不可见时，则该相贯线段不可见。

（5）将相贯的各棱线延长至相贯点，完成两相贯体的投影。

5.3.4　同坡屋顶

一、基本概念

为了排水需要，建筑屋面均有坡度，当坡度大于 10% 时称坡屋面。坡屋面分单坡、二坡和四坡屋面。当各坡面与地面（H 面）倾角都相等时，称同坡屋面。坡屋面的交线是两平面立体相交的工程实例，但因其特性，与前面所述的作图方法有所不同。坡屋面各种交线的名称如图 5 - 15 所示。

二、屋面交线的投影特性

同坡屋面交线有如下特点：

（1）两坡屋面的檐口线平行且等高时，必交于一条水平屋脊线，屋脊线的 H 面投影与该两檐口线的 H 面投影平行且等距。

（2）檐口线相交的相邻两个坡面交成的斜脊线或天沟线，它们的 H 面投影为两檐口线 H 面投影夹角的平分线。当两檐口相交成直角时，斜脊线或天沟线在 H 面上的投影与檐口线的投影成 45°角。

（3）在屋面上如果有两斜脊、两天沟或一斜脊一天沟相交于一点，则该点上必然有第三条线即屋脊线通过。这个点就是三个相邻屋面的公有点。如图 5 - 15 所示，A 点为三个坡屋面Ⅰ、Ⅱ、Ⅲ所共有，二条斜脊 AC、AE 和屋脊 AB 交于该点。

图 5 - 16 是这三个特点的投影图示。图中四坡屋面的左右两斜面为正垂面，前后两斜面为侧垂面，从 V、W 面投影上可以看出这些垂直面对 H 面的倾角 α 都相等，这样在 H 面投影上就有：

（1）ab（屋脊）平行于 cd 和 ef（檐口），且 $Y_{db}=Y_{fb}$。

（2）斜脊必为檐口与夹角的角平分线，如么 $\angle eca=\angle dca=45°$。

（3）过 a 点有三条脊棱 ab、ac 和 ae。

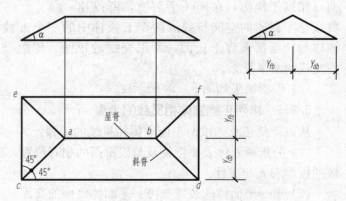

图 5-16　同坡屋面的投影

【**例 5 - 12**】已知四坡屋面的倾角 $\alpha=30°$ 及檐口线的 H 面投影，求屋面交线的 H 面投影和屋面的 V、W 面投影 ［图 5 - 17（a）］。

解　作图过程如下：

（1）作屋面交线的 H 面投影。在屋面的 H 面投影上过每一屋角作 45°分角线。在凸墙角

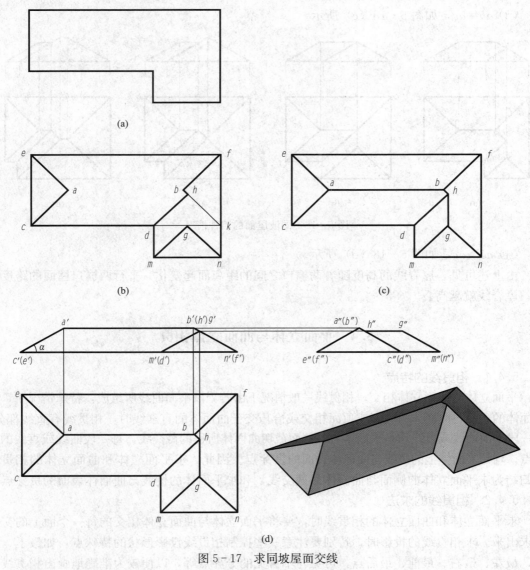

图 5 - 17　求同坡屋面交线

上作的是斜脊线 ac、ae、mg、ng、bf、bh；在凹墙角上作的是天沟线 dh。其中 bh 是将 cd 延长至 k 点，从 k 点作分角线与天沟线 dh 相交而截取的。也可以按上述屋面交线的第三条特点作出［图 5 - 17（b）］。作每一檐口线（前后或左右）的中线，即屋脊线 ab 和 hg ［图 5 - 17（c）］。

（2）作屋面的 V、W 面投影。根据屋面倾角 $\alpha = 30°$ 和投影规律，作出屋面的 V、W 面投影。一般先作出具有积聚性屋面的 V 面投影（或 W 面投影），再加上屋脊线的 V 面投影（或 W 面投影）即得屋面的 V 面投影；然后，根据投影规律作出屋面的 W 面投影［图 5 - 17（d）］。

三、同坡屋面的四种情况

由同坡屋面的檐口尺寸不同，屋面可以划分为以下四种典型情况：

（1）$ab < ef$，如图 5 - 18（a）所示。

（2）$ab = ef$，如图 5 - 18（b）所示。

　　（3）$ab = ac$，如图 5 - 18（c）所示。

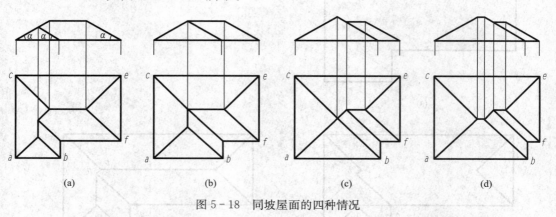

图 5 - 18　同坡屋面的四种情况

　　（4）$ab > ac$，如图 5 - 18（d）所示。

　　由上述可见，屋脊线的高度随着两檐口之间的距离而起变化，平行两檐口屋面的跨度越大，屋脊线就越高。

5.4　平面立体与曲面立体相贯

5.4.1　相贯线的特点

　　平面立体与曲面立体相交，相贯线一般情况下由若干段平面曲线所组成，特殊情况下，如平面体的表面与曲面体的底面或顶面相交或恰巧交于曲面体的直素线时，相贯线有直线部分。每一段平面曲线或直线均是平面体上各侧面截切曲面体所得的截交线，每一段曲线或直线的转折点，均是平面体上的棱线与曲面体表面的贯穿点。因此，求平面立体和曲面立体的相贯线可归结为求平面立体的侧面与曲面体的截交线，和求平面体的棱线与曲面体表面的贯穿点。

5.4.2　相贯线的求法

　　求平面立体和曲面立体的相贯线时，要将平面立体与曲面立体相交的每一个面上的交线都求出来。求相贯线的投影时，特别要注意一些控制相贯线投影形状的特殊点，如最上、最下、最左、最右、最前、最后点，可见与不可见的分界点等，以便较为准确地画出相贯线的投影形状。然后在特殊点之间插入适当数量的一般点，以便于曲线的光滑连接。连接时应注意，只有在平面立体上处于同一侧面，并在曲面立体上又相邻的相贯点，才能相连。

5.4.3　求平面立体和曲面立体相贯线的步骤

　　（1）分析两立体表面特征及与投影面的相对位置，确定相贯线的形状及特点。

　　（2）找出相贯线每段平面曲线上特殊点的一面投影，并作出它们的其他两面投影：①极限点：如最高、最低点，最前、最后点，最左、最右点等；②转向点：位于转向轮廓线上的点。

　　（3）找出一般点：为能较准确地作出相贯线的投影，还应在特殊点之间作出一定数量的一般点，并求出其他两面投影。

　　（4）顺次将各点光滑连接，注意判别其可见性。每一段相贯线，只有当其所在的两立体的两个侧面同时可见时，它才是可见的；否则，若其中的一个侧面不可见，或两个侧面均不可见时，则该段相贯线不可见。

（5）整理轮廓线：将相贯的各棱线或转向轮廓线延长至相贯点，完成两相贯体的投影。

【例 5 - 13】 如图 5 - 19 所示，求四棱柱与圆锥的相贯线。

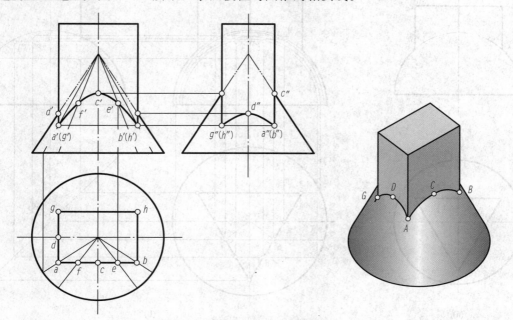

图 5 - 19　四棱柱与圆锥相贯

　　解　（1）分析：四棱柱与圆锥相贯，其相贯线是四棱柱四个侧面截切圆锥所得的截交线，由于截交线为四段双曲线，四段双曲线的转折点，就是四棱柱的四条棱线与圆锥表面的贯穿点。由于四棱柱四个侧面垂直于 H 面，所以相贯线的 H 面投影与四棱柱的 H 面投影重合，只需作图求相贯线的 V、W 面投影。从立体图可看出，相贯线前后、左右对称，作图时，只需作出四棱柱的前侧面、左侧面与圆锥的截交线的投影即可，并且 V、W 面投影均反映双曲线实形。

　　（2）作图过程如下：

　　1）根据三等规律画出四棱柱和圆锥的 W 面投影。由于相贯体是一个实心的整体，在相贯体内部对实际上不存在的圆锥 W 面投影轮廓线及未确定长度的四棱柱的棱线的投影，暂时画成用细双点画线表示的假想投影线或细实线。

　　2）求特殊点。先求相贯线的转折点，即四条双曲线的连接点 A、B、G、H，也是双曲线的最低点。可根据已知的 H 面投影，用素线法求出 V、W 面投影。再求前面和左面双曲线的最高点 C、D。

　　3）同理，用素线法求出两对称的一般点 E、F 的 V 面投影 e'、f'。

　　4）连点。V 面投影连接 $a' \rightarrow f' \rightarrow c' \rightarrow e' \rightarrow b'$，$W$ 面投影连接 $a'' \rightarrow d'' \rightarrow g''$。

　　5）判别可见性。相贯线的 V、W 面投影都可见，相贯线的后面和右面部分的投影，与前面和左面部分重合。

　　6）补全相贯体的 V、W 面投影。圆锥的最左、最右素线；最前、最后素线均应画到与四棱柱的贯穿点为止。四棱柱四条棱线的 V、W 面投影，也均应画到与圆锥面的贯穿点为止。

【例 5 - 14】 如图 5 - 20（a）所示，补全半球与三棱柱的相贯体的 V 面投影，并补画 W 面投影。

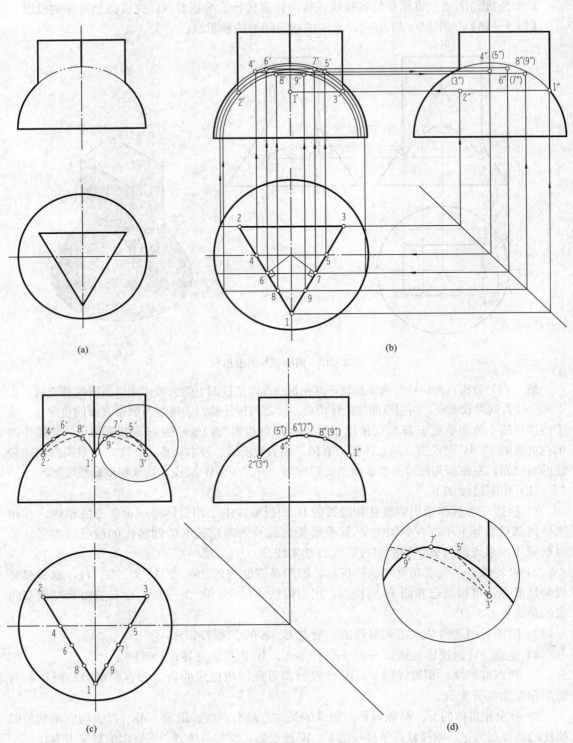

图 5-20　三棱柱与半球相贯

(a) 已知；(b) 求点过程；(c) 作图结果；(d) V 面投影局部放大

解 （1）分析：三棱锥三个棱面与半球相交，交线都是圆弧的一部分。左前棱面、右前棱面为铅垂面，与半圆球的交线应为铅垂圆弧的一部分，左右对称，其水平投影具有积聚性，另外两个投影为曲线；后棱面为正平面，与半圆球的交线应为正平圆弧的一部分，其水平投影和侧面投影具有积聚性，正面投影反映圆弧实形。

（2）作图过程：

1）求左前棱面与右前棱面与半球相贯的特殊点：特殊点分为转向点和极限点，一共有 7 个，分别为图中的 1、2、3、4、5、6、7（其中 6，7 为最高点，其求法为在水平投影中，过圆心做 12 和 13 的垂线，垂足即是）。根据其水平投影和圆球表面上取点的方法，可求得其正面投影 $1'$、$2'$、$3'$、$4'$、$5'$、$6'$、$7'$ 和侧面投影 $1''$、$2''$、$3''$、$4''$、$5''$、$6''$、$7''$。

2）求左前棱面与右前棱面与半球相贯的一般点：在 1 和 67 之间找出两个一般点的水平投影 8、9，并求出它们的另外两个投影，求点过程如图 5 - 20（b）所示。

3）连线：左前棱面与半球的相贯线的另外两个投影为 $1'8'6'4'2'$ 和 $1''8''6''4''2''$，将它们顺次连接，注意 V 面投影 $4'2'$ 不可见。右前棱面与半球交线连接方法类似。

4）后棱面与半球的相贯线：其正面投影应为过 $2'3'$ 的一段圆弧，不可见，画成虚线；其 W 面投影积聚为一点。

5）整理轮廓线：半球的 V 面投影轮廓线应该画到 $4'$ 和 $5'$ 为止，其中被三棱柱挡住的部分要画成虚线，见图 5 - 20（d）。三棱柱的三条棱线应分别画到 $1'$、$2'$、$3'$ 和 $1''$、$2''$、$3''$ 为止，最后作图结果如图 5 - 20（c）所示。

5.5　两曲面立体相贯

5.5.1　相贯线的特点与求法

两曲面体相贯，其相贯线一般是封闭的空间曲线，特殊情况下为平面曲线或直线段（本节相贯线的特殊情况会有介绍）。相贯线是两曲面体表面的共有线，相贯线上每一点都是相贯两曲面体表面的共有点。

根据相贯线的性质可知，求相贯线实质上就是求两曲面体表面的若干共有点（在曲面体表面上取点），将这些点光滑地连接起来即得相贯线。

求两曲面立体相贯线，最常用以下两种方法：

（1）利用积聚性求相贯线（也称表面取点法）。

（2）辅助平面法（三面共点原理）。

5.5.2　两曲面立体相贯线求法举例

一、表面取点法——利用积聚性求相贯线

当两个立体相贯，如果其中有一个是轴线垂直于投影面的圆柱，则相贯线在该投影面上的投影，就积聚在圆柱面的积聚性投影上。由此可利用已知点的两个投影求第三投影的方法求出相贯线的投影。

【例 5 - 15】　如图 5 - 21 所示，利用积聚性求作轴线垂直相交的两圆柱的相贯线。

解　（1）分析：小圆柱与大圆柱的轴线正交，相贯线是前、后、左、右对称的一条封闭的空间曲线。根据两圆柱轴线的位置，大圆柱面的侧面投影及小圆柱面的水平投影具有积

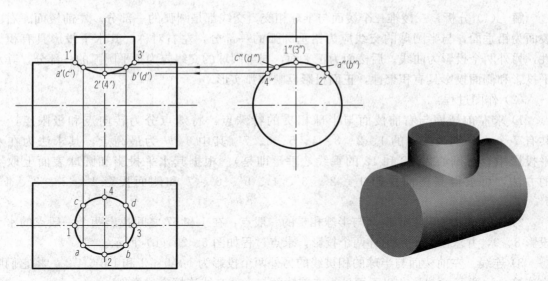

图 5-21　正交两圆柱相贯

聚性，因此，相贯线的水平投影和小圆柱面的水平投影重合，是一个圆；相贯线的侧面投影和大圆柱的侧面投影重合，是一段圆弧。通过分析知道要求的只是相贯线的正面投影。

（2）作图过程如下：

1）求特殊点：由于已知相贯线的水平投影和侧面投影，故可直接求出相贯线上的特殊点。由 W 面投影和 H 面投影可看出，相贯线的最高点为Ⅰ、Ⅲ，Ⅰ、Ⅲ同时也是最左、最右点；最低点为Ⅱ、Ⅳ，Ⅱ、Ⅳ也是最前、最后点。由 1″、3″、2″、4″可直接求出 H 面投影 1、3、2、4；再求出 V 面投影 1′、3′、2′、4′。

2）求一般点：由于相贯线水平投影为已知，所以可直接取 a、b、c、d 四点，求出它们的侧面投影 a″(b″)、c″(d″)，再由水平、侧面投影求出正面投影 a′(c′)、b′(d′)。

3）判别可见性，光滑连接各点：相贯线前后对称，后半部与前半部重合，只画前半部相贯线的投影即可，依次光滑连接 1′、a′、2′、b′、3′各点，即为所求。

【例 5-16】 已知如图 5-22（a）所示，求作轴线垂直交叉的两圆柱的相贯线。

解 （1）分析：小圆柱与大圆柱的轴线垂直交叉，相贯线左、右对称，但前后不对称。根据两圆柱轴线的位置，大圆柱面的侧面投影及小圆柱面的水平投影具有积聚性，相贯线的水平投影和小圆柱面的水平投影重合，是一个圆；相贯线的侧面投影和大圆柱的侧面投影重合，是一段圆弧。因此通过分析知道要求的只是相贯线的正面投影。

（2）作图过程如下：

1）求特殊点：由于已知相贯线的水平投影和侧面投影，故可直接求出相贯线上的特殊点。由 W 面投影可看出，相贯线的最高点为Ⅴ、Ⅵ，最低点为Ⅰ点；从 H 面投影看出最左、最右点为Ⅲ、Ⅳ，最前最后点为Ⅰ、Ⅱ。同时，这六个极限点也就是相贯线的转向点。根据这些特殊点的投影规律，求出它们的 V 面投影 1′、2′、3′、4′、5′、6′。

2）求一般点：由于相贯线上Ⅰ点与Ⅲ、Ⅳ点之间较远，可以在它们之间取一对一般点Ⅶ、Ⅷ，先确定其 H 面投影，找出其 W 面投影，再根据投影规律求出其正面投影 7′、8′。

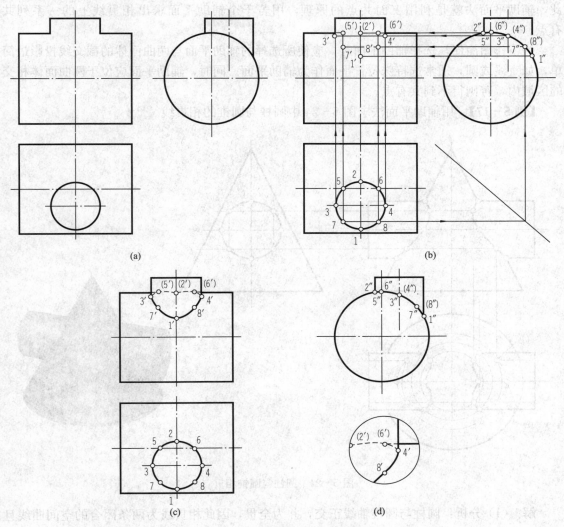

图 5 - 22 两圆柱相贯，轴线垂直交叉
(a) 已知；(b) 求点过程；(c) 作图结果；(d) V 面投影局部放大

3）判别可见性，光滑连接各点：相贯线中的点，只有同时对两个圆柱都可见才能连成实线。因此，光滑连接 $3'7'1'8'4'$ 成粗实线，光滑连接 $3'5'2'6'4'$ 成虚线。

4）整理轮廓线：轮廓线要画到转向点为止，因此，正面投影大圆柱的最高素线应画到 $5'$、$6'$，小圆柱的最左最右素线应该画到 $3'$、$4'$，同时要注意大圆柱的最上素线有一小段被小圆柱挡住了，要画成虚线，详见图 5 - 22 (d)。

二、辅助平面法

辅助平面法就是用辅助平面同时截切相贯的两曲面体，在两曲面体表面得到两条截交线，这两条截交线的交点即为相贯线上的点，如图 5 - 23 所示。这些点既在两形体表面上，又在辅助平面上。因

图 5 - 23 辅助平面法
求相贯线上的点

此，辅助平面法就是利用三面共点的原理，用若干个辅助平面求出相贯线上的一系列共有点。

为了作图简便，选择辅助平面时，应使所选择的辅助平面与两曲面体的截交线投影最简单，如直线或圆，通常选特殊位置平面作为辅助平面。同时，辅助平面应位于两曲面体相交的区域内，否则得不到共有点。

【例 5 - 17】 用辅助平面法求图 5 - 24 中圆柱与圆锥的相贯线。

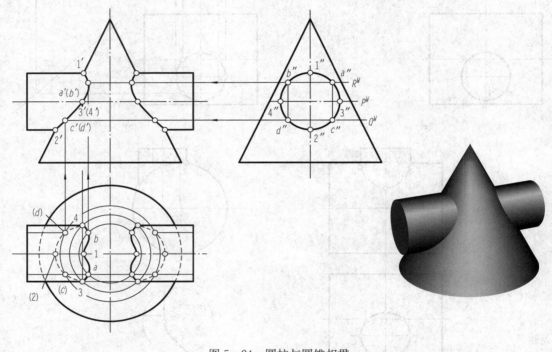

图 5 - 24　圆柱与圆锥相贯

解　（1）分析：圆柱与圆锥轴线正交，并为全贯，因此相贯线为两条闭合的空间曲线且前后、左右对称。

相贯线的投影：圆柱轴线垂直于侧面，圆柱的侧面投影积聚为圆，相贯线的侧面投影与该圆重合，圆锥的三个投影都无积聚性，所以需要求相贯线的正面投影及水平投影。

（2）作图过程如下：

1）求特殊点：由相贯线的 W 面投影可直接找出相贯线上的最高点 Ⅰ、最低点 Ⅱ，同时 Ⅰ、Ⅱ 点也是圆柱正视转向轮廓线上的点，也是圆锥最左轮廓线上的点。Ⅰ、Ⅱ 两点的正面投影 $1'$、$2'$ 也可直接求出，然后求出水平投影 1、2。

由相贯线的 W 投影可直接确定相贯线上的最前、最后点 Ⅲ、Ⅳ 的 W 面投影 $3''$、$4''$，同时 Ⅲ、Ⅳ 点也是圆柱水平转向轮廓线上的点。作辅助水平面 P，它与圆柱交于两水平轮廓线，与圆锥交于一水平纬圆，两者的交点即为 Ⅲ、Ⅳ 两点。3、4 为其水平投影，可根据 3、4 及 $3''$、$4''$ 求出 $3'(4')$。

2）求一般点：在点 Ⅰ 和点 Ⅲ、Ⅳ 之间适当位置，作辅助水平面 R，平面 R 与圆锥面交于一水平纬圆，与圆柱面交于两条素线，这两条截交线的交点 A、B 两点，即为相贯线上的点。为作图方便，我们再作一辅助平面 Q 为平面 R 的对称面，平面 Q 与圆锥面交于另一水平纬圆，与圆柱面交于两条素线（与平面 R 与圆柱面相交的两条素线完全相同，所以不用另外作图），这两条截交线的交点 C、D 两点，即为相贯线上的一般点。

3）判别可见性，光滑连接：圆柱面与圆锥面具有公共对称面，相贯线正面投影前后对称，故前后曲线重合，用实线画出。圆锥面的水平投影可见，圆柱面上半部水平投影可见，按可见性原则可知，属于圆柱面上半部的相贯线可见，3→2→4 不可见，画成虚线。

4）补全相贯体的投影：将圆柱面的水平转向轮廓线延长至 3、4 点，另外圆锥面有部分底圆被圆柱面遮挡，因此其 H 投影也应画成虚线。

【例 5-18】 用辅助平面法求图 5-25 中圆柱与半球的相贯线。

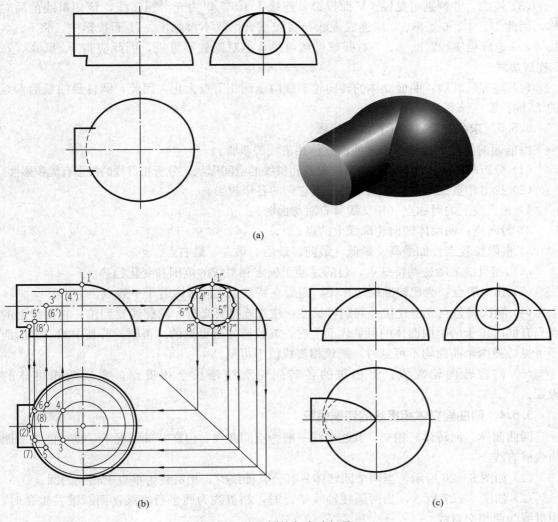

(a)

(b)   (c)

图 5-25 圆柱与半球相贯

(a) 已知；(b) 求点过程；(c) 作图结果

解 由图 5-25 可以看出，圆柱与半球相贯，相贯线为前后对称的空间曲线，该曲线的

W 面投影具有积聚性，积聚为圆。作图过程如下：

（1）求特殊点：极限点为最高点最右点为Ⅰ，最低点最左点为Ⅱ，最前点Ⅴ最后点Ⅵ。转向点也是这四个点。由 $1'$、$2'$ 和 $1''$、$2''$ 很容易根据投影规律求得 1、2。$5'$、$6'$ 和 5、6 的求法可用辅助平面法。用过圆柱最前最后素线的水平面截切圆柱，得最前最后素线，截切圆球得一个水平圆，在 H 面投影中，该水平圆仍然为圆，这个圆与圆柱最前最后素线的交点即为 5、6，然后对应 V 面投影找出 $5'$、$6'$。

（2）求一般点：为作图方便，在 W 面投影中，对称取两对点，$3''$、$4''$、$7''$、$8''$，用辅助平面法，求出这些点的另外两面投影。如 3、4 和 $3'$、$4'$ 的求法：过 $3''$、$4''$ 作一个辅助水平面，切圆柱得到两条素线，切半球得到一个水平圆，在 H 面投影中，该圆与这两条素线的交点即为 3、4，根据投影规律由 3，4 和 $3''$、$4''$ 找出 $3'$、$4'$。

（3）连线，并判别可见性：V 面投影，连接 $1'3'5'7'2'$ 为光滑粗实线，该相贯线前后对称，因此 $1'$、$4'$、$6'$、$8'$、$2'$ 应连成虚线与实线重合，就不再画出。H 面投影中，将 6、4、1、3、5 连成粗实线，8、2、7 对圆球虽然可见，但对圆柱不可见，因此应将 6、8、2、7、5 连成虚线。

（4）整理轮廓线：曲面立体的转向轮廓线应画到相贯点为止，因此，圆柱最前最后素线的 H 面投影应该画到 5、6 为止。

5.5.3　求两曲面立体相贯线的步骤

由前面的例题，总结出求两曲面立体相贯线的步骤：

（1）分析两曲面体的形状、相对位置及相贯线的空间形状，分析相贯线的投影有无积聚性。

（2）找出相贯线上的特殊点，并作出它们的各个投影。

1）相贯线上的对称点（相贯线具有对称面时）；

2）转向点：曲面体转向轮廓线上的点；

3）极限位置点：如最高、最低、最前、最后、最左、最右点。

求出相贯线上的这些特殊点，目的是便于确定相贯线的范围和变化趋势。

（3）作一般点：为比较准确地作图，需要在特殊点之间插入若干一般点。

（4）顺次将各点光滑连接并判别可见性：注意连接要光滑，轮廓线要到位。相贯线上的点只有同时位于两个曲面体的可见表面上时，其投影才是可见的。否则，若其中的一个曲面不可见，或两个曲面均不可见时，则该相贯线段不可见。

（5）整理转向轮廓线：将相贯的各转向轮廓线延长至相贯点，完成两相贯体的投影。

5.5.4　两曲面立体相贯线的特殊情况

两曲面体（回转体）相交，其相贯线一般为空间曲线，但在特殊情况下，也可能是平面曲线或直线。

（1）如图 5-26 所示，当两个回转体具有公共轴线时，相贯线为垂直于轴线的圆。

（2）如图 5-27 所示，当两圆柱轴线平行时，相贯线为两平行直线；两圆锥共锥顶时，相贯线为两相交直线。

（3）如图 5-28 所示，当两圆柱、圆柱与圆锥轴线正交，并公切于一圆球时，相贯线为椭圆，该椭圆的正面投影为一直线段。

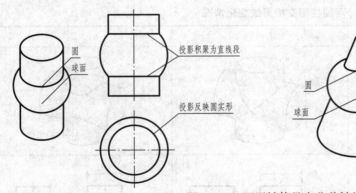

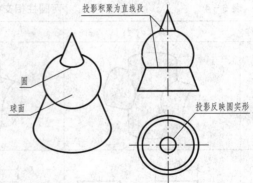

图 5 - 26　两回转体具有公共轴线

5.5.5　圆柱、圆锥相贯线的变化规律

曲面立体相贯线的形状与相贯的两立体的形状、两立体的相对位置、两立体的大小有关。下面分别以圆柱与圆柱相贯、圆柱与圆锥相贯为例说明尺寸变化和相对位置变化对相贯线的影响。

（一）尺寸大小变化对相贯线的影响

（1）两圆柱轴线正交，见表 5 - 4。

（2）圆柱与圆锥轴线正交。当圆锥的大小和其轴线的相对位置不变，而圆柱的直径变化时，相贯线的变化情况见表 5 - 5。

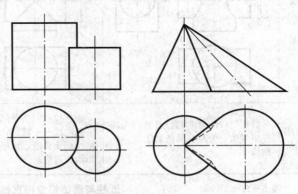

图 5 - 27　相贯线为直线

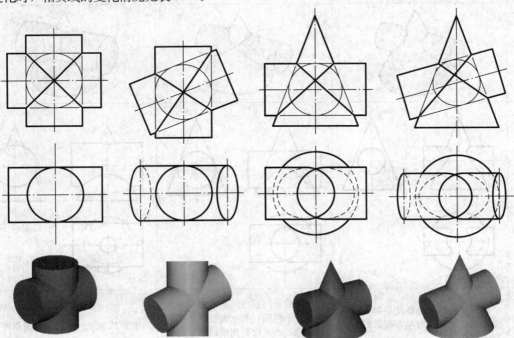

图 5 - 28　公切于同一个球面的圆柱、圆锥的相贯线

表 5－4　　　　　　　　　　　　　　两圆柱相交相贯线变化情况

名称	$d_1 < d_2$	$d_1 = d_2$	$d_1 > d_2$
立体图	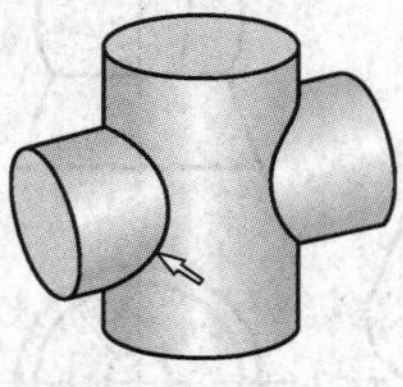	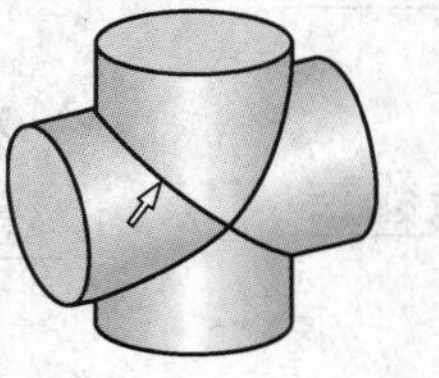	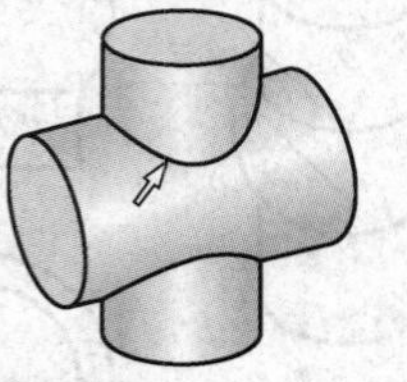
投影图	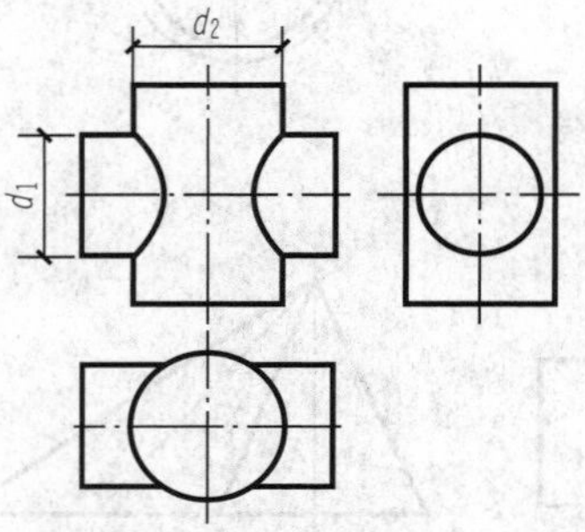	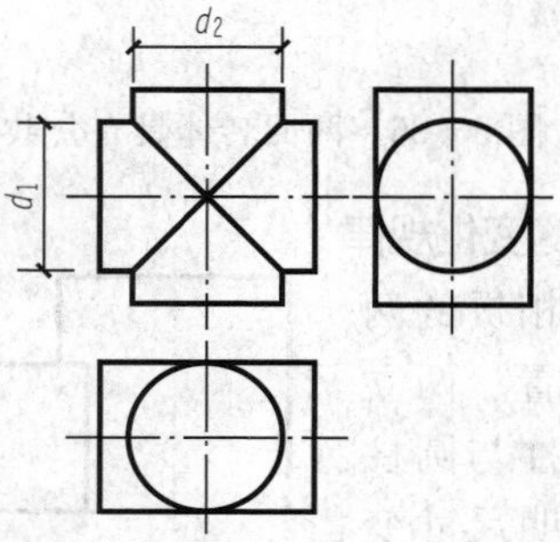	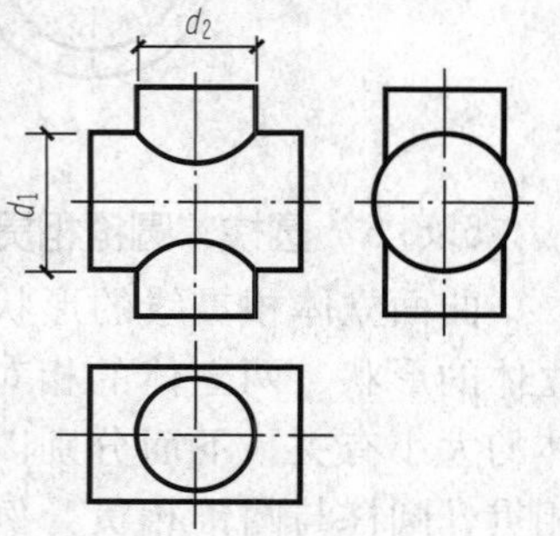
弯曲趋势	其相贯线的弯曲趋势总是向大圆柱里弯曲，为左右两条封闭的空间曲线	相贯线从两条空间曲线变成两条平面曲线——椭圆，其正面投影为两相交直线，水平投影和侧面投影均积聚为圆	相贯线为上下两条封闭的空间曲线

表 5－5　　　　　　　　　　　　圆柱与圆锥相交相贯线的三种情况

名称	圆柱穿过圆锥	圆柱与圆锥公切于一球	圆锥穿过圆柱
立体图	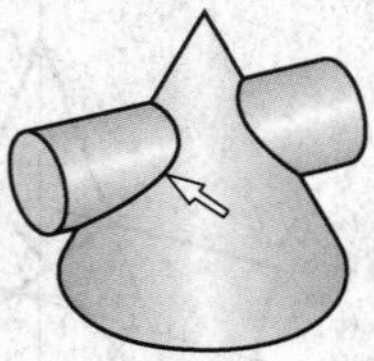	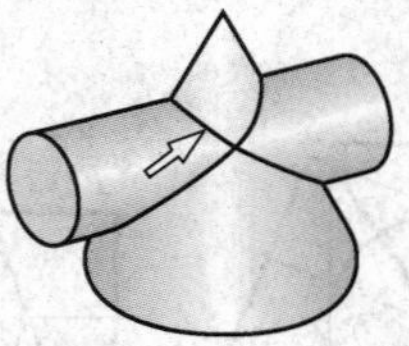	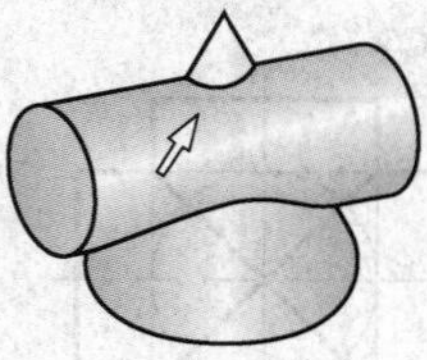
投影图		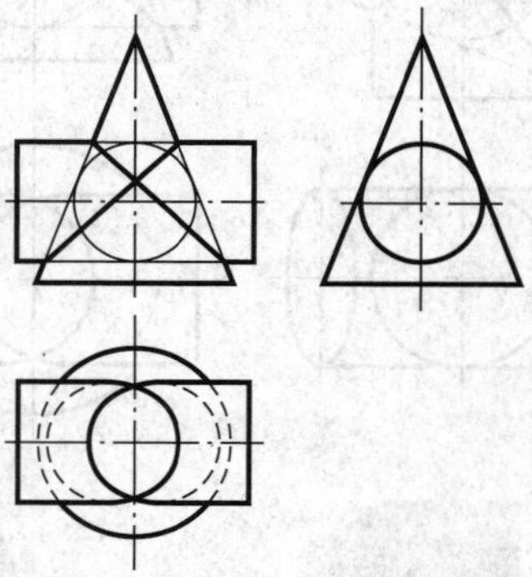	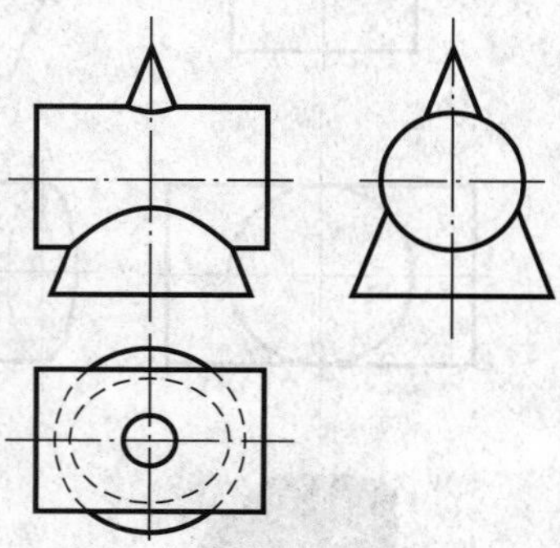
弯曲趋势	相贯线的弯曲趋势总是向大圆锥里弯曲，相贯线为左右两条封闭的空间曲线	相贯线从两条空间曲线变成平面曲线——椭圆，其正面投影为两相交直线，水平投影和侧面投影均积聚为椭圆和圆	相贯线为上、下两条空间曲线

（二）相对位置变化对相贯线的影响

两相交圆柱直径不变，改变其轴线的相对位置，则相贯线也随之变化。

表5-6给出了两相交圆柱，其轴线成交叉垂直，两圆柱轴线的距离变化时，其相贯线的变化情况。

表 5-6 两圆柱相交相贯线变化情况

名称	大圆柱与小圆柱全贯	大圆柱与小圆柱互贯	大圆柱与小圆柱相切
投影图			
弯曲趋势	相贯线为上下两条封闭的空间曲线	相贯线为一条封闭的空间曲线	相贯线由两条变为一条空间曲线，并相交于切点

5.5.6 两圆柱相贯时相贯线的简化画法

（一）两非等径圆柱正交相贯线的近似画法

两圆柱正交直径相差较大时，在与两圆柱轴线所确定的平面平行的投影面上的相贯线投影可以采用圆弧代替。作图时，以较大圆柱的半径为圆弧半径，其圆心在小圆柱轴线上，相贯线弯进较大的立体，如图5-29所示。

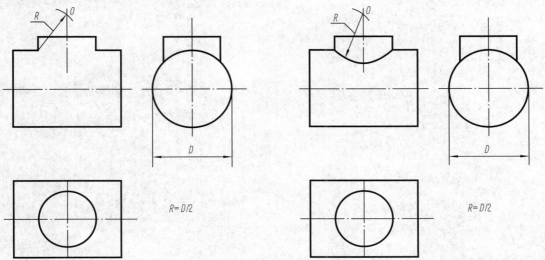

图 5-29 两非等径圆柱正交相贯线的相似画法

（二）两圆柱的直径相差很大时的简化画法

当小圆柱的直径与大圆柱相差很大时，在与两圆柱轴线所确定的平面平行的投影面上的相贯线投影可以采用直线代替，如图 5-30 所示。

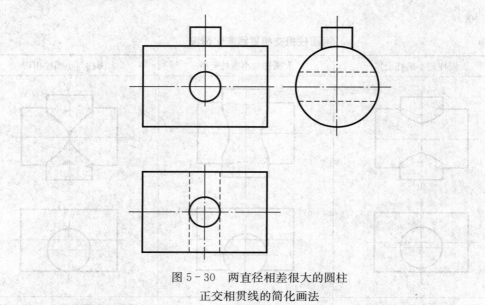

图 5-30　两直径相差很大的圆柱
正交相贯线的简化画法

第6章 组合体的投影图

任何一个建筑形体都可以看成是由一些基本形体组合而成的。由基本立体按一定的组合方式组合而成的较为复杂的立体，称为组合体。组合体的投影这一部分内容，在整个制图课中起着承上启下的作用。

6.1 组合体的形体分析

为了便于研究组合体，可以假想将组合体分解为若干简单的基本体，然后分析它们的形状、相对位置以及组合方式，这种分析方法叫做形体分析法。形体分析法是组合体画图、读图和尺寸标注的基本方法。

6.1.1 组合体的组合方式

采用形体分析法对组合体进行分解，组合体的组合方式可以分为叠加、切割（包括穿孔）和综合三种形式。

工程建设中一些比较复杂的形体，一般都可看作是由基本几何体（如棱柱、棱锥、圆柱、圆锥、球等）通过叠加、切割、或既有叠加又有切割而形成的。如图6-1（a）所示的组合体是由两个四棱柱叠加而成，图6-1（b）所示的组合体是由一个长方体被切割掉如图所示的两部分而成。图6-2所示组合体较为复杂，可以看成是由6个形体叠加而成的，Ⅱ、Ⅳ两个形体又是经过切割而形成的。

6.1.2 组合体相邻表面之间的结合关系

形成组合体的各基本形体之间的表面结合有三种方式：平齐（共面）、相切、相交，在画投影图时，应注意这三种结合方式的区别，正确处理两结合表面的结合部位。

（一）相交

面与面相交时，要画出交线的投影。

两基本形体的表面相交，在相交处必然产生

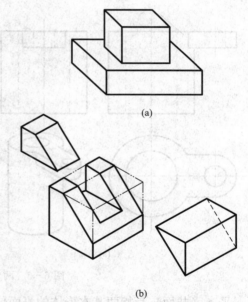

(a)

(b)

图6-1 组合体的组合方式——叠加与切割
(a) 叠加；(b) 切割

交线，它是两基本形体表面的分界线，必须画出交线的投影。如图6-3（a）所示的圆筒外表面与耳板之间的交线，图6-3（b）中V面投影中虚线上面小长方体的后表面与底板长方体的上表面的交线。

（二）平齐

两形体表面平齐时，不画分界线。

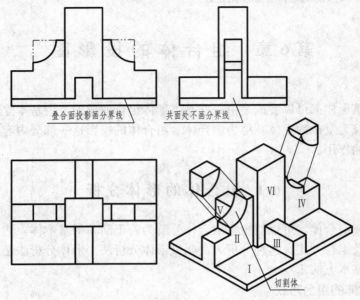

图 6-2　组合体的组合方式——综合

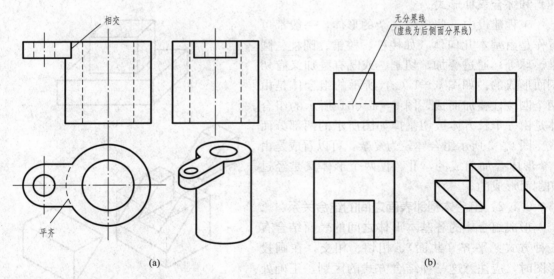

图 6-3　两立体表面相交和平齐

平齐（共面）是指两基本形体的表面位于同一平面上，两表面没有转折和间隔，所以两表面间不画线。图 6-3（a）中圆筒上表面与耳板上表面之间平齐，图 6-3（b）中两个长方体前表面平齐，图 6-4（a）中的底板和竖板之间平齐连接，所以不画线。

（三）相切

两表面相切时，相切处不画线。

相切分为平面与曲面相切和曲面与曲面相切，不论哪一种，都是两表面的光滑过渡，不应画线。图 6-4（a）中侧立板中间相切处不画线，又如图 6-4（b）圆柱与底板侧表面也是相切关系，相切处不画线，其 V 面投影和 W 面投影的水平线只画到切点为止。

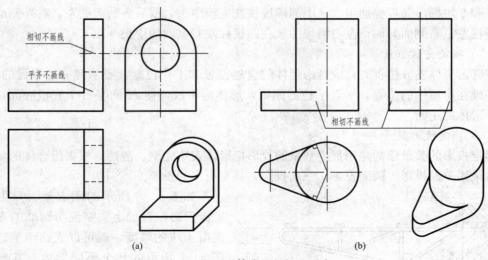

图 6-4 两立体表面相切和平齐

6.2 组合体的投影图画法

在画组合体的投影图时，应首先进行形体分析，确定组合体的组成部分，并分析它们之间的结合形式和相对位置，然后画投影图。

现以肋式杯形基础（图 6-5）为例，说明画建筑形体投影图的具体步骤。

（一）形体分析

分析组合体是由哪些基本形体所组成，它们的组合方式和相对位置如何，相邻表面之间是如何结合的。

如图 6-5 所示的肋式杯形基础，可以看成由四棱柱底板、中间四棱柱（其中挖去一楔

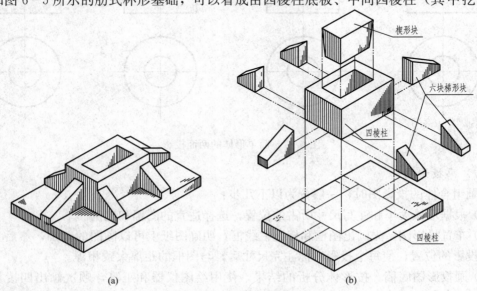

图 6-5 肋式杯形基础形体分析

(a) 肋式杯形基础；(b) 形体分析

形块）和 6 块梯形肋板叠加组成。中间四棱柱在底板中央，前后各肋板的左、右外侧面与中间四棱柱左、右侧面共面，左右两块肋板在四棱柱左右侧面的中央［图 6-5（b）］。

（二）确定安放位置

在确定形体安放位置时，应考虑形体的自然位置和工作位置，要掌握一个平稳的原则。根据基础在房屋中的位置，本着平稳的原则，形体应平放，使 H 面平行于底板底面，V 面平行于形体的正面。

（三）确定投影数量

确定投影的数量原则是用最少数量的投影把形体表达完整、清楚。根据组合体的复杂程度，可采用单面投影、两面投影、三面投影，甚至更多的投影。

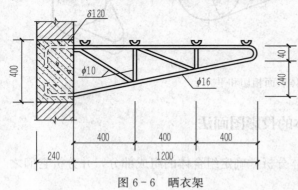

图 6-6　晒衣架

如图 6-6 所示的晒衣架，只用一个 V 面投影，再加上文字说明钢筋的直径和混凝土块的厚度，就可以表达清楚。又如图 6-7 所示的几个不同形体，其形体特征由 V 面投影和 H 面投影能完全确定，所以就不需再画出 W 面投影。

对于肋式杯形基础，由于前后肋板的侧面形状要在 W 面投影中反映，因此需要画出 V、H、W 面三个投影。

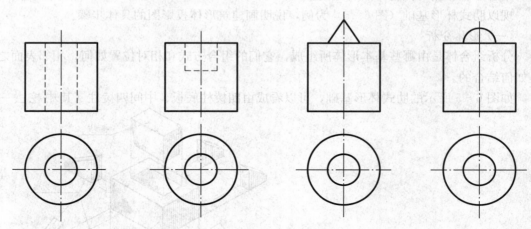

图 6-7　简单形体的两面投影

（四）画投影图

在画组合体的投影图时，一般分为以下几步：

（1）根据形体大小和注写尺寸所占的位置，选择适宜的图幅和比例。

（2）布置投影图。先画出图框和标题栏线框，明确图纸上可以画图的范围，然后大致安排三个投影的位置，使每个投影在标注完尺寸后，与图框的距离大致相等。

（3）画投影图底稿。按形体分析的结果，使用绘图仪器和工具，顺次画出四棱柱底板［图 6-8（a）］、中间四棱柱［图 6-8（b）］、6 块梯形肋板［图 6-8（c）］和楔形杯口［图 6-8（d）］的三面投影。

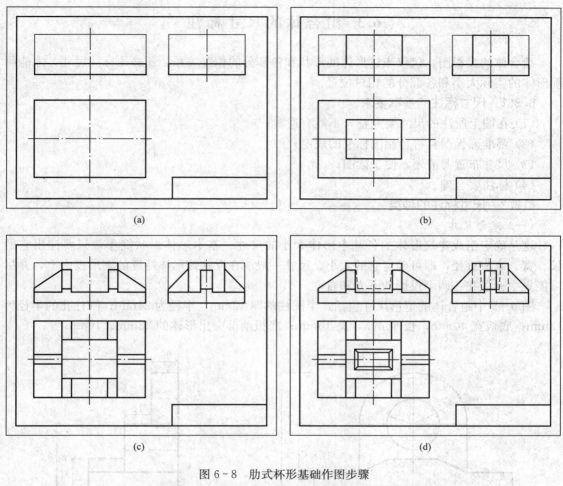

图 6-8 肋式杯形基础作图步骤

(a) 布图、画底板；(b) 画中间四棱柱；(c) 画梯形肋板；(d) 画图结果

画每一基本形体时，先画其最具有特征的投影，然后按照"长对正、高平齐、宽相等"的对应规律，画其他投影。在 V、W 面投影中杯口是看不见的，应画成虚线。

在画图时，特别要注意相邻表面结合方式等细节问题的处理。建筑物和构配件形体，实际上是一个不可分割的整体，形体分析仅仅是一种假想的分析方法。由于前后各肋板的左、右外侧面与中间四棱柱左、右侧面共面，所以它们之间不应画分界线；又如左边肋板的左侧面与底板的左侧面平齐，也就是共面关系，所以它们之间也不应画交线。

（4）检查、加深图线。经检查无误之后，按各类线宽要求，对图形进行加深。

（五）标注尺寸

对形体的投影图进行尺寸标注。

（六）最后填写标题栏内各项内容，完成全图

所画的仪器图，要求投影关系正确，尺寸标注齐全，布置均匀合理，图面清洁整齐，线型粗细分明，字体端正无误，符合《房屋建筑制图统一标准》（GB/T 50001—2001）规定。

6.3 组合体的尺寸标注

组合体的投影图，仅仅表达形体的形状和各部分的相互关系，还必须标注尺寸，才能明确形体的实际大小和各部分的相对位置。

6.3.1 尺寸标注的基本要求

（1）在图上所注的尺寸要完整，不能有遗漏；

（2）要准确无误且符合制图标准的规定；

（3）尺寸布置要清晰，便于读图；

（4）标注要合理。

6.3.2 尺寸标注的种类

（一）定形尺寸

这是确定组成建筑形体的各基本形体大小的尺寸。基本形体形状简单，只要注出它的长、宽、高或直径，即可确定它的大小。尺寸一般注在反映该形体特征的实形投影上，并尽可能集中标注在一两个投影的下方和右方。

图6-9中组合体的定形尺寸包括：半圆柱的厚12mm，半径为24mm；圆柱孔的半径为12mm；底板宽40mm，长88mm，高10mm；底板前部突出形体的22mm、16mm等。

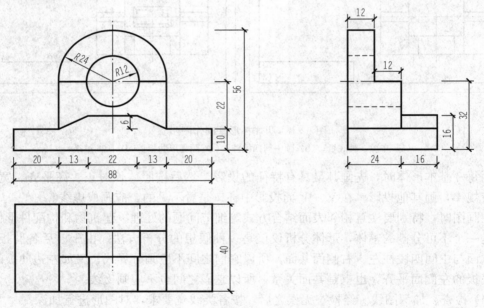

图6-9 尺寸标注示例

（二）定位尺寸

定位尺寸是确定组合体各组成部分之间的相对位置关系的尺寸。如图6-9所示确定圆柱孔轴线高度的22mm等，有时定形尺寸也可以作定位尺寸用。

（三）总体尺寸

总体尺寸是确定组合体总长、总宽、总高的尺寸。如图6-9中的88mm是总长尺寸，

40mm 是总宽尺寸，56mm 是总高尺寸。

6.3.3 基本立体的尺寸标注

组合体是由基本体组成的，熟悉基本体的尺寸注法是组合体尺寸标注的基础。如图6-10所示为常见的几种基本体（定形）尺寸的注法。

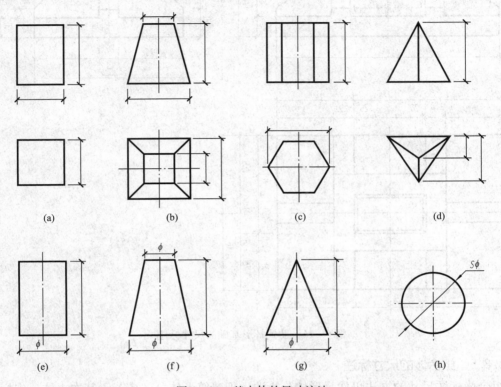

图 6-10 基本体的尺寸注法

6.3.4 尺寸配置原则

确定了应标注哪些尺寸后，还应考虑尺寸如何配置，才能达到明显、清晰、整齐等要求。除遵照《房屋建筑制图统一标准》（GB/T 50001—2010）的有关规定外，还要注意如下几点：

（1）尺寸标注要齐全，不要到施工时还得计算和度量。

（2）一般应把尺寸布置在图形轮廓线之外（图6-11），但又要靠近被标注的基本形体。对某些细部尺寸，允许标注在图形内。

（3）同一基本形体的定形、定位尺寸，应尽量注在反映该形体特征的投影图中，并把长、宽、高三个方向的定形、定位尺寸组合起来，排成几行。标注定位尺寸时，通常对圆形要定圆心的位置，多边形要定边的位置。

（4）合理确定三个方向上的尺寸基准，一般将形体的底面、端面、轴线、对称面等作为标注尺寸的基准。

（5）每一方向的细部尺寸的总和应等于该方向的总尺寸。

（6）检查复核：标注尺寸是一项极严肃的工作，必须认真负责，一丝不苟。尺寸数字的书写必须正确无误和端正，同一张图幅内数字大小应一致。

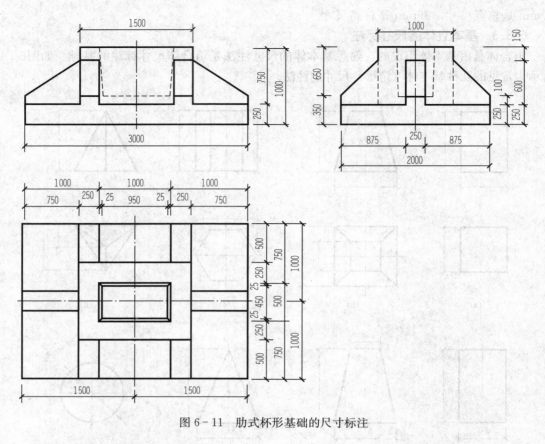

图 6 - 11　肋式杯形基础的尺寸标注

6.3.5　组合体的尺寸标注

组合体标注尺寸的方法仍然是形体分析法，把建筑形体分解成若干基本立体，先标注每一基本立体的尺寸，然后标注建筑形体的总体尺寸，最后进行调整。下面以图 6 - 5 中的肋式基础为例，介绍标注尺寸的步骤。

（一）标注定形尺寸

肋式基础各基本形体的定形尺寸是：四棱柱底板长 3000mm、宽 2000mm 和高 250mm；中间四棱柱长 1500mm、宽 1000mm 和高 750mm；前后肋板长 250mm、宽 500mm、高 600mm 和 100mm；左右肋板长 750mm、宽 250mm、高 600mm 和 100mm；楔形杯口上底 1000mm×500mm、下底 950mm×450mm、高 650mm 和杯口厚度 250mm 等。

（二）标注定位尺寸

选择好尺寸基准。如肋式杯形基础，长度方向一般可选择左侧面或右侧面为起点，宽度方向可选择前侧面或后侧面为起点，高度方向一般以底面或顶面为起点。若物体是对称形，还可选择对称中心线作为标注长度和宽度尺寸的起点。

图 6 - 5 基础的中间四棱柱的长、宽、高定位尺寸是 750mm、500mm、250mm；杯口距离四棱柱的左右侧面为 250mm，距离四棱柱的前后侧面为 250mm。杯口底面距离四棱柱顶面 650mm，左右肋板的定位尺寸是：宽度方向 875mm，高度方向 250mm，长度方向因肋板的左右端面与底板的左右端面对齐，不用标注。同理，前后肋板的定位尺寸分别是

750mm、250mm。

对于基础，还应标注杯口中线的定位尺寸，以便施工，如图 6 - 11 的投影中所标注的 1500mm 和 1000mm。

（三）标注总尺寸

基础的总长和总宽即底板的长度 3000mm 与宽度 2000mm，不用另加标注，总高尺寸为 1000mm。

检查复核，完成尺寸标注。杯形基础尺寸标注结果见图 6 - 11。

6.4　阅读组合体的投影图

根据组合体的投影图想象出物体的空间形状和结构，这一过程就是读图。在读图时，常以形体分析法为主，即是以基本几何体的投影特征为基础，在投影图上分析组合体各个组成部分的形状和相对位置，然后综合起来确定组合体的整体形状。当图形较复杂时，也常用线面分析法帮助读图。线面分析是在形体分析法的基础上，运用线、面的投影规律，分析形体上线、面的空间关系和形状，从而把握形体的细部。

此外，还可利用所标注的尺寸来读图，必要时也可借助轴测图（第 7 章介绍）来完成。

6.4.1　读图必备的基本知识和思维基础

（1）熟练掌握三面投影的规律。即"长对正、高平齐、宽相等"的三等规律。掌握组合体上、下、左、右、前、后各个方向在投影图中的对应关系，如 V 面投影能反映上、下、左、右的关系，H 面投影能反映前、后、左、右的关系，W 面投影能反映前、后、上、下的关系。

（2）熟练掌握点、线、面、基本形体以及它们切割叠加后的投影特性，能够根据它们的投影图，快速想象出基本几何体的形状。

（3）熟练掌握形体各种投影图的画法，因为画图是读图的基础，而读图是画图的逆过程，更是提高空间形象思维能力和投影分析能力的重要手段。熟练掌握尺寸的标注方法，能用尺寸配合图形，分析组合体的空间形状及大小。

（4）要将各投影图结合起来进行分析。如图 6 - 12 所示形体的两面投影图，如果只根据 H 面投影图，是不能将形体的空间形状判断清楚的，必须结合 V 面投影图才能正确读图。又如图 6 - 13 所示，必须结合 H、V、W 三面投影才能正确读图。

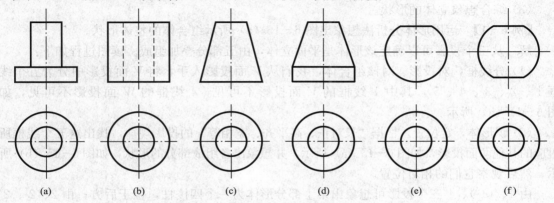

图 6 - 12　H 面投影相同 V 面投影不同的几个形体

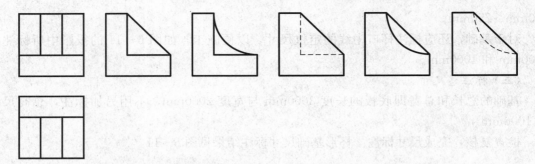

图 6-13　H 面投影、V 面投影相同，W 面投影不同的几个形体

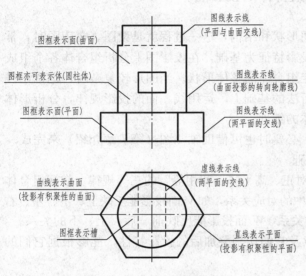

图 6-14　图线与图框的含义

（5）可运用形体分析法逐步读图，必要时，结合线面分析法。

运用线面分析法的关键在于弄清投影图中的图线和线框的含义，投影图中的图线可以表示两个面的交线或曲面投影的转向轮廓线或投影有积聚性的面；投影图中的线框可以表示一个面或一个体或一个孔或一个槽，如图 6-14 所示。

6.4.2　读图的方法和步骤

读图最基本的方法就是形体分析法和线面分析法。一般是先要抓住最能反映形状特征的一个投影，结合其他投影，先进行形体分析，后进行线面分析；再由局部到整体，最后综合起来想象出该组合体的整体形象。

（一）形体分析法读图

运用形体分析法读图，通常分为三步：

（1）分线框，对投影；

（2）识形体，定位置；

（3）综合想象立体的形状。

【例 6-1】　运用形体分析法想象出图 6-15（a）所示组合体的整体形状。

解　从三个投影可以确定该形体是平面立体，由五部分叠加组成。读图过程如下：

（1）分线框，对投影。对该组合体，我们从 V 面投影入手，将 V 面投影中分为五个线框 1′、2′、3′、4′、5′，其中 1′线框的 V 面投影不可见，4 线框的 W 面投影不可见，如图 6-11（a）所示。

（2）识形体，定位置。根据"长对正、高平齐、宽相等"的投影规律，找出这五个线框所对应的其他两面投影，如图 6-15（a）所示，并想象出各组成部分的形状，如图 6-15（b）所示。然后观察它们的相对位置。

由 1、(1′)、1″三个投影可想象出第 I 部分形体为一个四棱柱，位于后方；由 2、2′、2″三个投影可想象出第 II 部分形体为一个四棱柱，上部挖去一个四棱柱；由 3、3′、3″三个投

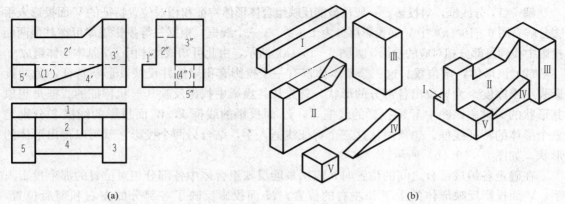

(a)　　　　　　　　　　　　　　　(b)

图 6 - 15　组合体的投影图

影可想象出第Ⅲ部分形体为一个四棱柱；由 4、4′、(4″) 三个投影可想象出第Ⅳ部分形体为一个三棱柱；由 5、5′、5″ 三个投影可想象出第Ⅴ部分形体也为一个四棱柱。

（3）将各部分形体按图 6 - 15 （a）组合成一整体，从而想象出组合体的整体形状。

【例 6 - 2】　运用形体分析法想象出图 6 - 16 （a）所示组合体的整体形状。

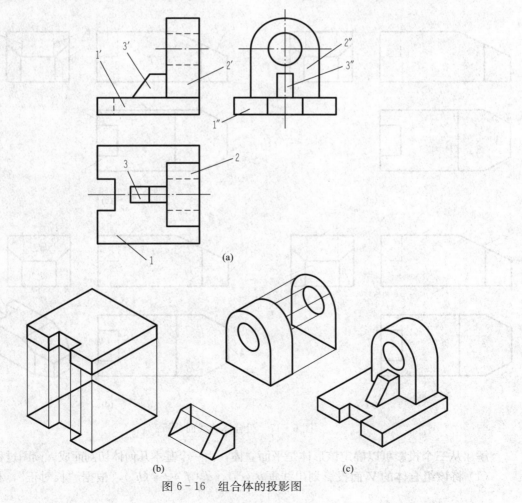

(a)

(b)　　　　　　　　　　　　　　　(c)

图 6 - 16　组合体的投影图

　　解　(1) 分线框，对投影。一般从最能反映组合体形体特征和相对位置特征的 V 面投影入手去分解。图 6 - 16（a）中 V 面投影可分为 1′、2′、3′三个线框，根据三等投影规律可在其他两面投影中找到每部分相对应的投影，如图 6 - 16（a）所示，由此可知该物体由三个基本形体组成。

　　(2) 识形体，定位置。这三个基本体都有一个投影有积聚性并反映其形状特征，另两投影表示出厚度。为想象出各部分的形状，首先从各投影中找出反映其形状特征的线框是想象其形状的关键。该图中 V 面投影的线框 3′，H 面投影的线框 1，W 面投影的线框 2″分别是三个形体的特征线框。想象时从这三个特征线框入手，结合另两个投影，就可以得出形体的形状，如图 6 - 16（b）所示。

　　在确定各组成部分之间的位置时，应从最能反映组合体中各部分相对位置的那个投影入手。V 面投影反映形体的上下和左右的位置，H 面投影反映了各部分的左右和前后位置，W 面投影反映各部分的前后和上下的相对位置。该题中 H 面投影、W 面投影则是表示组成物体各部分相对位置最明显的两个投影。

　　(3) 综合想象出组合体整体形状如图 6 - 16（c）所示。

　　(二) 线面分析法读图

　　【例 6 - 3】　运用线面分析法想象出图 6 - 17（a）中组合体的整体形状。

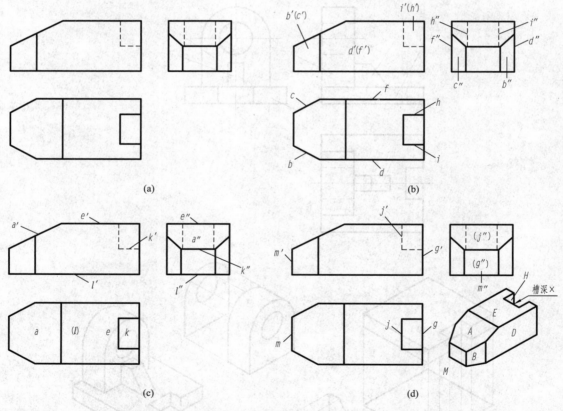

图 6 - 17　组合体的线面分析

　　解　从三个投影可以确定该形体是平面立体，由一个基本几何体切割而成。读图过程如下：

　　(1) 将该组合体的 V 面投影划出线框 b′(c′)、d′(f′)、i′(h′)，根据"长对正"，在 H 面

投影中找不到 $b'(c')$ 的对应类似形,根据"无类似形必积聚"的原则,找到对应的积聚投影 b、c,根据"高平齐",在 W 面投影图中找到 $b'(c')$ 的对应类似形 b''、c'',可以看出 B、C 为铅垂面;同理可找出 $d'(f')$ 的其他两投影 d、f 和 d''、f'',D、F 为正平面;找出 $i'(h')$ 的其他两投影 i、h 和 i''、h'',I、H 为正平面,如图 6-17 (b) 所示。

(2)将该组合体的 H 投影中划出线框 a、e、(l)、k,分别找到对应的其他两投影,A 为正垂面,E、K、L 分别为上、中、下三个水平面,如图 6-16 (c) 所示。

(3)将该组合体的 W 投影画出线框 (j'')、(g'')、m'',分别找到对应的其他两投影,J、G、M 均为侧平面,如图 6-17 (d) 所示。

(4)将各线框综合,想象出组合体的整体形状,如图 6-17 (d) 所示。

6.4.3 根据两投影图补画第三投影

根据已知两投影图,想出形体的空间形状,再由想象中的空间形状画出其第三投影。这种训练是培养和提高读图能力,检验读图效果的一种重要手段,也是培养空间分析问题和解决空间问题能力的一种重要方法。

由两投影补画第三投影的步骤为:

(1)通过粗略读图,想象出形体的大致形状。

(2)运用形体分析法或线面分析法,想象出各部分的确切形状,根据"长对正、高平齐、宽相等"补画出各部分的第三投影,并由相互位置关系确定它们相邻表面间有无交线。

(3)整理投影,加深图线。

【例 6-4】 如图 6-18 (a) 所示,已知组合体的 V 面投影和 W 面投影,补画 H 面投影。

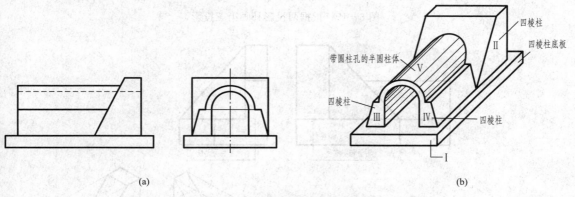

(a)   (b)

图 6-18 已知组合体的 V、W 面投影

解 图 6-18 (a) 中的组合体,可以看作是由 5 部分组成。下部结构是一四棱柱底板 I,底板上右侧是一四棱柱 II,底板上部为两个相同的四棱柱 III 和 IV,之上还有一个带圆柱孔的半圆柱体 V,如图 6-18 (b) 所示。作图过程如下:

(1)画出底板 I 的 H 面投影,底板上右侧四棱柱 II 的 H 面投影,为一矩形,见图 6-19 (a)。

(2)画底板上相同的四棱柱 III 和 IV 的 H 面投影,求 III 和 IV 与 II 的表面交线,见图 6-19 (b)。

(3)画带圆柱孔的半圆柱体 V 的 H 面投影,求出 V 与 II 的表面交线,见图 6-19 (c)。

(4)检查图稿,加深图线,完成作图,见图 6-19 (d)。

【例 6-5】 如图 6-20 (a) 所示,已知组合体的 V 面投影和 W 面投影,补画 H 面投影。

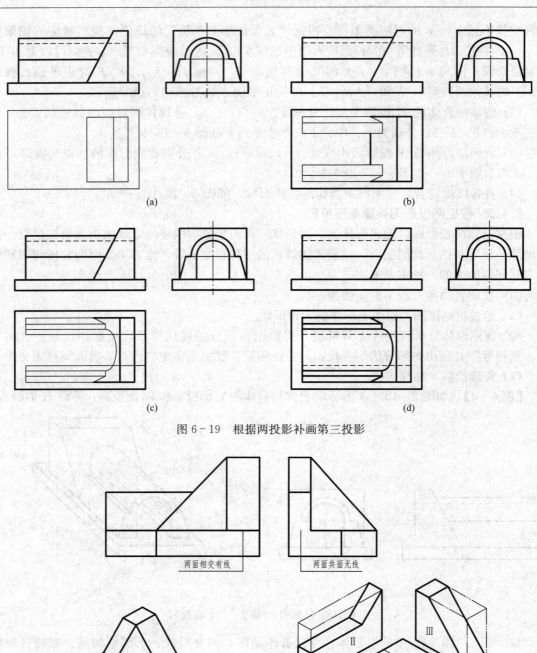

(a)　　　　　　　　　　　　　　　　(b)

(c)　　　　　　　　　　　　　　　　(d)

图 6-19　根据两投影补画第三投影

两面相交有线　　　　　两面共面无线

两面相交有交线

两面共面无交线

(a)　　　　　　　　　　　　　　　　(b)

图 6-20　已知组合体的两面投影

解　图 6-20（a）中的组合体，可以看作由 4 部分叠加组成。Ⅰ、Ⅱ、Ⅲ 均可看作是经过切割而形成的形体，Ⅳ 为一个三棱锥体它的三个侧面均相互垂直，如图 6-20（b）所示。作图过程如下：

（1）画出底板 Ⅰ 的 H 面投影，如图 6-21（a）所示。

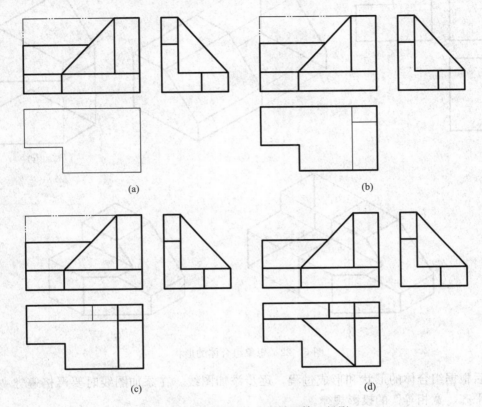

图 6-21　根据形体分析补画第三投影

（2）画底板上部右侧的四棱柱 Ⅲ 的 H 面投影，如图 6-21（b）所示。

（3）画底板上部后侧的形体 Ⅱ 的 H 面投影，如图 6-21（c）所示。

（4）画三棱锥 Ⅳ 的 H 面投影，检查图稿，加深图线，完成作图，如图 6-21（d）所示。

6.4.4　补画三面投影图中所缺的图线

补画三面投影图中所缺的图线是读画图训练的另一种基本形式。它往往是在一个或两个投影中给出组合体的某个局部结构，并要求在其他投影中补全。这就要从给定的一个投影中的局部结构入手，由投影规律补画完整其余的投影。这种练习说明多面正投影图是以多个投影为基础，物体上任何局部结构一定在各个投影中都要有所表达，进一步强调了在画图时一定要三面图同时配合画，这样才不容易遗漏局部结构。

【例 6-6】　如图 6-22（a）所示，补全三面投影图中所缺的图线。

解　首先根据所给的不完整的投影图，想象出组合体的形状。

虽然所给投影图不完整，但仍然可以看出这是一个长方体经切割而成的组合体；由 V 面投影看出长方体被正垂面切去左上角 ［图 6-22（b）］；由 H 面投影想象出一个铅垂面进一步切去其左前角 ［图 6-22（c）］；从 W 面投影可以看出，在前两次切割的基础上，再用一个水平面和一个正平面把其前上角切去［图 6 - 22（d）］；这样想象出组合体的完整形状如图 6 - 22（e）所示。

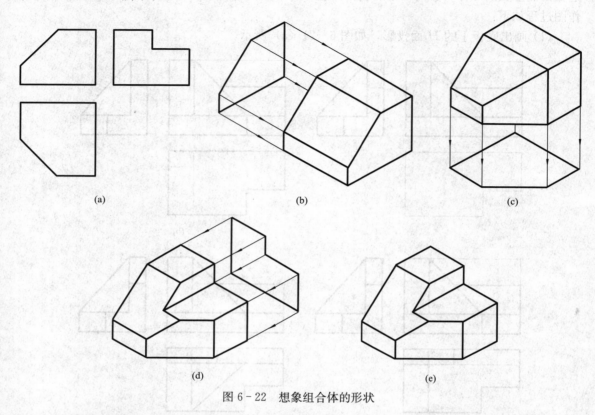

图 6 - 22　想象组合体的形状

　　然后根据组合体的形状和形成过程，逐步添加图线。在添加图线时要严格遵守"长对正、高平齐、宽相等"的投影规律。

　　正垂面切去其左上角，应在 H 面投影和 W 面投影图中添加相应的图线，如图 6 - 23（a）所示；然后铅垂面再切去左前角，需在 V 面投影图和 W 面投影图上添加相应的图线，如图 6 - 23（a）所示；水平面和正平面把前上角切去，则要在 V 面投影图和 H 面投影图上添加相应的图线，如图 6 - 23（b）所示；把所有要修改的图线修改完毕后，再进行检查，检查无误就得到了所要求的最终结果即图 6 - 23（c）。

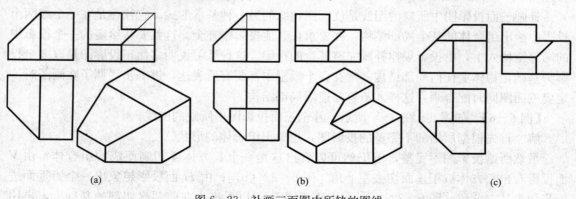

图 6 - 23　补画三面图中所缺的图线

第7章 轴 测 投 影

形体的多面正投影图，能够完整、准确地表示形体的形状和大小，作图也比较简便。但是这种图立体感不强，没有经过读图训练的人很难看懂，而且仅凭一个投影图无法表达长、宽、高三个方向的尺寸。如图7-1（a）所示，必须对照几面投影图并运用正投影原理进行阅读，才能想象出物体的形状。

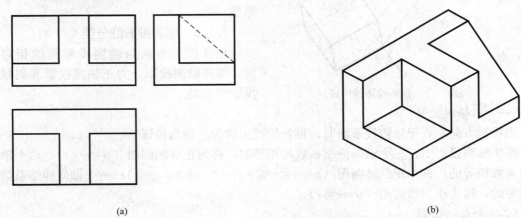

(a)　　　　　　　　　　　　　　　　　　　　　(b)

图7-1　物体的投影图和轴测图

（a）投影图；（b）轴测图

图7-1（b）为立体的轴测图，轴测图的优点是富于立体感，但是它的缺点是不能直接反映物体的真实形状和大小，度量性差，作图也较麻烦，所以多数情况下只能作为一种辅助图样，用来表达某些建筑物及其构配件的整体形状和节点的搭接情况等。

7.1　轴测投影的基本知识

7.1.1　轴测投影的形成

根据平行投影的原理，把形体连同确定其空间位置的三条坐标轴 OX、OY、OZ 一起，沿着不平行于这三条坐标轴和由这三条坐标轴组成的坐标面的方向 S，投射到新投影面 P 上，所得到的投影称为轴测投影，如图7-2所示。

7.1.2　轴测投影的有关术语

（一）轴测投影面

在轴测投影中，投影面 P 称为轴测投影面。

（二）轴测轴

三条坐标轴 OX、OY、OZ 的轴测投影 O_1X_1、O_1Y_1、O_1Z_1，称为轴测轴，画图时规定把 O_1Z_1 轴画成竖直方向，如图7-2所示。

（三）轴间角

轴测轴之间的夹角，即 $\angle X_1O_1Z_1$、$\angle X_1O_1Y_1$、$\angle Y_1O_1Z_1$，称为轴间角。

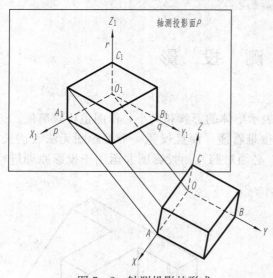

图 7-2　轴测投影的形成

（四）轴向变形系数

轴测轴上某段与它在空间直角坐标轴上的实长之比，称为轴向变形系数，即

$p=O_1A_1/OA$，称 OX 轴向变形系数。

$q=O_1B_1/OB$，称 OY 轴向变形系数。

$r=O_1C_1/OC$，称 OZ 轴向变形系数。

轴间角和轴向变形系数是绘制轴测投影时必须具备的要素，对于不同类型的轴测投影，有其不同的轴间角和轴向变形系数。

7.1.3　轴测投影的分类

根据投影方向与轴测投影面的相对位置，可将轴测投影分为正轴测投影和斜轴测投影两大类。

（一）正轴测投影

当投射方向垂直于轴测投影面时，得到的投影称为正轴测投影。

在正轴测投影中：三个轴向伸缩系数均相等的，称为正等轴测图（$p=q=r$）；两个轴向伸缩系数相等的，称为正二轴测图（$p=q\neq r$ 或 $p=r\neq q$ 或 $p\neq q=r$）；三个轴向伸缩系数均不相等的，称为正三轴测图（$p\neq q\neq r$）。

（二）斜轴测投影

当投射方向倾斜于轴测投影面时，得到的投影称为斜轴测投影。

在斜轴测投影中：三个轴向伸缩系数均相等的，称为斜等轴测图（$p=q=r$）；两个轴向伸缩系数相等的，称为斜二轴测图（$p=q\neq r$ 或 $p=r\neq q$ 或 $p\neq q=r$）；三个轴向伸缩系数均不相等的，称为斜三轴测图（$p\neq q\neq r$）。

上述类型中，由于三测投影作图比较繁琐，所以较少采用，这里主要介绍常用的正等轴测图、正面斜二轴测图和水平面斜二轴测图的画法，简单介绍其他正轴测图和轴测图种类的选择。

7.1.4　轴测投影的特性

由于轴测投影为平行投影，所以它具有平行投影的投影特性，即

（1）平行性。互相平行的直线其轴测投影仍平行。因此，形体上平行于三个坐标轴的线段，在轴测投影上，都分别平行于相应的轴测轴。

（2）度量性。形体上与坐标轴平行的直线尺寸，在轴测图中均可沿轴测轴的方向测量。因此，形体上平行于坐标轴的线段的轴测投影与线段实长之比，等于相应的轴向变形系数。

（3）变形性。形体上与坐标轴不平行的直线，具有不同的伸缩系数，不能在轴测图上直接量取，而要先定出直线的两端点的位置，再画出该直线的轴测投影。

（4）定比性。一直线的分段比例在轴测投影中比值不变。

在轴测图中，用粗实线画出物体的可见轮廓，为了使画出的图形明显，通常不画出物体的不可见轮廓，必要时可用虚线画出。

7.1.5　轴测投影图的画法

根据形体的正投影图画其轴测图时，一般采用下面的基本作图步骤：

（1）形体分析并在形体上确定直角坐标系，坐标原点一般设在形体的角点或对称中心上。

（2）选择轴测图的种类与合适的投射方向，确定轴测轴及轴向变形系数。

（3）根据形体特征选择合适的作图方法，常用的作图方法有坐标法、叠加法、切割法、网格法等。

1）坐标法：利用形体上各顶点的坐标值画出轴测图的方法。

2）叠加法：先把形体分解成基本形体，再逐一画出每一基本形体的方法。

3）切割法：先把形体看成是一个由长方体经切割而形成的形体，再逐一画出截面的方法。

4）网格法：对于曲面立体可先找出曲线上的特殊点，过这些点作平行于坐标轴的网格线，得到这些点的坐标值，然后把这些点连接起来的方法。

（4）画底稿。

（5）检查底稿加深图线。

7.2 正 轴 测 图

7.2.1 正轴测投影的种类

（一）正等测投影

前面已经知道，根据 $p=q=r$ 所作出的正轴测投影，称为正等测投影。正等测的轴间角 $\angle X_1 O_1 Z_1 = \angle X_1 O_1 Y_1 = \angle Y_1 O_1 Z_1 = 120°$，轴向变形系数 $p=q=r \approx 0.82$，习惯上简化为1，即 $p=q=r=1$，在作图时可以直接按形体的实际尺寸截取。这种简化了轴向变形系数的轴测投影，通常称为正等轴测图，此时画出来的图形比实际的轴测投影放大了 1.22 倍。如图 7-3 所示正四棱柱的正等测投影，由图可见，该正四棱柱按照简化系数画出来的正等轴测图 7-3（d）使物体看上去比图 7-3（c）中所示的原图大了。

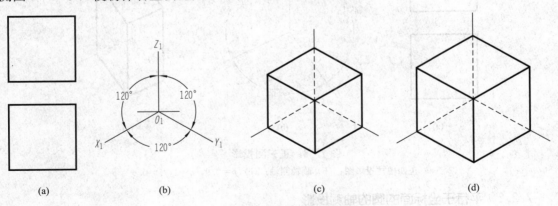

图 7-3　正等测投影

（a）正四棱柱投影图；（b）画轴测轴；（c）$p=q=r=0.82$；（d）$p=q=r=1$

利用简化系数作形体的正等轴测图方法比较简单，不用换算，是最常用的正轴测图。

（二）正二测投影

正二测投影一般取 $p=r=2q=0.94$，习惯上简化为 $p=r=2q=1$。三个轴间角中有两个是相等的，即 $\angle X_1 O_1 Y_1 = \angle Y_1 O_1 Z_1 = 131°25'$（$O_1 Y_1$ 轴与水平方向夹角为 $41°25'$），$\angle X_1 O_1 Z_1 =$

$97°10'$（O_1X_1 轴与水平方向关系为$7°10'$）。作轴测轴时可用比值 $1/7$（$\approx\tan7°10'$）确定 O_1X_1 轴，用比值 $7/7$（$\approx\tan41°25'$）确定 O_1Y_1 轴，如图 7 - 4（b）所示。

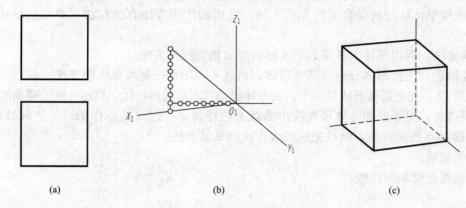

图 7 - 4　正二测投影
（a）正四棱柱投影图；（b）画轴测轴；（c）$p=2q=r=1$

（三）正三测投影

正三测投影的轴向变形系数$p=0.771$，$q=0.961$，$r=0.554$，习惯上简化为$p=0.9$，$q=1$，$r=0.6$。轴间角$\angle X_1O_1Y_1=99°05'$，$\angle X_1O_1Z_1=145°15'$，$\angle Y_1O_1Z_1=115°40'$，如图 7-5所示。

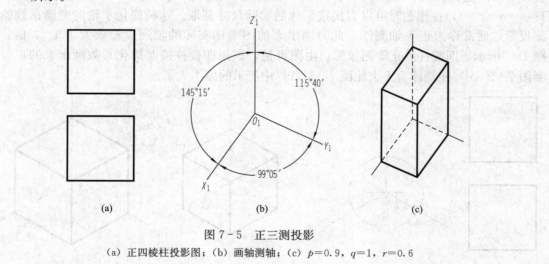

图 7 - 5　正三测投影
（a）正四棱柱投影图；（b）画轴测轴；（c）$p=0.9$，$q=1$，$r=0.6$

7.2.2　平行于坐标面的圆的轴测投影

在平行投影中，当圆所在的平面平行于投影面时，其投影仍是圆，当圆所在平面倾斜于投影面时，其投影是椭圆。

（一）四心法作圆的正等轴测图

平行于某一基本投影面的圆的正等轴测投影常用四心法（四段圆弧连接的近似椭圆）画出。图 7 - 6 所示的是水平圆的正等测投影的近似画法，可用同样的方法作出正平圆和侧平圆的正等测投影，如图 7 - 7 所示。

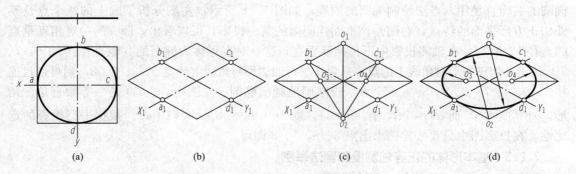

图 7-6　水平圆的正等测投影近似画法

(a) 水平圆正投影；(b) 画出中心线及外切菱形；(c) 求四个圆心；(d) 画四段弧

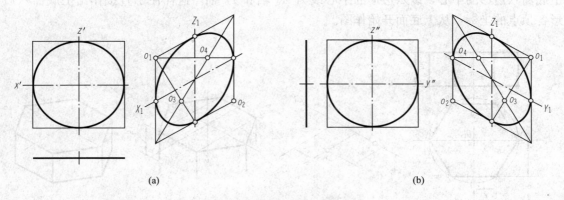

图 7-7　正平圆和侧平圆的正等测投影

(a) 正平圆；(b) 侧平圆

(二) 八点法作圆的轴测图

圆的轴测投影还可用图 7-8 所示的八点法绘出，这种方法适用于任一类型的轴测投影作图。

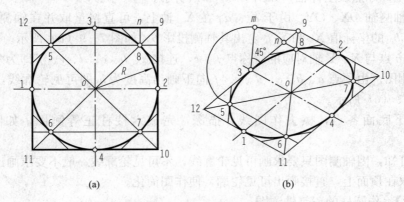

图 7-8　八点法作圆的轴测图

(a) 圆的特点；(b) 八点法画圆的轴测投影

作图时，先作出圆的外切正方形的轴测投影，然后再画圆。为了作出椭圆，先了解依据椭圆的共轭直径用八点法绘制椭圆的原理，如图 7-8 所示：左图分析了圆上的八个点及其外切正方形平面的特点，右图是该平面连同圆的某一投影，可以看出，圆 o 的一对相互垂直的直径 12 和 34，在轴测投影中不再相互垂直，这一对直径称为椭圆的共轭直径。5、6、7、8 是位于外切正方形对角线上的点，只要在平行四边形对角线上确定 5、6、7、8，则可通过连接 1、6、4、7、2、8、3、5 八个点，较准确地画出椭圆。左图中，$\triangle o39$ 是一等腰直角三角形，$o3=39=o8$，而 $o9=\sqrt{2}R$，作 $8n\,/\!/\,34$，则 $3n:39=o8:o9=1:\sqrt{2}$。根据平行投影的定比性，在投影图中只要按比例求出点 5、6、7、8 即可。

7.2.3 基本形体的正等轴测投影画法举例

【例 7-1】 正六棱柱的正等轴测图。

解 （1）分析。如图 7-9（a）所示，正六棱柱的前后、左右对称，将坐标原点 O_0 定在上底面六边形的中心，以六边形的中心线为 X_0 轴和 Y_0 轴。这样便于直接作出上底面六边形各顶点的坐标，从上底面开始作图。

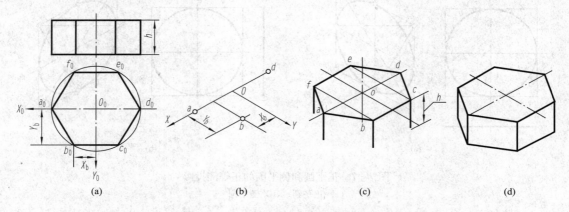

图 7-9 正六棱柱的正等轴测图的画法

（2）作图过程如下：

1）定出坐标原点及坐标轴，如图 7-9（a）所示。

2）画出轴测轴 OX、OY，由于 a_0、d_0 在 X_0 轴上，可直接量取并在轴测轴上作出 a、d。根据顶点 b_0 的坐标值 X_b 和 Y_b，定出其轴测投影 b，如图 7-9（b）所示。

3）作出 b 点与 X、Y 轴对应的对称点 f、c，连接 a、b、c、d、e、f 即为六棱柱上底面六边形的轴测图。由顶点 a、b、c、d、e、f 向下画出高度为 h 的可见轮廓线，得下底面各点，如图 7-9（c）所示。

4）连接下底面各点，擦去作图线，描深，完成六棱柱正等测图，如图 7-9（d）所示。

由作图可知，因轴测图只要求画可见轮廓线，不可见轮廓线一般不要求画出，故常将原标注的原点取在顶面上，直接画出可见轮廓，使作图简化。

【例 7-2】 作圆柱的正等轴测图。

解 （1）分析。如图 7-10 所示，直立圆柱的轴线垂直于水平面，上、下底为两个与水平面平行且大小相同的圆，在轴测图中均为椭圆。可根据圆的直径和柱高作出两个形状、大小相同，中心距为 h 的椭圆，然后作两椭圆的公切线即成。

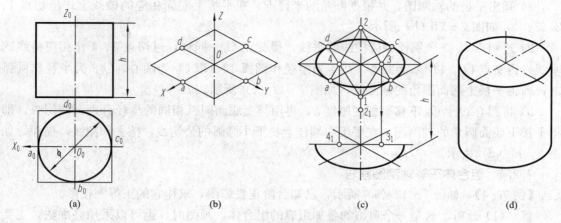

图 7-10　圆柱的正等轴测图

（2）作图过程如下：

1）作圆柱上底圆的外切正方形，得切点 a_0、b_0、c_0、d_0，定坐标原点和坐标轴，如图 7-10（a）所示。

2）作轴测轴和四个切点 a、b、c、d，过四点分别作 X、Y 轴的平行线，得外切正方形的轴测菱形，如图 7-10（b）所示。

3）用四心法作出上顶面和下底面椭圆：过菱形顶点 1、2，连接 $1c$ 和 $2b$ 得交点 3，连接 $2a$ 和 $1d$ 得交点 4。1、2、3、4 各点即为作近似椭圆四段圆弧的圆心。以 1、2 为圆心，$1c$ 为半径作圆弧；以 3、4 为圆心，$3b$ 为半径作圆弧，即为圆柱上底的轴测椭圆。将椭圆的三个圆心 1、2、3、4 沿 Z 轴平移高度 h，作出下底椭圆（下底椭圆看不见的一段圆弧不必画出），如图 7-10（c）所示。

4）作椭圆的公切线，擦去作图线，描深，如图 7-10（d）所示。

【例 7-3】　圆角平板的正等轴测图。

解　圆角平板是非常常见的一种结构，图 7-11（a）为一个圆角平板的两面投影，下面介绍其正等轴测图的画法。

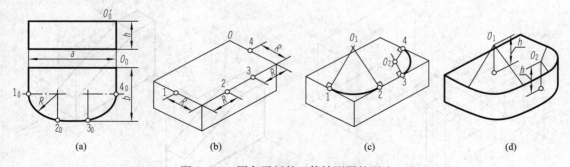

图 7-11　圆角平板的正等轴测图的画法

（1）分析。平行于坐标面的圆角是圆的一部分，如图 7-11（a）所示。特别是常见的四分之一圆周的圆角其正等测恰好是上述近似椭圆的四段圆弧中的一段。

（2）作图过程如下：

1）画出平板的轴测图，并根据圆角的半径 R，在平板上底面相应的棱线上作出切点 1、2、3、4，如图 7-11（b）所示。

2）过切点 1、2 分别作相应棱线的垂线，得交点 O_1。同样，过切点 3、4 作相应棱线的垂线，得交点 O_2。以 O_1 为圆心，$O_1 1$ 为半径作圆弧 12；以 O_2 为圆心，$O_2 3$ 为半径作圆弧 34，即得平板上底面圆角的轴测图，如图 7-11（c）所示。

3）将圆心 O_1、O_2 下移平板的厚度 h，再用与上底面圆弧相同的半径分别画两圆弧，即得平板下底面圆角的轴测图。在平板右端作上、下小圆弧的公切线，擦去作图线，描深，如图 7-11（d）所示。

7.2.4　组合体正等轴测图画法

【例 7-4】　如图 7-12（a）所示，已知台阶正投影图，求作它的正等测投影。

解　（1）分析。这是一个典型的叠加组成的组合体，画图时，也可以采用叠加法，主要是依据形体的组成关系，将其分为几个部分，然后分别画出各个部分的轴测投影，从而得到整个形体的轴测投影。

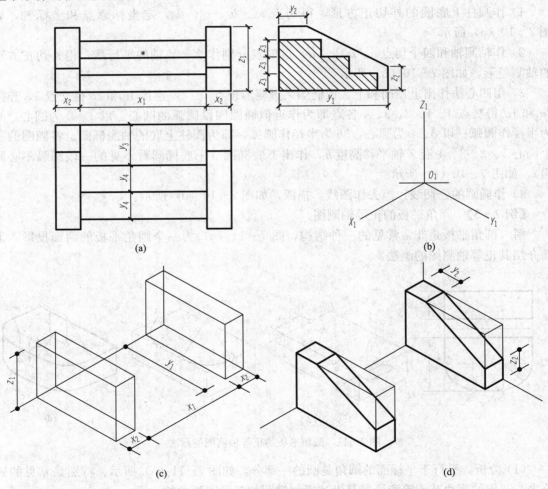

图 7-12　台阶的正等测投影画法（一）

（a）已知正投影图；（b）画轴测轴；（c）画两侧长方体；（d）画两侧栏板斜面

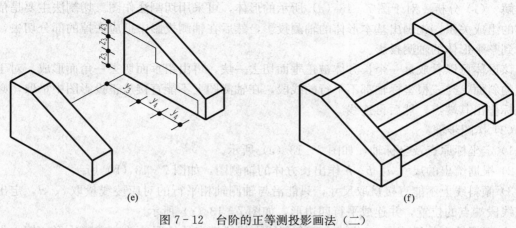

(e)

(f)

图 7 - 12 台阶的正等测投影画法（二）

（e）画踏步端面；（f）画踏步，完成作图

（2）作图过程：作图过程如图 7 - 12 所示，在此不赘述。

【例 7 - 5】 已知形体的三面投影，如图 7 - 13（a）所示，绘制其正等测图。

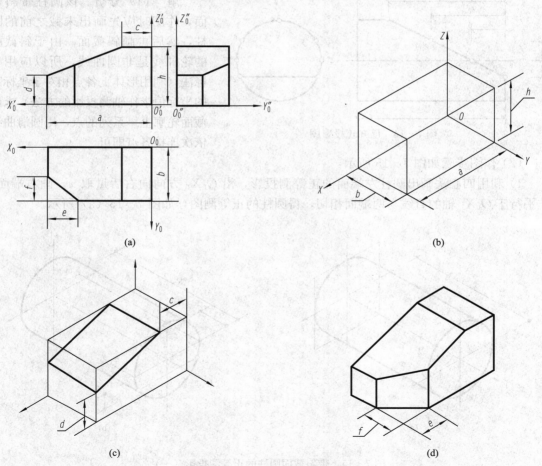

(a)

(b)

(c)

(d)

图 7 - 13 切割体的正等测图

解 （1）分析。对于图7-13（a）所示的形体，可采用切割法作图。切割法主要是依据形体的组成关系，先画出基本形体的轴测投影，然后在轴测投影中把应去掉的部分切去，从而得到整个形体的轴测投影。

该形体可以看成是一个长方体被正垂面切去一块，再由铅垂面切去一角而形成。对于截切后的斜面上与三根坐标轴都不平行的线段，在轴测图上不能直接从正投影图中量取，必须按坐标作出其端点，然后再连线。

（2）作图步骤：

1）定坐标原点及坐标轴，如图7-13（a）所示。

2）根据给出的尺寸a、b、h作出长方体的轴测图，如图7-13（b）所示。

3）倾斜线上不能直接量取尺寸，只能沿与轴测轴相平行的对应棱线量取c、d，定出斜面上线段端点的位置，并连成平行四边形，如图7-13（c）所示。

4）根据给出的尺寸e、f定出左下角斜面上线段端点的位置，并连成四边形。擦去作图线，描深，如图7-13（d）所示。

【例7-6】 如图7-14所示，已知带斜截面圆柱的正投影图，求作它的正等测投影。

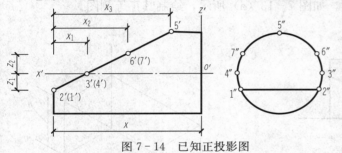

图7-14 已知正投影图

解 （1）分析。该圆柱带斜截面，作图时应先画出未截之前的圆柱，然后再画斜截面。由于斜截面的轮廓线是非圆曲线，所以应用坐标法（利用形体上各点相对于坐标系的坐标值求作轴测投影的方法）求出截面轮廓上一系列的点，用圆滑曲线依次连接各点即可。

（2）作图步骤如图7-15所示：

1）利用四心法画出圆柱左端面的正等测投影，沿O_1X_1方向向右后量取x，画右端面，作平行于O_1X_1轴的直线与两端面相切，得圆柱的正等测图，如图7-15（a）所示。

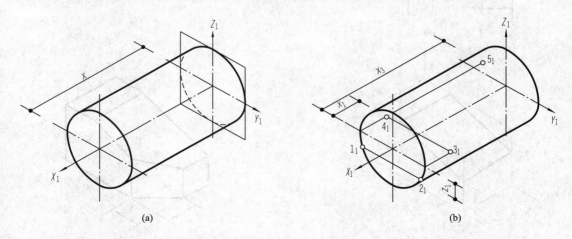

(a)   （b）

图7-15 带斜截面圆柱的正等测投影（一）

(a) 画左端面与画右端面，完成圆柱；（b）作点1、2、3、4、5

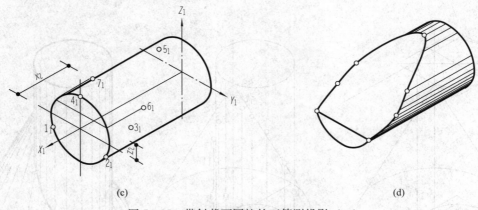

图 7-15　带斜截面圆柱的正等测投影（二）

(c) 作点 6、7；(d) 完成作图

2）用坐标法作出斜截面轮廓上的 1、2、3、4、5 点，如图 7-15（b）所示。在左端面上沿 O_1Z_1 轴自 O_1 向下量取 z_1，作平行于 O_1Y_1 轴的直线交椭圆于 1_1、2_1。分别过左端面的中心线与椭圆的交点作平行于 O_1X_1 轴的直线，并在直线上截取 x_1 和 x_3，得 3_1、4_1、5_1。

3）用坐标法作出斜截面轮廓上的 6、7 点，如图 7-15（c）所示。在左端面上沿 O_1Z_1 轴自 O_1 向上量取 z_2，作平行于 O_1Y_1 轴的直线与椭圆相交，过交点分别作平行于 O_1X_1 轴的直线，并在直线上截取 x_2，得 6_1、7_1。

4）直线连接 1_1、2_1，圆滑曲线连接 2_1、3_1、6_1、5_1、7_1、4_1、1_1，即为所求。

【例 7-7】　如图 7-16（a）所示，已知形体的正投影图，求作它的正等测图。

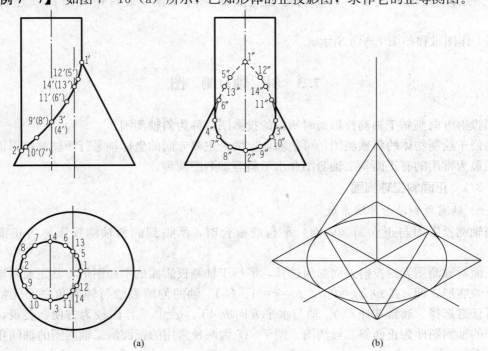

图 7-16　组合体的正等测图（一）

(a) 已知正投影图；(b) 画出圆锥

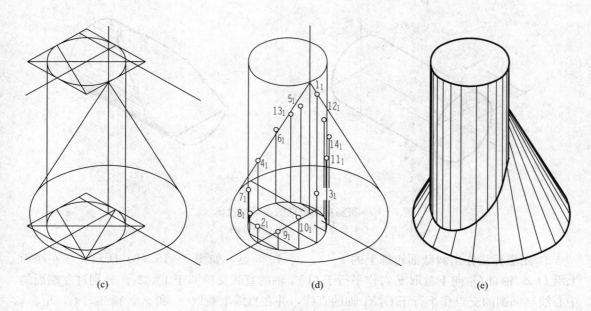

图 7-16   组合体的正等测图（二）

(c) 画出圆柱；(d) 依次作出各点；(e) 完成作图

解   （1）分析。形体是由圆柱与圆锥相贯而形成的，作图关键在于按照坐标法求出两个形体相贯线上的点。因此，确定圆柱与圆锥的轴测投影后，根据相贯线投影图中所标记的点，在轴测投影中依次确定这些点的空间位置，最后用光滑曲线连接即为所求。

（2）作图过程如图 7-16 所示。

7.3 斜 轴 测 图

当投射方向倾斜于轴测投影面时所得的投影图，称为斜轴测图。

为便于绘制物体的斜轴测图，可使物体上两个主要方向的坐标轴平行于轴测投影面。斜轴测图最为常用的有正面斜二轴测图和水平斜等轴测图两种。

7.3.1   正面斜二轴测图

（一）轴间角和轴向伸缩系数

当轴测投影面与正立面（V 面）平行或重合时，所得到的斜轴测投影称为正面斜轴测图。

正面斜轴测图无论投射方向如何选择，平行于轴测投影面的平面图形，其正面斜轴测投影都反映实形，即 $\angle X_1 O_1 Z_1 = 90°$，$p = r = 1$。$O_1 Y_1$ 轴的伸缩系数与轴间角之间无依从关系，可任意选择。通常选择 $O_1 Y_1$ 轴与水平方向成 $45°$，$q = 0.5$ 作图较为方便、美观，这样作出来的轴测图即为正面斜二轴测图。图 7-17 为两种常用的正面斜二轴测图的轴间角和轴向伸缩系数。

（二）正面斜二轴测图的画法

【例 7 - 8】 如图 7 - 18（a）所示，已知涵洞管节的正投影图，求作它的斜二轴测图。

解 （1）分析。从形体的正投影图可以看出，该涵洞管节的曲线半圆部分都平行于 V 面，其正面斜轴测图反映半圆的实形，画起来也就比较方便。

（2）作图过程如图 7 - 18 所示：

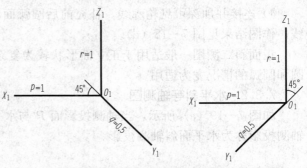

图 7 - 17　正面斜二轴测图的轴间角和轴向伸缩系数

1）首先在形体表面上建立坐标系，并使半圆位于平行于 XOY 平面的位置，如图 7 - 18（a）所示。

2）画轴测轴，画出形体位于 XOZ 平面上的前表面，反映实形，如图 7 - 18（b）所示。

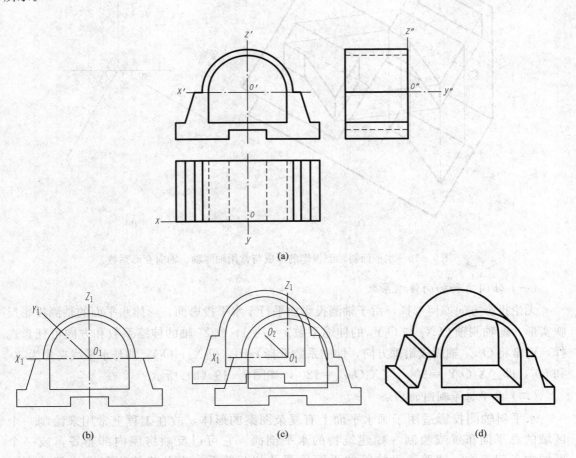

图 7 - 18　涵洞管节的正面斜二轴测图

3）沿轴测轴 Y_1 从原点 O_1 向后量取形体厚度的一半（因为 $q=0.5$），确定出后表面的圆心位置 O_2；作出后表面的实形，如图 7 - 18（c）所示。

4）连接并加深可见轮廓线，补充前后圆弧面的共切线，擦除多余不可见轮廓线和作图线，作图结果见图 7-18（d）。

正面斜二测图一般适用于正立面形状较为复杂的形体，对于形体有较多平行于 V 面的圆和圆弧的情况尤为适用。

7.3.2 水平斜等轴测图

如图 7-19（a）所示，当轴测投影面 P 与水平面（H 面）平行或重合时，所得到的斜轴测投影称为水平面斜轴测投影。

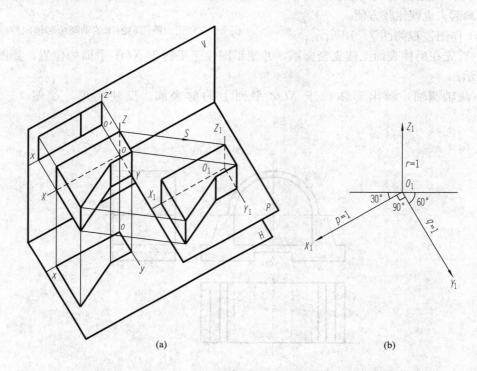

图 7-19 水平面斜轴测投影的形成与常用轴测轴、轴向变形系数

（一）轴间角和轴向伸缩系数

无论投影方向如何选择，由于轴测投影面平行于水平投影面，形体水平面的轴测投影反映实形，即轴测轴 O_1X_1 与 O_1Y_1 的伸缩系数 $p=q=1$；O_1Z_1 轴的伸缩系数和方向可任意选择，通常将 O_1Z_1 轴画成铅垂方向，伸缩系数选择 $r=1$，O_1X_1、O_1Y_1 轴与水平线夹角为 $30°$ 和 $60°$，即 $\angle X_1O_1Y_1=90°$，$\angle X_1O_1Z_1=120°$，如图 7-19（b）所示。

（二）水平斜等测图的画法

水平斜轴测投影适用于画水平面上有复杂图案的形体，故在工程上常用来绘制一个区域的总平面布置或绘制一幢建筑物的水平剖面。它可以反映房屋内部布置，或一个区域中各建筑物、道路、设施等的平面位置及相互关系，以及建筑物和设施等的实际高度等。

【例 7-9】 已知房屋的平面图和立面图［图 7-20（a）］，试画其水平剖切的斜等测图。

解　(1) 首先，在水平和正面投影图中设置坐标系 [图 7-20 (a)]。

(2) 然后画出轴测轴和轴间角，使 O_1Y_1 与水平成 $60°$ [图 7-20 (b)]，并在 $X_1O_1Y_1$ 平面上画出建筑物的水平投影（反映实形），实际上相当于将平面图中被剖切到的墙体和柱子旋转了 $30°$。

(3) 最后，由各顶点作 O_1Z_1 轴的平行线，量取高度后相连，描深图线，完成全图 [图 7-20 (c)]。

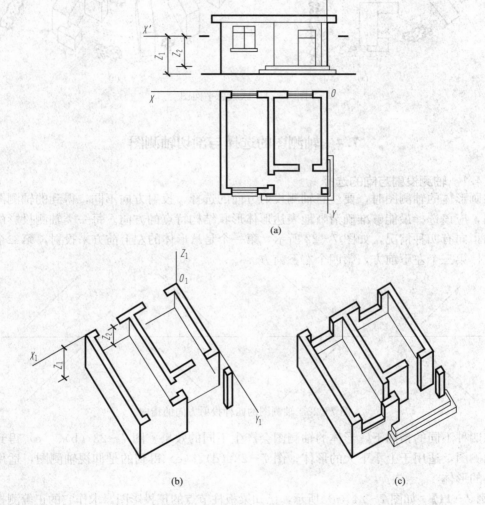

图 7-20　带截面房屋的水平斜等测图

【例 7-10】　已知一个区域的总平面 [图 7-21 (a)]，画出总平面图的水平斜等轴测投影。

解　(1) 画出旋转 $30°$ 后的总平面图。

(2) 过各个角点向上画高度线，作出各建筑物的轴测图 [图 7-21 (b)]。

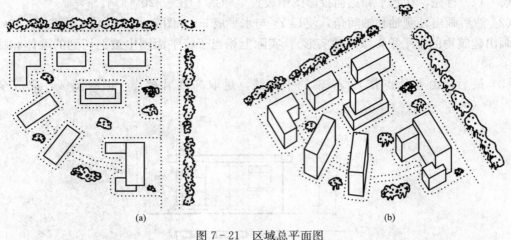

图 7 - 21 区域总平面图

7.4 轴测图的选择与剖切轴测图

7.4.1 轴测投射方向的选择

在画形体的轴测图时，要注意轴测投射方向的选择，投射方向不同，得到的轴测图会有所不同，应该选择最能够准确清晰地表达形体形状结构特点的方向。每一类轴测投影的投射方向的指向有四种情况，如图 7 - 22 所示，第一个是从形体的左上前方来投射，第二个从右上前方，第三个左下前方，第四个右下前方。

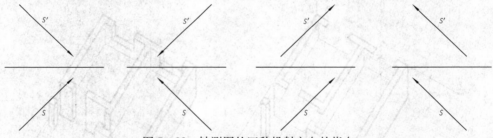

图 7 - 22 轴测图的四种投射方向的指向

在四种不同的指向下，形体的轴测图会产生不同的效果。图 7 - 23 （b）、（c）得到的是俯视轴测图，适用于上小下大的形体；图 7 - 23 （d）、（e）得到的是仰视轴测图，适用于上大下小的形体。

【例 7 - 11】 如图 7 - 24 （a）所示，已知梁板柱节点的正投影图，求作它的正等测投影。

解 （1）分析。由正投影图可见，该梁板柱节点上大下小，为表达清楚其组成和相互构造关系，应画仰视轴测投影，即从上向下截取高度方向尺寸。

（2）作图步骤如图 7 - 24 所示：

1）画出正等测投影的轴测轴 O_1X_1、O_1Y_1 和 O_1Z_1，轴间角为 120°，如图 7 - 24 （b）所示。

2）画出楼板的仰视轴测图，如图 7 - 24 （c）所示。

3）在楼板的底部中央位置为梁和柱子定位，如图 7 - 24 （d）所示。

4）根据柱子高度画出柱的轴测图，如图 7 - 24 （e）所示。

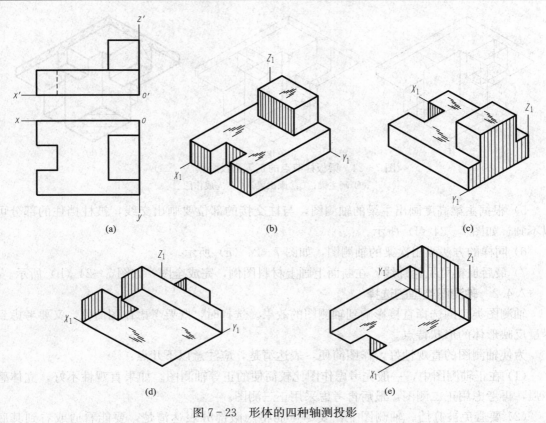

(a)　　　　　(b)　　　　　(c)

(d)　　　　　(e)

图 7 - 23　形体的四种轴测投影

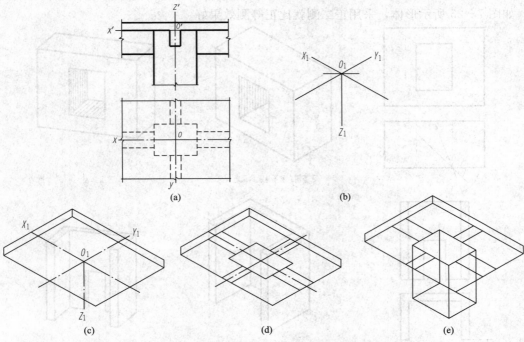

(a)　　　　　(b)

(c)　　　　　(d)　　　　　(e)

图 7 - 24　梁板柱节点的正等测投影画法（一）

（a）已知正投影图；（b）画轴测轴；（c）画楼板；（d）为梁柱定位；（e）画柱子

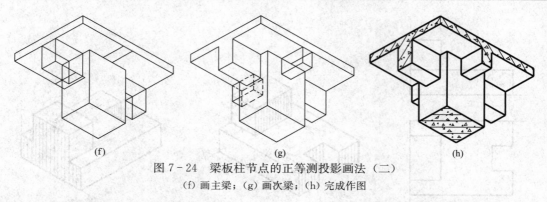

图 7-24　梁板柱节点的正等测投影画法（二）

（f）画主梁；（g）画次梁；（h）完成作图

5）根据主梁高度画出主梁的轴测图，与柱交接的部位要画出交线，被柱挡住的部分可以不画。如图 7-24（f）所示。

6）同样的方法画出次梁的轴测图，如图 7-24（g）所示。

7）最后加粗可见轮廓线，在断面上画上材料图例，完成全图，如图 7-24（h）所示。

7.4.2　轴测图类型的选择

轴测图类型的选择直接影响到轴测图的效果。选择时，既要考虑作图简便，又要考虑到尽量反映形体的形状特点。

为使轴测图的直观性好，作图简便，表达清楚，应注意以下几点：

（1）在正轴测图中，一般先考虑作图比较简便的正等轴测图。如果直观性不好，立体感不强，再考虑用正二测图，最后再考虑采用正三测图。

（2）要避免被遮挡。轴测图上，要尽可能将隐蔽部分表达清楚，要能看通或看到其底面。如图 7-25 所示形体，采用正二测就比正等测效果好。

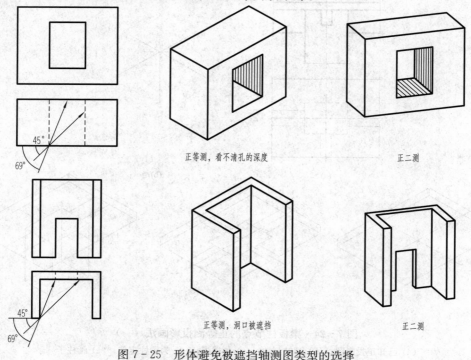

图 7-25　形体避免被遮挡轴测图类型的选择

（3）要避免转角处交线投影成一直线。如图 7 - 26 所示的基础的转角处交线，位于与 V 面成 45°倾斜的铅垂面上，这个平面与正等测的投射方向平行，在正等测图中投影必然成一直线。

（4）要避免轴测投影成左右对称图形。如图 7 - 27 的组合体，由于正等测图左右对称，所以显得呆板且直观性不好。这一要求只对平面立体适用，而对于圆柱、圆锥、圆球等对称的曲面体，则不适用。

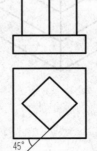

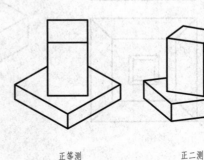

正等测   正二测

图 7 - 26 避免转角处交线投影成一直线   图 7 - 27 避免轴测投影成左右对称图形

（5）要避免有侧面的投影积聚为直线，如图 7 - 28 所示。

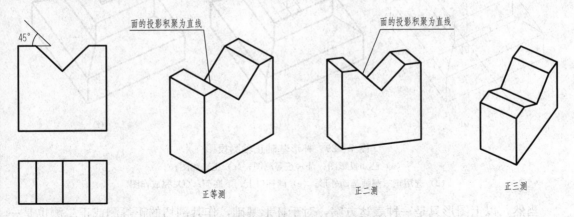

正等测   正二测   正三测

图 7 - 28 避免有侧面的投影积聚为直线

（6）正立面形状较为复杂的形体，或有较多平行于 V 面的圆和圆弧的情况适合于作正面斜二测图。

（7）画水平面上有复杂图案的形体，如区域的总平面布置或绘制一幢建筑物的水平剖面时，宜采用水平斜轴测投影。

（8）要注意表达清楚形体的内部构造。必要时，采用剖切轴测图。

【例 7 - 12】 如图 7 - 29（a）所示，已知杯形基础的正投影图，求作它的正轴测投影。

解 该杯形基础是由三部分叠加而成的，上下是两个正四棱柱，中间是四棱锥的一部分，里面还挖切了一个杯口。如果画出杯形基础的正等轴测图，必然使转交处的交线成一直线，且看不清杯口深度，如图 7 - 29（b）所示。若画出其正二测投影，亦看不清杯口深度，如图 7 - 29（c）所示。因此，选择作其正三测投影，作图步骤如图 7 - 29（d）～（f）所示。

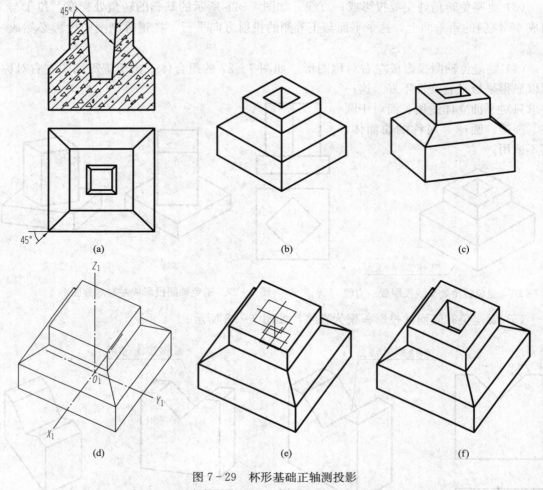

图 7 - 29　杯形基础正轴测投影
(a) 已知投影图；(b) 正等测图；(c) 正二测图；
(d) 选用正三测画基础外形；(e) 画杯口上、下底面；(f) 完成作图

当然，以上图形只是一种表达方案，对于杯形基础，作其剖切的正等测或正二测也是一种很好的选择。

7.4.3　剖切轴测图

如果形体具有较复杂的内部构造，在画它的轴测图时，就希望图形既具有较强的立体感，又能表达出其内部结构，这时就可以画它们的剖切轴测图。剖切轴测图就是假想用剖切平面将形体的一部分剖去，然后画出的轴测图。

在画剖切轴测图时，一般用两个互相垂直的轴测坐标面（或其平行面）进行剖切，可以较完整地显示形体的内外结构。在剖切轴测图的断面区域内，要用细实线画上剖面线或其他材料图例，剖面线的画法见图 7 - 30。

【例 7 - 13】　如图 7 - 31 (a) 所示，已知形体的正投影图，求作它的正轴测投影。

解　（1）分析。该形体显然具有比较复杂的内部构造，因此轴测图的类型选用剖切轴测图。形体被剖切去的那一部分的大小，应依据第 8 章所叙述的剖面图的种类确定，剖切面应与坐标面相平行。该形体属左右、前后均对称形体，因此将该形体剖去 1/4。

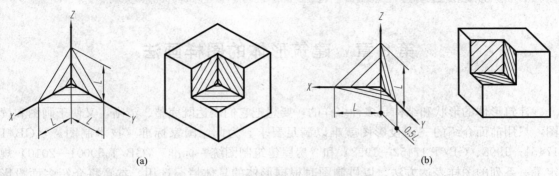

图 7-30 剖切轴测图中剖面线的画法

(a) 正等轴测图；(b) 斜二轴测图

（2）作图：该形体的剖切正等轴测图作图步骤如图 7-31 所示。

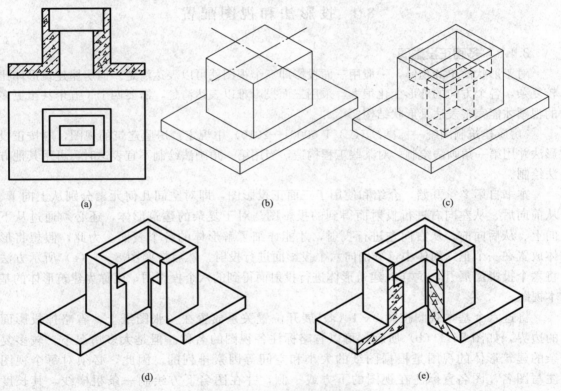

图 7-31 剖切轴测图的画法

(a) 已知投影图；(b) 画形体的外形轮廓；(c) 画内部构造；

(d) 切去形体的 1/4；(e) 画断面材料图例，完成作图

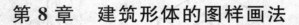

第8章 建筑形体的图样画法

建筑形体的形状和结构是多种多样的，要想把它们表达既完整、清晰，又便于画图和读图，只用前面介绍的三面投影图就难以满足要求。为此，国家标准《技术制图》（GB/T 17451—1998、GB/T 17452—1998）和《房屋建筑制图统一标准》（GB/T 50001—2010）规定了一系列的图样表达方法，以供制图时根据形体的具体情况选用。本章将介绍多面投影图、剖面图、断面图的画法和国家规定的一些简化画法，以及如何应用这些方法表达各种建筑形体。

8.1 投影法和视图配置

8.1.1 多面正投影图

对于形状简单的物体，一般用三面投影即三个视图就可以表达清楚。但房屋建筑形体比较复杂，各个方向的外形变化很大，采用三面投影难以表达清楚，需要四个、五个甚至更多的视图才能完整表达其形状结构。

《房屋建筑制图统一标准》（GB/T 50001—2010）中规定：房屋建筑的视图，应按正投影法并用第一角画法绘制；对某些工程构造，当用第一角画法绘制不宜表达时，可用其他方法绘制。

本书自第2章开始，介绍和使用了三面正投影图，即对空间几何元素分别从上向下、从前向后、从左向右进行投射而得到的投影图。对于复杂的建筑形体，还必须通过从下向上、从后向前、从右向左进行投射，才能详细了解形体的各个表面。为此，假想将形体放置在一个正六面体中，分别向六个投影面进行投射，然后按照图8-1（a）所示方法将六个投影面展开，这样对建筑形体进行投射而得到的六个投影图，就称为建筑形体的基本视图。

将这六个基本视图按图8-1（a）展开位置关系放置在一张图纸上，省略掉投影面的边界，如图8-1（b）所示，可以省略标注各视图的名称。但是大多情况下，较多复杂的建筑形体的视图是根据图纸的大小和空间等因素排列的。因此，必须对每个视图注写图名，图名宜标注在视图的下方或一侧，并在图名下方绘制一条粗横线，其长度以图名所占长度为准，由前向后投射得到的视图称为正立面图，由上向下投射得到的视图称为平面图，由左向右投射得到的视图称为左侧立面图，从右边投射的视图为右侧立面图，从下方投射的视图为底面图，从后方投射的视图为背立面图，如图8-2所示。

如图8-3所示的房屋形体，可由不同方向投射，从而得到图中的多面正投影图。在表达建筑形体时，根据建筑物的复杂程度，选择视图个数，并不一定要把六个基本视图都画出来。图8-3中只用了基本视图中的五个。

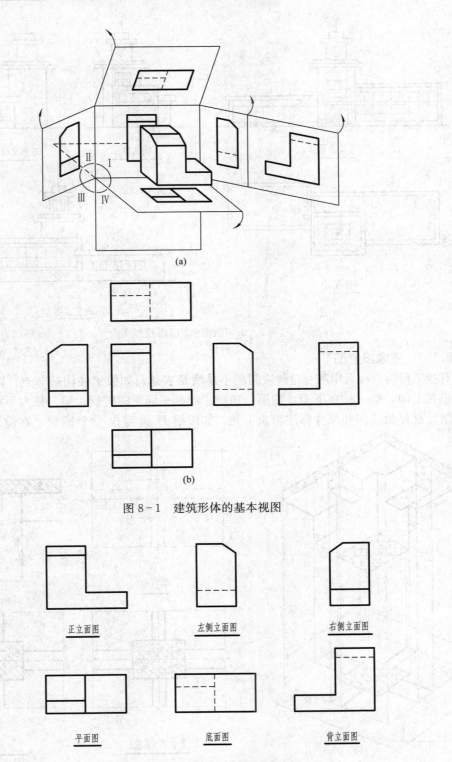

(a)

(b)

图 8-1　建筑形体的基本视图

正立面图　　　　　左侧立面图　　　　　右侧立面图

平面图　　　　　底面图　　　　　背立面图

图 8-2　建筑形体基本视图的图名

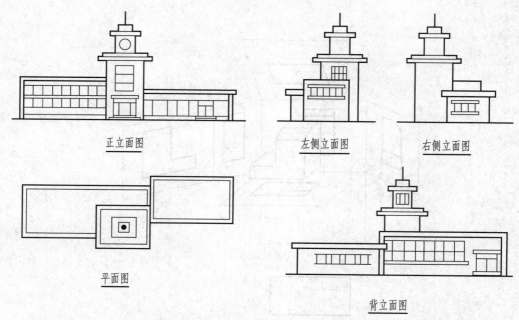

图 8-3 房屋的多面正投影图

8.1.2 镜像投影图

有些工程构造在采用第一角画法制图不易清楚表达，如板梁柱构造节点 [图 8-4 (a)]，因为板在上面，梁、柱在下面，按第一角画法绘制平面图的时候，梁、柱为不可见，要用虚线绘制，这样给读图和尺寸标注带来不便。如果把 H 面当作一个镜面，在镜面中就能得到

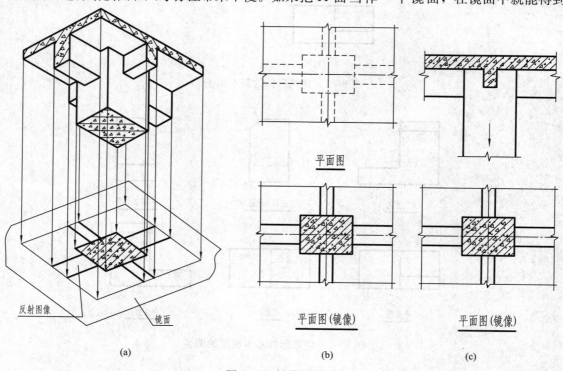

图 8-4 镜像投影图

梁、柱为可见的反射图像，这种投影称为镜像投影。镜像投影是形体在镜面中的反射图形的正投影，该镜面应平行于相应的投影面。用镜像投影法绘图时，应在图名后加注"镜像"二字 [图 8-4（b）]，必要时可画出镜像投影画法的识别符号 [图 8-4（c）]。这种图在室内设计中常用来表现吊顶（天花板）的平面布置。

8.1.3 展开投影法

建（构）筑物的某些部分，如果与投影面不平行（如圆形、折线形、曲线形等），在画立面图时，可以将该部分展开与基本投影面平行的位置后，再以正投影法绘制，并应在图名后注写"展开"字样，如图 8-5 所示。

8.1.4 局部视图

将建筑形体的某一局部向基本投影面投射，所得到的视图称为局部视图。如图 8-6 所示，正立面图和平面图已把形体的主要形状表达清楚了，只是左部的开口形状表达不清，这时不需要再画出形体的完整左侧立面图，故可采用局部投影法，只画出形体左部开口部分的左侧立面图。

画局部视图时，局部视图的范围一般用波浪线（也可用断开线）表示，并在原基本视图上用箭头指明投射方向，用大写拉丁字母编号，在所得的局部投射图下方注写"×向"，如图 8-6 所示。

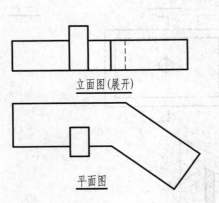

图 8-5 展开投影法

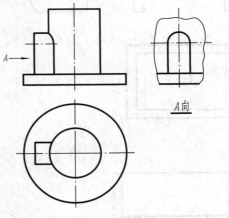

图 8-6 局部视图

8.1.5 斜视图

当形体的某一局部表面倾斜于基本投影面时，这部分在基本投影面上的投影就不反映实形。为了得到反映实形的投影，可采用画法几何中的换面法，设置一个平行于形体倾斜部分的表面的新投影面，将倾斜部分的表面向新投影面投射，如图 8-7 所示，这样的投影图称为斜视图。

斜视图的标注与局部视图相同。可以将斜投影图旋转至"正"位，以便于阅读，但应在斜投影图名后加注"旋转"二字，如"A 向旋转"。

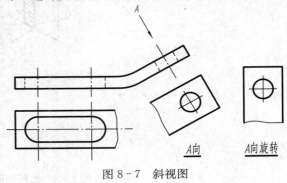

图 8-7 斜视图

8.2　剖　面　图

在画物体的正投影图时，虽然能表达清楚形体的外部形状和大小，但形体内部的孔洞以及被外部遮挡的轮廓线则需要用虚线来表示。当形体内部的形状较复杂时，在投影中就会出现很多虚线，且虚线相互重叠或交叉，既不便看图，又不利于标注尺寸，而且难于表达出形体的材料，如图 8-8（a）所示。为了解决这一问题，工程上常采用作剖面图的办法。

8.2.1　剖面图的形成

假想用剖切面在形体的适当部位将形体剖开，移去剖切面与观察者之间的部分形体，把原来不可见的内部结构变为可见，将其余的部分投射到投影面上，这样得到的投影图称为剖面图，简称剖面。

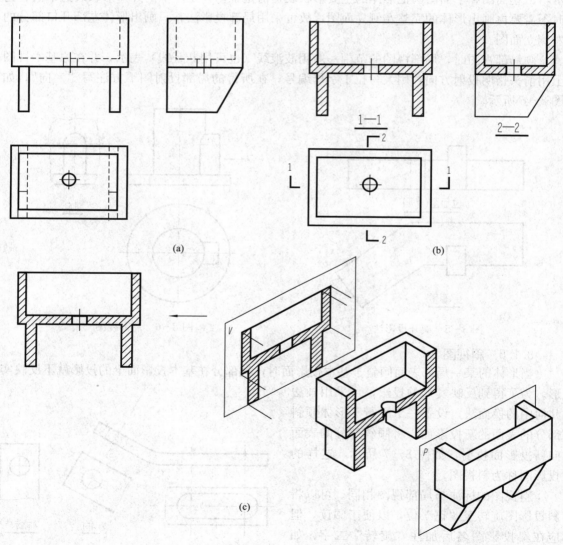

图 8-8　水槽剖面图的形成（一）
（a）三面图；（b）剖面图；（c）正剖面图的形成

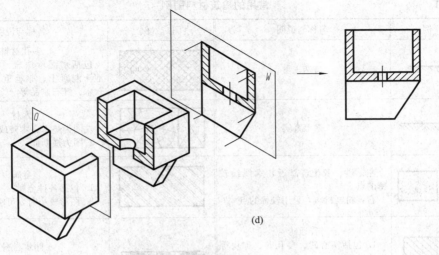

(d)

图 8 - 8　水槽剖面图的形成（二）
(d) 左侧剖面图的形成

　　为了使剖面图层次分明和表明形体所使用的建筑材料，剖面图中一般除不再画出虚线外，被剖到的实体部分（即断面区域）应按照形体的材料类别画出相应的材料图例。常用的建筑材料图例见表 8 - 1。在未指明材料类别时，剖面图中的材料图例一律画成方向一致、间隔均匀的 45°细实线，即采用通用材料图例来表示。

　　图 8 - 8（a）是水槽的三面图，其三个投影均出现了许多虚线，图样不清晰。假想用一个通过水槽排水孔轴线，且平行于 V 面的剖切面 P，将水槽剖开，移走前半部分，将剩余的部分向 V 面投射，然后在水槽的断面内画上通用材料图例，即得水槽的正视方向剖面图［图 8 - 8（c）］。这时水槽的槽壁厚度、槽深、排水孔大小等均被表示得很清楚，又便于标注尺寸。同理，可用一个通过水槽排水孔的轴线，且平行于 W 面的剖切面 Q 剖开水槽，移去 Q 面的左边部分，然后将形体剩余的部分向 W 面投射，得到另一个方向的剖面图［图 8 - 8（d）］。由于水槽下的支座在两个剖面图中已表达清楚，故在平面图中省去了表达支座的虚线。图 8 - 8（b）为水槽的剖面图。

8.2.2　剖面图的画法

（一）确定剖切平面的位置

　　剖切平面应平行于投影面，且尽量通过物体的孔、洞、槽的中心线。如要将 V 面投影画成剖面图，则剖切平面应平行于 V 面；如果要将 H 面投影或 W 面投影画成剖面图时，则剖切平面应分别平行于 H 面或 W 面。

（二）剖面图的图线及图例

　　物体被剖切后所形成的断面轮廓线，用粗实线画出；物体未剖到部分的投影轮廓线用中实线或者细实线画出；看不见的虚线，一般省略不画。

　　为使物体被剖到部分与未剖到部分区别开来，使图形清晰可辨，应在断面轮廓范围内画上表示其材料种类的图例。常用的建筑材料图例见表 8 - 1。

　　当不必指明材料种类时，应在断面轮廓范围内用细实线画上 45°的剖面线，同一物体的剖面线应方向一致，间距相等。

表 8-1 　　　　　　　　　　　常用的建筑材料图例

图　例	名称与说明	图　例	名称与说明
	自然土壤	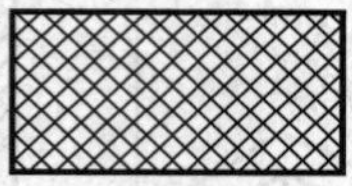	多孔材料 包括水泥珍珠岩、沥青珍珠岩、泡沫混凝土、非承重加气混凝土、软木、蛭石制品等
	素土夯实	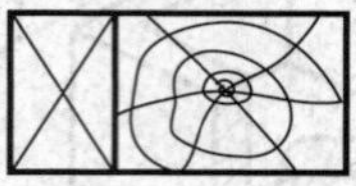	木材 左图为垫木、木砖或木龙骨 右图为横断面
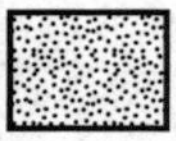 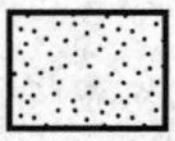	左：砂、灰土，靠近轮廓线绘较密的点 右：粉刷材料，采用较稀的点	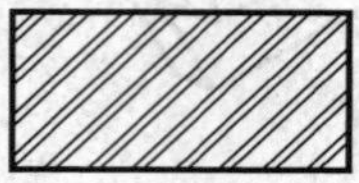	金属 1. 包括各种金属。 2. 图形较小时，可涂黑
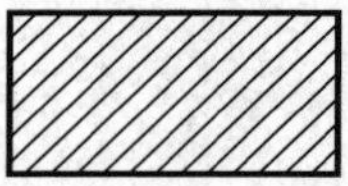	普通砖 1. 包括实心砖、多孔砖、砌块等砌体。 2. 断面较窄、不易画出图例线时，可涂红		防水材料 构造层次多或比例大时，采用上面图例
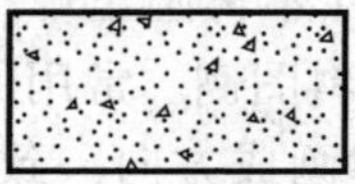	上：混凝土 下：钢筋混凝土 注：1. 在剖面图上画出钢筋时，不画图例线。 2. 断面图形小，不易画出图例线时，可涂黑	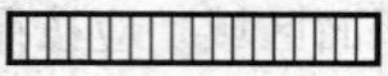	饰面砖 包括铺地砖、马赛克、陶瓷锦砖、人造大理石等
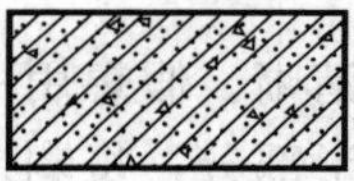		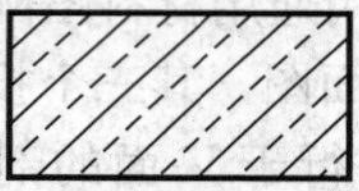	石材

（三）剖面图的标注

为了便于在看图时了解剖切位置和投射方向，寻找投影的对应关系，还应对剖面图进行标注。

（1）剖切符号。剖面的剖切符号，应由剖切位置线及剖视方向线组成，均应以粗实线绘制。剖切位置线表示剖切平面的位置，在图形外部用长度为 6～10mm 的粗实线表示；剖视方向线表示剖切后的投射方向，应垂直于剖切位置线，长度为 4～6mm。绘图时，剖面剖切符号不宜与图面上的图线相接触。

（2）剖面编号。对剖面的编号，一般用阿拉伯数字，按由左至右，由下至上的顺序编排，并注写在剖视方向线的端部，1—1、2—2、3—3 等。如剖切位置线需转折时，在转折处一般不再加注编号。但是，如果剖切位置线在转折处与其他图线发生混淆，则应在转角的外侧加注与该符号相同的编号，如图 8-9 所示。

（3）图名。在剖面图的下方正中分别注写与剖面编号相应的 1—1 剖面图、2—2 剖面图、3—3 剖面图等以表示图名。图名下方还应画上粗实线，粗实线的长度与图名字体的长度相等，见图 8-9（b）。

（4）剖面图如与被剖切图样不在同一张图纸内，可在剖切位置线的另一侧注明其所在图纸的图纸编号，图 8-9（a）中 2—2 剖切位置线下侧注写的"建施—04"，即表示 2—2 剖面图在"建施"第 4 张图纸上。

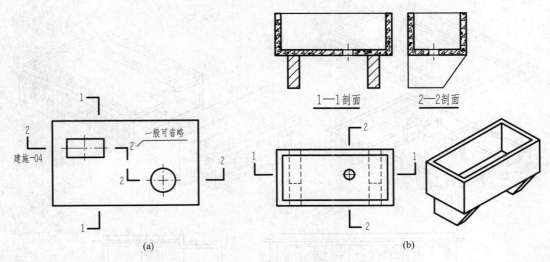

图 8-9 剖面图的标注

（5）必须指出：剖切平面是假想的，其目的是为了表达出物体内部形状，故除了剖面图和断面图外，其他各投影图均按原来未剖时画出。一个物体无论被剖切几次，每次剖切均按完整的物体进行。

8.2.3 剖面图的分类

按照建筑形体被剖切平面剖开的程度不同以及剖切平面的种类，剖面图分为以下几种。

（一）全剖面图

用一个平行于基本投影面的剖切平面，将形体全部剖开后画出的图形称为全剖面图。显然，全剖面图适用于外形简单、内部结构复杂的形体。

图 8-10 所示为一座房屋的表达方案图。为了表达它的内部布置情况，假想用一个稍高于窗台位置的水平剖切面将房屋全部剖切开，移去剖切面及以上部分，将以下部分投射到水平面上，于是得到房屋的水平全剖面图，这种剖面图在建筑施工图中称之为平面图。由于房屋的剖面图都是用小于 1∶50 的比例绘制的，因此按国家标准的规定一律不画材料图例。

全剖面图一般应标注出剖切位置线、投射方向线和剖面编号，如图 8-10 所示。

（二）半剖面图

当形体具有对称平面时，在垂直于该对称平面的投影面上投射所得到的图形，可以对称中心线为界，一半画成剖面图，另一半画成外形视图，这样组合而成的图形称为半剖面图。显然，半剖面图适用于内外结构都需要表达的对称形体。

图 8-11 所示的形体左右、前后均对称，如果采用全剖面图，则不能充分地表达外形，故采用半剖面图表达方法，保留一半外形，一半剖切表达内部构造，如图 8-11 所示。半剖面图一般不再画虚线，但如有孔、洞，仍须将孔、洞的轴线画出。在半剖面图中，规定以形体的对称中心线作为剖面图与外形视图的分界线。当对称中心线是铅垂线时，习惯上将半个剖面图画在中心线右侧；当对称中心线为水平线时，剖面图画在水平中心线下方。

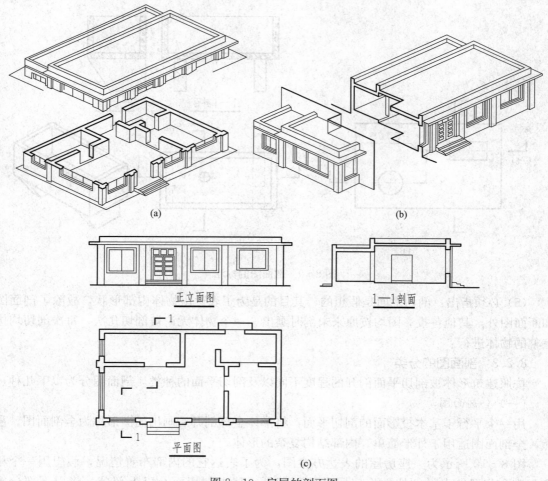

(a)

(b)

正立面图   1—1剖面

平面图

(c)

图 8-10 房屋的剖面图

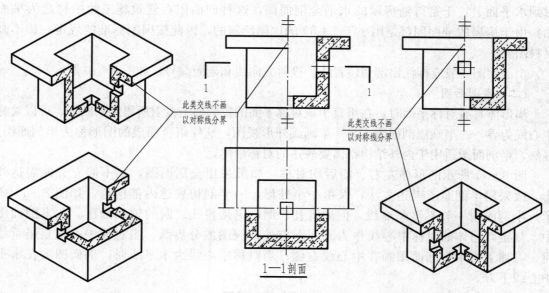

此类交线不画
以对称线分界

此类交线不画
以对称线分界

1—1剖面

图 8-11 半剖面图

若剖切平面与建筑形体的对称平面重合，且半剖面图又处于基本投影图的位置时，可不予标注，图 8－11 中的 V、W 剖面图均未作标注。但当剖切平面不与建筑形体的对称平面重合时，应按规定标注，见图 8－11 中的 1—1 剖面图。

（三）局部剖面图

当建筑形体的外形比较复杂，内部又有局部结构需要表达时，可以保留原投影图的大部分，而只将形体的某一局部剖切开，这样所得到的剖面图，称为局部剖面图。显然，局部剖面图适用于内外结构都需要表达，且又不具备对称条件或仅局部需要剖切的形体。

局部剖面图一般不需标注。按《建筑制图标准》（GB/T 50104—2001）规定，投影图与局部剖面之间，画上波浪线作为分界线，波浪线只能画在形体的实体部分上，且既不能超出轮廓线，也不能与图上其他图线重合。

如图 8－12 所示的杯形基础投影图，为了表示基础内部钢筋的布置，在不影响外形表达的情况下，将杯形基础水平投影的一个角画成剖面图。从图中还可看出，正立剖面图为全剖面图，按《建筑结构制图标准》（GB/T 50105—2001）的规定，在断面上已画出钢筋的布置时，就不必再画钢筋混凝土的材料图例。画钢筋布置的规定是：平行于投影面的钢筋用粗实线画出实形；垂直于投影面的钢筋用小黑圆点画出它们的断面。

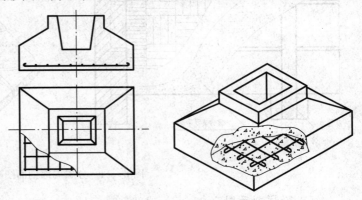

图 8－12　杯形基础的局部剖面图

当形体的图形对称线与轮廓线重合时，不宜采用半剖面图，通常采用局部剖面图。图 8－13（a）中形体应少剖一些，保留与对称线重合的外部轮廓线；图 8－13（b）中形体应多剖一些，显示与对称线重合的内部轮廓线；图 8－13（c）中形体上部多剖，下部少剖，从而使得与对称线重合的内外轮廓线均可表达出来。

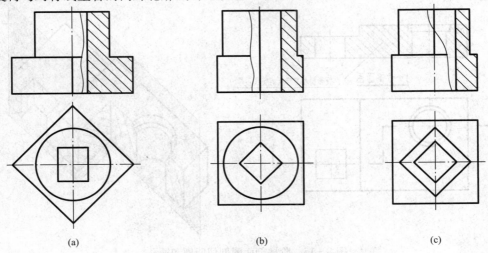

　　　　（a）　　　　　　　　　　　　　　（b）　　　　　　　　　　　　　　（c）

图 8－13　对称线与轮廓线重合时的局部剖面图

（四）分层局部剖面图

对建筑物结构层的多层构造可用一组平行的剖切面按构造层次逐层局部剖开。这种方法常用来表达房屋的地面、墙面、屋面等处的构造。分层局部剖面图应按层次以波浪线将各层隔开，波浪线不应与任何图线重合。图 8-14 所示为用分层局部剖面图表达的楼面的多层构造。

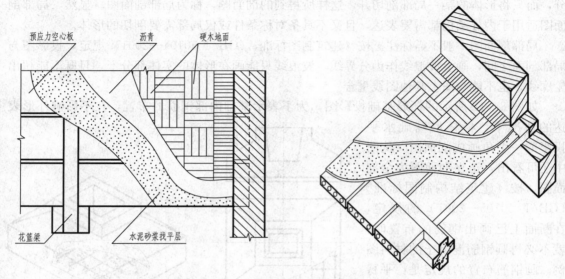

图 8-14　分层局部剖面图

（五）阶梯剖面图

如果一个剖切平面不能将形体上需要表达的内部构造一齐剖开时，可以将剖切平面转折成两个或两个以上互相平行的平面，将形体沿着需要表达的地方剖开，然后画出剖面图，称为阶梯剖面图。同半剖面图一样，在转折处不应画出两剖切平面的交线，图 8-15 所示是采用阶梯剖面表达组合体内部不同深度的凹槽和通孔的例子。

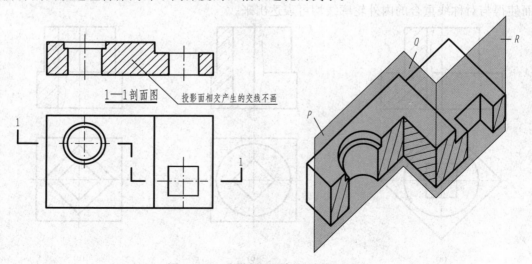

图 8-15　阶梯剖面图剖切凹槽和通孔

画阶梯剖面图时，在剖切平面的起始及转折处，均要用粗短线表示剖切位置和投射方向，同时注上剖面名称。如不与其他图线混淆时，直角转折处可以不注写编写。另外，由于剖切面是假想的，因此，两个剖切面的转折处不应画分界线。同时注意，阶梯剖中不要出现不完整要素。

（六）旋转剖面图

采用两个或两个以上相交的剖切面将形体剖开，并将倾斜于投影面的断面及其所关联部分的形体绕剖切面的交线（投影面垂直线）旋转至与投影面平行后再进行投射，这样得到剖面图的方法称为旋转剖切方法，如图 8-16 中的剖面 2—2 所示。旋转剖适用于内外主要结构具有理想的回转轴线的形体，而轴线恰好又是两剖切面的交线，且两剖切面一个是剖面图所在投影面的平行面，另一个是投影面的垂直面。

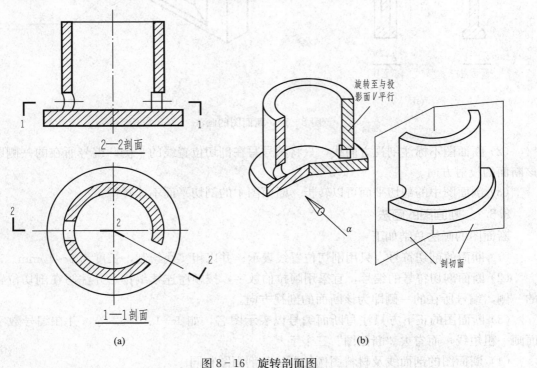

图 8-16　旋转剖面图

画旋转剖面图时，应在剖切平面的起始及相交处，用粗短线表示剖切位置，用垂直于剖切线的粗短线表示投射方向。

8.3　断　面　图

当剖切平面剖开物体后，其剖切平面与物体的截交线所围成的截断面，就称为断面。如果只画出该断面的实形投影，则称为断面图。

断面图也是用来表示形体的内部形状的。断面图的画法与剖面图的画法有以下区别：

（1）断面图是形体被剖开后产生的断面的投影，如图 8-17 所示，它是面的投影；剖面图是形体被剖开后产生的断面连同剩余形体的投影，如图 8-17 所示，它是体的投影。剖面图必然包含断面图在内。

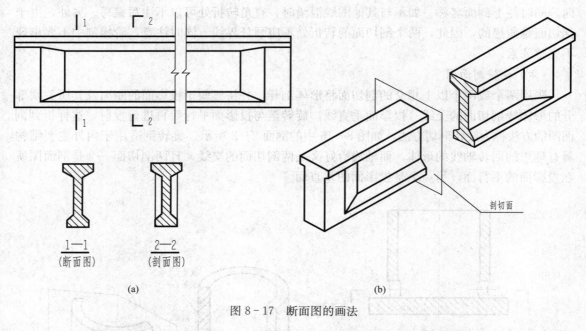

图 8－17　断面图的画法

（2）断面图不标注剖视方向线，只将编号写在剖切位置线的一侧，编号所在的一侧即为该断面的投射方向。

（3）剖面图中的剖切平面可以转折，断面图中的剖切平面不能转折。

8.3.1　断面图的画法

断面图的画法总结如下：

（1）断面的剖切符号，只用剖切位置线表示；并以粗实线绘制，长度为 6～10mm。

（2）断面剖切符号的编号，宜采用阿拉伯数字，按顺序连续编排，并注写在剖切位置线的一侧，编号所在的一侧即为该断面的剖视方向。

（3）断面图的正下方只注写断面编号以表示图名，如 1—1、2—2 等，并在编号数字下面画一粗短线，而省去"断面图"三个字。

（4）断面图的剖面线及材料图例的画法与剖面图相同。

8.3.2　断面图的种类

断面图主要用于表达形体或构件的断面形状，根据其安放位置不同，一般可分为移出断面图、重合断面图和中断断面图三种形式。

（一）移出断面图

将断面图画在投影图之外的称为移出断面图。当一个物体有多个断面图时，应将各断面图按顺序依次整齐地排列在投影图的附近，如图 8－18 所示为梁、柱节点的移出断面图。根据需要，断面图可用较大的比例画出。

（二）重合断面图

断面图旋转 90°后重合画在基本投影图上，称为重合断面图。其旋转方向可向上、向下、向左、向右。

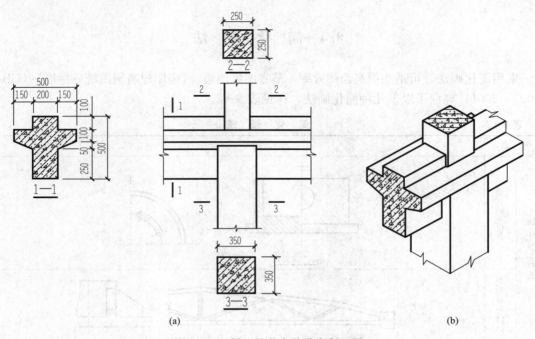

图 8-18　梁、柱节点的移出断面图

（a）梁、柱节点的立面图和断面图；（b）梁、柱节点立体图

图 8-19 所示为楼板和墙面装饰的重合断面图。画重合断面图时，其比例应与基本投影图相同；且可省去剖切位置线和编号。

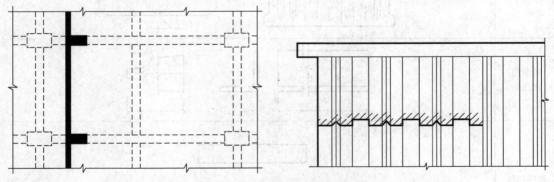

图 8-19　楼板和墙面装饰的重合断面图

（三）中断断面图

断面图画在构件投影图的中断处，就称为中断断面图。它主要用于一些较长且均匀变化的单一构件。如图 8-20 所示为角钢的中断断面图，其画法是在构件投影图的某一处用折断线断开，然后将断面图画在当中。

画中断断面图时，原投影长度可缩短，但尺寸应完整地标注。画图的比例、线型与重合断面图相同，也无需标注剖切位置线和编号。

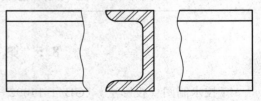

图 8-20　角钢的中断断面图

8.4　简　化　画　法

采用简化画法，可适当提高绘图效率，节省图纸图幅。《房屋建筑制图统一标准》（GB/T 50001—2001）规定了以下几种简化画法，详见表 8 - 2。

表 8 - 2　　　　　　　　　　　　　　　简　化　画　法

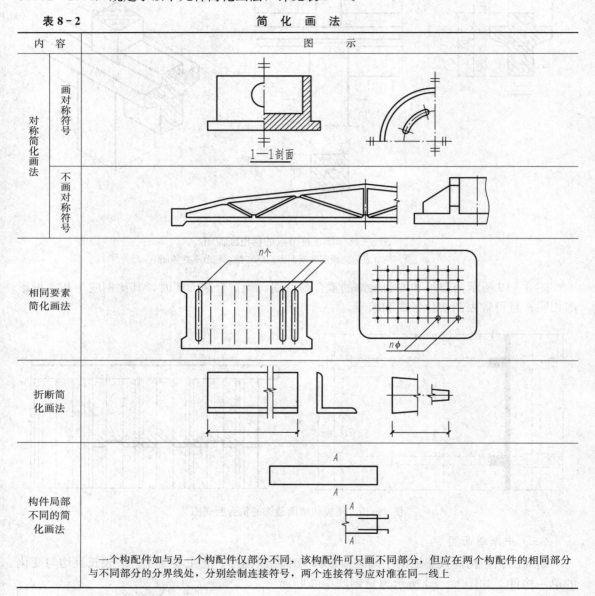

内　容	图　示
对称简化画法 — 画对称符号	1—1 剖面
对称简化画法 — 不画对称符号	
相同要素简化画法	n个　　nφ
折断简化画法	
构件局部不同的简化画法	A／A　　A／A

一个构配件如与另一个构配件仅部分不同，该构配件可只画不同部分，但应在两个构配件的相同部分与不同部分的分界线处，分别绘制连接符号，两个连接符号应对准在同一线上

8.5　第三角画法简介

《技术制图　投影法》（GB/T 14692—1993）规定："技术图样应采用正投影法绘制，并优先是采用第一角画法。""必要时才允许使用第三角画法"。但国际上有些国家采用第三角

画法，如美国、加拿大、日本等国。为了有效地进行国际技术交流和协作，应对第三角画法有所了解。

图 8-21 所示为三个互相垂直相交的投影面将空间分为八个分角，依次为第一角、第二角、第三角、……、第八角。将形体放在第一角（H 面之上、V 面之前、W 面之左）进行投射而得到的多面正投影，称为第一角画法；将形体放在第三角内（H 面之下、V 面之后、W 面之左）进行投射而得到的投影，称为第三角画法。

采用第三角画法时，将物体置于第三分角内，即投影面处于观察者与物体之间，进行投射，然后按规定展开投影面。投影面展开时 V 面仍然不动，将 H、W 面分别向上、向右旋转至与 V 面共面，于是得到形体的第三角投影图（图 8-22）。当用第三角画法得到的各基本视图按图 8-23 （a）配置时，一律不注视图的名称，必要时可画出第三角画法的识别标志 [图 8-24 （a）]。

采用第三角画法所得到的各投影图，仍具有"长对正、高平齐、宽相等"的投影关系。

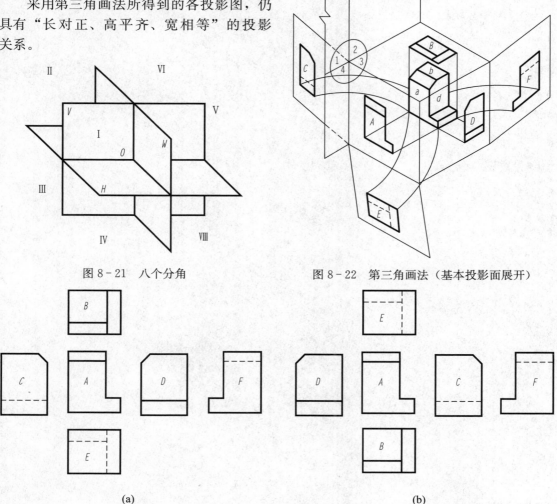

图 8-21　八个分角　　　　　　　　图 8-22　第三角画法（基本投影面展开）

(a)　　　　　　　　　　　　　　　　(b)

图 8-23　第三角画法与第一角画法对比（基本视图配置）

（a）第三角画法；（b）第一角画法

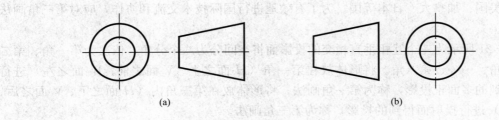

图 8-24　第三角画法与第一角画法识别符号
(a) 第三角画法；(b) 第一角画法

第9章 建筑施工图

9.1 概　　述

　　房屋是供人们生活、生产、工作、学习和娱乐的场所。将一幢拟建房屋的内外形状和大小，以及各部的结构、构造、装修、设备等内容，按照国标的规定，用正投影方法，详细准确画出的图样，称为房屋建筑图。它是用以指导施工的一套图纸，所以又称为施工图。

9.1.1　房屋建筑的类型及组成

　　房屋按功能可分为工业建筑（如厂房、仓库、动力站等）、农业建筑（如粮仓、饲养场、拖拉机站等）以及民用建筑。民用建筑按其使用功能又可分为居住建筑（如住宅、宿舍等）和公共建筑（如学校、商场、医院、车站等）。

　　各种不同功能的房屋建筑，一般都是由基础、墙（柱）、楼（地）面、楼梯、屋顶、门、窗等基本部分所组成，另外还有阳台、雨篷、台阶、窗台、雨水管、散水以及其他一些构配件和设施。

　　基础位于墙或柱的最下部，是房屋与地基接触的部分。基础承受建筑物的全部荷载，并把全部荷载传递给地基。基础是建筑物最重要的组成部分，它必须坚固、耐久、稳定，能经受地下水及土壤中所含化学物质的侵蚀。

　　墙是建筑物的承重构件和围护构件。作为承重构件，承受着建筑物由屋顶或楼板层传来的荷载，并将这些荷载再传给基础；作为围护构件，外墙起着抵御自然界各种因素对室内的侵袭作用，内墙起着分隔空间、组成房间、隔声、遮挡视线以及保证室内环境舒适的作用。墙体要有足够的强度、稳定性以及良好的保温、隔热、隔声、防火、防水等能力。

　　柱是框架或排架结构的主要承重构件，和承重墙一样承受楼板层、屋顶以及吊车梁传来的荷载，必须具有足够的强度和刚度。

　　楼板层是水平方向的承重构件，并用来分隔楼层之间的空间。它承受人和家具设备的荷载，并将这些荷载传递给墙或梁，应有足够的强度和刚度，有良好的隔声、防火、防水、防潮等能力。

　　楼梯是房屋的垂直交通设施，供人们上下楼层使用。楼梯应有足够的通行能力，应做到坚固和安全。

　　屋顶是房屋顶部的围护构件，抵抗风、雨、雪的侵袭和太阳辐射热的影响。屋顶又是房屋的承重构件，承受风、雪和施工期间的各种荷载等。屋顶应坚固耐久，具有防水、保温、隔热等性能。

　　门的主要功能是通行和通风，窗的主要功能是采光和通风。

9.1.2　房屋建筑的设计程序

　　房屋的建造一般经过设计和施工两个过程，而设计工作一般又分为三个阶段，即初步设计、技术设计和施工图设计。

　　建筑设计人员根据建设单位提出的设计任务和要求，进行调查研究，收集必要的设计资料，提出方案，确定平面、立面、剖面等图样，表达出设计意图。初步设计图的内容主要有总平面布置图、建筑平、立、剖面图。初步设计图图面布置比较灵活，可以画上阴影、配景、透视等，以增强图面效果。初步设计图需送交有关部门审批，批准后方可进行技术设计。

技术设计，是初步设计经建设单位同意和主管部门批准后，进一步去解决构件的选型、布置以及建筑、结构、设备等各工种之间的配合等技术问题，从而对方案做进一步的修改。技术设计是初步设计具体化的阶段，也是各种技术问题的定案阶段。对一些技术上复杂而又缺乏设计经验的工程，更应重视此阶段的设计工作，作为协调各工种的矛盾和绘制施工图的准备，技术设计图应报有关部门审批。

施工图设计是在技术设计的基础上，按建筑、结构、设备（水、暖、电）各专业分别完整详细地绘制所设计的全套房屋施工图，将施工中所需的具体要求，都明确地反映到这套图纸中。房屋施工图是施工单位的施工依据，整套图纸应完整统一、尺寸齐全、正确无误。

9.1.3　施工图的分类和编排顺序

施工图由于专业分工的不同，可分为建筑施工图、结构施工图和设备施工图。

一套简单的房屋施工图有几十张图纸，一套大型复杂的建筑物甚至有几百张图纸。为了便于看图，根据专业内容或作用的不同，一般将这些图纸进行排序。

（1）图纸目录，又称标题页或首页图，说明该套图纸有几类，各类图纸分别有几张，每张图纸的图号、图名、图幅大小；如采用标准图，应写出所使用标准图的名称，所在的标准图集和图号或页次。编制图纸目录的目的，是为了便于查找图纸，图纸目录中应先列新绘制图纸，后列选用的标准图或重复利用的图纸。

（2）设计总说明（即首页），主要介绍工程概况、设计依据、设计范围及分工、施工及建造时应注意的事项。内容一般包括：本工程施工图设计的依据；本工程的建筑概况，如建筑名称、建设地点、建筑面积、建筑等级、建筑层数、人防工程等级、主要结构类型、抗震设防烈度等等；本工程的相对标高与总图绝对标高的对应关系；有特殊要求的做法说明，如屏蔽、防火、防腐蚀、防爆、防辐射、防尘等；对采用新技术、新材料的做法说明；室内室外的用料说明，如砖标号、砂浆标号、墙身防潮层、地下室防水、屋面、勒脚、散水、室内外装修做法等。

（3）建筑施工图（简称建施），主要表示建筑物的总体布局、外部造型、内部布置、细部构造、内外装饰、固定设施和施工要求的图样。一般包括总平面图、建筑平面图、建筑立面图、建筑剖面图、门窗表和建筑详图等。

（4）结构施工图（简称结施），主要表示房屋的结构设计内容，如房屋承重构件的布置、构件的形状、大小、材料等。一般包括结构平面布置图和各构件详图等。

（5）设备施工图（简称设施），包括给水排水、采暖通风、电气照明等设备的布置平面图、系统图和详图。表示上、下水及暖气管道管线布置，卫生设备及通风设备等的布置，电气线路的走向和安装要求等。

9.1.4　施工图设计的特点

一、施工图设计的严肃性

施工图是设计单位最终的"技术产品"，是进行建筑施工的依据，对建设项目建成后的质量及效果，负有相应的技术与法律责任。未经原设计单位的同意，任何个人和部门不得修改施工图纸。经协商或要求后，同意修改的，也应由原设计单位编制补充设计文件，如变更通知单、变更图、修改图等，与原施工图一起形成完整的施工图设计文件，并归档备查。在建筑物竣工投入使用后，施工图也是对该建筑进行维护、修缮、更新、改建、扩建的基础资料。

二、施工图设计的承前性

方案设计、初步设计和施工图设计是建筑工程设计的三个阶段。其实质可以认为是从宏观到微观、从定性到定量、从决策到实施逐步深化的进程。施工图设计必须以方案与初步设计为依据，忠实于既定的基本构思和设计原则。如有重大修改变化时，应对施工草图进行审定确认或者调整初步设计，甚至重做方案和初步设计。

三、施工图设计的复杂性

建筑施工图的优劣，不仅取决于处理好建筑工种本身的技术问题，同时更取决于各工种之间的配合协作。建筑的总体布局、平面构成、空间处理、立面造型、色彩用料、细部构造及功能、防火、节能等关键设计内容是要在建筑施工图中表达的，并成为其他工种设计的基础资料。但是，一个工种认为最合理的设计措施，对另一工种或其他工种，都可能造成技术上的不合理甚至不可行。所以，必须通过各工种之间反复磋商、讨论，才能形成一套在总平面、建筑、结构、设备等各项技术上都比较先进、可靠、经济，而且施工方便的施工图纸。以保证建成后的建筑物，在安全、适用、经济、美观等各方面均得到业主乃至社会的认可与好评。

四、施工图设计的精确性

作为建筑工程设计最后阶段的施工图设计，是从事相对微观、定量和实施性的设计。如果说方案和初步设计的重心在于确定做什么，那么施工图设计的重心则在于如何做。逻辑不清、交代不详、错漏百出的施工图，必然将导致施工费时费力，反复修改，对某些工种的设计无法合理使用或留下隐患，经济上造成损失，甚至发生工程事故。

9.1.5　标准图（集）

为了加快设计和施工速度，提高设计和施工的质量，将各种大量常用的建筑物及其构配件，按照国家标准规定的模数协调，根据不同的规格标准，设计编绘出成套的施工图，以供设计和施工时选用，这种图样称为标准图或通用图。将其装订成册即为标准图集或通用图集。

标准图（集）分为两个层次，一是国家标准图（集），经国家部、委批准，可以在全国范围内使用；第二是地方标准图（集），经各省、市、自治区有关部门批准，可以在相应地区范围内使用。

标准图有两种，一种是整幢建筑的标准设计（定型设计）图集；另一种是目前大量使用的建筑构配件标准图集，以代号"G"（或"结"）表示建筑构件图集，以代号"J"（或"建"）表示建筑配件图集。

9.1.6　阅读施工图的方法

施工图的绘制是前述各章投影理论和图示方法及有关专业知识的综合应用。阅读施工图，必须做到以下几点：

（1）掌握投影原理和形体的各种图样方法，熟识施工图中常用的图例、符号、线型、尺寸和比例的意义。

（2）观察和了解房屋的组成及其基本构造。

（3）熟悉有关的国家标准。

（4）阅读时，应先整体后局部，先文字说明后图样，先图形后尺寸。按目录顺序通读一遍，对工程对象的建设地点、周围环境、建筑物的大小及形状、结构型式和建筑关键部位等情况先有概括的了解。然后，不同工种的技术人员，根据不同要求，重点深入地看不同类别的图纸。阅读时注意各类图纸的联系，互相对照，避免发生矛盾而造成质量事故或经济损失。

9.1.7　施工图中常用的符号

一张完整的施工图是由图线、汉字、数字、字母等所组成的，对于这些组成大体又可以分为实体元素和符号元素两种（文字说明除外）。实体元素，如墙体、门窗、楼梯、房间、走道、阳台等，基本都是反映了建筑物组成部分的投影关系；符号元素，如定位轴线、尺寸标注、标高符号、索引符号、详图符号、指北针等，则是为了说明建筑物承重构件的定位、各部分的关系、标高、建筑的朝向或是图样之间的联系等。在这一节里将首先对常用的符号元素进行分析，在后续的几节里再了解实体元素的识读。

一、定位轴线

在施工图中通常将房屋的基础、墙、柱、墩和屋架等承重构件的轴线画出，并进行编号，以便于施工时定位放线和查阅图纸。这些轴线称为定位轴线。

《房屋建筑制图统一标准》（GB/T 50001—2010）规定：定位轴线应用细单点长画线绘制。定位轴线应编号，编号注写在轴线端部的圆内。圆应用细实线绘制，直径为 8～10mm。定位轴线圆的圆心，应在定位轴线的延长线上或延长线的折线上，如图 9-1 所示。

平面图上定位轴线的编号，宜标注在图样的下方与左侧。横向编号应用阿拉伯数字，从左至右顺序编号，竖向编号应用大写拉丁字母，从下至上顺序编写，如图 9-2 所示。拉丁字母的 I、Z、O 不得用作编号，以免与数字 1、2、0 混淆。如字母数量不够时，可增用双字母或单字母加数字注脚，如 A_A、B_A、…、Y_A 或 A_1、B_1、…、Y_1。

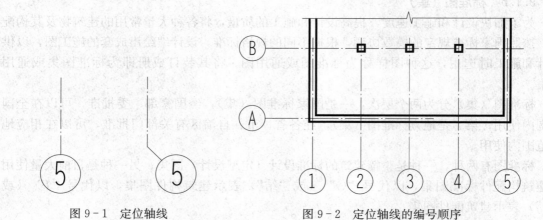

图 9-1　定位轴线　　　　　　　　　　　　图 9-2　定位轴线的编号顺序

对于一些与主要承重构件相联系的次要构件，它们的定位轴线一般作为附加定位轴线。附加定位轴线的编号，应以分数形式表示，《房屋建筑制图统一标准》（GB/T 50001—2010）规定：两根定位轴线间的附加定位轴线，应以分母表示前一轴线的编号，分子表示附加定位轴线的编号，编号宜用阿拉伯数字顺序编写。"国标"还规定：特殊情况下，可以在①号轴线和Ⓐ号轴线之前附加轴线，但附加定位轴线的分母应以 01 或 0A 表示，如图 9-3 所示。

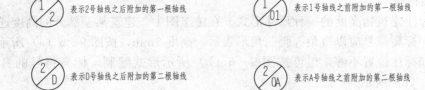

图 9-3　附加轴线

一个详图适用于几根轴线时，应同时注明各有关轴线的编号，通用详图中的定位轴线，应只画圆，不注写轴线编号，如图 9-4 所示。

图 9-4　详图的轴线编号

组合较复杂的平面图中定位轴线也可采用分区编号，编号的注写形式应为"分区号—该分区编号"。分区号采用阿拉伯数字或大写拉丁字母表示，如图 9-5 所示。

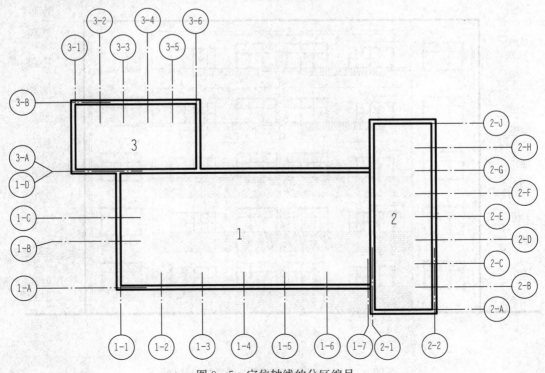

图 9-5　定位轴线的分区编号

二、标高符号

标高是标注建筑物高度的一种尺寸形式。在施工图中，建筑某一部分的高度通常用标高符号来表示。标高符号应以直角等腰三角形表示，高度3mm，按图9-6（a）所示形式用细实线绘制，如标注位置不够，也可按图9-6（b）所示形式绘制。标高符号的具体画法如图9-6（c）、（d）所示。

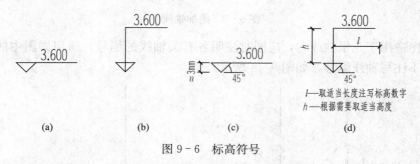

图9-6　标高符号

在立面图和剖面图中，标高符号的尖端应指至被注高度的位置。尖端一般应向下，也可向上。应当注意：当标高符号在图形的外部时，在标高符号的尖端位置必须增加一条引出线指向所注写标高的位置；当标高符号在图形的内部直接指至被注高度的位置时，在标高符号的尖端位置就不必再增加一条引出线了，如图9-7所示。标高符号的尖端应指至被注高度的位置，尖端一般应向下，也可向上。在立面图和剖面图中，应注意当标高符号在图形的左侧时，标高数字按图中左侧方式注写，当标高符号位于图形右侧时，标高数字按图中右侧方式注写。在平面图中，标高符号的尖端位置没有引出线，如图9-6（a）所示。

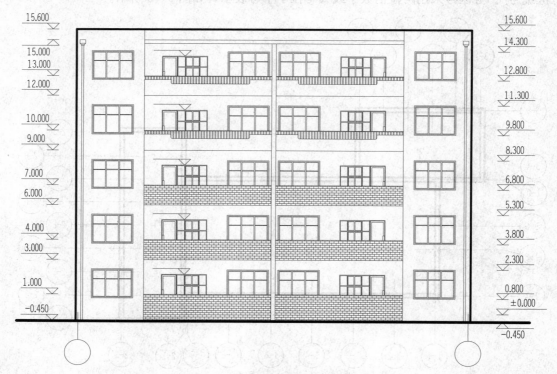

图9-7　立面图和剖面图上标高符号注法

在总平面图中，室外地坪标高符号，宜用涂黑的三角形表示，如图 9-8（a）所示，具体画法如图 9-8（b）所示。在图样的同一位置需表示几个不同标高时，标高数字应按图 9-8（c）的形式注写。

标高数字应以米为单位，注写到小数点以后第三位。在总平面图中，可注写到小数点后第二位。零点标高应注写成 ±0.000，正数标高不注 "＋"，负数标高应注 "－"，例如 3.200、-0.450。

标高有绝对标高和相对标高之分。绝对标高是以青岛附近的黄海平均海平面为零点，以此为基准的标高。在实际设计和施工中，用绝对标高不方便，因此习惯上常以建筑物室内底层主要地坪为零点，以此为基准点的标高，称为相对标高。比零点高的为 "＋"，比零点低的为 "－"。在设计总说明中，应注明相对标高与绝对标高的关系。

建筑物的标高，还可以分为建筑标高和结构标高，如图 9-9 所示。建筑标高是构件包括粉饰层在内的、装修完成后的标高；结构标高则不包括构件表面的粉饰层厚度，是构件的毛面标高。

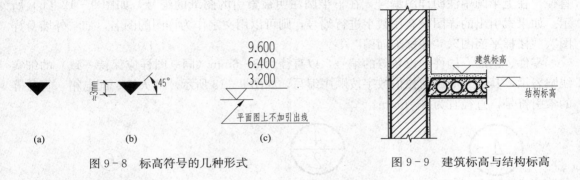

图 9-8　标高符号的几种形式　　　　　　　图 9-9　建筑标高与结构标高

三、索引符号与详图符号

图样中的某一局部或构件，如需另见详图，应以索引符号索引，表明详图的编号、详图的位置以及详图所在图纸编号。

（一）索引符号

索引符号是需要将图样中的某一局部或构件画出详图而标注的一种符号，用以表明详图的编号、详图的位置以及详图所在图纸编号。索引符号是由直径为 8~10mm 的圆和水平直径组成，圆及水平直径均应以细实线绘制，在上半圆中用阿拉伯数字注明该详图的编号，数字较多时，可加文字标注。索引符号需用一引出线指向要画详图的地方，引出线应对准圆心，如图 9-10（a）所示。索引出的详图，如与被索引的详图同在一张图纸内，应在索引符号的下半圆中间画一段水平细实线，如图 9-10（b）所示。索引出的详图，如与被索引的详图不在同一张图纸内，应在索引符号的下半圆中用阿拉伯数字注明该详图所在图纸的编号，如图 9-10（c）所示。

索引出的详图，如采用标准图，应在索引符号水平直径的延长线上加注该标准图册的编号，如图 9-10（d）所示。

索引符号如用于索引剖面详图，应在被剖切的部位绘制剖切位置线，并以引出线引出索引符号，引出线所在的一侧应为投射方向。索引符号的编写同上，如图 9-11 所示。

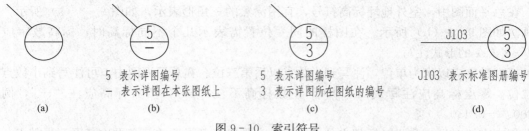

図9-10　索引符号

向上为投射方向

图9-11　用于索引剖面
详图的索引符号

（二）详图符号

　　详图的位置和编号应以详图符号表示，详图符号可以作为详图的图名。详图符号圆的直径为14mm，用粗实线绘制。详图与被索引的图样同在一张图纸内时，应在详图符号内用阿拉伯数字注明详图的编号，如图9-12（a）所示。详图与被索引的图样不在同一张图纸内，应用细实线在详图符号内画一水平直径，在上半圆中注明详图编号，在下半圆注明被索引的图纸的编号，如图9-12（b）所示。如果索引出的详图没有用数字进行编号，则可以用文字作为详图的图名，如"外墙身详图"、"楼梯平面图"、"楼梯剖面图"等。

　　零件、钢筋、构件、设备等的编号，以直径为5～6mm（同一图样应保持一致）的细实线圆表示，其编号应用阿拉伯数字按顺序编写，如图9-13所示。消火栓、配电箱、管井等的索引符号，直径宜为4～6mm。

图9-12　详图符号　　　　　　　　　　　　　　图9-13　零件、钢筋等的编号

四、引出线

　　引出线是对建筑工程的构造或处理进行文字说明的一种方式，引出线应以细实线绘制，宜采用水平方向的直线，与水平方向成30°、45°、60°、90°的直线，或经上述角度再折为水平线。文字注明宜注写在水平线的上方，如图9-14（a），也可注写在水平线的端部，如图9-14（b）所示。同时引出几个相同部分的引出线，宜互相平行，如图9-14（c）所示，也可画成集中于一点的放射线，如图9-14（d）所示。

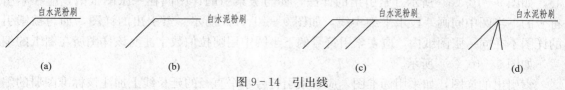

图9-14　引出线

　　多层构造或多层管道共用引出线，应通过被引出的各层，并用圆点示意对应各层次。文字说明宜注写在水平线的上方，或注写在水平线的端部，说明的顺序由上至下，并应与被说明的层次相互一致；如层次为横向排序，则由上至下的说明顺序应与左至右的层次相互一

致，如图 9-15 所示。

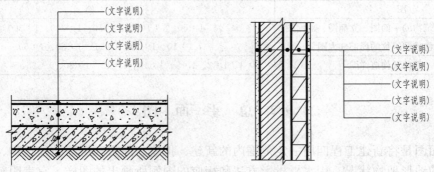

图 9-15 多层共用引出线

五、其他符号

（一）对称符号

由对称线和两端的两对平行线组成。对称线用细单点长画线绘制；平行线用细实线绘制，其长度宜为 6～10mm，每对的间距宜为 2～3mm。对称线垂直平分于两对平行线，两端超出平行线宜为 2～3mm，如图 9-16（a）所示。

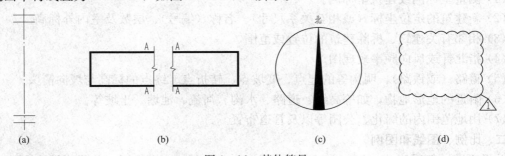

图 9-16 其他符号

（a）对称符号；（b）连接符号；（c）指北针；（d）变更云线

（二）连接符号

应以折断线表示需连接的部位。两部位相距过远时，折断线两端靠图样一侧应标注大写拉丁字母表示连接编号。两个被连接的图样必须用相同的字母编号，如图 9-16（b）所示。

（三）指北针

指北针的形状宜如图 9-16（c）所示，其圆的直径宜为 24mm，用细实线绘制；指针尾部的宽度宜为 3mm，指针头部应注"北"或"N"。需用较大直径绘制指北针时，指针尾部宽度宜为圆直径的 1/8。

（四）变更云线

对图纸中局部变更部分宜采用云线，并宜注明修改版次，如图 9-16（d）所示，变更云线表示修改过一次。

9.1.8 施工图常用比例

为了清楚地表达施工图的内容，根据不同图样的要求，可以选用不同的比例。根据《建筑制图标准》（GB/T 50104—2010）的规定，建筑专业、室内设计专业制图绘图比例应符合表 9-1 的要求。

表 9-1　　　　　　　　　　　　　　　比　　　　例

图　名	比　例
建筑物或构筑物的平面图、立面图、剖面图	1∶50、1∶100、1∶150、1∶200、1∶300
建筑物或构筑物的局部放大图	1∶10、1∶20、1∶25、1∶30、1∶50
配件及构造详图	1∶1、1∶2、1∶5、1∶10、1∶15、1∶20、1∶25、1∶30、1∶50

9.2　总　平　面　图

总平面图是将新建工程四周一定范围内的新建、拟建、原有和拆除的建筑物、构筑物连同其周围的地形地物状况，用水平投影方法和相应的图例所画出的图样。它表明新建房屋的平面轮廓形状和层数、与原有建筑物的相对位置、周围环境、地貌地形、道路和绿化的布置等情况，是新建房屋及其他设施的施工定位、土方施工、施工总平面设计以及设计水、暖、电、燃气等管线总平面图的依据。

9.2.1　总平面图的图示内容及要求

一、图示内容

（1）测量坐标网或建筑坐标网。

（2）新建筑的定位坐标（或相互关系尺寸）、名称（编号）、层数及室内外标高。

（3）相邻有关建筑、拆除建筑的位置或范围。

（4）指北针或风向频率玫瑰图。

（5）道路（或铁路）、明沟等的起点、变坡点、转折点、终点的标高与坡向箭头。

（6）附近的地形地物，如等高线、道路、水沟、河流、池塘、土坡等。

（7）用地范围内的绿化、公园等以及管道布置。

二、比例、图线和图例

总平面图一般采用 1∶300、1∶500、1∶1000、1∶2000 的比例。总平面图中所注尺寸宜以米为单位，注写至小数点后两位，不足时以"0"补齐。

由于绘图比例较小，在总平面图中所表达的对象，要用《总图制图标准》（GB/T 50103—2010）中所规定的图例来表示。常用的总平面图例见表 9-2。

表 9-2　　　　　　　　　　　　　　总平面图例（部分）

序号	名　称	图　例	附　注
1	新建建筑物	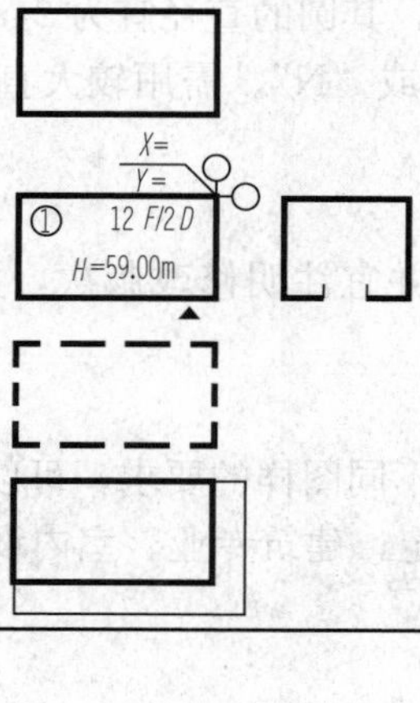 $X=$ $Y=$ ① 12 *F/2 D* $H=59.00$m	新建建筑物以粗实线表示与室外地坪相接处±0.00 外墙定位轮廓线 建筑物一般以±0.00 高度处的外墙定位轴线交叉点坐标定位。轴线用细实线表示，并标明轴线号 根据不同设计阶段标注建筑编号，地上、地下层数，建筑高度，建筑出入口位置（两种表示方法均可，但同一图纸采用一种表示方法） 地下建筑物以粗虚线表示其轮廓 建筑上部（±0.00 以上）外挑建筑用细实线表示 建筑物上部连廊用细虚线表示并标注位置

续表

序号	名 称	图 例	附 注
2	原有建筑物	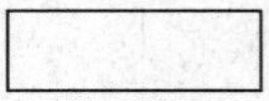	用细实线表示
3	计划扩建的预留地或建筑物		用中粗虚线表示
4	拆除的建筑物	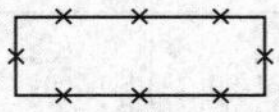	用细实线表示
5	铺砌场地	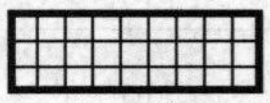	
6	敞棚或敞廊	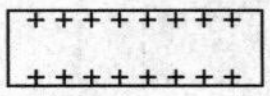	
7	围墙及大门	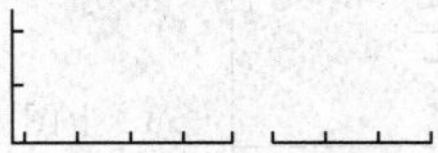	
8	挡土墙	 5.00 / 1.50	挡土墙根据不同设计阶段的需要标注 墙顶标高 墙底标高
9	填挖边坡	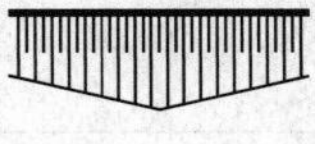	
10	坐标	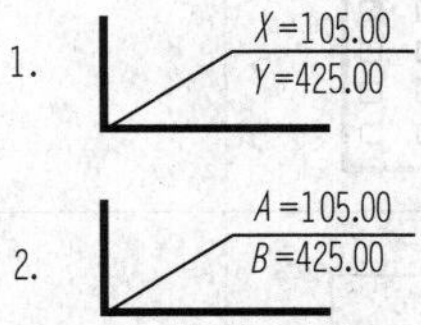 1. $X=105.00$ $Y=425.00$ 2. $A=105.00$ $B=425.00$	1. 表示地形测量坐标系。 2. 表示自设坐标系。 坐标数字平行于建筑标注
11	室内地坪标高	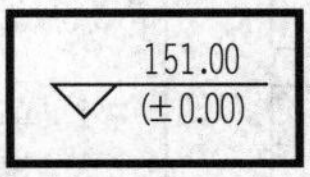 151.00 (± 0.00)	数字平行于建筑物书写
12	室外地坪标高	 143.00	室外标高也可以采用等高线表示
13	新建的道路	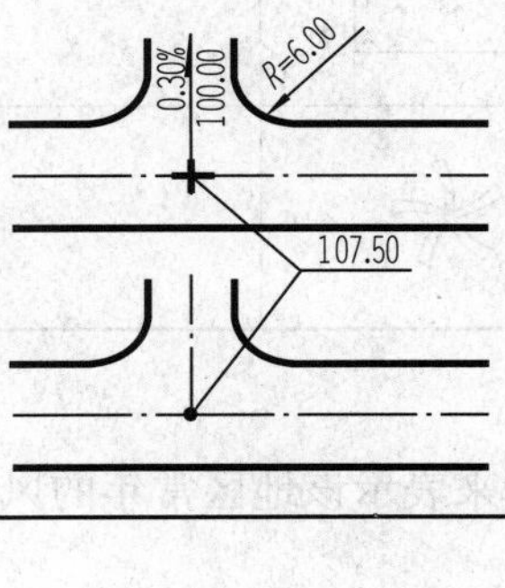 0.30% 100.00 $R=6.00$ 107.50	"$R=6.00$"表示道路转弯半径;"107.50"为道路中心线交叉点设计标高,两种表示方式均可。同一图纸采用一种方式表示;"100.00"为变坡点之间距离,"0.30%"表示道路坡度,—— 表示坡向

续表

序号	名　称	图　例	附　注
14	原有道路		
15	计划扩建的道路		
16	拆除的道路		
17	人行道	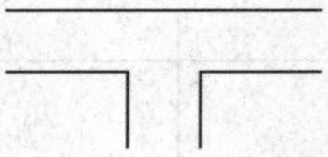	
18	桥梁	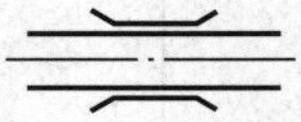 	1. 上图为公路桥，下图为铁路桥。 2. 用于旱桥时应注明
19	花卉		
20	植草砖	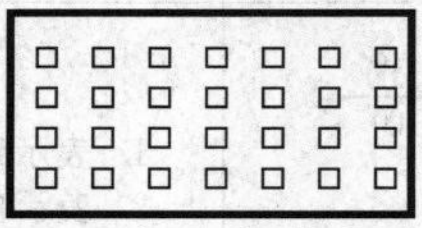	
21	草坪	1. 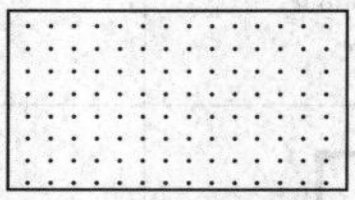 2. 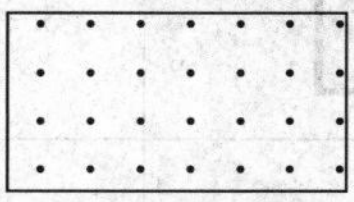 3. 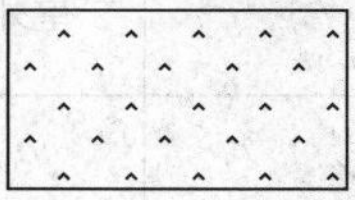	1. 草坪。 2. 表示自然草坪。 3. 表示人工草坪
22	棕榈植物		

三、风向频率玫瑰图

风向频率玫瑰图（简称风玫瑰图）用来表示该地区常年的风向频率和房屋的朝向。风玫瑰图是根据当地多年平均统计的各个方向吹风次数的百分数，按一定的比例绘制，与风力无关。风的吹向是指从外吹向中心，有箭头的方向为北向。实线表示全年风向频率，虚线表示按 6、7、8 三个月统计的夏季风向频率，如图 9-17 所示。

四、坐标注法

在大范围和复杂地形的总平面图中，为了保证施工放线正确，往往以坐标表示建筑物、道路和管线的位置。坐标有测量坐标与建筑坐标两种坐标系统，如图 9-18 所示。坐标网格应以细实线表示，一般应画成 100m×100m 或 50m×50m 的方格网。测量坐标网应画成交叉十字线，坐标代号宜用 "X、Y" 表示；建筑坐标网应画成网格通线，自设坐标代号宜用 "A、B" 表示。坐标值为负数时，应注 "一" 号，为正数时，"+" 号可省略。

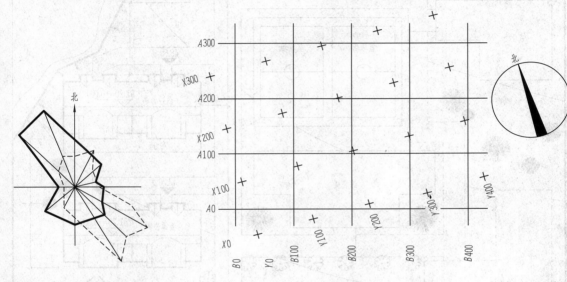

图 9-17 风向频率玫瑰图   图 9-18 坐标网格

注：图中 X 为南北方向轴线，X 的增量在 X 周线上；Y 为东西方向轴线，Y 的增量在 Y 轴线上。A 轴相当于测量坐标网中的 X 轴，B 轴相当于测量坐标网中的 Y 轴。

总平面图上有测量和建筑两种坐标系统时，应在附注中注明两种坐标系统的换算公式。表示建筑物、构筑物位置的坐标，宜注其三个角的坐标，如建筑物、构筑物与坐标轴线平行，可注其对角坐标。

根据工程具体情况，建筑物、构筑物也可用相对尺寸定位。

五、其他

应以含有 ±0.00 标高的平面作为总图平面，总图中标注的标高应为绝对标高，如标注相对标高，则应注明相对标高与绝对标高的换算关系。

当地形起伏较大时，常用等高线来表示地面的自然状态和起伏情况。

总图上的建筑物、构筑物应注写名称，名称宜直接标注在图上。当图样比例小或图面不够位置时，也可编号列表编注在图内。当图形过小时，可标注在图形外侧附近处。

9.2.2　识读总平面图示例

图 9-19 是某学校的总平面图，图样是按 1：500 的比例绘制的。它表明该学校在靠近

公园池塘的围墙内，要新建两幢 4 层教师公寓。

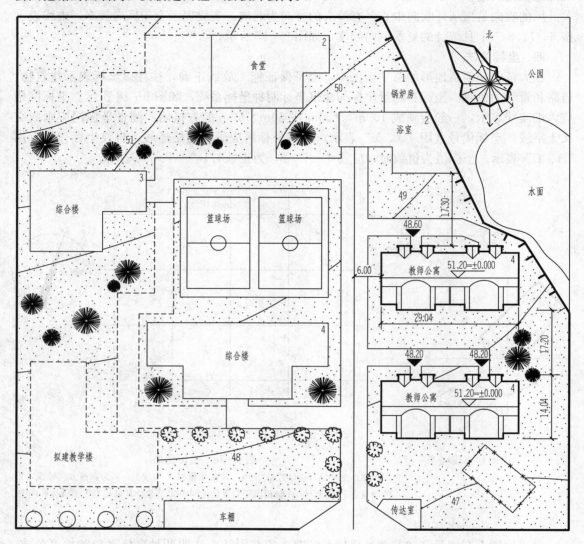

某学校总平面图 1:500

图 9-19　总平面图

一、明确新建教师公寓的位置、大小和朝向

新建教师公寓的位置是用定位尺寸表示的。北幢与浴室相距 17.30m，与西侧道路中心线相距 6.00m，两幢教师公寓相距 17.20m。新建公寓均呈矩形，左右对称，东西向总长 29.04m，南北向总宽 14.04m，南北朝向。

二、新建教师公寓周围的环境情况

从图中可看出，该学校的地势是自西北向东南的倾斜。学校的最北向是食堂，虚线部分表示扩建用地；食堂南面有两个篮球场，篮球场的东面有锅炉房和浴室；篮球场的西面和南面各有一综合楼；在新建教师公寓东南角有一即将拆除的建筑物，该校的西南还有拟建的教学楼和道路；学校最南面有车棚和传达，学校大门设在此处。

9.3　建　筑　平　面　图

9.3.1　概述

　　假想用一水平的剖切面沿门窗洞口的位置将房屋剖切后，对剖切面以下部分房屋所作出的水平剖面图，称为建筑平面图，简称平面图。它反映出房屋的平面形状、大小和房间的布置，墙（或柱）的位置、厚度和材料，门窗的类型和位置等情况。

　　平面图是建筑专业施工图中最主要、最基本的图纸，其他图纸（如立面图、剖面图及某些详图）多是以它为依据派生和深化而成的。建筑平面图也是其他工种（如结构、设备、装修）进行相关设计与制图的主要依据，其他工种（特别是结构与设备）对建筑的技术要求也主要在平面图中表示，如墙厚、柱子断面尺寸、管道竖井、留洞、地沟、地坑、明沟等。因此，平面图与建筑施工图其他图样相比，较为复杂，绘图也要求全面、准确、简明。

　　建筑平面图通常是以层数来命名的，若一幢多层房屋的各层平面布置都不相同，应画出各层的建筑平面图，并在每个图的下方注明相应的图名和比例。若各层的房间数量、大小和布置都相同时，至少要画出三个平面图，即底层平面图、标准层平面图、顶层平面图（其中标准层平面图是指中间各层相同的楼层可用一个平面图表示，称为标准层平面图）。若建筑平面图左右对称，则习惯上也可将两层平面图合并画在同一个图上，左边画出一层的一半，右边画出另一层的一半，中间用对称线分界，在对称线两端画上对称符号，并在图的下方分别注明它们的图名。

　　平面较大的建筑物，可分区绘制平面图，但每张平面图均应绘制组合示意图，如图 9 - 20。各区应分别用大写拉丁字母编号。在组合示意图要提示的分区，应采用阴影线或填充的方式表示。

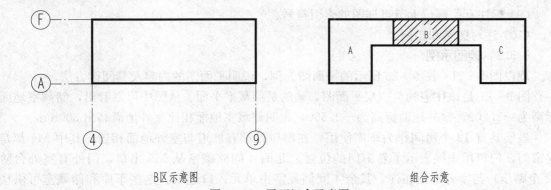

B区示意图　　　　　　　　　　　组合示意
图 9 - 20　平面组合示意图

　　屋顶平面图是房屋顶部按俯视方向在水平投影面上所得到的正投影图，由于屋顶平面图比较简单，常采用较小的比例（1∶200）绘制。在屋顶平面图中应详细表示有关定位轴线、屋顶的形状、女儿墙（或檐口）、天沟、变形缝、天窗、详图索引符号、分水线、上人孔、屋面、水箱、屋面的排水方向与坡度、雨水口的位置、检修梯、其他构筑物、标高等。此外，还应画出顶层平面图中未表明的顶层阳台雨篷、遮阳板等构件。

　　局部平面图可以用于表示两层或两层以上合用平面图中的局部不同处，也可以用来将平面图中某个局部以较大的比例另外画出，以便能较为清晰地表示出室内的一些固定设施的形状和标注它们的细部尺寸和定位尺寸。这些房屋的局部，主要是指卫生间、厨房、楼梯间、高层建筑的核心筒、人防出入口、汽车库坡道等。

顶棚平面图宜用镜向投影法绘制。

9.3.2　建筑平面图的图示内容

（1）墙体、柱、墩、内外门窗位置及编号。

（2）注写房间的名称或编号。

（3）注写有关尺寸，建筑平面图标注的尺寸有三类，即外部尺寸、内部尺寸及标高。

建筑平面图的外部尺寸共有三道尺寸，由外向内，第一道为总尺寸，表示房屋的总长、总宽；第二道为轴线尺寸，表示定位轴线之间的距离；第三道为细部尺寸，表示外部门窗洞口的宽度和定位尺寸。三道尺寸线之间应留有适当距离（一般为 7～10mm，但第三道尺寸线应距图形最外轮廓线 15～20mm），以便注写数字。

建筑平面图的内部尺寸表示内墙上门窗洞口和某些构配件的尺寸和定位。

建筑平面图常以一层主要房屋的室内地坪为零点（标记为±0.000），分别标注出各房间楼地面的相对标高。

（4）表示电梯、楼梯位置及楼梯上下方向、踏步数及主要尺寸。

（5）表示阳台、雨篷、窗台、通风道、烟道、管道井、雨水管、坡道、散水、排水沟、花池等位置及尺寸。

（6）表示固定的卫生器具、水池、工作台、橱柜、隔断等设施及重要设备位置。

（7）表示地下室、地坑、检查孔、墙上预留洞、高窗等位置与标高。如不可见，则应用细虚线画出。

（8）底层平面图中应画出剖面图的剖切符号，并在底层平面图附近画出指北针（指北针、剖切符号、散水、明沟、花池等在其他楼层平面图中不再重复画出）。

（9）标注有关部位上节点详图的索引符号。

（10）注写图名和比例。

9.3.3　读图示例

现以图 9-21～图 9-26 所示的平面图为例，说明平面图的内容及其阅读方法。

图 9-21 是该住宅的负一层平面图，画的是储藏室平面。从图中可以看出，储藏室地面标高为—2.200，室外地面标高为—2.500，说明储藏室地面相比室外地面高出 300mm。

该层共有 12 个房间作为车库使用，在出口处都有坡道与室外地面相连，其中 M4 都是卷帘门，门口用虚线表示了卷帘门的位置。北面 4 间储藏室从 M5 出口，门外有室外台阶（2 个踏步）与室外地面相连，其余 4 间储藏室由单元入口进入。这些车库和储藏室可供楼上的各户使用。

楼梯间的开间为 2600mm，所画出的那部分梯段是沿单元入口通向第一层楼面的第一个楼梯段，从进大门的楼梯间地面上到一楼共有 13 个踏步。该梯段共有 12 个踏面宽度（最后一步的踏面宽度合并到了平台宽度），尺寸标注为 12×280＝3360，说明了该梯段的长度。

该住宅沿横向共有 17 条定位轴线，沿纵向共有 8 条定位轴线，住宅的最左与最右墙体的外侧，各有宽度为 900mm 的散水，被前后的坡道打断。

该层平面中共有三种类型的门，即 M4、M5、DM1，宽度分别为 2700mm、900mm、1500mm。

　　图 9-22 是该住宅的一层平面图。从图中可以看出，该层室内主要房间地面标高为±0.000，厨房、卫生间地面标高为－0.020，这是由于厨房与卫生间的地面上经常有水存在，为防止水从厨房与卫生间内流入到客厅或其他房间，故地面处理上应有一定的高差20mm，因此这样的房间门在图样中都会增加一条细线表示门口线。

　　该层共有 4 户，每梯两户，每户的房间组成及大小都是一样的，2 间卧室为南向，具有良好的朝向，餐厅与卫生间置于北向，客厅与餐厅没有用墙体隔开。部分房间内还画出了主要的家具和设备等。卫生间内都有太阳能热水器管道井，其构造做法可以在建筑施工图图纸上查阅。

　　该层平面中有 C1 和 C1A（平开窗）、C2 和 C3（凸窗）、C4（弧窗）五种类型的窗，有M1、M2、M3 三种类型的门，关于这些门窗的具体情况，可通过表 9-3 门窗表进行查阅。

　　图 9-23 是该住宅的二、三层平面图，它与一层平面图相比，省略了第一道细部尺寸的标注，其余均没有较大区别，只是一层平面图中已画出的雨篷此时不再画出。

　　图 9-24 是该住宅的四层平面图，同二、三层平面图一样，省略了第一道细部尺寸的标注。应当注意，在四层住户的客厅内，靠近ⓒ纵墙预留了 2000mm×800mm 的阁楼洞口，以满足住户安装通向阁楼的楼梯空间。

　　图 9-25 是阁楼层平面图，可以看出：每户都有一个露台，露台地面与阁楼地面通过一台阶相连，共 2 个踏步；在阁楼平面上有 3 个房间、1 个卫生间，这与下面各层住户的正常使用房间是有区别的；在每个楼梯间的最顶层，都有一个通向屋面的预留检查口；该层平面上门窗有了一些变化，特别是原来四间主卧室的窗由弧窗 C4 变为了平窗 GC2，此外，读者可细心了解其他门或窗的变化，这里不再赘述。

　　图 9-26 是画出的屋顶平面图。可以看出：该屋顶为双坡屋面，屋面坡度为 1/2，沿纵墙方向设有天沟，天沟的排水坡度为 0.5%；每户都有一个露台，为阁楼层的住户使用；在房屋的南北向天沟内各设置了 3 根和 5 根落水管；在靠近屋脊处设有两个屋顶检查孔（即人孔），其详图可查阅山东省建筑标准图集 LJ104；由于卫生间为暗的（即没有外窗），故按设计规范要求应设有通风道，且通向屋顶高出屋面；屋面处还设有六个阁楼窗 GC1，为阁楼的起居室采光通风。

9.3.4　平面图的线型

　　本例建筑平面图中的线型一般有五种：按照新的《建筑制图标准》（GB/T 50104—2010）中的图线要求，剖到的墙柱断面轮廓线使用粗实线（b）；未剖到但投影时看到的可见构配件轮廓线使用中实线（$0.5b$）；被挡住的不可见构配件轮廓线使用中虚线（$0.5b$）；尺寸线使用细实线（$0.25b$）；定位轴线使用细单点长画线（$0.25b$）。

　　屋顶平面图因为没有剖切，图线全部为水平投影的可见轮廓线，所以图线规定：定位轴线用细单点长画线，尺寸线用细实线，其余可见轮廓线均用中粗实线（$0.7b$）。

9.3.5　定位轴线

　　从平面图中定位轴线的编号及其间距，可了解到各承重构件的位置及房间的大小。本例房屋的横向定位轴线为①～⑰，纵向定位轴线为Ⓐ～Ⓗ。轴线尺寸符合《建筑模数协调统一标准》的要求，都是 300 的倍数。

9.3.6　尺寸标注

　　在建筑平面图中标注的尺寸，有外部标注、内部标注和标高标注。

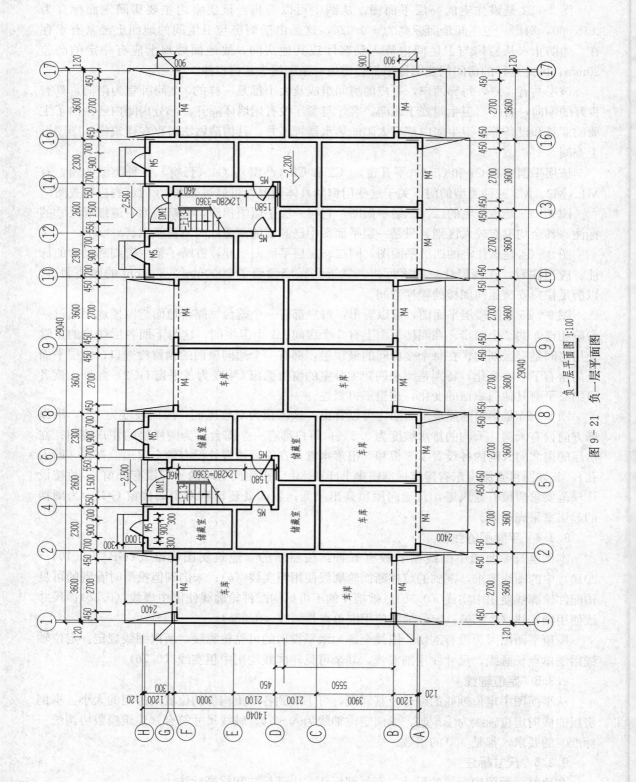

负一层平面图 1:100

图 9 - 21　负一层平面图

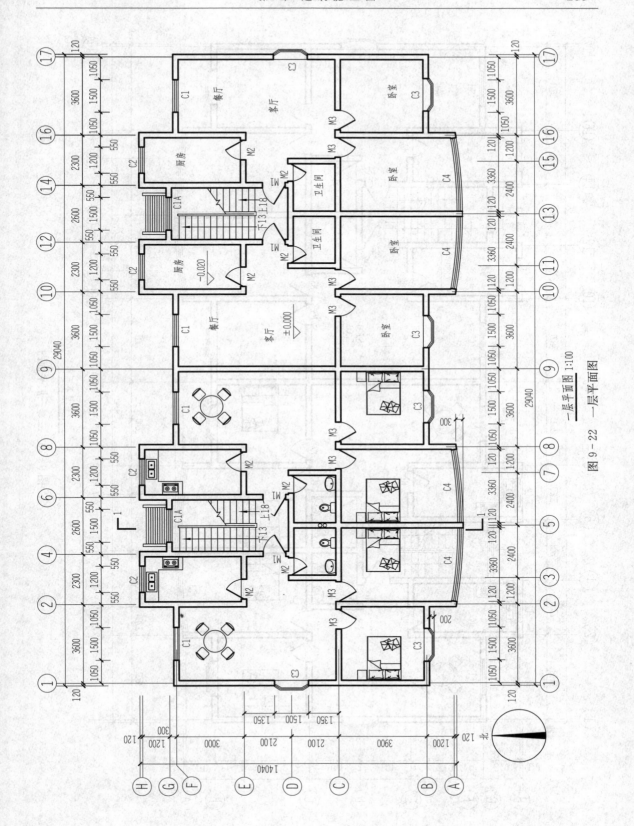

一层平面图 1:100

图 9 - 22　一层平面图

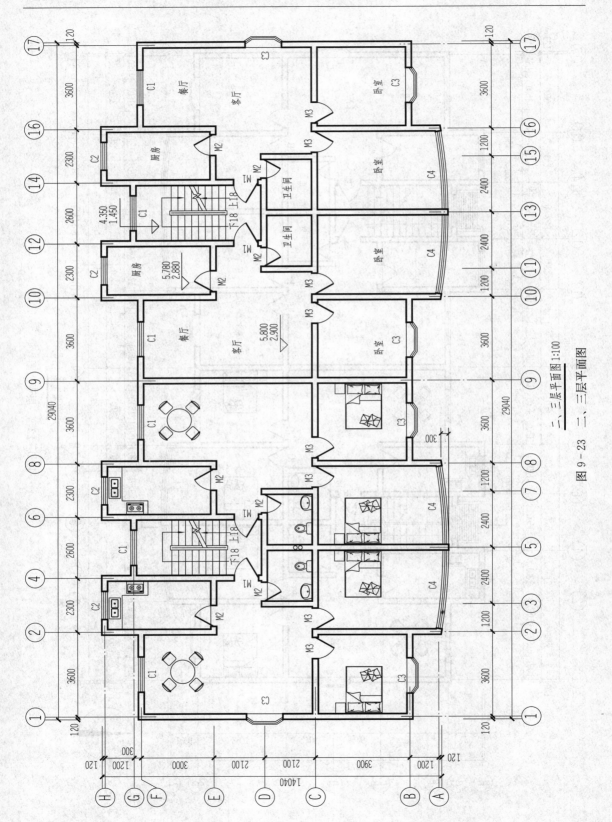

二、三层平面图 1:100

图 9－23　二、三层平面图

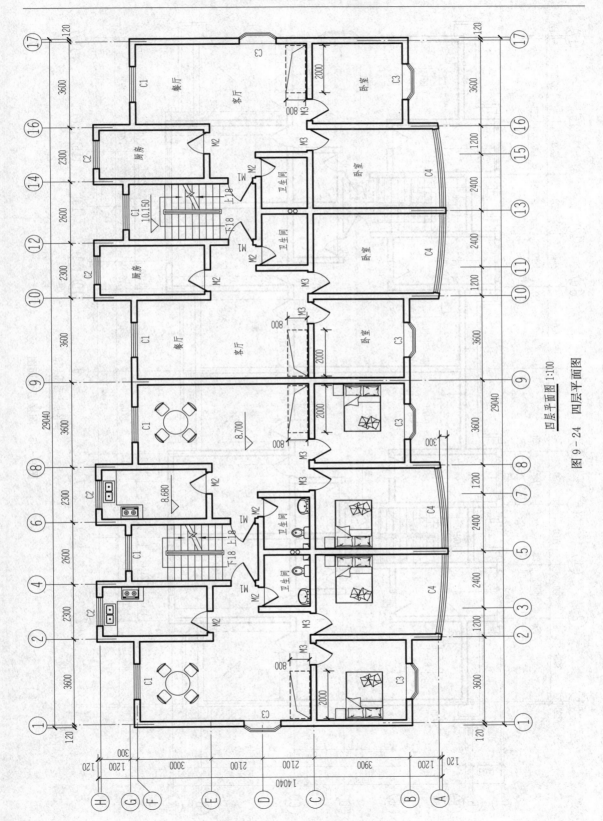

四层平面图 1:100

图 9 – 24 四层平面图

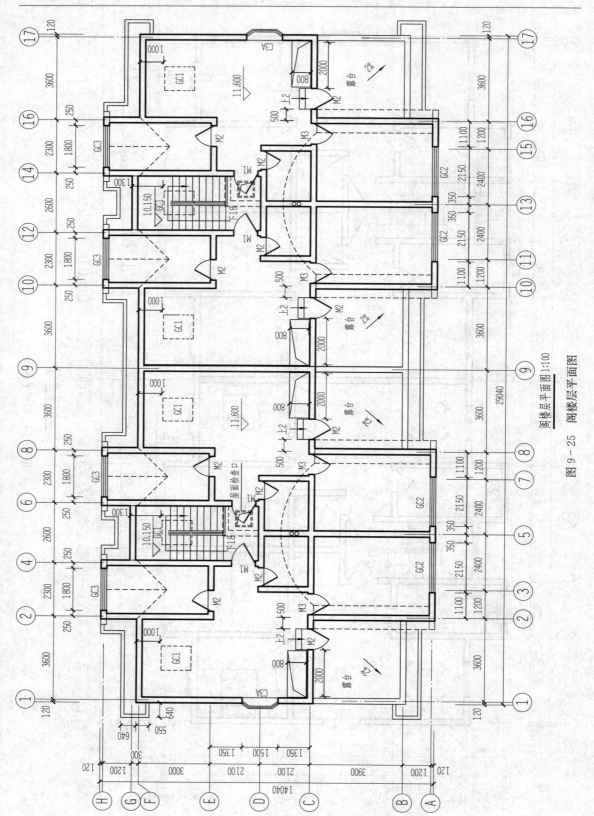

阁楼层平面图 1:100

图 9 - 25　阁楼层平面图

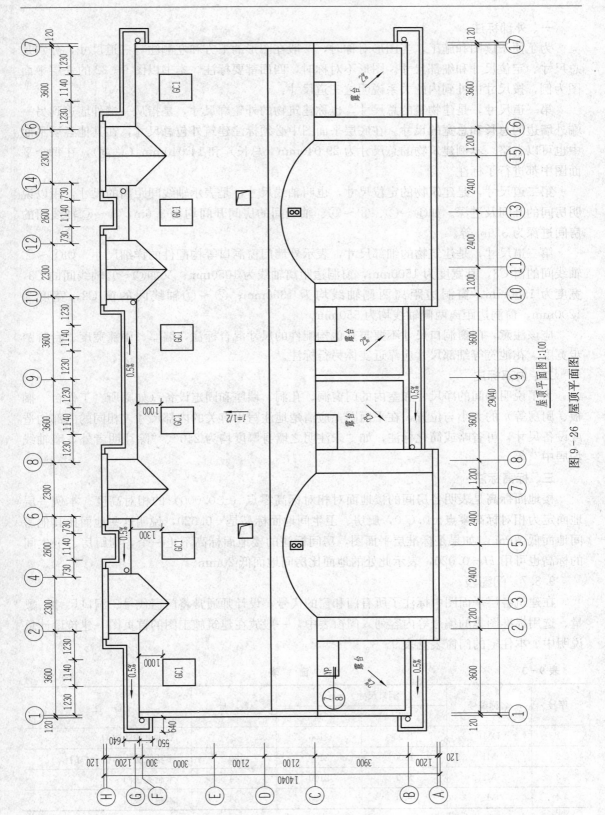

屋顶平面图 1:100

图 9-26 屋顶平面图

一、外部标注

为了便于读图和施工，当图形对称时，一般在图形的下方和左侧注写三道尺寸，分别是总尺寸、定位尺寸和细部尺寸。图形不对称时，四面都要标注。本书以图 9 - 22 的一层平面图为例，按尺寸由外到内的关系说明这三道尺寸：

第一道尺寸，是建物筑的总尺寸，也称建筑物的外轮廓尺寸，是指从一端外墙边到另一端外墙边的总长和总宽的尺寸。在底层平面图中必须标注建筑外包总尺寸，在其他各层平面中也可以省略。本例建筑物的总尺寸为 29 040mm（总长）和 14 040mm（总宽），在每个平面图中都进行了标注。

第二道尺寸，是建筑物的定位尺寸，也叫轴线尺寸，是表示轴线间距离的尺寸，用以说明房间的开间及进深。如①～②、⑧～⑨、轴线间的房间开间均为 3.6m，Ⓑ～Ⓒ轴线间的房间进深为 3.9m 等。

第三道尺寸，是建筑物的细部尺寸，表示外墙门窗洞口等构配件的详细尺寸。如①～②轴线间的窗 C3，其宽度为 1500mm，窗洞边距离轴线为 1050mm；又如Ⓒ～Ⓔ轴线间的 C3，宽度为 1500mm，窗洞边距离两侧轴线均为 1350mm；②～④轴线间的窗 C2，宽度为 1200mm，窗洞边距离两侧轴线均为 550mm。

应该注意，门窗洞口尺寸不要与其他构配件的尺寸混合标注，墙厚、雨篷宽度、台阶踏步宽度、花池宽等细部尺寸应靠近实体另行标注。

二、内部标注

为了说明房间的净尺寸和室内的门窗洞、孔洞、墙厚和固定设备（如厕所、工作台、搁板、厨房等）的大小与位置，在平面图上应清楚地注写出有关的内部尺寸。相同的内部构造或设备尺寸，可省略或简化标注，如"未注明之墙身厚度均为 240"、"除注明者外，墙轴线均居中"等。

三、标高标注

楼地面标高是表明各房间的楼地面对相对标高零点（±0.000）的相对高度。本例一层地面定为相对标高零点±0.000，厨房、卫生间地面标高是－0.020，说明这些地面比其他房间地面低 20mm。如果是标准层平面图，房间标注的楼地面标高不止一个，则厨房、卫生间的标高也可用 $H-0.020$，表示此处的地面比房间地面低 20mm。

9.3.7　门窗表

在建筑各层平面图中标注了所有门和窗的代号，设计师通常将门窗代号、洞口尺寸、数量、选用标准图集的编号等内容列入门窗表中，一般放在建筑施工图的首页图—建筑设计总说明中。本住宅的门窗表见表 9 - 3。

表 9 - 3　　　　　　　　　　　　　门　窗　表

序号	名称编号	洞口尺寸（mm）		数　量	备　注
		宽	高		
1	DM1	1500	2100	2	对讲电控防盗门
2	M1	1000	2100	20	多功能防火防盗分户门
3	M2	800	2100	44	木制夹板门
4	M3	900	2100	36	木制夹板门

序号	名称编号	洞口尺寸（mm）		数　量	备　注
		宽	高		
5	M4	2700	2000	12	特制卷帘门甲方定
6	M5	900	2000	8	木制夹板门
7	C1	1500	1600	22	塑钢推拉窗
8	C1A	1500	600	2	塑钢推拉窗
9	C2	1200	1600	16	塑钢推拉窗
10	C3	1500	1600	24	塑钢推拉窗
11	C3A	1500	1200	2	塑钢推拉窗
12	C4	3360	2200	16	塑钢推拉窗
13	GC1	1140	1400	6	威卢克斯窗
14	GC2	2150	H	4	南立面阁楼窗
15	GC3	1800	H	4	北立面阁楼窗

注　门窗做法详见厂家图集，窗户为绿色玻璃。

9.3.8　构造及配件图例

为了方便绘图和读图，《建筑制图标准》（GB/T 50104—2010）规定了一系列构造及配件图例。

一、门窗图例

《建筑制图标准》（GB/T 50104—2010）规定门窗代号用汉语拼音的第一个字母大写来表示，即门的代号用 M 表示，窗的代号用 C 表示。在门窗的代号后面写上编号，如 M1、M2…和 C1、C2…，同一编号表示同一类型的门窗，它们的构造与尺寸都一样（在平面图上表示不出的门窗编号，应在立面图上标注）。

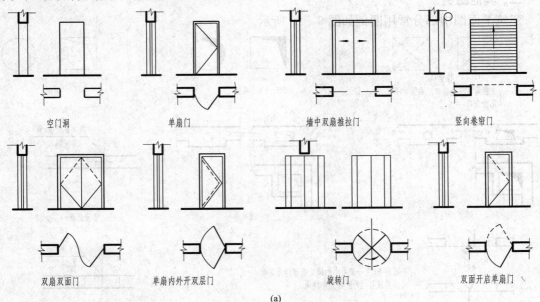

(a)

图 9-27　常用门窗图例（一）

(a) 门图例

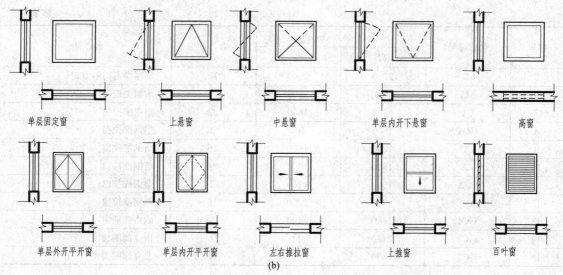

图9-27　常用门窗图例（二）

（b）窗的图例

　　图9-27画出了一些常用门窗的图例，门窗洞的大小及其型式都应按投影关系画出。门窗立面图例中的斜线是门窗扇的开启线，实线为外开，虚线为内开，开启方向线交角的一侧为安装合页的一侧，开启线在建筑立面图中可不表示，在立面大样图中可根据需要绘出。门窗的剖面图所示左为外，右为内，平面图所示下为外，上为内。若单层固定窗、悬窗、推拉窗等以小比例绘图时，平、剖面的窗线可用单细实线表示。门的平面图上的门扇开启线可绘成90°或60°或45°，开启弧线宜绘出。

二、其他图例

　　建筑平面图中部分常用图例如图9-28所示。

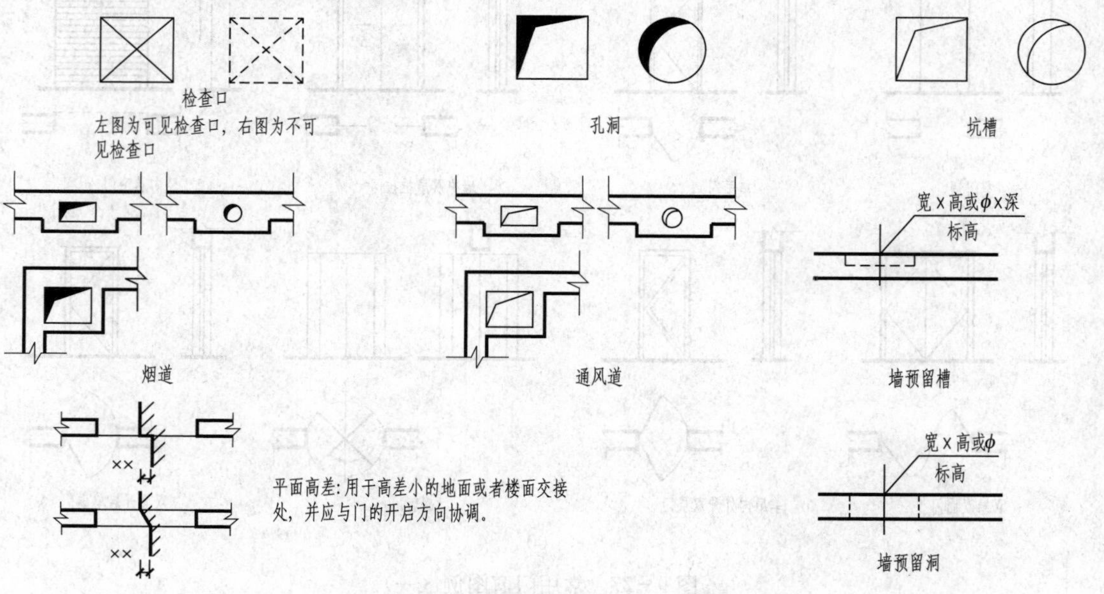

图9-28　建筑平面图中部分常用图例

9.4 建筑立面图

9.4.1 概述

建筑立面图是房屋外表面的正投影图，简称立面图。立面图主要是用来表达建筑物的外形艺术效果，在施工图中，它主要反映房屋的外貌和立面装修的做法。立面图内容应包括建筑的外轮廓线和室外地坪线、勒脚、阳台、雨篷、门窗、檐口、女儿墙、外墙面做法及各部位的标高，外加必要的尺寸。

一、立面图的命名方法

立面图的命名方法一般有三种：一般按照两端的定位轴线编号来编注立面图的名称，比如命名为①～⑧立面图、⑧～①立面图、Ⓐ～Ⓖ立面图、Ⓖ～Ⓐ立面图；这是最通用的也是"国标"推荐的立面图命名方式。当房屋为正朝向时，也可按平面图各面的朝向来命名，比如为南立面图、北立面图、东立面图、西立面图；当房屋朝向不正时，也可按投影（或按立面的主次）命名为正立面图、背立面图、左侧立面图、右侧立面图。

二、图示内容

按照正投影原理，立面图上应将投影时立面上所有看得见的细部都表示出来。但由于比例较小，立面图上的门窗扇、檐口构造、阳台栏杆和墙面的装修等细部，一般只用图例表示，它们的构造和做法，都另有详图或文字说明。因此，立面图上相同的门窗、阳台、外檐装修、构造做法等可在局部重点表示，绘出其完整图形，其余部分都可简化，只画出轮廓线。

较简单的对称式建筑物或对称的构配件等，在不影响构造处理和施工的情况下，立面图可绘制一半，并在对称轴线处画对称符号。这种画法，由于建筑物的外形不完整，故较少采用。前后或左右完全相同的立面，可以只画一个，另一个注明即可。

三、标高与尺寸标注

建筑立面图宜标注室外地坪、入口地面、雨篷底、门窗上下坪、檐口、女儿墙顶及屋顶最高处部位的标高。除了标高外，有时还需注出一些并无详图的局部尺寸，用以补充建筑构造、设施或构配件的定位尺寸和细部尺寸，如本例墙面上与室内楼面标高相同水平构件的尺寸120。标高一般注在图形外，并做到符号上下对齐，大小一致，必要时，可标注在图内。

四、图线

在绘制建筑立面图时，为了加强图面效果，使外形清晰、重点突出和层次分明，按要求立面图线型分为五种：室外地坪线用线宽为 $1.4b$ 的特粗实线绘制；房屋立面的外墙和屋脊轮廓线用线宽为 b（b 的取值按国家标准，常取 $b=0.7mm$ 或 $1.0mm$）的粗实线绘制；在外轮廓线之内的凹进或凸出墙面的轮廓线，用线宽为 $0.5b$ 的中实线画，如门窗洞、窗台窗楣、檐口、阳台、雨篷、柱、台阶等构配件的轮廓线；门窗扇、栏杆、雨水管和墙面分格线等均用线宽为 $0.25b$ 的细实线绘制；房屋两端的定位轴线用细单点长画线绘制。

9.4.2 建筑立面图的图示内容

（1）建筑物两端或分段的轴线及编号。

（2）女儿墙顶、檐口、柱、室外楼梯和消防梯、烟囱、雨篷、阳台、门窗、门斗、勒脚、雨水管、台阶、坡道、花池，其他装饰构件和粉刷分格线示意等；外墙的留洞应注尺寸与标高（宽×高×深及关系尺寸）。

（3）在平面图上表示不出的窗编号，应在立面图上标注。平、剖面图未能表示出来的屋顶、檐口、女儿墙、窗台等标高或高度，应在立面图上分别注明。

（4）各部分构造、装饰节点详图索引符号。

9.4.3 读图示例

现以图9-29～图9-31所示的三个建筑立面图为例，说明立面图的内容及其阅读方法。

从图名或轴线编号可知这三个立面图分别是表示房屋的南向、北向及东向的立面图，比例与平面图一样，为1∶100。

（1）图9-29是建筑物的①～⑰轴立面图，立面图上只画出了最左和最右两端的定位轴线。从一层平面图的指北针指向可判断出，这是房屋的南向立面。此图表示了房屋从前向后投影所得到的室外地坪线、外墙线、女儿墙顶轮廓线，外轮廓线所包围的范围显示出这幢房屋的总长、总宽和总高。屋顶采用坡屋顶，共4层住户，房屋最下一层为车库，顶层住户拥有阁楼层，各层左右对称；图中按实际情况画出了门窗洞的可见轮廓和窗户形式。

图中画出了负一层南面车库的八个大门，从一层往上到四层画出了南面小卧室的窗户，此窗是外挑凸窗；还画出了南面大卧室的落地窗。另外还表示了阁楼处的异型窗户、露台栏杆、进出露台的门和门上小雨篷。最顶部用竖线表示了坡屋面的区域和装修做法。

为了加强建筑立面的艺术效果，南向外墙面还做了很多横向的凸线条，并标注出了索引符号，说明在建筑施工图的第8页用详图表示了这些装饰线条的具体内容。

立面图的两侧标注了室内外地面标高，每层的窗台和门窗顶标高，以及屋顶的标高。

从图中引出线的文字说明，可了解到房屋外墙面装修的做法。如本例房屋中，负一层至三层墙面采用了贴黄褐色外墙面砖，4层及阁楼层墙面采用乳白色涂料。外墙勒脚处墙面除坡道外均采用乳白色外墙涂料，屋面采用蓝灰色波纤瓦等。

（2）图9-30是建筑物的⑰～①轴立面图，表示了房屋从后往前投影所得到的室外地坪、外墙和屋顶轮廓线，是房屋的北向立面。

图中负一层画出了北面车库门、储藏室门，进楼梯间的双扇门，门的下方分别有坡道和台阶，楼梯间门上方有坡面雨棚（与图9-33中的1—1剖面图对应查看方可判断出此雨篷的结构形状）。

从一层往上到四层画出了北面餐厅和厨房的窗户；特别注意楼梯间大门上方的小窗户，这是楼梯间从负一层至一层楼梯段休息平台上方的窗户（窗代号为C1A），因为被休息平台挡住，所以高度只能这么高。其余楼梯间的窗户都比同一楼层的窗户位置低，是因为这些窗在楼梯两个楼梯段中间的休息平台处，所以标高均低了半层；楼梯间最上面的窗户并不是半圆形的异型窗，从平面图的窗代号C1可知，此窗与二层、三层的窗一样，都是矩形窗，只是窗户上方做了一个半圆形的装饰，从索引符号可知，在建筑施工图第8页的第6个图表示了这个装饰的大样。

北向立面的阁楼部分有两种不同形式的窗，一个是坡屋面上的天窗，一个是厨房上方的异型老虎窗，都是为了阁楼层的采光和通风。在坡屋顶处用竖线条表示了屋面范围和材料，坡屋顶的下方画出了排水天沟（可参见图9-33中1—1剖面图的天沟部分）。

图右侧标注了室内外地面标高，横向凸线条的标高，天沟处标高，以及屋顶的标高；图左侧标注了楼梯间大门上方雨篷的底面标高，厨房和餐厅窗户的窗台和窗顶标高。

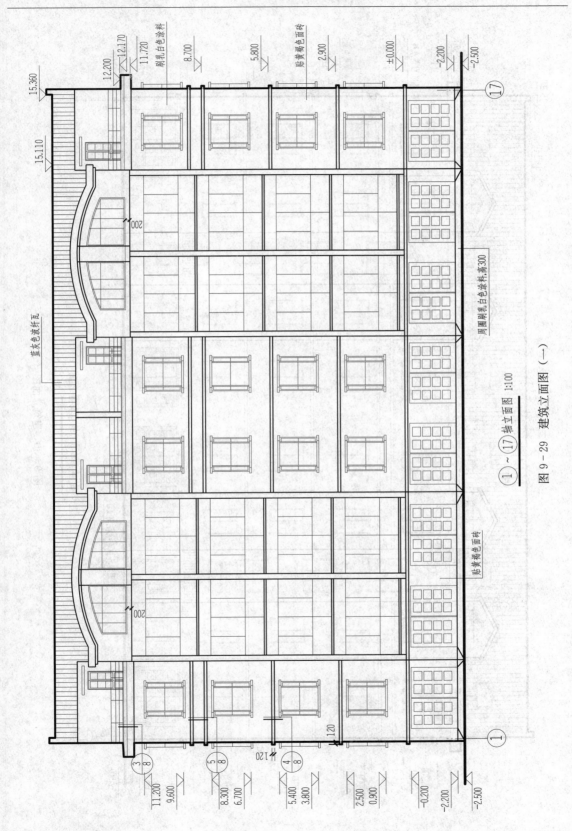

①~⑰轴立面图 1:100

图 9-29 建筑立面图（一）

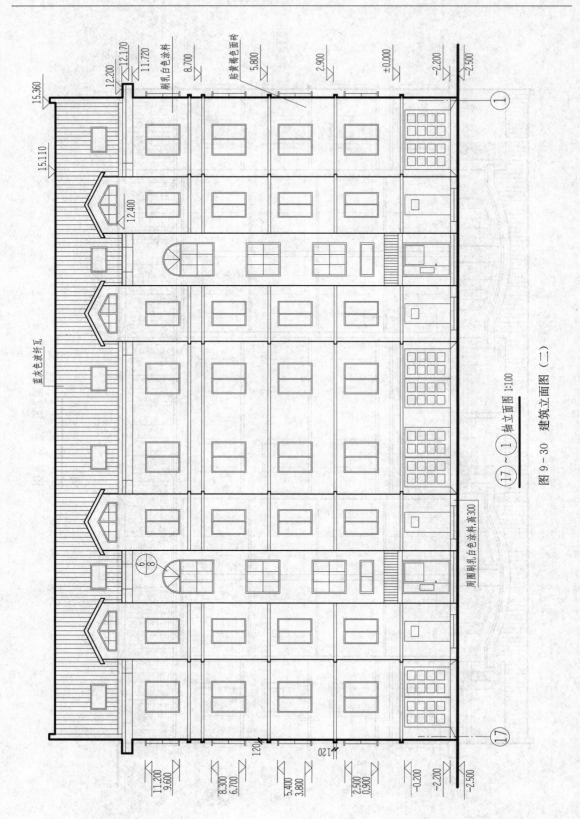

15.360

12.200

12.170
11.720

刷乳白色涂料

8.700

贴黄褐色面砖

5.800

2.900

±0.000

-2.200

-2.500

①

15.110

12.400

蓝灰色波纤瓦

⑥
⑧

周圈刷乳白色涂料 高300

⑰

120

1:120

11.200
9.600

8.300
6.700

5.400
3.800

2.500
0.900

-0.200

-2.200

-2.500

⑰～① 抛立面图 1:100

图 9 - 30 建筑立面图 (二)

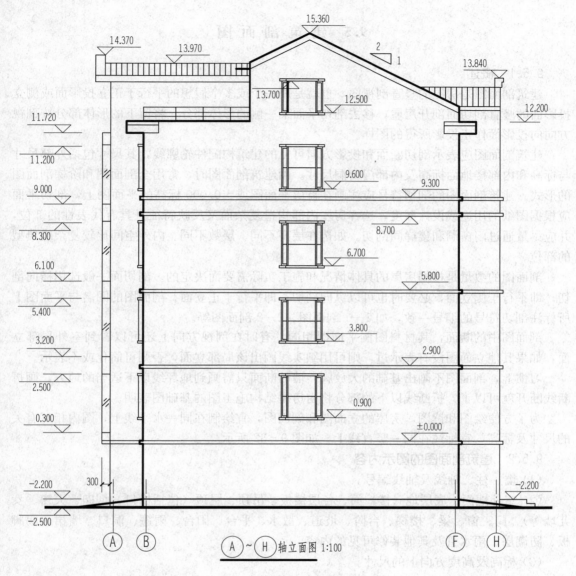

图 9-31 建筑立面图（三）

（3）图 9-31 是Ⓐ～Ⓗ轴立面图，是东向立面，表示了房屋从右往左投影所得到的室外地坪、外墙、屋顶轮廓线，粗实线范围是外墙和屋脊轮廓线，粗实线外侧是投影时可见的楼梯间和阳台轮廓线，因为不是主要外墙，所以用中粗实线表示。

图中画出了东面外墙上从一层到阁楼层的客厅凸窗；墙面有从南北两面延伸过来的装饰凸线条，底部靠近地坪线画出了东面的散水。

在屋顶部分能看到坡屋顶的山墙，表示了坡屋顶坡度；左右两侧画出了排水天沟。

细节部分要注意的有：Ⓑ轴线外墙线左侧的凸窗是南面小卧室的窗户侧面；Ⓐ轴线左侧的玻璃是南面卧室的弧形阳台窗；楼梯间顶部和阳台顶部均为坡屋顶，与主墙坡屋顶呈相交关系；左天沟上方还画出了屋顶露台的栏杆。

9.5　建　筑　剖　面　图

9.5.1　概述

建筑剖面图是房屋的竖直剖视图，也就是用一个或多个假想的平行于正立投影面或侧立投影面的竖直剖切面剖开房屋，移去剖切平面某一侧的形体部分，将留下的形体部分按剖视方向向投影面作正投影所得的图样。

建筑剖面图应表示剖切断面和投影方向可见的建筑构配件轮廓线，其尺寸包括外部尺寸与标高和内部楼地面标高及内部门窗洞尺寸。画建筑剖面图时，常用全剖面图和阶梯剖面图的形式。建筑剖面图的剖切符号应注画在首层平面图或±0.000 标高的平面图上，剖切平面应根据图纸的用途或设计深度，选择房屋内部构造复杂而又反映特征且具有代表性的部位，并应尽量通过门窗洞和楼梯间剖切。如选在层高不同、层数不同、内外空间比较复杂或典型的部位。

剖面图的数量是根据房屋的具体情况和施工实际需要而决定的。剖切面一般选用横向剖切，即平行于侧立面，必要时也可以纵向剖切，即平行于正立面。剖面图的图名与平面图上所标注剖切符号的编号一致，如 1—1 剖面图、2—2 剖面图等。

剖面图中的断面，其材料图例平面图相同。有时在剖视方向上还可以看到室外局部立面，如果其他立面图没有表示过，则可用细实线画出该局部立面，否则可简化或不表示。

习惯上，剖面图不画出基础的大放脚，墙的断面只需画到地坪线以下适当的地方，画折断线断开就可以了，折断线以下的部分将由房屋结构施工图的基础图表明。

为了方便绘图和读图，房屋的立面图和剖面图，宜绘制在同一水平线上，图内相互有关的尺寸及标高，宜标注在同一竖直线上，如图 9-32 所示。

9.5.2　建筑剖面图的图示内容

（1）墙、柱、轴线及轴线编号。

（2）室外地面、底层地（楼）面、各层楼板、吊顶、屋顶（包括檐口、烟囱、天窗、女儿墙等）、门、窗、梁、楼梯、台阶、坡道、散水、平台、阳台、雨篷、洞口、墙裙、踢脚板、防潮层、雨水管及其他装修可见的内容。

（3）标高及高度方向上的尺寸。

剖面图和平面图、立面图一样，宜标注室内外地坪、台阶、地下层地面、门窗、雨篷、楼地面、阳台、平台、檐口、屋脊、女儿墙等处完成面的标高。平屋面等不易标明建筑标高的部位可标注结构标高，并予以说明。结构找坡的平屋面，屋面标高可标注在结构板面最低点，并注明找坡坡度。有屋架的立面，应标注屋架下弦搁置点或柱顶标高。

高度方向上的尺寸包括外部尺寸和内部尺寸。

外部尺寸应标注以下三道：

1）洞口尺寸，包括门、窗、洞口、女儿墙或檐口高度及其定位尺寸。

2）层间尺寸，即层高尺寸，含地下层在内。

3）建筑总高度，指由室外地面至檐口或女儿墙顶的高度。屋顶上的水箱间、电梯机房和楼梯出口小间等局部升起的高度可不计入总高度，可另行标注。当室外地面有变化时，应以剖面所在处的室外地面标高为准。

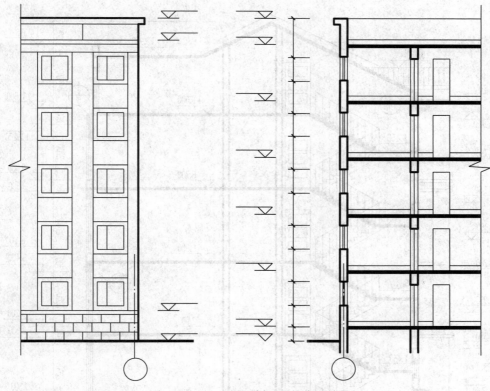

图 9 - 32　立面图、剖面图的位置关系

内部尺寸主要标注地坑深度、隔断、搁板、平台、吊顶、墙裙及室内门、窗等的高度。

（4）表示楼地面各层的构造，可用引出线说明。若另画有详图，在剖面图中可用索引符号引出说明；若已有"构造说明一览表"或"面层做法表"时，在剖面图上不再作任何标注。

（5）节点构造详图索引符号。

9.5.3　读图示例

现以图 9 - 33 所示的剖面图为例，说明剖面图的内容及其阅读方法。

1—1 剖面的剖切符号在一层平面图中标注，看图时首先要查看前面的一层平面图，找到剖切位置和投射方向，并对照平面图中的轴线编号，了解被剖切到的有那几道墙体。本例中 1—1 剖面图是通过④～⑤轴线间的楼梯梯段，剖切后向右进行投影而得到的横向剖面图，绘图比例为 1∶100。

剖面图中表示了建筑的地面、楼面、屋面分隔形式，画出了被剖切到的屋顶的结构形式以及房屋室内外地坪以上各部位被剖切到的建筑构配件，如室内外地面、楼地面、内外墙及门窗、梁、楼梯与楼梯平台、阳台、雨篷、台阶、坡道等。

由于剖面图的比例较小，无法表达清楚剖切断面的材料图例，所以同建筑平面图的简化处理方式一样，剖到的砖墙外轮廓线画粗实线，内部空白，剖到的钢筋混凝土构件涂黑表示。表示不清楚的外墙节点可以另画详图，图中在檐口、窗顶等处画出了索引符号，需绘制详图。

剖面图中除了标注重要部位的标高以外，还需标注一些必要的高度方向的尺寸。

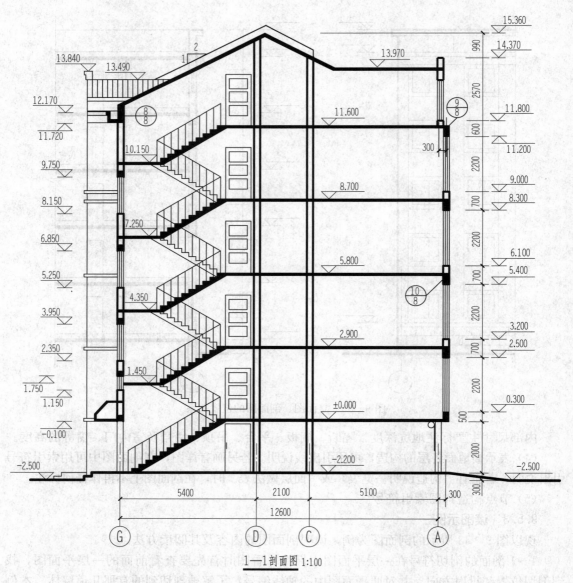

1—1剖面图 1:100

图 9-33 建筑剖面图

9.6 建 筑 详 图

建筑平面图、立面图、剖面图一般采用较小的比例，在这些图样上难以表示清楚建筑物某些局部构造或建筑装饰。必须专门绘制比例较大的详图，将这些建筑的细部或构配件用较大比例（1:20、1:15、1:10、1:5、1:2、1:1等）将其形状、大小、材料和做法等详细地表示出来，这种图样称为建筑详图，简称详图，也可称为大样图。建筑详图是整套施工图中不可缺少的部分，是施工时准确完成设计意图的依据之一。

在建筑平面图、立面图和剖面图中，凡需绘制详图的部位均应画上索引符号，而在所画出的详图上应注明相应的详图符号。详图符号与索引符号必须对应一致，以便看图时查找相互有关的图纸。对于套用标准图或通用图的建筑构配件和剖面节点，只要注明所套用图集的名称、编号和页次，就不必另画详图。

建筑详图可分为构造详图、配件和设施详图和装饰详图三大类。构造详图是指屋面、墙身、墙身内外饰面、吊顶、地面、地沟、地下工程防水、楼梯等建筑部位的用料和构造做法。配件和设施详图是指门、窗、幕墙、浴厕设施、固定的台、柜、架、桌、椅、池、箱等的用料、形式、尺寸和构造，大多可以直接或参见选用标准图或厂家样本（如门、窗）。装饰详图是指为美化室内外环境和视觉效果，在建筑物上所作的艺术处理，如花格窗、柱头、壁饰、地面图案的纹样、用材、尺寸和构造等。

详图的图示方法，根据细部构造和构配件的复杂程度，按清晰表达的要求来确定，例如墙身节点图只需一个剖面详图来表达，楼梯间宜用几个平面详图和一个剖面详图、几个节点详图表达，门窗则常用立面详图和若干个剖面或断面详图表达。若需要表达构配件外形或局部构造的立体图时，宜按轴测图绘制。详图的数量，与房屋的复杂程度及平、立、剖面图的内容及比例有关。详图的特点，一是用较大的比例绘制，二是尺寸标注齐全，三是构造、做法、用料等详尽清楚。现以墙身大样和楼梯详图为例来说明。

9.6.1 墙身大样

墙身大样实际是在典型剖面上典型部位从上至下连续的放大节点详图。一般多取建筑物内外的交界面——外墙部位，以便完整、系统、清楚的表达房屋的屋面、楼层、地面和檐口构造、楼板与墙面的连接、门窗顶、窗台和勒脚、散水等处构造的情况，因此，墙身大样也称为外墙身详图。

墙身大样实际上是建筑剖面图的局部放大图，不能用以代替表达建筑整体关系的剖面图。画墙身大样时，宜由剖面图直接索引出，常将各个节点剖面连在一起，中间用折断线断开，各个节点详图都分别注明详图符号和比例。下面以图 9-34 所示的住宅墙身大样为例，作简要的介绍。这个墙身大样图虽然与前面教师公寓的平立剖面图不配套，但因为具有典型意义，故列于此处。

一、地面节点剖面详图

地面节点剖面详图，主要表达外墙面在墙脚处的室内外地坪的构造做法。本节点的图名为 $\frac{1}{14}$，说明这个 1 号详图的索引位置在本套施工图纸的第 14 张。该外墙节点应从下往上识读，墙体最下端用折断线断开，说明基础部分应在结构施工图中表明，本外墙适用于①轴线处的外墙，外墙厚 240mm 且轴线居中，墙体画出了砖的材料符号。地面往上部分为剖到的车库大门，画到上方折断线为止。

该房屋室内外地面高差为 300mm，室内地面被分层剖切，分别画出了每层的材料图例，每层的构造做法用一个多层构造索引符号表示。室外做一个坡度为 2‰ 的散水，宽度为 1500mm，散水的构造做法一般在设计说明中，所以该图中并未对其做法做引出说明。

二、楼面节点剖面详图

楼面节点剖面详图表示了相同的楼面层构造做法，窗台、门顶等处的构造，以及内外墙面的做法。

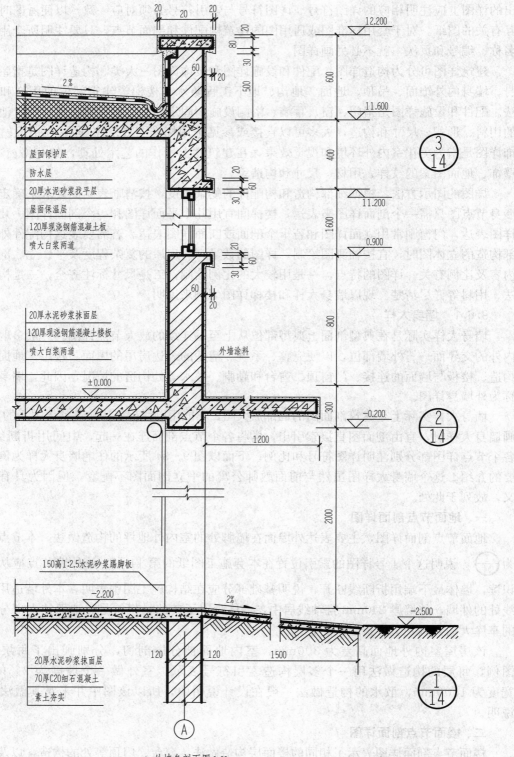

外墙身剖面图 1:20

图 9-34　墙身大样图

$\dfrac{2}{14}$ 详图从折断线往上画出了剖切的大门以及门上方的过梁和雨篷的做法，此车库大门是卷帘门，在门内侧画出了卷帘门的图例。

楼板采用 120mm 厚现浇钢筋混凝土板，板顶面做 20mm 厚水泥砂浆抹面层，板底面喷大白浆两道。

窗台的材料为砖，外表面出挑 60mm，窗台往上是剖到的窗户。外墙面用外墙涂料粉刷。

三、檐口节点剖面详图

檐口节点剖面详图主要表达顶层窗过梁、遮阳板或雨篷、屋顶（根据实际情况画出它的构造与构配件，如屋面梁、屋面板、室内顶棚、天沟、雨水管、架空隔热层、女儿墙及其压顶）等的构造和做法。

在 $\dfrac{3}{14}$ 檐口节点剖面详图中，屋面的承重层是现浇钢筋混凝土板，上面依次有保温层、找平层、防水层和屋面保护层，从保温层开始做出 2% 的屋面排水坡度。钢筋混凝土楼板与窗户上方的过梁浇制在一起，过梁外挑出 60mm 形成遮阳板（也称窗楣），以便与窗户下方的外挑窗台呼应，在建筑立面上形成横线条。

外墙高出屋顶的墙体为女儿墙，本例中女儿墙材料为砖，女儿墙顶端为增加刚度，做了一圈钢筋混凝土压顶，压顶内侧宽出女儿墙的部分是为了防止雨水进入防水层的端头，外侧伸出部分是为了立面形成横线条，增加美观。女儿墙内侧有一檐沟，通过女儿墙所留孔洞，使雨水沿落水管集中排流到地面。

9.6.2　楼梯详图

楼梯是多层房屋中供人们上下的主要交通设施，它除了要满足行走方便和人流疏散畅通外，还应有足够的坚固耐久性。在房屋建筑中最广泛应用的是预制或现浇的钢筋混凝土楼梯。楼梯通常由楼梯段（简称梯段，分为板式梯段和梁板式梯段）、楼梯平台（分楼层平台和休息平台）、栏杆（或栏板）扶手组成。图 9－35 是板式和梁板式两种结构形式的楼梯的组成。

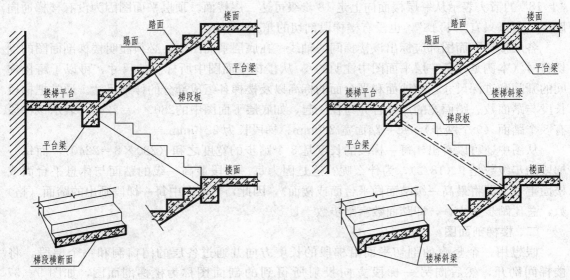

图 9－35　两种结构形式楼梯的组成

　　楼梯的构造比较复杂，需要画出它的详图。楼梯详图主要表达楼梯的类型、结构形式、各部位的尺寸及装修做法，是楼梯施工放样的主要依据。楼梯详图一般包括平面图、剖面图及踏步、栏杆详图等，并尽可能画在同一张图纸内。平、剖面图比例要一致，以便对照阅读。踏步、栏杆详图比例要大些，以便表达清楚该部分的构造情况。楼梯详图一般分建筑详图和结构详图，并分别绘制，编入"建施"和"结施"中。对于一些构造和装修较简单的现浇钢筋混凝土楼梯，其建筑和结构详图可合并绘制，编入"建施"或"结施"均可。

　　下面介绍楼梯的内容及其图示方法。

一、楼梯平面图

　　与建筑平面图相同，一般每一层楼梯都要画一个楼梯平面图。三层以上的房屋，当底层与顶层之间的中间各层布置相同时，通常只画底层，中间层和顶层三个平面图。

　　楼梯平面图的剖切位置，同房屋平面图一样，是剖在窗台以上（窗洞之间），所以它的位置一般是在该层往上走的第一梯段（中间平台下）的任一处，且通过楼梯间的窗洞口。各层被剖切到的梯段，按"国标"规定，均在平面图中以一根 45°（30°、60°）的折断线表示剖切位置。在每一梯段处画有一长箭头（自楼层地面开始画）并以各层楼面为标准，分别注写"上"和"下"及每层楼的踏步数，表明从该层楼（地）面往上或往下走多少步级可到达上（或下）一层的楼（地）面。

　　图 9-36 是与教师公寓配套的楼梯平面图，共画出了四个平面图。习惯上将楼梯平面图并排画在同一张图纸内，轴线对齐，以便于阅读，绘图时也可以省略一些重复的尺寸标注。标准层平面图表示了二、三层的平面，该图中没有再画出雨篷的投影，其标高的标注形式应注意，括号内的数值为替换值。

　　图中粗实线为水平剖切到的砖墙，45°折断线为水平剖切面与楼梯段的剖切位置处。

　　在负一层平面图中，注有"上 13"的箭头表示从负一层楼面向上走 13 步级可达一层楼面。在一层平面图中注有"下 13"的箭头表示从一层楼面向下走 13 步级可达负一层楼面，"上 18"的箭头表示从一层楼面向上走 18 步级可达二层楼面。顶层平面图因为没有楼梯通向屋顶，所以只有"下 18"，也没有楼梯段剖切的 45°折断线。

　　各层楼梯平面图都应标出该楼梯间的轴线。在底层平面图中，必须注明楼梯剖面图的剖切符号（本例是在负一层平面图中注明的）。从楼梯平面图中所标注的尺寸，可以了解楼梯间的开间和进深尺寸，楼地面和平台面的标高以及楼梯各组成部分的详细尺寸。通常把梯段长度与踏面数、踏面宽的尺寸合并写在一起，如底层平面图中的280×8＝2240，表示该梯段有 8 个踏面（9 个踏步），每一踏面宽 280mm，梯段长为 2240mm。

　　从图中还可以看出，每一梯段的长度是 8 个踏步的宽度之和（280×8＝2240），而每一梯段的步级数是 9（18/2），为什么呢？这是因为每一梯段最高一级的踏面与休息平台面或楼面重合（即将最高一级踏面做平台面或楼面），因此，平面图中每一梯段画出的踏面（格）数，总比踏步数少一，即踏面数＝踏步数－1。

二、楼梯剖面图

　　假想用一个竖直的剖切平面沿梯段的长度方向并通过各层的门窗洞和一个梯段，将楼梯间剖开，然后向另一梯段方向投射所得到的剖面图称为楼梯剖面图，如图 9-37 所示。

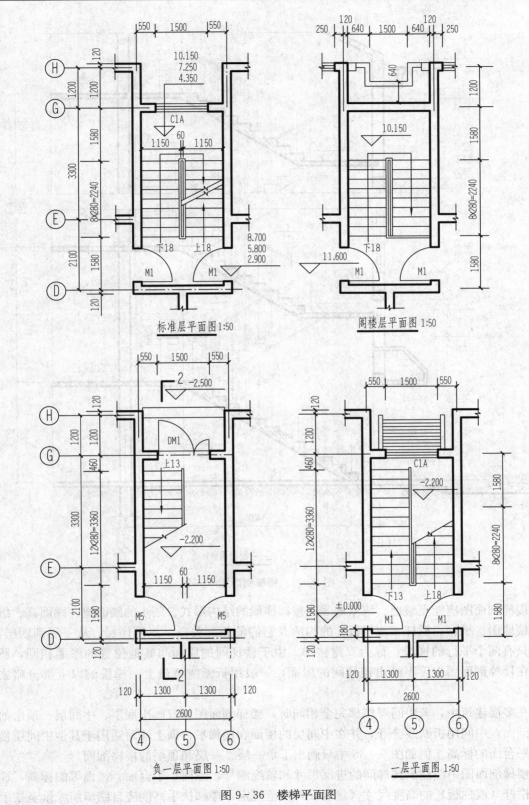

标准层平面图 1:50

阁楼层平面图 1:50

负一层平面图 1:50

一层平面图 1:50

图 9-36 楼梯平面图

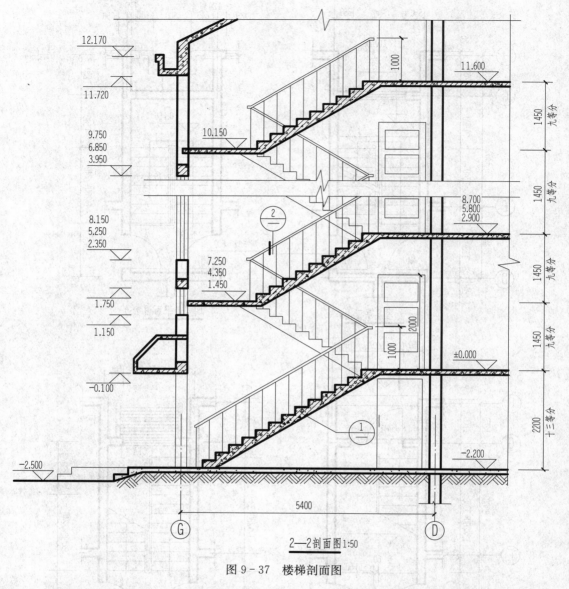

2—2剖面图1:50

图 9 - 37 楼梯剖面图

楼梯剖面图应能完整地、清晰地表明楼梯梯段的结构形式、踏步的踏面宽、踢面高、级数及楼地面、平台、栏杆（或栏板）的构造及它们的相互关系。本例楼梯，从一层到四层，每层只有两个平行的梯段，称为双跑楼梯。由于楼梯间的屋面与其他位置的屋面相同，所以，在楼梯剖面图中可不画出楼梯间的屋面，一般用折断线将最上一梯段的以上部分略去不画。

在多层建筑中，若中间层楼梯完全相同时，楼梯剖面图可只画出底层、中间层、顶层的楼梯剖面，中间用折断线分开，并在中间层的楼面和楼梯平台面上注写适用于其他中间层楼面和平台面的标高。例如图 9 - 35 中只画出了负一层、一层和顶层的楼梯剖面。

楼梯剖面图中应注出楼梯间的进深尺寸和轴线编号，地面、平台面、楼面等的标高，梯段、栏杆（或栏板）的高度尺寸（建筑设计规范规定：楼梯扶手高度应自踏步前缘量至扶手顶面的垂直距离，其高度不得小于 900mm），其中梯段的高度尺寸与踢面高和踏步数合并书写，如 $9 \times 161.1 = 1450$，表示有 9 个踢面，每个踢面高度为 161.1mm，梯段高度为 1450mm；此外，还应注出楼梯间外墙上门、窗洞口、雨篷的尺寸与标高。

三、楼梯节点详图

在楼梯剖面图中，需要画详图的部位，应画上索引符号，另采用更大的比例画出它们的详图，说明各节点型式、大小、材料以及构造情况。本例在楼梯剖面图中有两个索引符号，节点详图都画在本张图纸上，如图 9-38 所示。

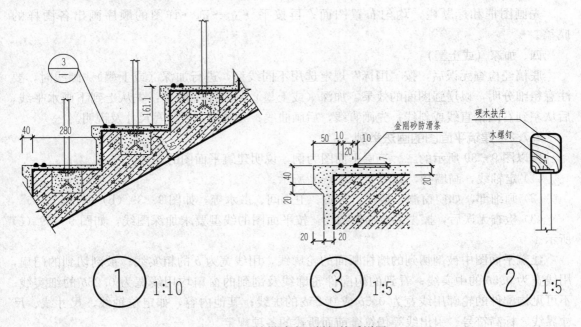

图 9-38　楼梯踏步、栏杆扶手详图

1 号节点详图将梯踏步部分局部放大到 1：10 的比例，详细画出了踏面、踢面的尺寸，楼梯板的厚度，栏杆的锚固形式。由于踏面上的防滑条还不能表示清楚，所以在 1 号详图里又引出一个索引符号，在旁边画出一个 3 号节点详图。

2 号节点详图是将楼梯栏杆竖向剖切以后再放大比例画出的节点详图，在楼梯剖面图中表示了带剖切的索引符号。

9.7　建筑施工图的画法

9.7.1　绘制建筑施工图的步骤

在绘图过程中，要始终保持高度的责任感和严谨细致的作风。绘图要投影正确、技术合理、尺寸齐全、表达清楚、字体工整以及图样布置紧凑、图面整洁等。

一、选定比例和图幅

根据房屋的外形、平面布置和构造的复杂程度，以及施工的具体要求，选定比例，进而由房屋的大小以及选定的比例，估计图形大小及注写尺寸、符号、说明所需的图纸，选定标准图幅。

二、进行合理的图面布置

图面布置（包括图样、图名、尺寸、文字说明及表格等）要主次分明、排列均匀紧凑、表达清晰。尽量保持各图之间的投影关系，或将同类型的、内容关系密切的图样，集中在一张或顺序连续的几张图纸上，以便对照查阅。若画在同一张图纸上时，应注意平面图、立面图、剖面图三者之间的关系，做到平面图与立面图（或剖面图）长对正，平面图与剖面图（或立面图）宽相等，立面图（或剖面图）与剖面图（或立面图）高平齐。

三、用较硬的铅笔画底稿

先画图框和标题栏，均匀布置图面；再按平→立→剖→详图的顺序画出各图样的底稿。

四、加深（或上墨）

底稿经检查无误后，按"国标"规定选用不同线型，进行加深（或上墨）。画线时，要注意粗细分明，以增强图面的效果。加深（或上墨）的顺序一般是：先从上到下画水平线，后从左到右画铅直线或斜线；先画直线，后画曲线；先画图，后注写尺寸及说明。

9.7.2　建筑平面图的画法举例

现以图9-39所示的二、三层平面图为例，说明建筑平面图的画法。

（1）定轴线，画墙身，如图9-39（a）所示。

（2）画细部，如门窗洞、楼梯、台阶、卫生间、散水等，如图9-39（b）所示。

（3）检查无误后，擦去多余的作图线，按平面图的线型要求加深图线，如图9-39（c）所示。

建筑平面图中被剖切到的墙柱断面的轮廓线，用线宽为 b 的粗实线；被剖切到的门扇，用线宽为 $0.5b$ 的中实线；看到的构配件轮廓线及剖到的窗扇均用线宽为 $0.25b$ 的细实线；不可见构配件的轮廓用线宽为 $0.5b$ 或 $0.25b$ 的虚线；其他内容，如定位轴线、尺寸线、尺寸界线、标高符号、引出线等仍符合前面所述的各项规定。

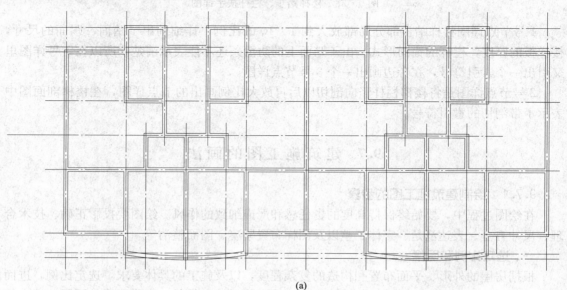

(a)

图9-39　平面图的画法（一）

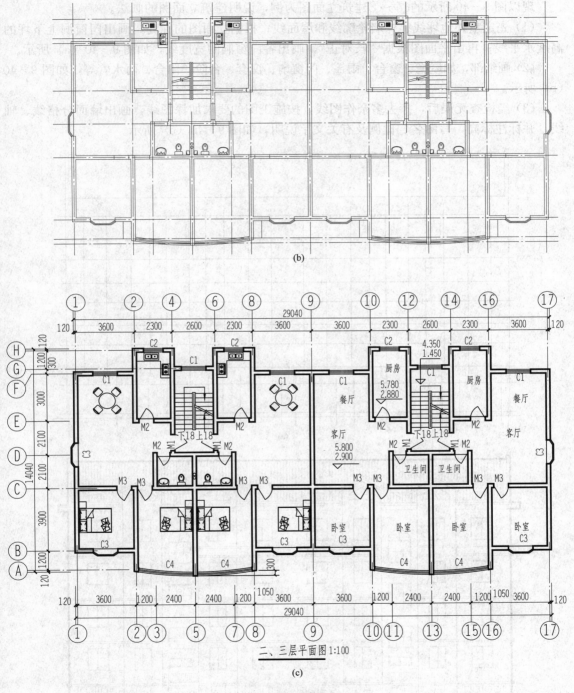

(b)

二、三层平面图1:100

(c)

图 9-39 平面图的画法（二）

（4）标注轴线、尺寸、门窗编号、剖切符号、图名、比例及其他文字说明，如图 9-39（c）所示。

9.7.3 建筑立面图的画法举例

现以图 9-40 所示的⑰~①建筑立面图为例，说明建筑立面图的画法。

（1）先定室外地坪线、外墙轮廓线和屋面线；根据立面图的标高，画出门窗洞上下坪的高度水平线；再由平面图根据"长对正"，画出各门窗洞的宽度线，如图 9-40（a）所示。

（2）画细部，如屋檐、窗台、雨篷、门窗扇、窗套、台阶、阳台、雨水管等，如图 9-40（b）所示。

（3）经检查无误后，擦去多余作图线，按施工图的要求加深图线，画出墙面分格线、轴线，并标注标高，写图名、比例及有关文字说明，如图 9-40（c）所示。

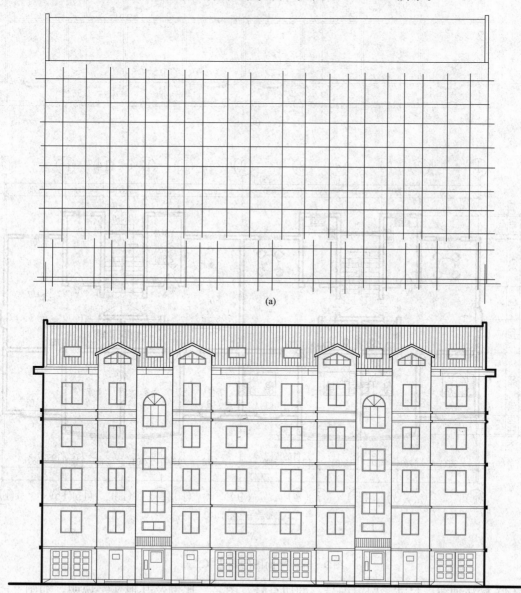

(a)

(b)

图 9-40 建筑立面图的画法（一）

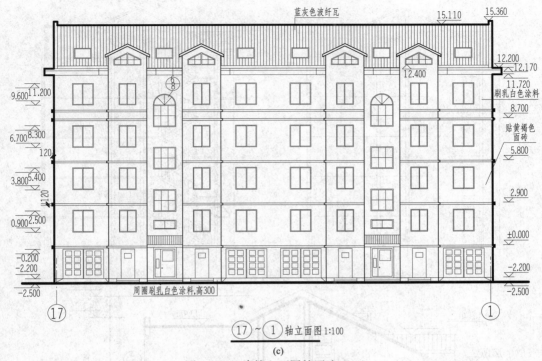

图9-40 建筑立面图的画法 (二)

为了加强图面效果，使外形清晰、重点突出和层次分明，习惯上地坪线画成线宽为 $1.4b$ 的特粗实线；房屋立面的最外轮廓线画成线宽为 b 的粗实线；在外轮廓线之内的凹进或凸出墙面的轮廓线，如凸窗台、门窗洞、檐口、阳台、雨篷、柱、台阶等构配件的轮廓线，画成线宽为 $0.5b$ 的中实线；一些较小的构配件和细部的轮廓线，如门窗扇、栏杆、雨水管和墙面分格线等均可画线宽为 $0.25b$ 的细实线。

9.7.4 建筑剖面图的画法

现以图9-41所示的建筑剖面图为例，说明建筑剖面图的画法。

(1) 画定位轴线，定室内外地坪线、楼地面、楼梯平台及屋顶的上表面线，如图9-41 (a) 所示。

(2) 画剖切到的墙身，确定楼地面板的厚度，门窗洞的高度位置，画出台阶、楼梯、过梁、圈梁、天沟等构配件轮廓线，如图9-41 (b) 所示。

(3) 按施工图要求加深图线，画材料图例，注写标高、尺寸、图名、比例及有关文字说明，如图9-41 (c) 所示。

剖面图的图线要求与平面图相同，注意地坪线也要画成线宽为 $1.4b$ 的特粗实线。

9.7.5 楼梯详图的画法

一、楼梯平面图的画法

现以本章实例的一层楼梯平面图为例，说明其绘图方法。

(1) 确定楼梯间的轴线位置，并画出梯段长度、平台宽度、梯段宽度、梯井宽度等，如图9-42 (a) 所示。

(2) 画栏杆、墙身厚度，根据踏面数和宽度，用几何作图中等分平行线的方法等分梯段长度，画出踏步以及雨篷、门窗洞口等，如图9-42 (b) 所示。

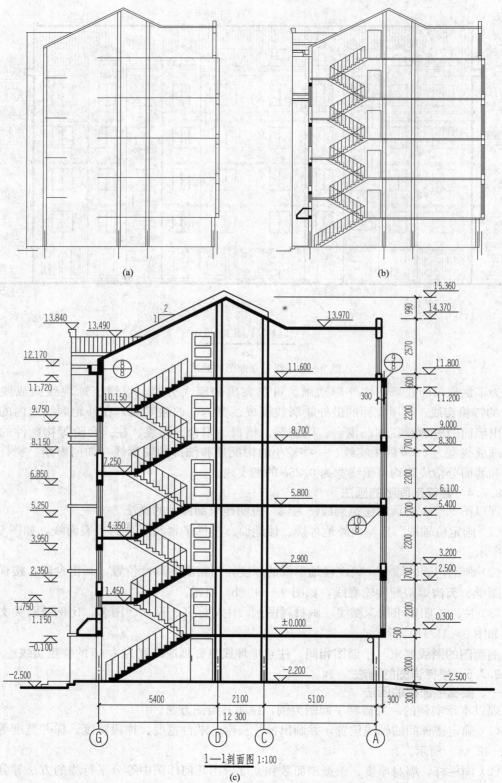

(a)

(b)

1—1剖面图 1:100

(c)

图 9-41　建筑剖面图的画法

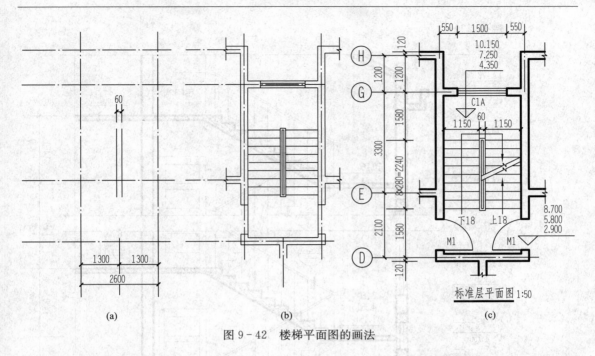

图 9 - 42 楼梯平面图的画法

（3）画箭头，加深图线，标注标高、尺寸、轴线、图名、比例等，如图 9 - 42（c）所示。

二、楼梯剖面图的画法

绘制楼梯剖面图时，注意图形比例应与楼梯平面图一致；画栏杆（或栏板）时，其坡度应与梯段一致。

（1）确定楼梯间的轴线位置，画出楼地面、平台面高度线，确定各梯段的起止点位置，如图 9 - 43（a）所示。

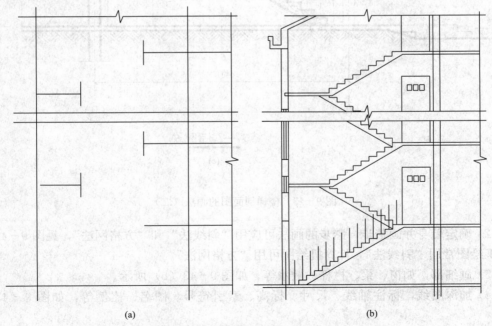

图 9 - 43 楼梯剖面图的画法（一）

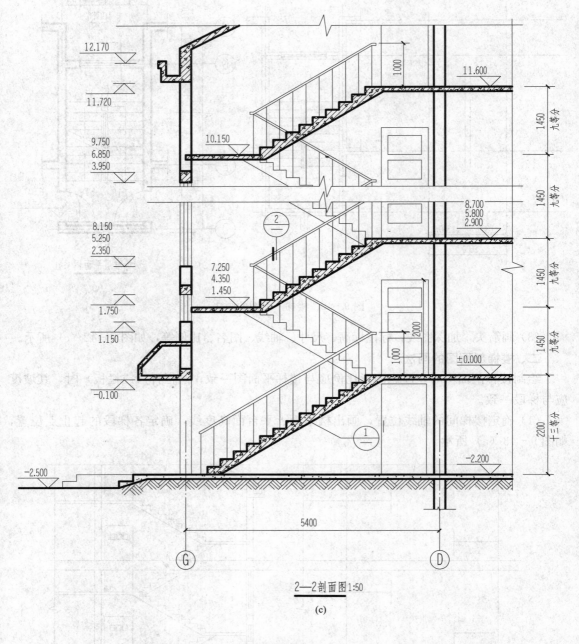

图9-43　楼梯剖面图的画法（二）

（2）确定墙身并画踏步，踏步的画法可应用"斜线法"和"方格网法"，见图9-44，一般手工绘图常用"斜线法"，计算机绘图可用"方格网法"。

（3）画细部，如窗、梁、栏杆、散水等，如图9-43（b）所示。

（4）加深图线，标注轴线、尺寸、标高、索引符号、图名、比例等，如图9-43（c）所示。

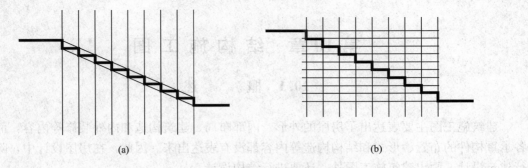

图 9 - 44 楼梯踏步的画法

(a) "斜线法"；(b) "方格网法"

第10章 结构施工图

10.1 概 述

建筑施工图主要表达出了房屋的外形、内部布局、建筑构造和内外装修等内容，而房屋各承重构件的布置、形式和结构构造等内容都没有表达出来。因此，在房屋设计中，除了进行建筑设计，画出建筑施工图外，还要进行结构设计。

结构设计是根据建筑各方面的要求，进行结构选型和构件布置，再通过力学计算，决定房屋各承重构件的材料、形状、大小，以及内部构造等，并将设计结果按正投影法绘成图样以指导施工，这种图样称为结构施工图，简称"结施"。

常见房屋结构按承重构件的材料可分为：

（1）砖混结构——墙用砖或砌块砌筑，梁、楼板和屋面都是钢筋混凝土构件。

（2）钢筋混凝土结构——柱、梁、楼板和屋面都是钢筋混凝土构件。

（3）砖木结构——墙用砖砌筑、梁、楼板和屋架都是木构件。

（4）钢结构——承重构件全部为钢材。

（5）木结构——承重构件全部为木材。

常见房屋结构按结构体系可分为：

（1）框架结构——由梁和柱以刚接或铰接相连接形成的承重体系。

（2）剪力墙结构——由承受竖向和水平作用的剪力墙和水平构件板所组成的结构体系。

（3）框架—剪力墙结构——由剪力墙和框架共同承受竖向和水平作用的组合型结构。

一般民用房屋多采用砖混结构。采用砖混结构造价较低，施工简便。在现代公共建筑或高层建筑中，钢筋混凝土框架结构或框剪结构采用的较多，这些结构的抗震性能、稳定性好，平面布置灵活，可以满足较大空间的利用，如电影院、博物馆、会议室等。

工业厂房建筑大多采用钢筋混凝土或型钢的排架结构，低层大跨度的建筑一般采用薄壳、网架、悬索等空间结构体系，如体育馆、仓库等。

本章将主要介绍第9章所述某学校教师公寓中钢筋混凝土结构施工图，以及钢结构施工图的绘图与阅读。对于近年来广泛应用于各设计单位和建设单位的建筑结构施工图平面整体设计方法（简称平法），本章也做详细的介绍。

结构施工图应包括以下内容：

（1）结构设计总说明，包括选用结构材料的类型、规格、强度等级；地基情况；施工注意事项；选用标准图集；部分通用节点或特殊构造的配筋详图等（小型工程可将说明分别写在各图纸上）。

（2）基础平法施工图，工业建筑还有设备基础布置图。

（3）柱（或剪力墙）平法施工图，工业建筑则为柱网布置图。

（4）梁平法施工图，工业建筑则为吊车梁、柱间支撑、连系梁布置图等。

（5）板平法施工图。

（6）结构构件详图，包括：

1）梁、板、柱及基础部分特殊节点的结构详图。

2）楼梯结构详图。

3）墙身大样结构详图。

4）其他详图，如支撑详图等。

10.1.1 钢筋混凝土构件的基本知识

一、钢筋混凝土构件的组成和混凝土的强度等级

钢筋混凝土构件由钢筋和混凝土两种材料组成。混凝土是由水泥、砂子（细骨料）、石子（粗骨料）和水按一定的比例拌和硬化而成。混凝土的抗压强度高，但抗拉强度低，一般仅为抗压强度的 $1/10\sim1/20$。因此，混凝土构件容易在受拉时断裂。混凝土的强度等级应按立方体抗压强度标准值确定，按照《混凝土结构设计规范》（GB 50010—2010）规定，普通混凝土划分为十四个等级，即 C15，C20，C25，C30，C35，C40，C45，C50，C55，C60，C65，C70，C75，C80。数字越大，表示混凝土的抗压强度越高。

为了提高混凝土构件的抗拉能力，常在混凝土构件受拉区域内（图 10-1）或相应部位加入一定数量的钢筋。钢筋不但具有良好的抗拉强度，而且与混凝土有良好的黏结力，其热膨胀系数与混凝土也相近。因此，钢筋与混凝土结合成一个整体，共同承受外力。这种配有钢筋的混凝土，称为钢筋混凝土，配有钢筋的混凝土构件，称为钢筋混凝土构件。

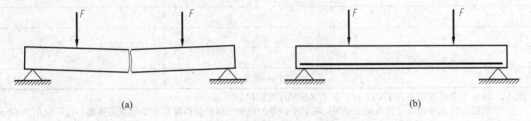

图 10-1 钢筋混凝土梁受力示意图
(a) 混凝土构件；(b) 钢筋混凝土构件

钢筋混凝土构件有现浇和预制两种。现浇是指在建筑工地现场浇制，预制是指在预制品工厂先浇制好，然后运到工地进行吊装。有的预制构件（如厂房的柱或梁）也可在工地上预制，然后吊装。此外，在制作构件时，通过张拉钢筋对混凝土预加一定的压力，可以提高构件的抗拉和抗裂性能，这种构件称为预应力钢筋混凝土构件。

二、钢筋的种类与代号

钢筋混凝土构件中配置的钢筋有光圆钢筋和带肋钢筋（表面上有肋纹）。在《混凝土结构设计规范》（GB 50010—2010）中，对国产建筑用热轧钢筋，按其产品种类和强度值等级不同，分别给予不同代号，以便标注和识别，见表 10-1。

表 10-1 普通钢筋牌号及强度标准值（N/mm²）

牌号	符号	公称直径 d（mm）	屈服强度标准值 f_{yk}	极限强度标准值 f_{stk}
HPB300	Φ	6～22	300	420
HRB335 HRBF335	Φ Φ^F	6～50	335	455

续表

牌号	符号	公称直径 d（mm）	屈服强度标准值 f_{yk}	极限强度标准值 f_{stk}
HRB400 HRBF400 RRB400	Φ Φ^F Φ^R	6～50	400	540
HRB500 HRBF500	Φ Φ^F	6～50	500	630

注　HPB300—强度级别为 300N/mm² 的热轧光圆钢筋；
　　HRB400—强度级别为 400N/mm² 的普通热轧带肋钢筋；
　　HRBF400—强度级别为 400N/mm² 的细晶粒热轧带肋钢筋；
　　RRB400—强度级别为 400N/mm² 的余热处理带肋钢筋。

三、钢筋的保护层

为了保护钢筋、防腐蚀、防火以及加强钢筋与混凝土的黏结力，在构件中钢筋外边缘至构件表面之间应留有一定厚度的混凝土，称为保护层。根据《混凝土结构设计规范》（GB 50010—2010）规定：最外层钢筋的保护层厚度应符合表 10‐2 的规定。

表 10‐2　　　　　　　　　　混凝土保护层最小厚度（mm）

环境类别	板、墙、壳	梁、柱、杆
一	15	20
二 a	20	25
二 b	25	35
三 a	30	40
三 b	40	50

注　1. 混凝土强度等级不大于 C25 时，表中保护层厚度数值应增加 5mm；
　　2. 钢筋混凝土基础宜设置混凝土垫层，基础中钢筋的混凝土保护层厚度应从垫层顶面算起，且不应小于 40mm。

表 10‐2 中的环境类别是进行混凝土结构的耐久性设计的主要依据，具体参见表 10‐3。

表 10‐3　　　　　　　　　　混凝土结构的环境类别

环境类别	条　件
一	室内干燥环境； 无侵蚀性静水浸没环境
二 a	室内潮湿环境； 非严寒和非寒冷地区的露天环境； 非严寒和非寒冷地区与无侵蚀性的水或土壤直接接触的环境； 严寒和寒冷地区的冰冻线以下与无侵蚀性的水或土壤直接接触的环境
二 b	干湿交替环境； 水位频繁变动环境； 严寒和寒冷地区的露天环境； 严寒和寒冷地区冰冻线以上与无侵蚀性的水或土壤直接接触的环境
三 a	严寒和寒冷地区冬季水位变动区环境； 受除冰盐影响环境； 海风环境

环境类别	条 件
三 b	盐渍土环境； 受除冰盐作用环境； 海岸环境
四	海水环境
五	受人为或自然的侵蚀性物质影响的环境

四、钢筋的弯钩

为了使钢筋和混凝土具有良好的黏结力，避免钢筋在受拉时滑动，有时需要对钢筋的两端进行弯钩处理，弯钩常做成半圆弯钩或直弯钩，如图 10-2（a）、（b）所示。钢箍两端在交接处也要做出弯钩，弯钩的长度一般分别在两端各伸长 50mm 左右，如图 10-2（c）所示。

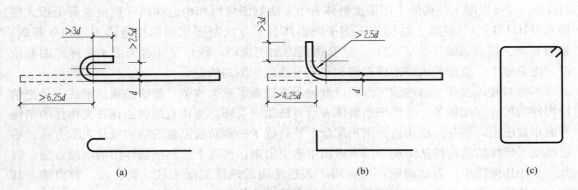

图 10-2 钢筋和钢箍的弯钩和简化画法

（a）钢筋的半圆弯钩；（b）钢筋的直弯钩；（c）钢箍的弯钩

10.1.2 钢筋混凝土结构图的图示特点

一、结构施工图的成图原理

一般结构施工图成图方法是在楼板顶面将建筑物水平剖开，投视方向向下按正投影法绘制而成。其成图原理如图 10-3 所示。

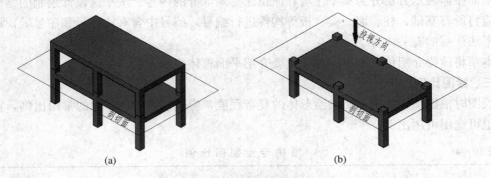

图 10-3 结构施工图成图原理

（a）剖切面；（b）投视方向

二、结构施工图的表示方法

钢筋混凝土结构施工图的表示方法主要分为两种，分别是传统表示方法和平面整体表示方法。

传统表示方法是将结构构件从结构平面布置图中索引出来，再逐个绘制配筋详图，图纸量大，绘图比较烦琐。随着国民经济的发展和建筑设计标准化水平的提高，近年来各设计单位采用一些较为方便的图示方法，以降低图纸数量，加快设计进度。为了规范各地的图示方法，中华人民共和国建设部组织中国建筑标准设计研究院等单位，研究编制了一种新的钢筋混凝土结构配筋表达方法——混凝土结构施工图平面整体表示方法（简称平法），于 2003 年 1 月 20 日下发通知，批准《混凝土结构施工图平面整体表示方法制图规则和构造样图》作为国家建筑标准设计图集（简称"平法"图集）于 2003 年 2 月 15 日执行。2011 年又对本套图集进行了重新修订，新的平法系列图集包括三本分册，分别是 11G101-1《混凝土结构施工图平面整体表示方法制图规则和构造详图（现浇混凝土框架、剪力墙、梁、板）、11G101-2《混凝土结构施工图平面整体表示方法制图规则和构造详图（现浇混凝土板式楼梯）、11G101-3《混凝土结构施工图平面整体表示方法制图规则和构造详图（独立基础、条形基础、筏形基础及桩基承台）。这套图集的制图规则，既是设计者完成平法施工图的依据，也是施工、监理等人员准确理解和实施平法施工图的依据。

平法对我国混凝土结构施工图的设计表示方法做了重大改革，平法的表达形式，是把结构构件的尺寸和配筋等，按照平面整体表示方法制图规则，整体直接表达在各类构件的结构平面布置图上，再与标准构造详图相配合，结合成了一套新型完整的结构设计表示方法。平法改变了传统的将构件从结构平面布置图中索引出来，再逐个绘制配筋详图的烦琐方法，因此，平法作图简单，表达清晰，适合用于表达常用的现浇混凝土柱、梁、板、剪力墙、基础、楼梯等，目前已广泛应用于各设计单位和建设单位。

按平法绘制的结构施工图，是由各类结构构件的平法施工图和标准构造详图两大部分构成。平法施工图包括构件平面布置图和用表格表示的建筑物各层层号、标高、层高表，标准构造详图一般采用图集。按平法设计绘制结构施工图时，必须根据具体工程设计，按照各类构件的平法制图原则，在按结构（标准）层绘制的平面布置图上直接表示各构件的尺寸、配筋和所选用的标准构造详图。出图时，宜按基础、柱、剪力墙、梁、板、楼梯及其他构件的顺序排列。

平面整体表示方法分为集中注写和原位注写两部分的内容。按平法设计绘制的结构施工图，应将所有基础、柱、墙、梁、板等构件进行编号，编号中含有构件号和序号等，详见各小节平法注写的有关内容。

本章将简要介绍传统表示方法，主要介绍平面整体表示方法。

三、绘图比例

绘图时根据图样的用途、被绘形体的复杂程度，应选用表 10-4 中的常用比例，特殊情况下也可选用可用比例。

表 10-4　　　　　　　　　　　结 构 专 业 制 图 比 例

图　名	常用比例	可用比例
结构平面图、基础平面图	1∶50、1∶100、1∶150	1∶60、1∶200
圈梁平面图、总图中管沟、地下设施等	1∶200、1∶500	1∶300
详图	1∶10、1∶20、1∶50	1∶5、1∶25、1∶30

四、钢筋的一般表示方法

为了突出表示钢筋的配置情况，在构件结构图中，把钢筋画成粗实线，构件的外形轮廓线画成细实线；在构件断面图中，不画材料图例，钢筋用黑圆点表示。钢筋常用的表示方法见表 10-5。

表 10-5   钢筋的一般表示方法（部分）

名　称	图　例	说　明
钢筋横断面	●	下图表示长、短钢筋投影重叠时，短钢筋的端部用 45°斜画线表示
无弯钩的钢筋端部		
带半圆形弯钩的钢筋端部		
带直钩的钢筋端部		
带丝扣的钢筋端部		
无弯钩的钢筋搭接		
带半圆弯钩的钢筋搭接		
带直钩的钢筋搭接		
花篮螺丝钢筋接头		
预应力钢筋或钢绞线		

钢筋（或钢丝束）的说明应给出钢筋的代号、直径、数量、间距、编号及所在位置，其说明应沿钢筋的长度标注或标注在相关钢筋的引出线上。简单的构件或钢筋种类较少时可不编号。具体的标注如图 10-4 所示。

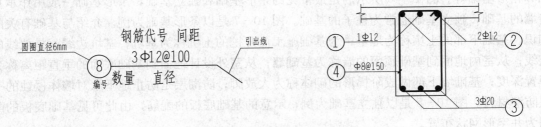

图 10-4　钢筋的标注

五、其他

（1）当构件的纵、横向断面尺寸相差悬殊时，可在同一图样中的纵、横向选用不同的比例绘制。轴线尺寸与构件尺寸也可选用不同的比例绘制。

（2）当采用标准、通用图集中的构件时，应用该图集中的规定代号或型号注写。

（3）结构图应采用正投影法绘制，特殊情况下也可采用仰视投影法绘制。

（4）结构图中的构件标高，既可以注写其顶面，又可以注写其底面，但应具体说明。

（5）构件详图的纵向较长、重复较多时，可用折断线断开，适当省略重复部分。这样做可以简化图纸，提高工作效率。

（6）对称的钢筋混凝土结构，可在同一图样中一半表示板配筋，另一半表示梁配筋，即板结构施工图和梁结构施工图可绘制在一张图纸上，中间注明对称符号，如图10-5所示。

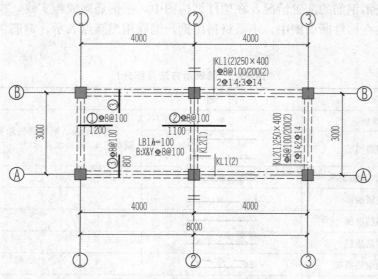

图 10-5　对称结构简化表示方法

10.2　基础结构施工图

基础是房屋底部与地基接触的承重构件，它承受房屋的全部荷载，并传给基础下面的地基。根据上部结构的形式和地基承载能力的不同，基础可分为条形基础、独立基础、片筏基础和箱形基础等。图10-6所示的是最常见的条形基础和独立基础，条形基础一般用作承重砖墙的基础，独立基础通常为柱子的基础。图10-7是以条形基础为例，介绍与基础有关的知识。基础下部的土壤称为地基；为基础施工而开挖的土坑称为基坑；基坑边线就是放线的灰线；从室内地面到基础顶面的墙称为基础墙；从室外设计地面到基础底面的垂直距离称为埋置深度；基础墙下部做成阶梯形的砌体称为大放脚；防潮层是防止地下水对墙体侵蚀的一层防潮材料。图10-8是以独立基础为例，示意的基础底板的配筋，由此可见基础底板的配筋为井字形网状布置。

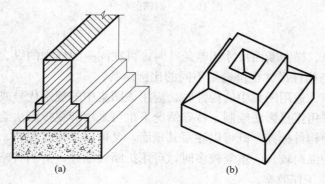

(a)　　　　　　　　　　(b)

图 10-6　常见的基础

(a) 条形基础；(b) 独立基础

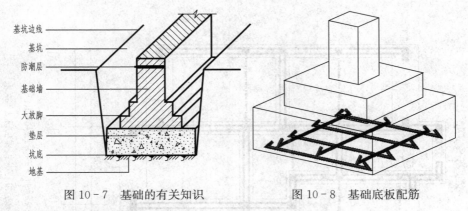

图 10-7 基础的有关知识　　　　图 10-8 基础底板配筋

10.2.1 基础平面图的产生和画法

基础平面图表示基坑在未回填土时基础平面布置的图样，它是假想用一个水平面沿基础墙顶部剖切后所作出的水平投影图。基础平面图通常只画出基础墙、柱的截面及基础底面的轮廓线，基础的大放脚等细部的可见轮廓线都省略不画，这些细部的形状和尺寸用基础详图表示。

基础平面图的比例、轴线及轴线尺寸与建筑平面图一致。其图线要求是：剖切到的基础墙轮廓线画成粗实线，基础底面的轮廓线画成中实线，基础梁可以用中虚线（双线）表示，也可用粗点画线（单线）表示；剖切到的钢筋混凝土柱断面，由于绘图比例较小，要涂黑表示。

在基础平面图中，应注明基础的大小尺寸和定位尺寸。大小尺寸是指基础墙断面尺寸、柱断面尺寸以及基础底面宽度尺寸；定位尺寸是指基础墙、柱以及基础底面与轴线的联系尺寸。基础的断面形状与埋置深度要根据上部的荷载以及地基承载力而定，同一幢房屋由于各处有不同的荷载和不同的地基承载力，下面就有不同的基础。对每一种不同的基础，都要用传统表示方法或者平法标注对应的配筋和尺寸。

10.2.2 基础的传统表示方法

基础的传统表示方法，包括基础平面图和基础详图两部分。基础平面图中注写基础布置情况、定位尺寸及基础编号；基础详图中注写各编号基础的定形尺寸及配筋。图 10-9 是第 9 章所述教师公寓的基础平面图，下面以此图为例来说明基础平面图的传统表示方法。

本例中有 TJ1、TJ2 两种条形基础形式。

粗实线表示的是剖到的基础墙的轮廓线，粗线两侧的中实线是条形基础基底的投影线，粗单点长画线表示基础梁，涂黑的断面表示钢筋混凝土构造柱断面。条形基础及暗梁的截面尺寸及配筋见条形基础详图。

涂黑的柱子可分为两种，一种是 GZ1，属砌体墙中的加强构造，在砌体结构中可视为砌体墙的一部分，与整片墙共同计算受力，经计算 600mm 宽的条形基础 TJ1 即可满足计算要求；第二种是 GZ2 和 GZ3，也属于砌体墙中的加强构造，但由于 X 向没有可共同参与受力计算的墙肢，需独立承担 X 向传递下来的竖向荷载，600mm 宽的条形基础 TJ1 无法满足计算要求，因此需要设置较宽的条形基础 TJ2。

在图 10-9 的基础平面图中只表明了基础的平面布置，而基础的形状、大小、构造、材料及埋置深度均未表明，所以在结构施工图中还需要画出基础详图。

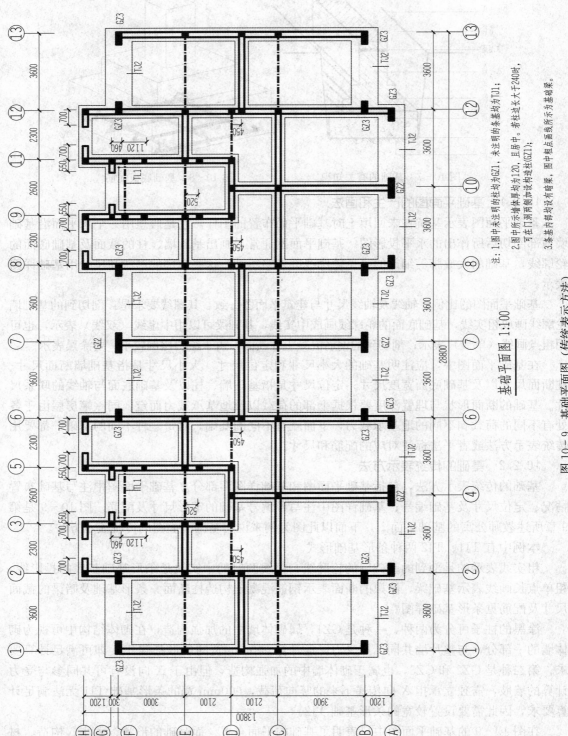

基础平面图 1:100

注：1.图中未注明的柱均为GZ1，未注明的条基均对TJU1；
　　2.图中所示墙体厚均为120，且居中。若柱边长大于240时，
　　　可在门洞两侧增加构造柱(GZ1)；
　　3.条基内部均没有暗梁，图中粗点画线处为基础梁。

图 10－9　基础平面图（传统表示方法）

　　图 10-10 是该住宅承重墙下条形基础的结构详图。从图中可以看出，条形基础 TJ1 的底面宽度为 600mm，基础的下面有 100mm 厚的 C10 素混凝土垫层；基础的主体为 350mm 高的钢筋混凝土，其内配置双向钢筋，受力筋为直径 10mm 的 HRB400 钢筋，间距 150mm，分布筋为直径 6mm 的 HPB300 钢筋，间距 250mm；基础的大放脚材料为砖，高度≥120mm，宽度为 65mm；基础墙厚为 240mm，内有一防潮层。条形基础 TJ2 中除了基础的底面宽度变为 1200mm，其他均与 TJ1 相同。

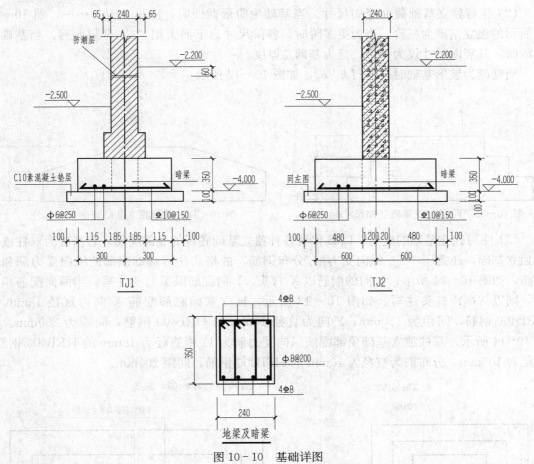

图 10-10　基础详图

　　两图中均有两条虚线，根据引出说明可知，这是暗梁，因为设置在条形基础内部，所以用虚线来示意。暗梁的断面尺寸及其内部配筋如详图所示，断面尺寸为 240mm×350mm，内部配筋沿梁纵向上下各 4 根直径为 8mm 的 HRB400 钢筋，箍筋为 φ8@200。

10.2.3　基础的平面注写表示方法

　　基础的平面注写方式，分为集中标注和原位标注两部分。集中标注，指在基础平面图上集中引注，包括基础编号、截面竖向尺寸、配筋三项必注内容；基础底面标高（与基础底面基准标高不同时）和必要的文字注解两项选注内容。原位标注，指在基础平面布置图上标注独立基础的平面尺寸。

　　1. 独立基础的平面注写方式

　　(1) 注写独立基础的编号，见表 10-6。独立基础底板的截面形状通常有两种：阶形截面编号加下标"J"，坡形截面编号加下标"P"。

表 10-6   独 立 基 础 编 号

类型	基础底板截面形状	代号	序号
普通独立基础	阶形	DJ_J	××
	坡形	DJ_P	××

（2）注写独立基础截面竖向尺寸。当基础为阶形截面时，注写 $h_1/h_2/\cdots\cdots$，图 10-11 中所示的独立基础为三阶，当为更多阶时，各阶尺寸自下而上用"/"分隔顺写。当基础为单阶时，其竖向尺寸仅为一个，且为基础总厚度。

当基础为坡形基础时，注写 h_1/h_2，如图 10-12 所示。

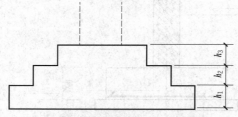

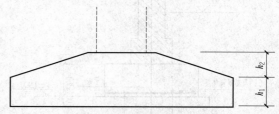

图 10-11 阶形独立基础竖向尺寸标注   图 10-12 坡形独立基础竖向尺寸标注

（3）注写独立基础的配筋。以 B 代表各种独立基础底板的底部配筋，若基础为双柱或多柱独立基础，还需用"T：纵向受力筋/分布钢筋"的格式注写基础顶部的纵向受力筋和分布筋，如图 10-14 所示；X 向的配筋以 X 打头、Y 向配筋以 Y 打头注写，当两向配筋相同时，则以 $X\&Y$ 打头注写。如图 10-13 所示，独立基础底部配筋 X 向为直径 16mm 的 HRB400 钢筋，间距为 150mm；Y 向为直径 16mm 的 HRB400 钢筋，间距为 200mm。如图 10-14 所示，双柱独立基础顶部配筋纵向受力筋为 11 根直径为 18mm 的 HRB400 钢筋，间距为 100mm，分布筋为直径为 10mm 的 HPB300 钢筋，间距 200mm。

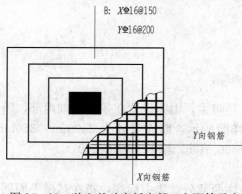

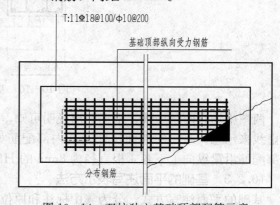

图 10-13 独立基础底板底部双向配筋示意   图 10-14 双柱独立基础顶部配筋示意

（4）原位标注注写平面尺寸。如图 10-15、图 10-16 所示，需在基础平面布置图上原位标注 x、y，x_c、y_c（或圆柱直径 d_c），x_i、y_i，$i=1，2，3\cdots$其中，x、y 为独立基础两向边长，x_c、y_c 为柱截面尺寸，x_i、y_i 为阶宽或坡形平面尺寸。对编号相同的条形基础，可仅选择一个进行原位标注。

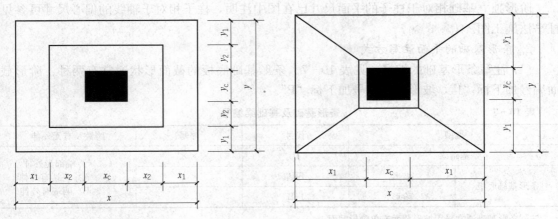

图 10-15   阶形独立基础原位标注   图 10-16   坡形独立基础原位标注

下面以图 10-17 为例来说明独立基础的平面注写方式。

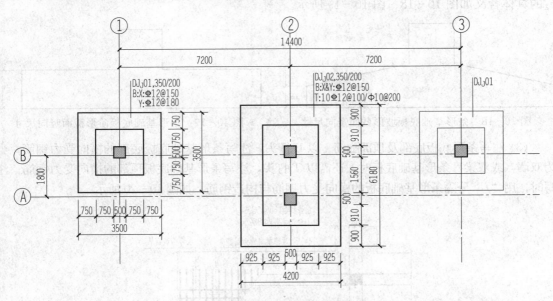

图 10-17   采用平法表达的独立基础施工图

    图中粗实线及涂黑的部分表示被水平剖切到的基础柱，柱外围的中实线表示阶形独立基础的轮廓线。本例中有 DJ_J01、DJ_J02 两种阶形独立基础，下面根据图中的平法注解，对两种阶形独立基础的截面、配筋及平面尺寸进行说明。

    阶形独立基础 DJ_J01：截面为两阶独立基础，截面竖向尺寸自下而上分别是 350mm、200mm。底部配筋 X 向为直径 12mm 的 HRB400 钢筋，间距为 150mm；Y 向为直径 12 的 HRB400 钢筋，间距为 180mm。

    阶形独立基础 DJ_J02：截面为两阶双柱独立基础，截面竖向尺寸自下而上分别是 350mm、200mm。底部配筋 X 向和 Y 向均为直径 12mm 的 HRB400 钢筋，间距为 150mm。顶部纵向受力筋为 10 根直径 12mm 的 HRB400 钢筋，间距 100mm；分布筋为直径 10mm 的 HPB300 钢筋，间距 200mm。

阶形独立基础相对于柱子的平面尺寸已在图中注明，柱子相对于轴线的偏心尺寸可参见柱平法施工图。

2. 条形基础的平面注写方式

（1）注写条形基础的编号，见表10-7。条形基础底板的截面形状通常有两种：阶形截面编号加下标"J"，坡形截面编号加下标"P"。

表10-7　　　　　　　　　　　　　条形基础及基础梁编号

类型		代号	序号	跨数及有无外伸
基础梁		JL	××	（××）端部无外伸
条形基础底板	坡形	TJB$_P$	××	（××A）一端有外伸
	阶形	TJB$_J$	××	（××B）两端有外伸

注　条形基础通常采用坡形截面或单阶形截面。

（2）注写条形基础截面竖向尺寸。条形基础底板截面竖向尺寸注写为 $h_1/h_2/\cdots\cdots$，h_1、h_2 的具体含义如图10-18、图10-19所示。

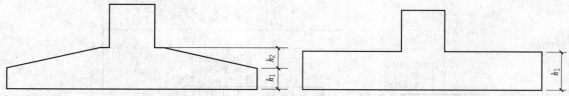

图10-18　条形基础底板坡形截面竖向尺寸　　　　图10-19　条形基础底板阶形截面竖向尺寸

（3）注写条形底板底部及顶部配筋。以B打头，注写条形基础底板底部的横向受力钢筋；当为双墙（或双梁）条形基础底板时，还需以T打头，注写条形基础底板顶部的横向受力钢筋；注写时，用"/"分隔条形基础底板的横向受力钢筋与构造钢筋，如图10-20所示。

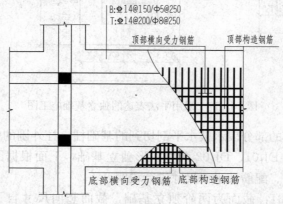

图10-20　双墙独立基础底板底部及顶部配筋示意

（4）原位标注。原位注写条形基础底板的平面尺寸。如图10-21所示，原位标注 b、b_i，$i=1$，2，…。其中，b 为基础底板总宽度，b_i 为基础底板台阶的宽度。当基础底板采用对称于基础梁的坡形截面或单阶形截面时，b_i 可不注。对编号相同的条形基础，可仅选择一个进行原位标注。

（5）注写基础梁。基础梁的平面注写方式，分集中注写和原位注写两种。基础梁的原位

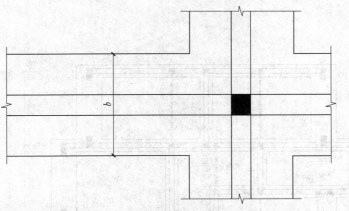

图 10-21　条形基础底板平面尺寸原位标注

注写内容及方式同框架梁，详见 10.4 节，在此不做赘述。基础梁的集中标注内容包括：基础梁编号、截面尺寸、配筋三项必注内容，以及基础梁底面标高（与基础底面基准标高不同时）和必要的文字注解两项选注内容。具体规定如下：

注写基础梁的编号：详见表 10-7。

注写基础梁的截面尺寸：注写 $b \times h$，表示梁截面宽度与高度。

注写基础梁的箍筋：当具体设计中仅采用一种箍筋间距时，注写钢筋级别、直径、间距与肢数（箍筋肢数写在括号中）。当具体设计采用两种箍筋时，用"/"分隔不同箍筋，按照从基础梁两端向跨中的顺序注写。先注写第 1 段箍筋（在前面加注箍筋道数），在斜线后再注写第 2 段箍筋（不再加注箍筋道数），例如 9ϕ16@100/ϕ16@200（6），表示配置两种 HRB400 级钢筋，直径为 16mm，从梁两端向跨内按间距 100mm，设置 9 道，梁的其余部位的间距为 200mm，均为 6 肢箍，如图 10-22 所示。

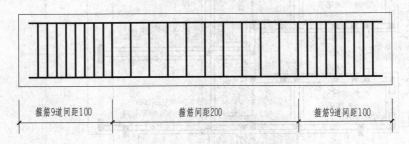

| 箍筋9道间距100 | 箍筋间距200 | 箍筋9道间距100 |

图 10-22　基础梁箍筋示意

注写基础梁底部、顶部及侧面纵向钢筋：以 B 打头，注写梁底部贯通纵筋；以 T 打头，注写梁顶部贯通纵筋，注写时用分号"；"将底部与顶部贯通纵筋分隔开；当梁底部或顶部贯通纵筋多于一排时，用"/"将各排纵筋自上而下分开，例如 B：4ϕ25；T：12ϕ25 7/5，表示梁底部配置贯通纵筋为 4 根直径为 25mm 的 HRB400 级钢筋，梁顶部配置贯通纵筋上一排为 7 根直径为 25mm 的 HRB400 级钢筋，下一排为 5 根直径为 25mm 的 HRB400 级钢筋，总共 12 根；以大写字母 G 打头注写梁两个侧面对称设置的纵向构造钢筋的总配筋值，例如 G8ϕ14，表示梁每个侧面配置纵向构造钢筋为 4 根直径为 14mm 的 HRB400 级钢筋，共配置 8 根。

下面以图 10-23 为例来说明条形基础及基础梁的平面注写方式。

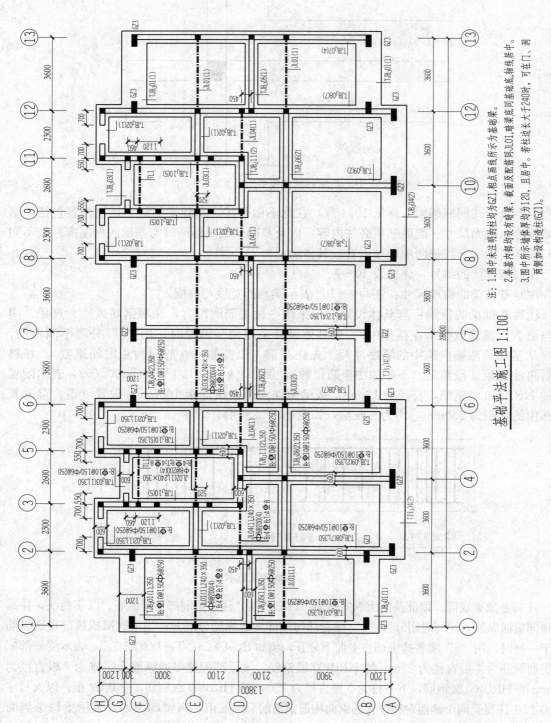

基础平法施工图 1:100

注：1.图中未注明的柱均为GZ1，粗点画线所示为基础梁。
2.条基内部均没有暗梁，截面及配筋同JL01，暗梁底同基础底，轴线居中。
3.图中所示墙体厚均为120，且居中。若柱边长大于240时，可在门、洞两侧加设构造柱（GZ1）。

图 10 - 23　基础平法施工图

　　根据跨数和跨长的不同，阶形条形基础底板分为 12 种，编号分别为 TJB$_\text{J}$01～TJB$_\text{J}$12。TJB$_\text{J}$01、TJB$_\text{J}$04 基础底板的宽度为 1200mm，其余条形基础底板宽度为 600mm。条形基础底部纵向受力筋为直径 10mm 的 HRB400 钢筋，间距为 150mm；分布筋为直径 6mm 的 HPB300 钢筋，间距 250mm。

　　根据跨数和跨长的不同，基础梁分为 3 种，编号分别为 JL01～JL03。基础梁梁宽 240mm，梁高 350mm。箍筋为直径 8mm 的 HRB400 钢筋，间距 200mm，四肢箍。梁的顶筋和底筋均为 4 根直径 8mm 的 HRB400 钢筋。

　　3. 基础平法施工图的绘图步骤

　　（1）按比例画出与房屋建筑平面图相同的轴线及编号。

　　（2）画基础墙（柱）的断面轮廓线、基础底面轮廓线以及基础梁（或地圈梁）等。

　　（3）根据配筋、截面、跨数、跨长等的不同，将不同的基础及基础梁分别编号并按照平法的要求注写截面及配筋。

　　（4）标注尺寸。主要标注轴线距离、轴线到基础底边和墙边的距离以及基础墙厚等尺寸。

　　（5）注写必要的文字说明、图名、比例。

　　（6）设备较复杂的房屋，在基础平面图上还要配合采暖通风图、给水排水管道图、电源设备图等，用虚线画出管沟、设备孔洞等位置，并注明其内径、宽、深尺寸和洞底标高。

10.3　柱和剪力墙的平法施工图

10.3.1　概述

　　钢筋混凝土柱（墙）是由混凝土和钢筋浇筑而成的受力构件，其作用是将由梁（板）传递而来的荷载传递到基础。钢筋混凝土柱的钢筋由纵筋和箍筋组成，结构形式如图 10-24 所示；钢筋混凝土剪力墙的钢筋由水平分布筋、垂直分布筋和拉筋组成，在其端部还有由构造边缘构件或约束边缘构件构成的加强构造，其结构形式如图 10-25 所示。

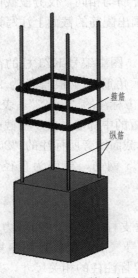

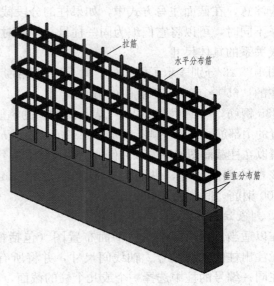

　　图 10-24　柱配筋示意图　　　　　　　图 10-25　剪力墙配筋示意图

10.3.2 柱平法施工图的表示方法

柱平法施工图是在绘出柱的平面布置图的基础上，采用截面注写方式或列表注写方式来表示柱的截面尺寸和钢筋配置的结构工程图。不论哪种方法，对不同类型的柱均采用相对应的编号表示，见表 10 - 8。

表 10 - 8 柱 编 号

柱类型	代号	序号
框架柱	KZ	××
框支柱	KZZ	××
芯柱	XZ	××
梁上柱	LZ	××
剪力墙上柱	QZ	××

1. 截面注写方式

截面注写方式，是在分标准层绘制的柱平面布置图的柱截面上，分别在同一编号的柱中选择一个截面，以直接注写截面尺寸和配筋具体数值的方式来表达柱平法施工图。

截面注写方式，要求从相同编号的柱中选择一个截面，按另一种比例原位放大绘制柱截面配筋图，并在各配筋图上的编号后继续注写截面尺寸 $b \times h$、角筋或全部纵筋（当纵筋采用一种直径并且能够图示清楚时）、箍筋的具体数值以及在柱截面配筋图上标注柱截面与轴线关系 b_1、b_2、h_1、h_2 的具体数值。

当纵筋采用两种直径时，需再注写截面各边中部筋的具体数值，对于采用对称配筋的矩形截面柱，可仅在一侧注写中部筋，对称边省略不注。

在某些框架柱的一定高度范围内，在其内部的中心位置设置芯柱时，应编号，并在其编号后注写芯柱的起止标高、全部纵筋及箍筋的具体数值。对于芯柱的其他要求，同"列表注写方式"。

应注意，在截面注写方式中，如果柱的分段截面尺寸和配筋均相同，仅分段截面与轴线的关系不同时，可以将它们编为同一柱号，但此时应在没有画出配筋的截面上注写该柱截面与轴线关系的具体尺寸。

图 10 - 26 分别表示了框架柱、梁上柱的截面尺寸和配筋。图中编号 KZ1 柱的截面图旁所标注的"650×600"表示柱的截面尺寸，"4φ22"表示角筋为 4 根直径为 22mm 的 HRB335 钢筋，"φ10@100/200"表示所配置的箍筋；截面上方标注的"5φ22"，表示 b 边一侧配置的中部筋，截面左侧标注的"4φ20"，表示 h 边一侧配置的中部筋，由于柱截面配筋对称，所以在柱截面图的下方和右侧的标注省略。编号 LZ1 柱的截面图旁所标注的"250×300"表示该柱的截面尺寸，纵筋为 6 根直径为 16mm 的 HRB335 钢筋，箍筋为直径 8mm 的 HPB300 钢筋，间距为 200mm。

2. 列表注写方式

在以适当比例绘制出的柱平面布置图（包括框架柱、框支柱、梁上柱和剪力墙上柱）上，标注出柱的轴线编号、轴线间尺寸，并将所有柱进行编号（由类型代号和序号组成），分别在同一编号的柱中选择一个或几个柱的截面，以轴线为界标注柱的相关尺寸，并列出柱表。在柱表中注写柱号、柱段起止标高、几何尺寸（含柱截面对轴线的偏心情况）与配筋的

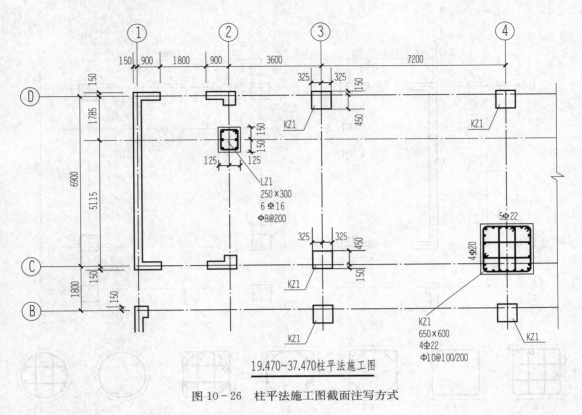

19.470~37.470柱平法施工图

图 10-26　柱平法施工图截面注写方式

具体数值，并配以各种柱截面形状及其箍筋类型图。

各段柱的起止标高，是自柱根部往上以变截面位置或截面未变但配筋改变处为界分段注写的。其中，框架柱和框支柱的根部标高是指基础顶面标高；芯柱的根部标高是指根据结构实际需要而定的其始位置标高；梁上柱的根部标高是指梁顶面标高；剪力墙上柱的根部标高分两种：当柱与剪力墙重叠一层时，其根部标高为墙顶面往下一层的结构层楼面标高；当柱纵筋锚固在墙顶部时，其根部标高为墙顶面标高。

现以图 10-27 为例进行说明。对于矩形柱，在平面图中应注写截面尺寸 $b \times h$ 及轴线关系的几何参数代号 b_1、b_2 和 h_1、h_2 的具体数值，须对应于各段柱分别注写，其中 $b=b_1+b_2$，$h=h_1+h_2$。当截面的某一边收缩变化至与轴线重合或偏到轴线的另一侧时，b_1、b_2、h_1、h_2 中的某项为零或负值。

该图中有 KZ1（框架柱）、XZ1（芯柱）、LZ1（梁上柱）三种柱，图 10-18（c）的柱表为框架柱 KZ1 和芯柱 XZ1 的配筋情况，它分别注写了 KZ1 和 XZ1 不同标高部分的截面尺寸和配筋，如在标高 19.470m～37.470m 这段，KZ1 的截面尺寸为 650mm×600mm，柱边离垂直轴线距离左右相等，均为 325mm，柱边离水平轴线距离一边为 150mm，另一边为 450mm。配置的角筋为直径 22mm 的 HRB335 钢筋，b 边一侧中部配置了 5 根直径为 22mm 的 HRB335 钢筋，h 边一侧中部配置了 4 根直径为 20mm 的 HRB335 钢筋，箍筋为直径 10mm 的 HPB300 钢筋，其中的斜线"/"区分柱端箍筋加密区与柱身非加密区长度范围内箍筋的不同间距（100/200），当圆柱采用螺旋箍筋时，需要在箍筋前加"L"。

具体工程所设计的各种箍筋类型，要在图中的适当位置画出箍筋类型图，并注写类型

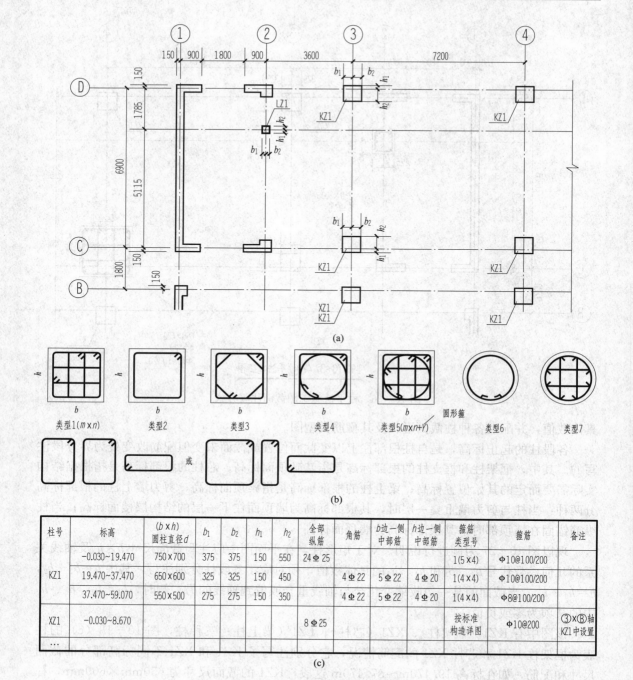

图 10-27　柱平法施工图列表注写方式

（a）柱平面布置图；（b）箍筋类型图；（c）柱表

柱号	标高	(b×h) 圆柱直径d	b_1	b_2	h_1	h_2	全部纵筋	角筋	b边一侧中部筋	h边一侧中部筋	箍筋类型号	箍筋	备注
KZ1	-0.030～19.470	750×700	375	375	150	550	24Φ25				1(5×4)	Φ10@100/200	
	19.470～37.470	650×600	325	325	150	450		4Φ22	5Φ22	4Φ20	1(4×4)	Φ10@100/200	
	37.470～59.070	550×500	275	275	150	350		4Φ22	5Φ22	4Φ20	1(4×4)	Φ8@100/200	
XZ1	-0.030～8.670						8Φ25				按标准构造详图	Φ10@200	③×Ⓑ轴 KZ1中设置
...													

（c）

号。图 10-27（b）中共有 7 种类型的箍筋，其中类型 1 又有多种组合，如 4×3、4×4、5×4 等，柱表中"箍筋类型号"一栏的 1（5×4）、1（4×4）表示箍筋为类型 1 的 5（列）×（4 行）或 4（列）×（4 行）组合箍筋。

对于圆柱，柱表中 $b×h$ 一栏须在该用在圆柱直径数字前加 d 表示。为了表达简单，圆柱截面与轴线的关系也用 b_1、b_2 和 h_1、h_2 表示,并使 $d=b_1+b_2=h_1+h_2$。

图中出现的芯柱(只在③~⑤轴线 KZ1 中设置),其截面尺寸按构造确定,并按标准构造图施工,设计时不标注;当设计者采用与本构造详图不同的做法时,应进行注明。芯柱定位随框架柱。不需要注写其与轴线的几何关系。

当柱纵筋直径相同,各边根数也相同时,将纵筋注写在"全部纵筋"一栏中。此外,柱纵筋分角筋、截面 b 边中部筋和截面 h 边中部筋三项,应分别注写在柱表中的对应位置,对于采用对称配筋的矩形截面柱,可以仅注写一侧中部筋,对称边省略不注。

相比较截面注写法,列表注写法可以更为清楚明白地注写较为复杂的钢筋混凝土结构,因此在实际工程中的应用比较广泛。

10.3.3 剪力墙平法施工图的表示方法

剪力墙平法施工图是在绘出剪力墙的平面布置图的基础上,采用列表注写方式或截面注写方式表示剪力墙的截面尺寸和钢筋配置的结构工程图。

剪力墙平面布置图可以采用适当比例单独绘制,也可与柱或梁平面布置图合并绘制。当剪力墙较复杂或采用截面注写方式时,应按标准层分别绘制剪力墙平面布置图。

剪力墙的平法标注,需要注写墙柱、墙身及墙梁的截面及配筋,其各自的编号序号如下所示。

(1)墙柱编号,见表 10 - 9。在编号中,如若干墙柱的截面尺寸与配筋均相同,仅截面与轴线的关系不同时,可将其编为同一墙柱号,但应注明与轴线的几何关系。

表 10 - 9　　　　　　　　　　墙　柱　编　号

墙柱类型	代号	序号
约束边缘构件	YBZ	××
构造边缘构件	GBZ	××
非边缘暗柱	AZ	××
扶壁柱	FBZ	××

(2)墙身编号。由墙身代号、序号以及墙身所配置的水平与竖向分布钢筋的排数组成,其中,排数注写在括号内。表达形式为:QXX(X 排)。

在编号中,如若干墙身的厚度尺寸与配筋均相同,仅墙厚与轴线的关系不同或墙身长度不同时,可将其编为同一墙柱号,但应注明与轴线的几何关系;当墙身所设置的水平与竖向分布钢筋的排数为 2 时可不注。

(3)墙梁编号,见表 10 - 10。

表 10 - 10　　　　　　　　　　墙　梁　编　号

墙梁类型	代号	序号
连梁	LL	××
连梁(对角暗撑配筋)	LL(JC)	××
连梁(交叉斜筋配筋)	LL(JX)	××
连梁(集中对角斜筋配筋)	LL(DX)	××
暗梁	AL	××
边框梁	BKL	××

（4）层高表。按平法设计绘制结构施工图时，应当用表格或其他方式注明包括地上和地下各层的结构层楼（地）面标高、结构层高及相应的结构层号，并用加粗的实线示意出本张结构施工图所适用的层高范围。

1. 截面注写方式

截面注写方式是在分标准层绘制的剪力墙平面布置图上，以直接在墙柱、墙身、墙梁上注写截面尺寸和配筋具体数值的方式，来表达剪力墙平法施工图。

截面注写方式有两种表示方法。一种是原位注写方式，可以直接在墙柱、墙身、墙梁图上注写；另一种方式，选用适当比例将平面布置图放大后，对墙柱绘制出配筋截面图，再进行注写。不管采用哪一种方法，均应对所有墙柱、墙身和墙梁进行编号，然后分别在相同编号的墙柱、墙身和墙梁中选择一根墙柱、一道墙身、一根墙梁进行注写。注写的内容有：

墙柱：编号、截面尺寸及相关几何尺寸、全部纵筋及箍筋；

墙身：编号、墙厚尺寸、水平和竖向分布钢筋及拉筋；

墙梁：编号、截面尺寸、箍筋、上部和下部纵筋、顶面高差。

图 10-28 是采用截面注写方式完成的剪力墙平法施工图。

2. 列表注写方式

为表达清楚、简便，剪力墙可看成由剪力墙柱、剪力墙身、剪力墙梁（简称墙柱、墙身、墙梁）三类构件组成。因此，在剪力墙平面布置图上需要对它们分别按表 10-9、表 10-10 进行编号，再分别列出墙柱、墙身、墙梁表。

剪力墙柱表中表达的内容主要有：编号、墙柱的起止标高、墙柱的截面配筋图、各段墙柱的纵向钢筋和箍筋的规格与间距。

剪力墙梁表中表达的内容主要有：编号、墙梁所在的楼层号、墙梁的顶面标高与结构层标高之差、墙梁的截面尺寸、墙梁上部和下部纵筋及箍筋的规格与间距。

剪力墙身表中表达的内容主要有：编号、各段墙身起止标高、墙的厚度、一排水平和竖向分布钢筋及拉筋的具体数值。

图 10-29 所示的是剪力墙平法施工图列表注写方式示例。从剪力墙柱表中可以知道约束边缘构件 YBZ1～YBZ7 的相关尺寸、标高、纵筋和箍筋配置情况。从剪力墙身表中可以知道编号为 Q1、Q2 的墙身的标高、厚度、水平分布筋、垂直分布筋和拉筋的配置情况。从剪力墙梁表中可以知道编号为 LL1～LL4 的连梁、编号为 AL1 的暗梁、编号为 BKL1 的边框梁所在的楼层、梁顶相对该结构层标高的高差、梁的截面尺寸、梁上下部纵筋和箍筋的配置情况。

结构层平面图中的"YD1"表示剪力墙圆形洞口的编号。根据规范规定，剪力墙上的洞口均可以在剪力墙平面布置图上原位表达，绘制洞口示意，并标注洞口中心的平面定位尺寸。在洞口中心位置应该引注洞口编号、洞口几何尺寸、洞口中心相对标高和洞口每边补强钢筋四项内容。如图中"$D=200$"表示该圆形洞口的直径为 200mm，"2 层：-0.800，3 层：-0.700"、"其他层：-0.500"表示该圆形洞口中心距离本结构层楼（地）面标高的洞口中心高度，本例中为负值，表示该圆形洞口中心低于本结构层楼面。洞口上下设置补强暗梁，每边暗梁纵筋为 2 根直径 16mm 的 HRB400 钢筋，箍筋为直径 10mm 的 HPB300 钢筋，间距为 100mm，双肢箍。

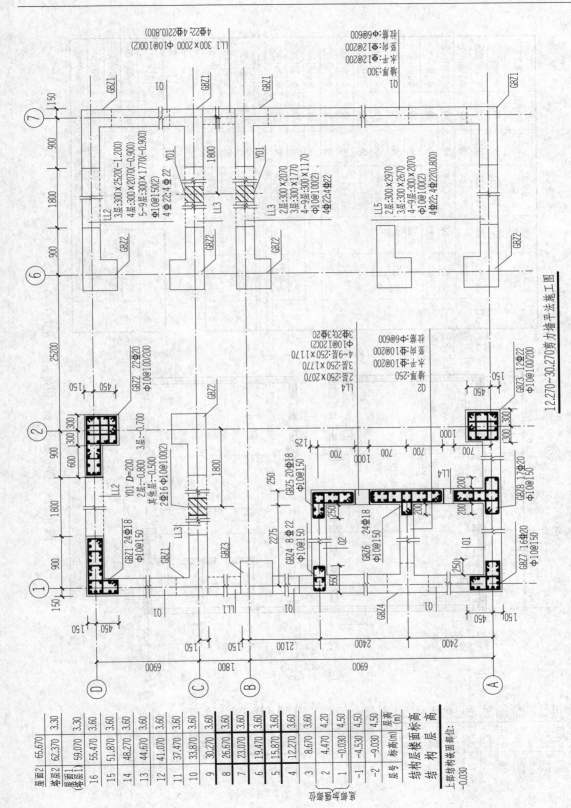

图 10－28　剪力墙平法施工图截面注写方式

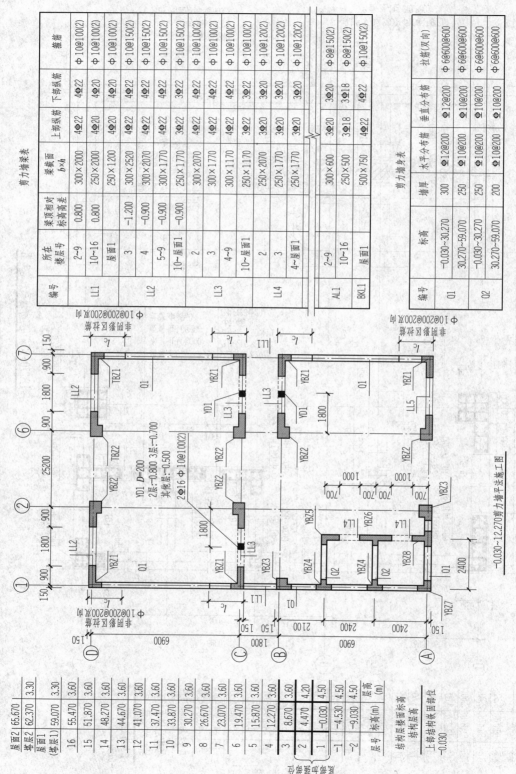

图 10-29　剪力墙平法施工图列表注写方式（一）

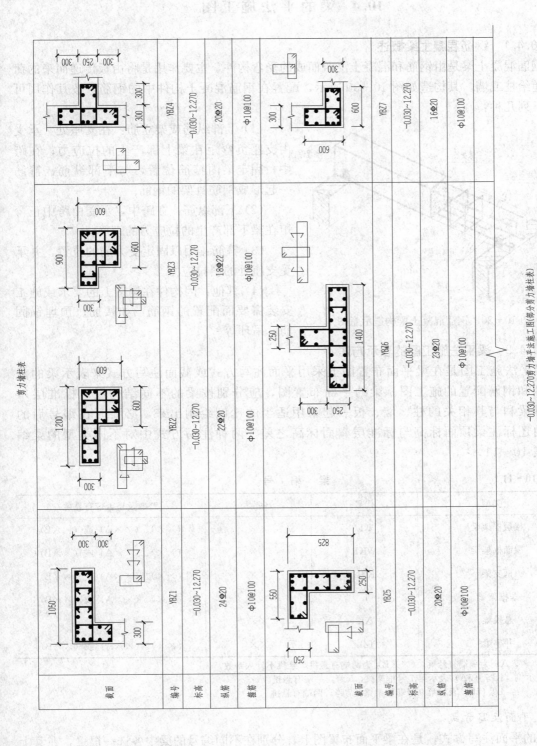

剪力墙柱表

截面	编号	标高	纵筋	箍筋	截面	编号	标高	纵筋	箍筋
	YBZ1	-0.030~12.270	24Φ20	Φ10@100		YBZ5	-0.030~12.270	20Φ20	Φ10@100
	YBZ2	-0.030~12.270	22Φ20	Φ10@100		YBZ6	-0.030~12.270	23Φ20	Φ10@100
	YBZ3	-0.030~12.270	18Φ22	Φ10@100					
	YBZ4	-0.030~12.270	20Φ20	Φ10@100		YBZ7	-0.030~12.270	16Φ20	Φ10@100

-0.030~12.270 剪力墙平法施工图(部分剪力墙柱表)

图 10-29 剪力墙平法施工图列表注写方式(二)

10.4　梁的平法施工图

10.4.1　钢筋混凝土梁概述

钢筋混凝土梁是由钢筋和混凝土浇筑而成的受弯构件，主要作用是将由板传递而来的荷载传递给柱或墙。其构造如图 10 - 30 所示，配置在钢筋混凝土构件中的钢筋，按其作用可分为下列几种：

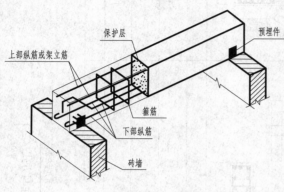

图 10 - 30　钢筋混凝土梁构造示意图

（1）上部纵筋或架立筋：在支座处，承受由支座负弯矩在梁上部产生的拉应力；在跨中，固定梁内箍筋位置，与下部纵筋、箍筋一起形成钢筋骨架的钢筋。

（2）下部纵筋：在跨中，承受由跨中正弯矩在梁下部产生的拉应力的钢筋。

（3）箍筋：用以固定受力筋的位置，并承受支座处的斜拉应力。

（4）其他：因构件在构造上的要求或施工安装需要而配置的钢筋，如腰筋、预埋锚固筋、吊环等。

10.4.2　梁平法施工图的表示方法

梁平法施工图是在梁平面布置图上采用平面注写方式或截面注写方式来表示梁的截面尺寸和钢筋配置的施工图。梁的平面布置图，应分别按梁的不同结构层（标准层），将全部梁和与其相关的柱、墙、板一起采用适当的比例绘制出来，必要时在编号后的括号内还标注梁顶面标高与标准层露面标高之差。两种注写方式中对不同类型的梁编号见表 10 - 11。

表 10 - 11　　　　　　　　　　　　　　　　　梁　编　号

梁类型	代号	序号	跨数及是否带有悬挑
楼层框架梁	KL	××	(××)、(××A) 或 (××B)
屋面框架梁	WKL	××	(××)、(××A) 或 (××B)
框支梁	KZL	××	(××)、(××A) 或 (××B)
非框架梁	L	××	(××)、(××A) 或 (××B)
悬挑梁	XL	××	
井字梁	JZL	××	(××)、(××A) 或 (××B)

注　(××A) 为一端有悬挑，(××B) 为两端有悬挑，悬挑不计入跨数。
　　示例：KL7（5A）表示第 7 号框架梁，5 跨，一端有悬挑。
　　　　　L9（7B）表示第 9 号非框架梁，7 跨，两端有悬挑。

1. 平面注写方式

梁的平面注写方式，是在梁平面布置图上，分别在不同编号的梁中各选一根梁，在其上注写截面尺寸和配筋具体数值的方式，来表达梁平法施工图。

平面注写包括集中标注和原位标注两种方式。集中标注注写梁的通用数值，原位标注注写梁的特殊数值。

（1）集中标注。当采用集中标注时，有五项必须标注的内容及一项选择标注的内容。这五项必须标注的内容是：梁编号、梁的截面尺寸、梁的箍筋、梁上部通长筋或架立筋、梁侧面纵向构造钢筋或受扭钢筋。当集中标注中的某项数值不适用于梁的某部位时，则将该项数值原位标注，施工时，原位标注取值优先。

梁的截面，如图 10-31 所示，如果为等截面时，用 $b×h$（宽×高）表示；如果为加腋梁时，用 $b×hYc_1×c_2$ 表示，Y 表示加腋，c_1 为腋长，c_2 为腋高，如图 10-31（a）所示；如果有悬挑梁且根部和端部的高度不同时，用斜线分隔根部与端部的高度值，即为 $b×h_1/h_2$，如图 10-31（b）所示。

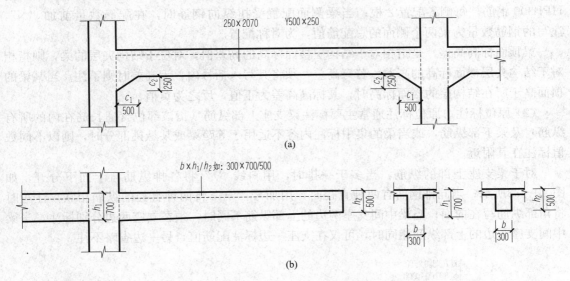

图 10-31　梁的截面尺寸注写
（a）加腋梁截面尺寸注写示意；（b）悬挑梁不等高截面尺寸注写示意

梁的箍筋，包括钢筋级别、直径、加密区与非加密区间距及肢数等。箍筋加密区与非加密区的不同间距及肢数应用"/"分隔，当箍筋为同一种间距及肢数时，不用"/"，当加密区与非加密区的箍筋肢数相同时，则将肢数注写一次，箍筋肢数应写在括号内。例如：φ10@100/200（4）表示箍筋为 HPB300 钢筋，直径为 10mm，加密区间距为 100mm，非加密区间距为 200mm，均为四肢箍；又如，φ8@100（4）/150（2）表示箍筋为 HPB300 钢筋，直径为 8mm，加密区间距为 100mm，四肢箍，非加密区间距为 150mm，两肢箍。当抗震结构中的非框架梁、悬挑梁、井字梁，及非抗震结构中的各类梁采用不同的箍筋间距及肢数时，也用"/"进行分隔，注写时先注写梁支座端部的箍筋，在"/"后注写梁跨中部分的箍筋间距及肢数。例如：13φ10@150/200（4）表示箍筋为 HPB300 钢筋，直径为 10mm，梁的两端各有 13 个四肢箍，间距为 150mm，梁跨中部分间距为 200mm，四肢箍；又如，18φ12@150（4）/200（2）表示箍筋为 HPB300 钢筋，直径为 12mm，梁的两端各有 18 个四肢箍，间距为 150mm，梁跨中部分间距为 200mm，两肢箍。

梁上部的通长筋及架立筋，当他们在同一排时，应用加号"＋"将通长筋与架立筋联结，注写时应将角部纵筋写在加号的前面，架立筋写在加号后面的括号内。当梁的上部纵筋和下部纵筋为全跨相同，且多数跨配筋相同时，该项可以加注下部纵筋的配筋值，同分号"；"将上部与下部纵筋的配筋值分隔开，如图 10 - 32 所示。

2Φ25+2Φ22　表示梁的上部配置了 2Φ25 的通长钢筋，同时配置了 2Φ22 的架立筋。

3Φ22；3Φ20　表示梁的上部配置了 3Φ22 的通长钢筋，下部配置了 3Φ20 的通长钢筋。

图 10 - 32　梁的纵向钢筋注写

梁侧面纵向构造钢筋或受扭钢筋配置的注写，应按以下要求进行：当梁腹板高度 $h_w \geqslant$ 450mm 时，须配置纵向构造钢筋，在配筋数量前加"G"，注写的钢筋数量为梁两个侧面的总配筋值，为对称配置，如 G4φ12 表示梁的两个侧面共配置了 4 根直径为 12mm 的 HPB300 钢筋，每侧各配置 2 根；当梁侧面配置受扭纵向钢筋时，在配筋数量前加"N"，注写的钢筋数量为梁两个侧面的总配筋值，为对称配置。

梁顶面标高高差，是指相对于结构层楼面标高的高差值，对位于结构夹层的梁，则指相对于结构夹层楼面标高的高差。若有高差，须将其写入括号内，无高差时则不注。当某梁的顶面高于所在结构层的楼面标高时，其标高高差为正值，反之为负值。

（2）原位标注。原位标注通常主要标注梁支座上部纵筋（指该部位含通长筋在内的所有纵筋）及梁下部纵筋，或当梁的集中标注内容不适用于等跨梁或某悬挑部分时，则以不同数值标注在其附近。

对于梁支座上部的纵筋，当多于一排时，用斜线"/"将各排纵筋自上而下分开，如图 10 - 33所示；当同排钢筋有两种直径时，用加号"＋"将两种直径的纵筋相联，注写时将角部纵筋写在前面；当梁中间支座两边的上部纵筋不同时，须在支座两边分别标注，当梁中间支座两边的上部纵筋相同时，可仅在支座一边标注配筋值，另一边省略不注。

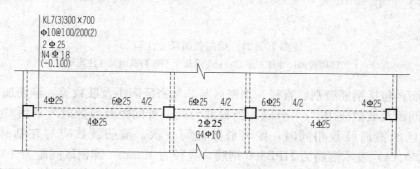

图 10 - 33　梁的原位标注

对于梁下部纵筋，当多于一排时，用斜线"/"将各排纵筋自上而下分开；当同排钢筋有两种直径时，用加号"＋"将两种直径的纵筋相联，注写时将角部纵筋写在前面；当梁下部纵筋不全伸入支座时，将梁支座下部纵筋减少的数量写在括号内，其含义如图 10 - 34 所示。

对于梁中的附加箍筋或吊筋，应将其画在平面图中的主梁上，用线引注总配筋值（附加箍筋的肢数注在括号内），如图 10 - 35 所示。当多数附加箍筋或吊筋相同时，可以在梁平法施工图上统一注明，少数与统一注明值不同时，再原位引注。

6Φ25 2 (-2) /4 表示上排纵筋为2Φ25，且不伸入支座；下排纵筋为4Φ25，全部伸入支座

2Φ25+3Φ22 (-3) /5Φ25 表示上排纵筋为2Φ25和 3Φ22，其中3Φ22不伸入支座；下排纵筋为5Φ25，全部伸入支座

图 10 - 34 梁下部纵筋的标注

图 10 - 35 附加箍筋和吊筋的画法

图 10 - 36 是采用平面注写方式画出的某建筑结构的一部分梁平法施工图。从图中可知，该图中共有 6 种楼层框架梁，分别是 KL1～KL6；有 4 种非框架梁，分别是 L1～L4。层高表中加粗的实线示意出本图适用于 5～8 层，结构标高为 15.870、19.470、23.070、26.670 处的梁。下面仅以 KL1 和 KL5 为例进行说明，其余梁的配筋情况参见图中标注阅读。

KL1 的截面为 300×700，箍筋为Φ10@100/200（2），4 跨，5 轴到 6 轴之间的梁跨支座处，梁的上部和下部均有两排纵向钢筋，梁上部第一排为 4 根直径为 25mm 的 HRB400 钢筋，第二排也为 4 根直径为 25mm 的 HRB400 钢筋，共 8 根；梁下部第一排为 2 根直径为 25mm 的Ⅲ级钢筋，第二排为 5 根直径为 25mm 的 HRB400 钢筋，共 7 根。在此跨范围内，梁腹两侧各配置了 2 根直径为 16mm 的 HRB400 钢筋作为扭筋，其余三跨，梁腹两侧各配置了 2 根直径 10mm 的 HPB300 钢筋作为构造扭筋。除此之外，在 KL1 与 L4 的交界处，还设置有 2 根吊筋，直径 18mm，HRB400 钢筋。

KL5 的截面为 250×700，箍筋为Φ10@100/200（2），3 跨，C 轴到 D 轴之间的梁跨支座处，梁上部和下部也均有两排纵向钢筋，梁上部第一排为 4 根直径为 22mm 的 HRB400 钢筋，第二排为 2 根直径为 22mm 的 HRB400 钢筋，共 6 根；梁下部第一排为 3 根直径为 20mm 的 HRB400 钢筋，第二排为 4 根直径为 22mm 的 HRB400 钢筋，共 7 根。KL5 两侧各配置了 2Φ10 的构造扭筋。

除此之外，在梁平法施工图的平面图中，当局部区域的梁布置过密时，除了采用截面注写方式表达外，也可以将过密区用虚线框出，适当放大比例后再用平面注写方式表示，如 KL6，A 轴交 5 轴～6 轴范围内的梁跨。

注意，在多跨梁的集中标注中如果已注明加腋，而该梁某跨的根部不需要加腋时，应该在该跨原位标注等截面的 $b×h$，以修正集中标注中的加腋信息，如图 10 - 37 所示。

井字梁通常由非框架梁构成，并以框架梁为支座（特殊情况下以专门设置的非框架大梁为支座）。在此情况下，为明确区分井字梁与框架梁或作为井字梁支座的其他类型梁，井字梁用单粗虚线表示（当井字梁顶面高出板面时用单粗实线表示），框架梁或作为井字梁支座的其他类型梁用双细虚线表示（当梁顶面高出板面时用双实细线表示）。有关井字梁的其他规定及注写要求，可参阅有关标准图集。

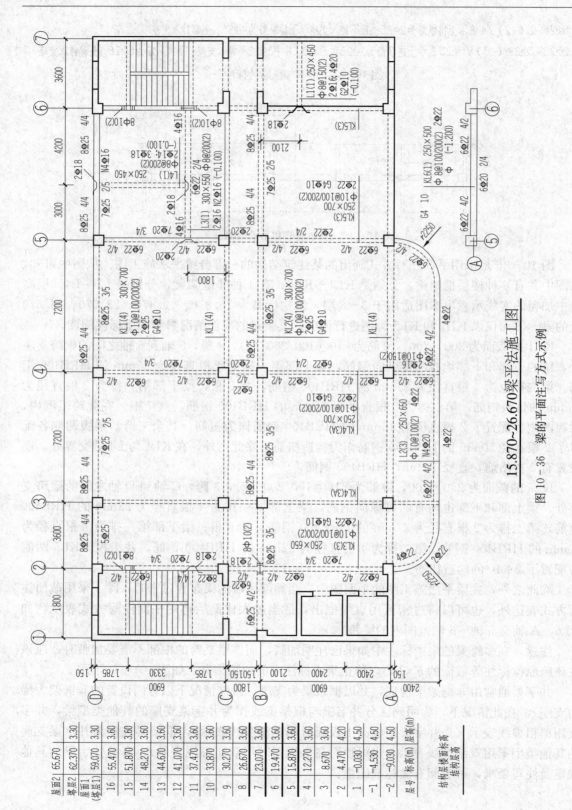

15.870～26.670梁平法施工图

图 10－36　梁的平面注写方式示例

屋面2	65.670	3.30
塔层2	62.370	3.30
屋面1 (塔层1)	59.070	3.60
16	55.470	3.60
15	51.870	3.60
14	48.270	3.60
13	44.670	3.60
12	41.070	3.60
11	37.470	3.60
10	33.870	3.60
9	30.270	3.60
8	26.670	3.60
7	23.070	3.60
6	19.470	3.60
5	15.870	3.60
4	12.270	3.60
3	8.670	3.60
2	4.470	4.20
1	-0.030	4.50
-1	-4.530	4.50
-2	-9.030	4.50
层号	标高(m)	层高(m)

结构层楼面标高
结构层高

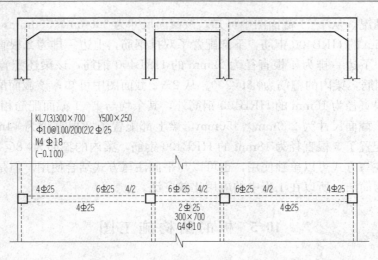

图 10-37　梁加腋平面注写方式表达示例

2. 截面注写方式

梁的截面注写方式是在分标准层绘制的梁平面布置图上，分别在不同编号的梁中各选择一根梁用剖面号（单边截面号）引出配筋图，并在其上注写截面尺寸和配筋具体数值的方式来表达梁平法施工图。在画出的截面配筋详图上应注写截面尺寸 $b \times h$、上部筋、下部筋、侧面构造筋或受扭筋、以及箍筋的具体数值，表达形式同"平面注写方式"。

图 10-38 中从平面布置图上分别引出了 3 个不同配筋的截面图，各图中表示了梁的截

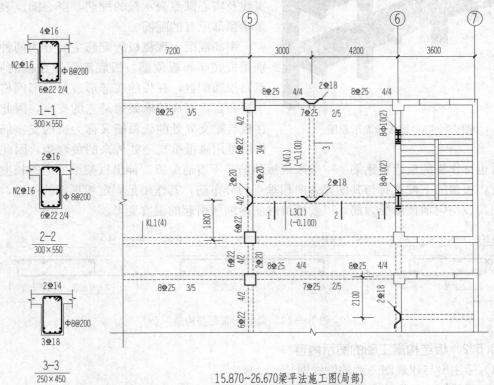

15.870~26.670梁平法施工图(局部)

图 10-38　梁的截面注写方式示例

面尺寸和配筋情况。从 1—1 截面图中可知，该截面尺寸为 300mm×550mm，梁上部配置了 4 根直径为 16mm 的 HRB400 钢筋，下部配置了双排钢筋，上边一排为 2 根直径为 22mm 的 HRB400 钢筋，下边一排为 4 根直径为 22mm 的 HRB400 钢筋，该梁还配置了 2 根直径为 16mm 的受扭钢筋，梁内的箍筋为 Φ8@200。从 2—2 截面图中可知，该截面配筋中除梁上部的配筋变为 2 根直径为 16mm 的 HRB400 钢筋外，其余均与 1—1 截面配筋相同。从 3—3 截面图中可知，该截面尺寸为 250mm×450mm，梁上部配置了 2 根直径为 14mm 的 HRB400 钢筋，梁下部配置了 3 根直径为 18mm 的 HRB400 钢筋，梁内的箍筋为 Φ8@200。

　　梁的截面注写方式可以单独使用，也可以与平面注写方式结合使用。但是由于平法注写的方式制图较为简洁，所以在工程中的应用比较广泛。

10.5　板的结构施工图

　　板的结构施工图是假想沿楼板顶面将房屋水平剖开后所作的楼层结构的水平投影，用来表示楼面板及其下面的墙、梁、柱等承重构件的平面布置、板的构造与配筋以及它们之间的结构关系。

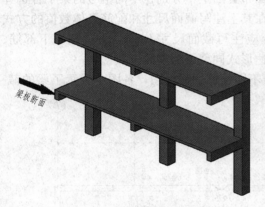

图 10 - 39　梁板断面示意图

10.5.1　板的基本结构构造

　　将图 10 - 3 框架结构纵向剖开，以图 10 - 39 中所示的梁板断面为例，简述板内配筋构造及在框架梁中的搭接和锚固构造。图 10 - 40 中，粗实线及实心圆点表示板的配筋，空心圆点表示框架梁顶部原有的配筋。

　　钢筋混凝土现浇板的配筋主要分为两种，分别是板底筋和板顶筋。板底筋配置在板的底部，双向拉通配置，在板的底部形成井字形网格。对于板而言，四周的框架梁是它的支座，因此配置在板与梁交界处的板顶筋又称为板的支座筋，其作用是用来抵抗支座处传来的负弯矩，因此工程上有时也称作板的负弯矩钢筋。一般来说板顶筋并不贯通配置，伸出框架梁一定的长度即向下弯折，板顶筋下配置有与其配置方向相垂直的分布筋，其作用是固定板顶筋的位置，并将承受的荷载均匀地传给受力筋，以及抵抗热胀冷缩所引起的温度变形。

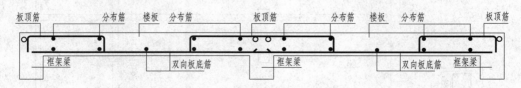

图 10 - 40　梁板断面配筋构造

10.5.2　板结构施工图的图示内容

（1）标注出与建筑图一致的轴线网。

（2）预制板的结构施工图中需注写预制板的跨度方向、代号、型号或编号、数量和预留洞等的大小和位置。在现浇板的结构施工图上，画出其配筋配置，并标注预留孔洞的大小及位置。

（3）注出有关剖切符号或详图索引符号。

（4）附注说明选用预制构件的图集编号、各种材料标号，板内分布筋的级别、直径、间距等。

10.5.3　板结构施工图的一般规定

对于多层建筑，一般应分层绘制。但是，如果其中某几层板结构施工图相同时，可只画出一个板结构施工图，并注明应用各层的层数。

在板结构施工图中，构件应采用轮廓线表示，如能用单线表示清楚时，也可用单线表示，如梁、屋架、支撑等可用粗点画线表示其中心位置。采用轮廓线表示时，可见的钢筋混凝土楼板的轮廓线用中实线表示，剖切到的构件轮廓线用粗实线表示，不可见构件的轮廓线用中虚线表示，门窗洞一般不再画出，如图 10 - 41 所示。此图是预制楼板结构平面图，各种线型和符号在此表达清楚。

在板结构施工图中，如果有相同的结构布置时，可只绘制一部分，并用大写的拉丁字母外加细实线圆圈表示相同部分的分类符号，其他相同部分仅标注分类符号。分类符号圆圈直径为 6mm，如图 10 - 41 所示。

在板结构施工图中，定位轴线应与建筑平面图或总平面图保持一致，并标注结构标高。

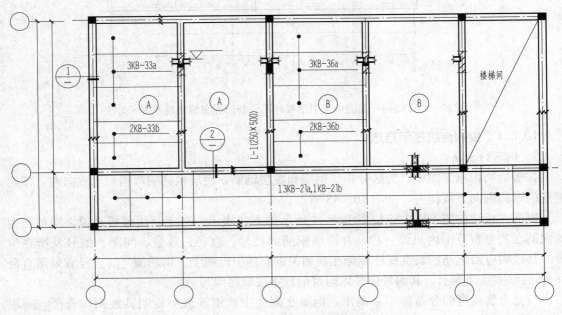

图 10 - 41　预制楼板结构平面图示例

在结构平面图中索引的剖视详图、断面详图应采用索引符号表示，其编号顺序宜按下列规定编排：

（1）外墙按顺时针方向从左下角开始编号。

（2）内横墙从左至右，从上至下编号。

（3）内纵墙从上至下，从左至右编号，如图 10 - 42 所示。

    在结构平面图中的索引位置处，粗实线表示剖切位置，引出线所在一侧应为投射方向。索引符号应由细实线绘制的直径为 8～10mm 的圆和水平直径线组成。

    当被索引的图样与索引位置在同一张图纸内时，应按图 10-42 的规定进行编排，分母为一条横线，表示详图绘制在本页图纸中，分子为详图自身的编号。

    若被索引的图样与索引位置不在同一张图纸内时，分母为被索引详图所在的图纸编号，分子为详图自身的编号。

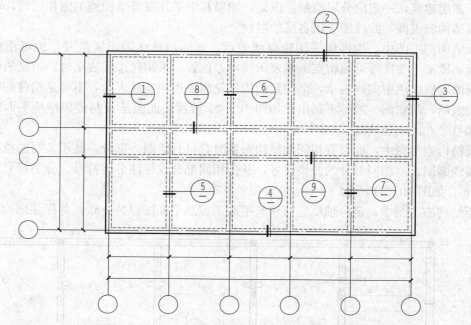

图 10-42   结构平面图中索引剖视详图、断面详图编号顺序表示方法

10.5.4   板的传统表示方法

1. 钢筋的画法

    在板的结构施工图中，为区分顶层钢筋和底层钢筋，底层钢筋的弯钩向上或向左，顶层钢筋的弯钩则向下或向右，如图 10-43 所示。

    钢筋在板结构施工图中应按图 10-44 所示的方法表示。对于一块楼板来说，同种类型的钢筋在其分布范围内只画一根，并注明钢筋的代号、直径、数量、间距、编号及所在位置，其说明应沿钢筋的长度标注或标注在相关钢筋的引出线上。钢筋编号的直径宜采用直径 6mm 的细实线圆表示，其编号应采用阿拉伯数字按顺序编写。

    与受力筋垂直的分布筋不必画出，但要在附注中或钢筋表中说明其级别、直径、间距（或数量）及长度等。

    当板的结构施工图中的钢筋配置较为复杂，其分布范围容易引起歧义的时候，可按图 10-45 所示用范围线的方法辅助绘制，即用一两端带斜短画线的横穿细线，表示每组相同的钢筋、箍筋或环筋起止范围。

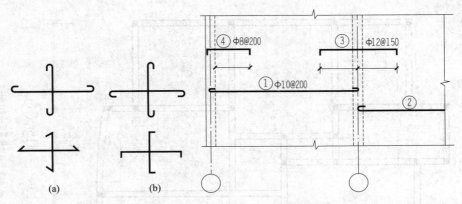

图 10-43　双层钢筋画法　　　　图 10-44　钢筋在楼板配筋图中的表示方法
（a）底层钢筋；（b）顶层钢筋

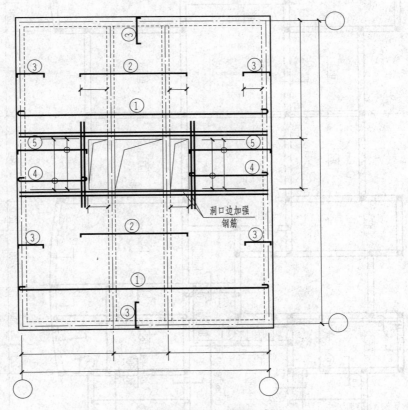

图 10-45　楼板配筋较复杂的表示方法

2. 读图示例

现以图 10-46 某教师公寓的标准层板结构施工图为例，说明板结构施工图的内容和读图方法。

从图名得知此图为标准层板结构施工图，图的比例和轴线编号与建筑平面图一致。在客厅处标注了三个楼层地面的结构标高。

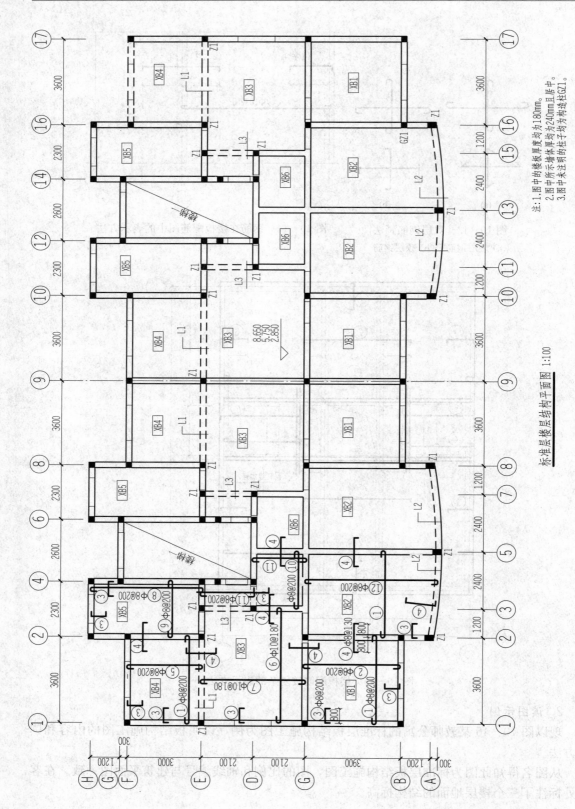

标准层楼层结构平面图 1:100

注:1.图中的楼板厚度均为180mm。
2.图中所示墙体厚均为240mm且居中。
3.图中未注明的柱子均为构造柱GZ1。

图 10－46　标准层楼层结构平面图

由于结构平面图是水平剖面图，剖切位置在楼板处，所以楼板下方被遮挡的墙和梁的用中虚线表示，外围没有被楼板挡住墙和梁的画中实线，钢筋画粗实线，剖切到的钢筋混凝土柱涂黑表示。

对于现浇楼板，主要受力钢筋的配置可以直接画在楼层结构平面图中。每种规格的钢筋只画一根，并注明其编号、规格、直径、间距或数量等。与受力筋垂直的分布筋不必画出，但要在附注中或钢筋表中说明其级别、直径、间距（或数量）及长度等。

由于图形左右对称，所以在右半部分标注了不同类型现浇板的编号（XB），左半部分则画出了现浇板中的钢筋配置，从弯钩的弯起方向可以判断出：带半圆弯钩的钢筋配置在板的底部，带直弯钩的钢筋配置在板的顶部。

图中有三种类型的梁，分别是 L1、L2、L3，用来承受客厅和阳台处楼板的荷载。本例中的梁用双线表示，也可以使用单线表示法，即用粗单点长画线表示各梁的中心位置。

图中涂黑的柱，有编号为 Z1 的承重柱，用来承担梁传来的荷载；也有编号为 GZ1 的构造柱（在附注里），构造柱主要在墙体各转角处，用来增加房屋的整体刚度，提高抗震能力。

楼梯部分由于比例较小，图形不能清楚表达楼梯结构的平面布置，故需另外画出楼梯结构详图，在这里只需用细实线画出一对角线即可。

结构平面图的尺寸标注比较简单，只标注轴线尺寸和总尺寸即可；图中房间内标注的标高是结构标高，即去掉面层厚度的钢筋混凝土楼板的上表面标高。

图中其余未尽事项，均在附注中加以说明。

10.5.5 板的平面注写方式

板的平面注写主要包括板块集中标注和板支座原位标注。板块集中标注的内容为：板块编号，板厚，贯通纵筋，以及当板面标高不同时的标高高差。板支座原位标注的内容为：板支座上部非贯通纵筋和悬挑板上部受力钢筋，下面将一一说明。为方便设计表达和施工识图，规定结构平面的坐标方向为：图面从左至右为 X 向，从下至上为 Y 向。

1. 集中标注

（1）板块编号。板块编号按表 10 - 12 的规定进行编号。

表 10 - 12 　　　　　　　　　　板 块 编 号

板类型	代号	序号
楼面板	LB	××
屋面板	WB	××
悬挑板	XB	××

（2）板厚。板厚注写为 $h=×××$（为垂直于板面的厚度）；当悬挑板的端部改变截面厚度时，用斜线分隔根部与端部的高度值，注写为 $h=×××/×××$；当设计已在图注中统一注明板厚时，此项可不注。

（3）贯通纵筋。贯通纵筋按板块的下部和上部分别注写（当板块上部不设贯通纵筋时则不注），并以 B 代表下部，以 T 代表上部，B&T 代表上部与下部；X 向贯通纵筋以 X 打头，Y 向纵筋以 Y 打头，两向贯通纵筋配置相同时则以 X&Y 打头。

当在某些板内（例如在悬挑板 XB 的下部）配置有构造钢筋时，则 X 向以 X_c，Y 向以 Y_c 打头注写。

（4）板面标高高差。板面标高高差系指相对于结构层楼面标高的高差，应将其注写在括号内，且有高差则注，无高差不注。

2. 板支座原位标注

板支座原位标注的内容为：板支座上部非贯通纵筋和悬挑板上部受力钢筋。

（1）板支座上部非贯通纵筋。板支座原位标注的钢筋，应在配置相同跨的第一跨表达（当在梁悬挑部位单独配置时则在原位表达）。在配置相同跨的第一跨（或梁悬挑部分），垂直于板支座（梁或墙）绘制一段适宜长度的粗实线（当该筋通常设置在悬挑板或短跨板上部时，实线段应画至对边或贯通短跨），以该线段代表支座上部非贯通纵筋，并在线段上方注写钢筋编号（如①、②等）、配筋值、横向连续布置的跨数（注写在括号内，且当为一跨时可不注），以及是否横向布置到梁的悬挑端。

板支座上部非贯通筋自支座中线向跨内的伸出长度，注写在线段的下方位置。当中间支座上部非贯通纵筋向支座两侧对称伸出时，可仅在支座一侧线段下方标注伸出长度，另一侧不注，见图 10-47（a）。当向支座两侧非对称伸出时，应分别在支座两侧线段下方注写伸出长度，见图 10-47（b）。对线段画至对边贯通全跨或贯通全悬挑长度的上部通长纵筋，贯通全跨或伸出至全悬挑一侧的长度值不注，只注明非贯通筋另一侧的伸出长度值，见图 10-47（c）。

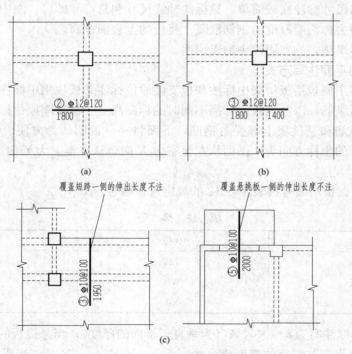

图 10-47　板支座上部非贯通纵筋绘图示意

（a）对称伸出；（b）非对称伸出；（c）板支座非贯通筋贯通全跨或伸出至悬挑端

（2）悬挑板上部受力钢筋。悬挑板的注写方式如图 10-48 所示。

如图 10-48（a）所示，悬挑板板厚 120mm，板顶受力筋为直径 12mm 的 HRB400 钢筋，间距 100mm，满布两跨悬挑板，深入根部临近的现浇板内锚固，深入长度为 2100mm。板顶分布筋为直径 8mm 的 HPB300 钢筋，间距 150mm。板底构造筋 X 向为直径 8mm 的

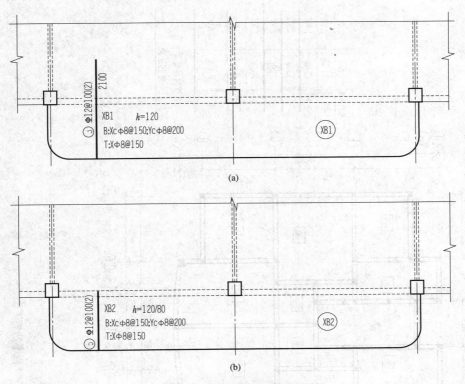

图 10-48　悬挑板支座非贯通筋

HPB300 钢筋,间距 150mm;Y 向为直径 8mm 的 HPB300 钢筋,间距 200mm。

如图 10-48(b)所示,悬挑板根部板厚 120mm,端部板厚 80mm。板顶受力筋为直径 12mm 的 HRB400 钢筋,间距 100mm,满布两跨悬挑板,深入根部临近的梁内锚固,其余构造与图 10-48(a)所示相同。

(3)其他。在板平面布置图中,不同部位的板支座上部非贯通纵筋及悬挑板上部受力钢筋,可仅在一个部位注写,对其他相同者则仅需在代表钢筋的线段上注写编号及注写横向连续布置的跨数即可。与板支座上部非贯通纵筋垂直且绑扎在一起的构造钢筋或分布钢筋,应由设计者在图中注明。

此外,应在层高表中用粗实线示意出本图适用的楼层及其结构标高。

3. 读图示例

图 10-49 为 2.860~8.660 板平法施工图。层高表中粗实线所示本图适用于 2~4 层,结构层高为 2.860m、5.760m、8.660m 处的结构楼板。平法的特点是利用文字注写的方式对图纸进行简化,下面以 B 轴~C 轴交 1 轴~2 轴之间的混凝土板 LB1 为例进行说明。

注写文字第一行"LB1 $h=180$"表示本块楼板编号为 LB1,楼板厚度为 180mm;注写文字第二行"B:X&Yϕ8@200"表示楼板板底 X 向及 Y 向的贯通筋均为直径为 8mm 的 HPB300 钢筋,间距为 200mm。

由于在注写文字中已经将板底筋注写清楚,因此仅需在楼板边缘的支座处采用原位标注注写板支座上部非贯通纵筋即可,且在绘制非贯通纵筋时,钢筋弯钩可以省略。

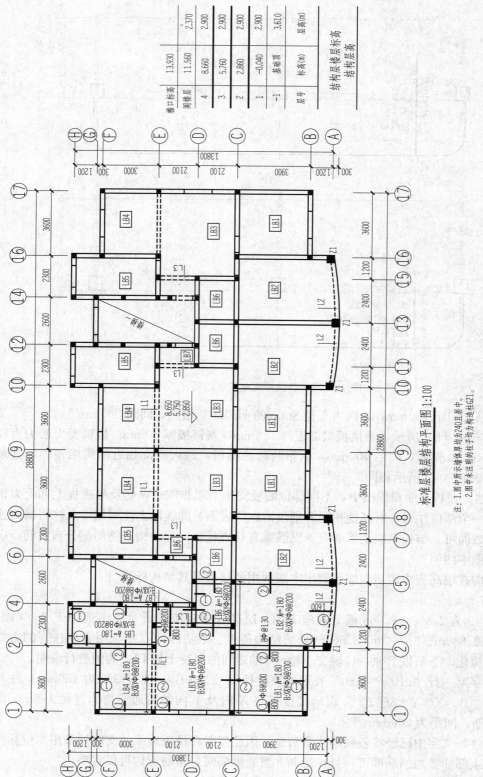

标准层楼层结构平面图 1:100

注：1.图中所示墙体厚均为240且居中。
　　2.图中未注明的柱子均为构造柱Z1。

图10-49　2.860～8.660 板平法施工图

层号	标高(m)	层高(m)
附楼层	13.930	2.370
4	11.560	2.900
3	8.660	2.900
2	5.760	2.900
1	2.860	2.900
-1	-0.040	3.610
基础顶		
结构层楼层标高		

10.6 结 构 详 图

结构详图包括楼梯结构详图和墙身结构详图两部分，分别表示楼梯以及墙身构造（如屋檐、腰线等）的截面尺寸及配筋。

10.6.1 楼梯结构详图的传统表示方法

楼梯结构详图的传统表示方法包括三部分，分别是楼梯结构平面图、楼梯剖面图和配筋图。下面以前述教师公寓为例，说明楼梯结构详图传统表示方法的图示特点。本节中与楼梯结构详图相对应的楼梯建筑详图为图 9-36 和图 9-37。

1. 楼梯结构平面图

楼梯结构平面图表示了楼梯板和楼梯梁的平面布置、代号、尺寸及结构标高。最少绘制三幅，分别是一层平面图、标准层平面图和顶层平面图，常用 1∶50 的比例绘制。楼梯结构平面图和楼层结构平面图一样，都是水平剖面图，只是水平剖切位置不同。通常把剖切位置选择在每层楼层平台的楼梯梁顶面，以表示平台、梯段和楼梯梁的结构布置。

楼梯结构平面图中对各承重构件，如楼梯梁（TL）、楼梯板（TB）、平台板等进行了标注，梯段的长度标注采用"踏面宽×（步级数－1）＝梯段长度"的方式。楼梯结构平面图的轴线编号应与建筑施工图一致，剖切符号一般只在一层楼梯结构平面图中表示。

图 10-50 所示的楼梯结构平面图共有 3 个，分别是一层平面图、标准层平面图和顶层平面图，比例为 1∶50。楼梯平台板、梯梁、梯柱和梯段板都采用现浇钢筋混凝土，图中画出了现浇板内的配筋，梯段板和楼梯梁另有详图画出，故只注明其代号和编号。从图中可知：梯段板共有 2 种（TB-1、TB-2），楼梯梁仅有 1 种（TL-1）。

楼梯结构平面图中的非结构构件（如楼梯扶手、门、窗）均无需绘制。

2. 楼梯结构剖面图

楼梯结构剖面图表示楼梯承重构件的竖向布置、构造和连接情况，比例与楼梯结构平面图相同。图 10-51 所示的 1—1 剖面图，剖切位置和剖视方向表示在一层楼梯结构平面图中。表示了剖到的梯段板、楼梯平台、楼梯梁和未剖切到的可见的梯段板的形状和连接情况。剖切到的梯段板、楼梯平台、楼梯梁的轮廓线用粗实线画出。未剖到的可见梯段板用中实线画出。

在楼梯结构剖面图中，应标注出梯段的外形尺寸、楼层高度和楼梯平台的结构标高。与楼梯结构平面图相同，楼梯结构剖面图中的非结构构件无需绘制。

3. 配筋图

绘制楼梯结构剖面图时，由于选用的比例较小（1∶50），不能详细地表示楼梯板和楼梯梁的配筋，需另外用较大的比例（如 1∶30、1∶25、1∶20）画出楼梯的配筋图。楼梯配筋图主要由楼梯板和楼梯梁的配筋断面图组成。如图 10-52 所示，梯段板 TB-1 厚 120mm，板底布置的受力筋是直径为 12mm 的 HRB400 钢筋，间距 100mm；支座处板顶的受力筋是直径为 12mm 的 HRB400 钢筋，间距 100mm；板中的分布筋直径为 6mm 的 HPB300 钢筋，间距 250mm。如在配筋图中不能清楚表示钢筋布置，或是对看图易产生混淆的钢筋，应在附近画出其钢筋详图（比例可以缩小）作为参考。

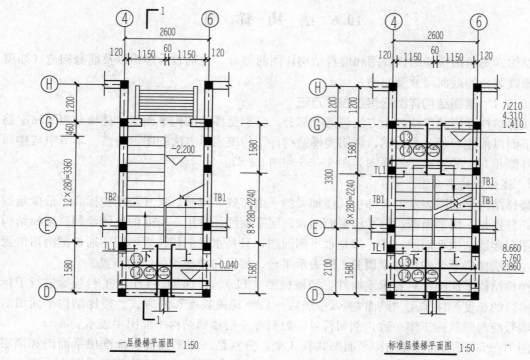

一层楼梯平面图 1:50

标准层楼梯平面图 1:50

注：未注明的钢筋均为Φ8@150，未注明的柱均为GZ1，以下两图相同。

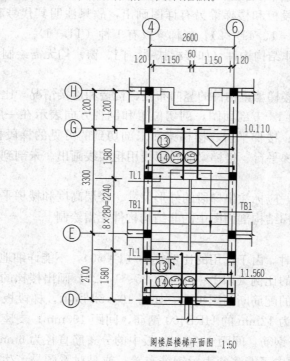

阁楼层楼梯平面图 1:50

图 10-50　楼梯结构平面图

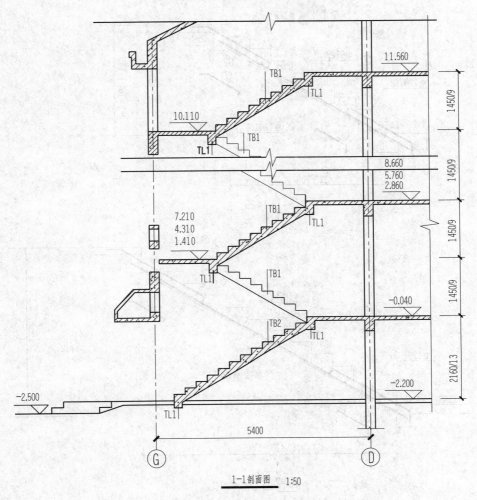

图 10-51 楼梯结构剖面图

图 10-53 是楼梯梁的配筋图。顶筋为 2 根直径 14mm 的 HRB400 钢筋；底筋为 3 根直径 14mm 的 HRB400 钢筋；扭筋为 2 根直径 14mm 的 HRB400 钢筋；箍筋为直径 6mm 的 HPB300 钢筋，间距 200mm。

由于楼梯平台板的配筋已在楼梯结构平面图中画出，楼梯梁也绘有配筋图，故在楼梯板配筋图中楼梯梁和平台板的配筋不必画出，图中只要画出与楼梯板相连的楼梯梁、一段楼梯平台的外形线（细实线）就可以了。

如果采用较大比例（1：30、1：25）绘制楼梯结构剖面图，可把楼梯板的配筋图与楼梯结构剖面图结合，从而可以减少绘图的数量。

10.6.2 楼梯结构详图平面整体表示方法

楼梯结构平法施工图有平面注写、剖面注写和列表注写三种表达方式，设计者可根据工程具体情况任选一种，本节重点介绍平法中应用较为广泛的剖面注写法。

剖面注写方式需在楼梯平法施工图中绘制楼梯平面布置图和楼梯剖面图。楼梯平面布置图中注写的内容包括楼梯间的平面尺寸、楼层结构标高、层间结构标高、楼梯的上下方向、

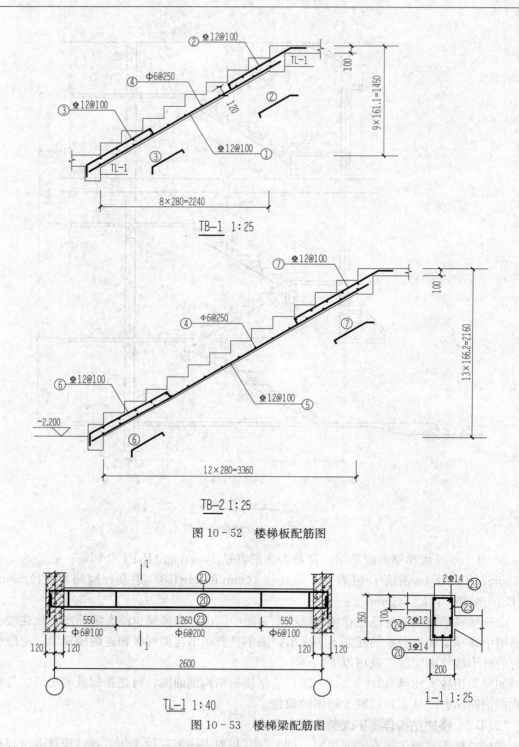

图 10-52　楼梯板配筋图

图 10-53　楼梯梁配筋图

梯板的平面几何尺寸、梯板类型及编号、平台板配筋、梯梁及梯柱配筋等。楼梯剖面图注写的内容包括梯板集中标注、梯梁梯柱编号、梯板水平及竖向尺寸、楼层结构标高、层间结构标高等。其中的重点是梯板集中标注，具体的内容有四项，规定如下。

1. 梯板类型及编号

根据梯板的截面形式、支座位置、抗震构造等的不同，将楼梯分为 11 种类型。本节仅介绍四种常见的楼梯类型，其截面形状与支座位置示意图如图 10-54 所示。

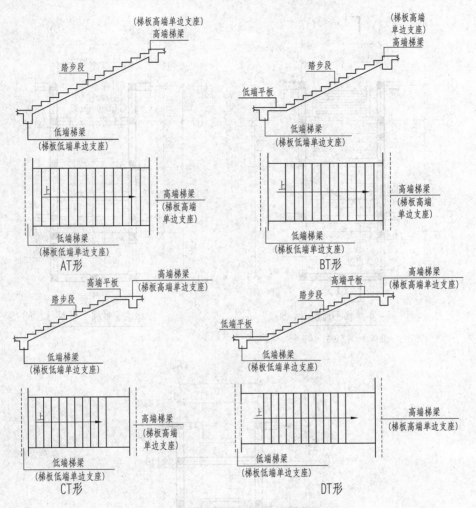

图 10-54 楼梯截面形状与支座位置

2. 梯板厚度

梯板厚度注写为 $h=\times\times\times$，指的是梯板底部至踏步根部的垂直距离，为整个梯段的最薄处，如图 10-55 中 h 所示。

3. 梯板配筋

注明梯板上部纵筋和梯板下部纵筋，用分号";"将上部与下部纵筋的配筋值分隔开来。

4. 梯板分布筋

以 F 打头注写分布钢筋具体值，该项也可在图中统一说明。

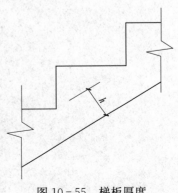

图 10-55 梯板厚度

5. 示例

下面以前述教师公寓为例，说明楼梯结构详图平面整体表示方法的图示特点，如图 10-56～图 10-58 所示。

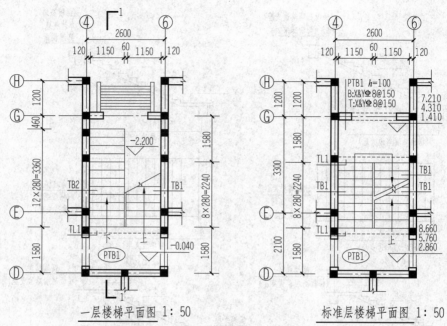

一层楼梯平面图 1:50

注：未注明的柱均为GZ1，以下两图相同。

标准层楼梯平面图 1:50

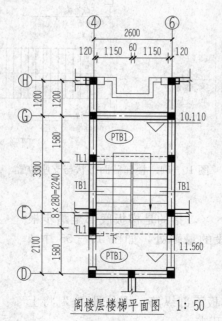

阁楼层楼梯平面图 1:50

图 10-56 楼梯结构平面图（平法）

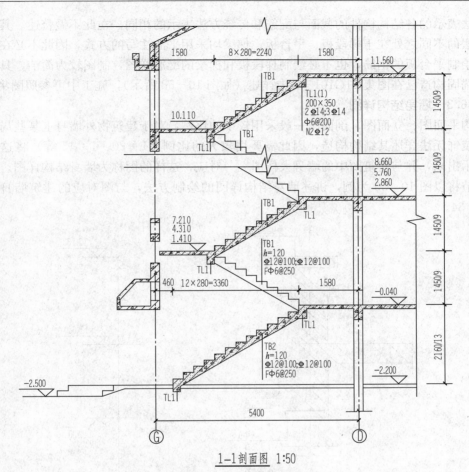

1-1剖面图 1:50

图 10-57 楼梯结构剖面图（平法）

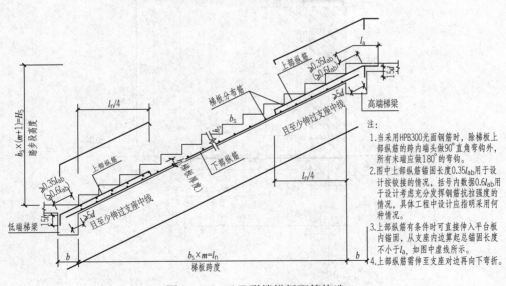

图 10-58 AT形楼梯板配筋构造

　　平法表示的各结构构件的截面与配筋和传统方法表示的相同，在此不做赘述。其与传统表示方法的不同之处在于梯段板、平台板、梯梁均采用平法注写的方式，因此不必在楼梯平面图中绘制平台板的钢筋，也不必绘制梯段板和梯梁的配筋详图，制图较为简洁，具体的钢筋搭接锚固构造已在图集 11G101-2 中详述（如图 10-58 所示），施工中可参照图集施工。

10.6.3　墙身结构详图

　　结构平面图、立面图、剖面图一般采用较小的比例，对于建筑物外墙身上某些局部构造或建筑装饰无法详述其结构构造，因此需要用较大的比例（1∶20、1∶15 等）将这些结构构造表示出来，并与建筑图中的墙身大样图一一对应，这样的图称为墙身结构详图。

　　本节将以图 10-59 为例，讲述墙身结构详图的绘制方法，与图对应的建筑墙身大样图为图 9-34。

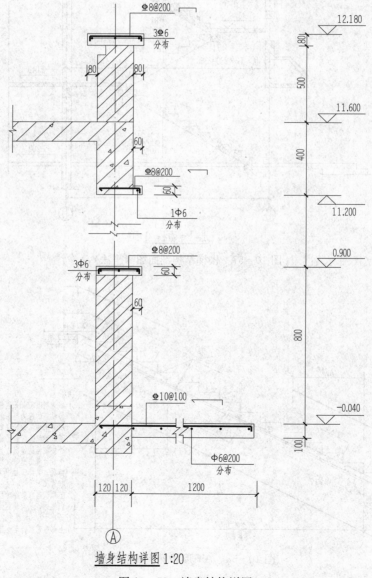

墙身结构详图 1∶20

图 10-59　墙身结构详图

如图 10-59 所示，在结构标高为 -0.040m 处的悬挑雨棚，板顶受力筋为直径 10mm 的 HRB400 钢筋，间距 100mm；分布筋为直径 6mm 的 HPB300 钢筋，间距 200mm。其余结构构件，如结构标高 0.900m 及 12.180m 处的压顶，结构标高 11.200m 处的窗楣，顶部受力筋为直径 8mm 的 HRB400 钢筋，间距 200mm；分布筋为直径 6mm 的 HPB300 钢筋，间距 200mm。

除此之外，在标注受力筋的同时还需示意受力筋的形状，方便施工人员读图和加工。

10.7 钢 结 构 图

钢结构是由各种形状的型钢组合连接而成的结构物。由于钢结构承载力大，所以常用于包括高层和超高层建筑、大跨度单体建筑（如体育场馆、会展中心等）、工业厂房、大跨度桥梁等。钢结构与其他材料建造的结构相比，具有重量轻、强度高、可靠性高、抗震性能好以及有利于工厂化生产和缩短建设工期等优点。

钢结构图包括构件的总体布置图和钢结构节点详图。总体布置图表示整个钢结构构件的布置情况，一般用单线条绘制并标注几何中心线尺寸；钢结构节点详图包括构件的断面尺寸、类型以及节点的连接方式等。

本节主要介绍钢结构图的图示方法及标注规定，并结合工程实例来说明钢结构图的特点和内容。

10.7.1 常用型钢的标注方法

钢结构的钢材是由轧钢厂按标准规格（型号）轧制而成，通称型钢。表 10-13 列出了一些常用的型钢及其标注方法。此外，根据国标规定，钢结构图中的可见或不可见的轮廓线分别以中粗实线或中粗虚线表示，可见或不可见的螺栓、钢支撑及杆件分别以粗实线或粗虚线表示，柱间支撑、垂直支撑等以粗单点长画线表示。

表 10-13 常用型钢的标注方法

名 称	截 面	标 注	说 明
等边角钢	 ∟	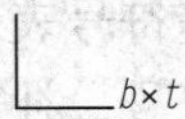 ∟ $b×t$	b 为肢宽；t 为肢厚
不等边角钢	 ∟ B	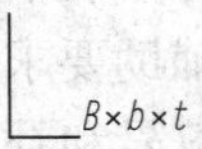 ∟ $B×b×t$	B 为长肢宽；b 为短肢宽；t 为肢厚
工字钢	 I	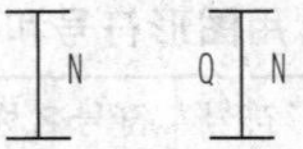 I N Q N	N 为工字钢的型号 轻型工字钢加注 Q 字
槽钢	[	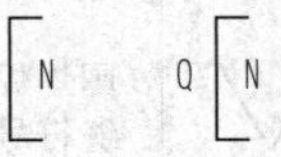 [N Q N	N 为槽钢的型号 轻型槽钢加注 Q 字
方钢	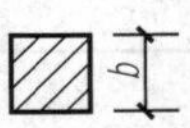 ▨ b	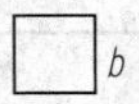 □ b	

续表

名　称	截　面	标　注	说　明
扁钢	b	$b×t$	
钢板		$\dfrac{-b×t}{l}$	
T 型钢	T	TW×× TM×× TN××	TW 为宽翼缘 T 型钢 TM 为中翼缘 T 型钢 TN 为窄翼缘 T 型钢
H 型钢	H	HW×× HM×× HN××	HW 为宽翼缘 H 型钢 HM 为中翼缘 H 型钢 HN 为窄翼缘 H 型钢
圆钢		ϕd	
钢管	○	DN×× $D×t$	外径 内径×壁厚

10.7.2　型钢的连接方法

在钢结构施工中，常用一些方法将型钢构件连接成整体结构来承受建筑的荷载，连接包括焊接、螺栓连接、铆接等方式。

一、焊缝

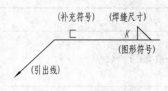

图 10 - 60　焊缝符号

焊接是较常见的型钢连接方法。在有焊接的钢结构图纸上，必须把焊缝的位置、形式和尺寸标注清楚。焊缝应按现行的国家标准《焊缝符号表示法》（GB 324）中的规定标注。焊缝符号主要由图形符号、补充符号和引出线等部分组成，如图 10 - 60 所示。图形符号表示焊缝断面和基本形式，补充符号表示焊缝某些特征的辅助要求。引出线则表示焊缝的位置。

表 10 - 14 列出了几种常用的图形符号和补充符号。

表 10 - 14　　　　　　　　　　　　　常用图形符号和补充符号

焊缝名称	示意图	图形符号	符号名称	示意图	补充符号	标注方法
V 型焊缝		V	围焊焊缝符号	▭	○	

焊缝名称	示意图	图形符号	符号名称	示意图	补充符号	标注方法
单边 V 型焊缝	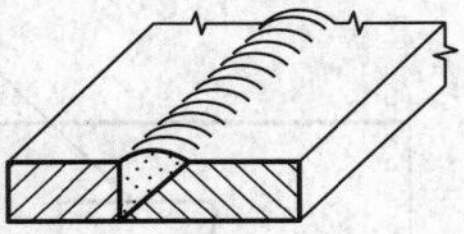	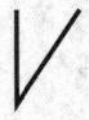 V	三面焊缝符号	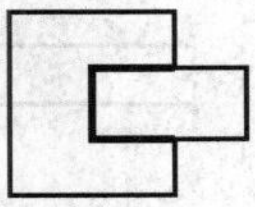		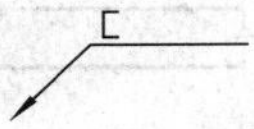
角焊缝	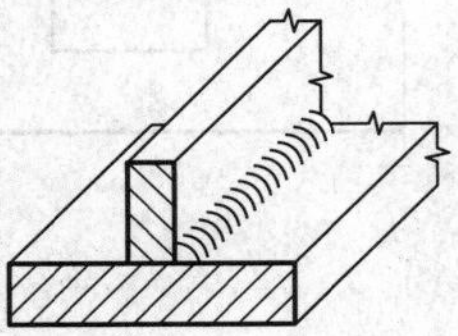		带垫板符号	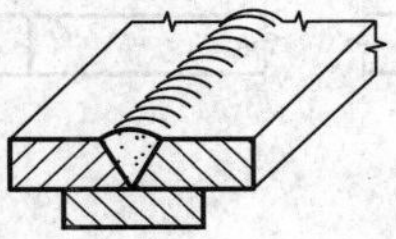		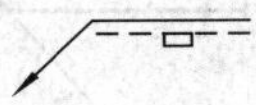
I 型焊缝	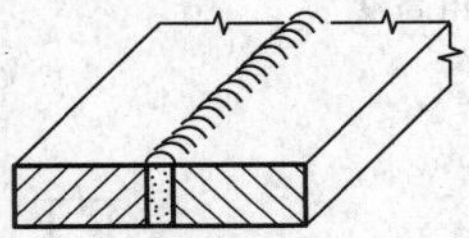	 ‖	现场焊缝符号			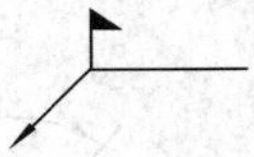
点焊缝	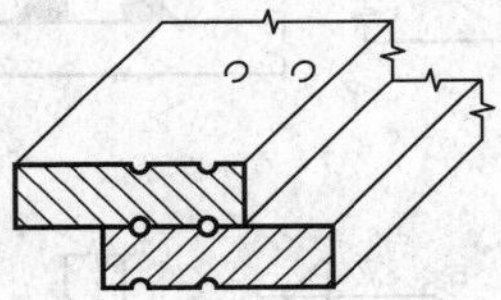 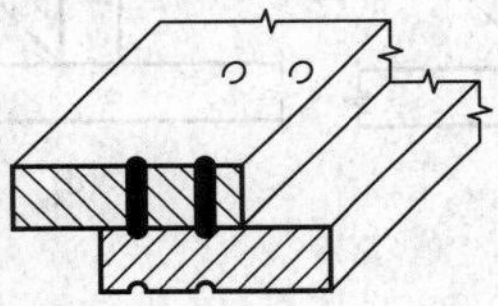	 ○	相同焊接符号			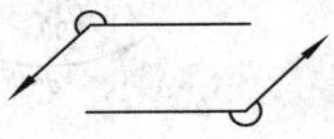
			尾部符号			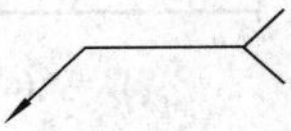

　　焊缝的标注还应符合下列规定：

　　（1）在同一图形上，当焊缝形式、断面尺寸和辅助要求均相同时，可只选择一处标注焊缝的符号和尺寸，并加注"相同焊缝符号"。相同焊缝符号为 3/4 圆弧，绘在引出线的转折处（参见表 10-14）；当有数种相同的焊缝时，可将焊缝分类编号标注，在同一类焊缝中也可选择一处标注焊缝的符号和尺寸，分类编号采用大写的拉丁字母 A、B、C 等，注写在尾部符号内，如图 10-61 所示。

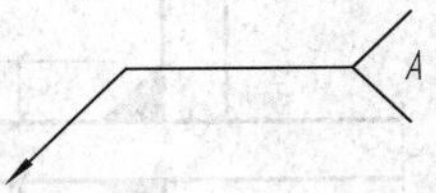

图 10-61　相同焊缝的表示方法

　　（2）标注单面焊缝时，当箭头指向焊缝所在的一面时，应将图形符号和尺寸标注在横线的上方，如图 10-62 左上图；当箭头指向焊缝所在另一面（相对的那面）时，应将图形符号和尺寸标注在横线的下方，如图 10-62 左下图；表示环绕工作件周围的焊缝时，可按图 10-62 右图的方法标注。

　　（3）标注双面焊缝时，应在横线的上、下都标注符号和尺寸。上方表示箭头一面的符号和尺寸，下方表示另一面的符号和尺寸，如图 10-63（a）所示；当两面的焊缝尺寸相同时，只需在横线上方标注焊缝的符号和尺寸，如图 10-63（b）、（c）、（d）所示。

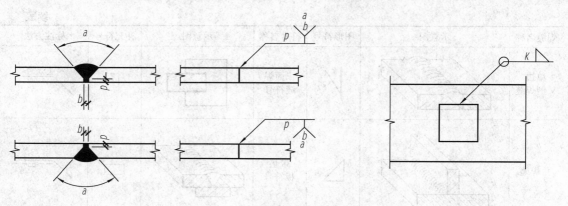

图 10 - 62　单面焊缝的标注方法
p—钝边；a—坡口角度；b—根部间隙；K—焊角高度

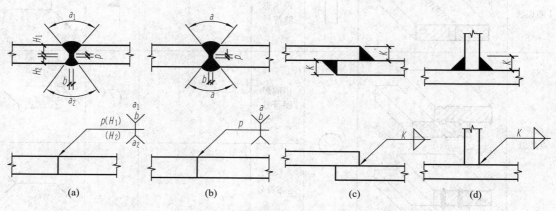

图 10 - 63　双面焊缝的标注方法

（4）3 个和 3 个以上的焊件相互焊接的焊缝，不得作为双面焊缝标注。其焊缝符号和尺寸应分别标注，如图 10 - 64 所示。

（5）相互焊接的 2 个焊件中，当只有 1 个焊件带坡口时，引出线箭头必须指向带坡口的焊件，如图 10 - 65（a）所示；当为单面带双边不对称坡口焊缝时，引出线箭头必须指向较大坡口的焊件，如图 10 - 65（b）所示。

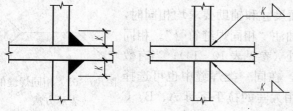

图 10 - 64　3 个以上焊件的焊缝标注方法

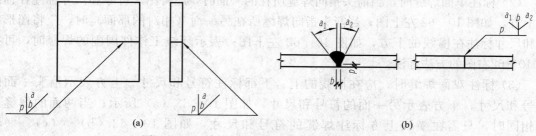

图 10 - 65　单坡口及不对称坡口焊缝的标注方法

（6）当焊缝分布不规则时，在标注焊缝符号的同时，宜在焊缝处加实线（表示可见焊缝），或加细栅线（表示不可见焊缝），如图 10-66 所示。

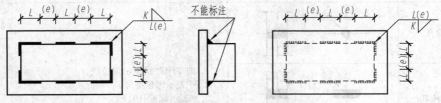

图 10-66 不规则焊缝的标注方法

（7）熔透角焊缝的符号为涂黑的圆圈，绘在引出线的转折处，如图 10-67 所示。

（8）图样中较长的角焊缝，可不用引出线标注，而直接在角焊缝旁标注焊缝尺寸值 K，如图 10-68 所示。

（9）局部焊缝应按图 10-69 所示的方法标注。

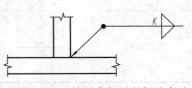

图 10-67 熔透角焊缝的标注方法

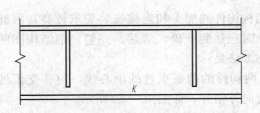

图 10-68 较长焊缝的标注方法

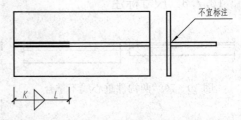

图 10-69 局部焊缝的标注方法

二、螺栓、孔、电焊铆钉的表示方法

螺栓、孔、电焊铆钉的表示方法，见表 10-15。

表 10-15   螺栓、孔、电焊铆钉的表示方法

名 称	图 例		说 明
永久螺栓			
高强螺栓			1. 细"十"线表示定位线。 2. M 表示螺栓型号。 3. ϕ 表示螺栓孔直径。 4. d 表示膨胀螺栓、电焊缝铆钉直径。 5. 采用引出线标注螺栓时，横线上表示螺栓规格，横线下表示螺栓孔直径
安装螺栓			
胀锚螺栓			

续表

名　称	图　例	说　明
圆形螺栓孔	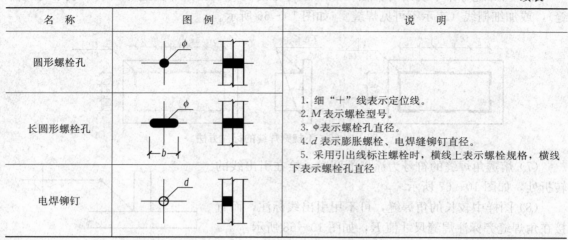	
长圆形螺栓孔		1. 细"+"线表示定位线。 2. M 表示螺栓型号。 3. ϕ 表示螺栓孔直径。 4. d 表示膨胀螺栓、电焊缝铆钉直径。 5. 采用引出线标注螺栓时，横线上表示螺栓规格，横线下表示螺栓孔直径
电焊铆钉		

10.7.3　尺寸标注

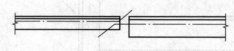

图 10-70　两构件重心线不重合

钢结构构件的加工和连接安装要求较高，因此标注尺寸时应达到准确、清楚、完整。钢结构图的尺寸标注方法是：

（1）两构件的两条很近的重心线，应在交汇处将其各自向外错开，如图 10-70 所示。

（2）弯曲构件的尺寸应沿其弧度的曲线标注弧的轴线长度，如图 10-71 所示。

（3）切割的板材，应标注各线段的长度及位置，如图 10-72 所示。

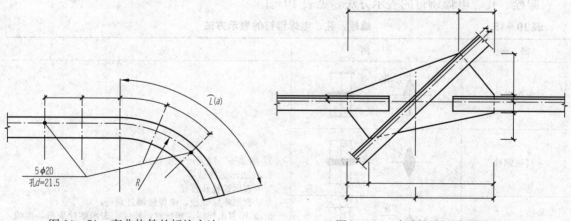

图 10-71　弯曲构件的标注方法　　　　　　图 10-72　切割板材的标注方法

（4）不等边角钢的构件，必须标注出角钢一肢的尺寸，如图 10-73（a）中的 B。

（5）节点尺寸，应注明节点板的尺寸和各构件螺栓孔中心或中心距，以及构件端部至几何中心线交点的距离，如图 10-73（a）、（b）所示。

（6）双型钢组合截面的构件，应注明缀板的数量及尺寸，如图 10-74 所示。引出横线上方标注缀板的数量及缀板的宽度、厚度，引出横线下方标注缀板的长度尺寸。

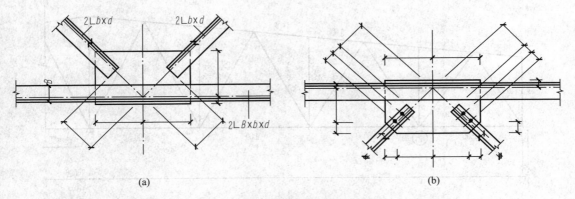

图 10 - 73　不等边角钢和节点尺寸的标注方法

（7）非焊接的节点板，应注明节点板的尺寸和螺栓孔中心与和几何中心线交点的距离，如图 10 - 75 所示。

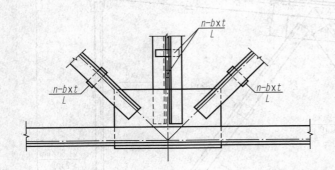

图 10 - 74　缀板的标注方法

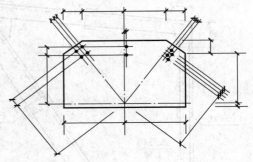

图 10 - 75　非焊接节点板尺寸的标注方法

10.7.4　钢屋架结构详图

钢屋架结构详图是表示钢屋架的形式、大小、型钢的规格、杆件的组合和连接情况的图样，其主要内容包括屋架简图、屋架详图、杆件详图、连接板详图、预埋件详图以及钢材用料表等。本节主要介绍屋架详图的内容和绘制。

图 10 - 76 中画出了用单线表示的钢屋架简图，用以表达屋架的结构形式，各杆件的计算长度，作为放样的一种依据。该梯形屋架由于左右对称，故可采用对称画法只画出一半多一点，用折断线断开。屋架简图的比例用 1：100 或 1：200。习惯上放在图纸的左上角或右上角。图中要注明屋架的跨度（24000）、高度（3190），以及节点之间杆件的长度尺寸等。

屋架详图是用较大的比例画出的屋架立面图。应与屋架简图相一致。本例只是为了说明钢屋架结构详图的内容和绘制，故只选取了左端一小部分。

在同一钢屋架详图中，因杆件长度与断面尺寸相差较大，故绘图时经常采用两种比例。屋架轴线长度采用较小的比例，而杆件的断面则采用较大的比例。这样既可节省图纸，又能把细部表示清楚。

图 10 - 77 是屋架简图中编号为 2 的一个下弦节点的详图。这个节点是由两根斜腹杆和

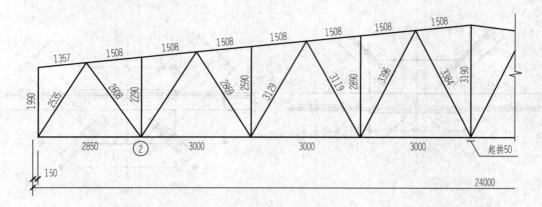

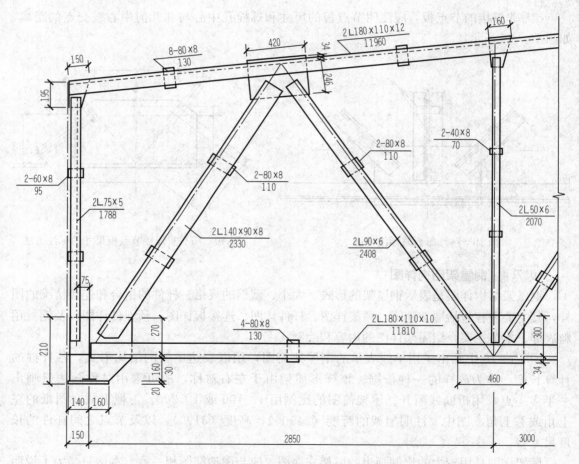

图 10-76　钢屋架结构详图示例

一根竖腹杆通过节点板和下弦杆焊接而形成的。两根斜腹杆都分别用两根等边角钢（90×6）组成；竖腹杆由两根等边角钢（50×6）组成；下弦杆由两根不等边角钢（180×110×10）组成，由于每根杆件都由两根角钢所组成，所以在两角钢间有连接板。图中画出了斜腹杆和竖腹杆的扁钢连接板，且注明了它们的宽度、厚度和长度尺寸。节点板的形状和大小，根据每个节点杆件的位置和计算焊缝的长度来确定，图中的节点板为一矩形板，注明了它的尺寸。图中应注明各型钢的长度尺寸，如 2408、2070、2550、11800。除了连接板按图上所标明的块数沿杆件的长度均匀分布外，也应注明各杆件的定位尺寸（如 105、190、165）和节点板的定位尺寸（如 250、210、34、300）。图中还对各种杆件、节点板、连接板编绘了零件编号，标注了焊缝符号。

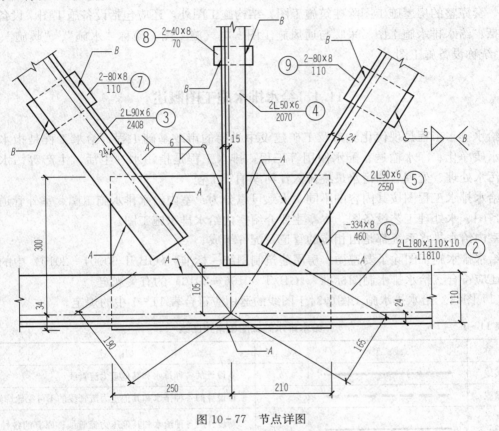

图 10 - 77　节点详图

第11章 设备施工图

一套完整的房屋施工图除建筑施工图、结构施工图外，还应包括设备施工图。设备施工图包括：给水排水施工图、采暖与通风施工图、电气施工图。简称"水施"、"暖施"、"电施"，统称设备施工图。

11.1 给水排水施工图概述

给水排水工程是现代化城市及工矿建设中必要的市政基础工程。给水工程是指水源取水、水质净化、净水输送、配水使用等工程；排水工程是指污水（生活、生产等污水）排放、污水处理、处理后的污水最终排入江河湖泊等工程。

给水排水工程图按其内容的不同，大致可以分为：室内给水排水施工图、室外管道及附属设备图、水处理工艺设备图。本章主要介绍室内给水排水施工图。

室内给水排水系统都是由相应的管道及配件组成。

给水排水施工图除了要遵循《房屋建筑制图统一标准》（GB/T 50001—2010）中的规定外，还应符合《给水排水制图标准》（GB/T 50106—2010）的有关规定。

（1）图线。给水排水施工图中对于图线的运用应符合表 11-1 中的规定。

表 11-1　　　　　　　　　给水排水施工图中常用图线

名　称	线　型	线　宽	用　途
粗实线	——————————	b	新设计的各种排水和其他重力流管线
粗虚线	— — — — — —	b	新设计的各种排水和其他重力流管线的不可见轮廓线
中粗实线	——————————	$0.7b$	新设计的各种给水和其他压力流管线；原有的各种排水和其他重力流管线
中粗虚线	— — — — — —	$0.7b$	新设计的各种给水和其他压力流管线及原有的各种排水和其他重力流管线的不可见轮廓线
中实线	——————————	$0.5b$	给水排水设备、零（附）件的可见轮廓线；总图中新建的建筑物和构筑物的可见轮廓线；原有的各种给水和其他压力流管线
中虚线	— — — — — —	$0.5b$	给水排水设备、零（附）件的不可见轮廓线；总图中新建的建筑物和构筑物的不可见轮廓线；原有的各种给水和其他压力流管线的不可见轮廓线
细实线	——————————	$0.25b$	建筑的可见轮廓线；总图中原有的建筑物和构筑物的可见轮廓线；制图中的各种标注线
细虚线	— — — — — —	$0.25b$	建筑的不可见轮廓线；总图中原有的建筑物和构筑物的不可见轮廓线

续表

名　称	线　型	线　宽	用　途
单点长画线	 ———— · ———— · ————	0.25b	中心线、定位轴线
折断线	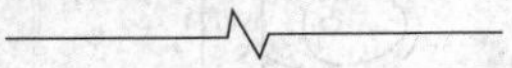 ———— ⌇ ————	0.25b	断开界线
波浪线	 ～～～～～～	0.25b	平面图中水面线；局部构造层次范围线；保温范围示意线

（2）标高。给水排水施工图中的标高均以米为单位，可注写到小数点后两位。对于给水管道（压力管）宜标注管中心标高，对于排水管道（重力管）宜标注管内底标高。

（3）管径。管径应以毫米为单位进行标注。对于镀锌钢管、铸铁管、PVC 管宜用公称直径 DN 表示（如 DN100）；对于无缝钢管、铜管、不锈钢管等管材宜用外径 $D×$壁厚表示（如 $D104×5$）；建筑给水排水塑料管材，管径宜采用公称外径 dn 表示；对于耐酸陶瓷管、钢筋混凝土管、混凝土管、陶土管等管材宜用内径 d 表示（如 $d230$）。

（4）图例。表 11-2 中列出了给水排水施工图中常用的图例。

表 11-2　　　　　　　　　　给水排水施工图中常用图例

名　称	图　例	备　注	名　称	图　例	备　注
生活给水管	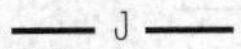 —— J ——		圆形地漏	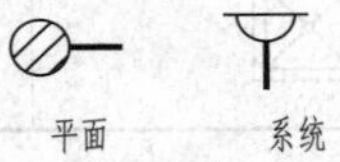 平面　系统	通用。如为无水封，地漏加存水弯
污水管	 —— W ——		方形地漏	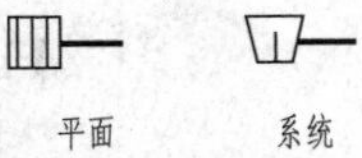 平面　系统	
通气管	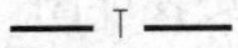 —— T ——		水表井		
保温管	 ～～～～	可用文字说明保温范围	法兰连接	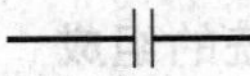 —— ‖ ——	
蒸汽管	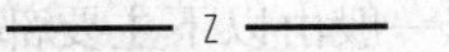 —— Z ——		矩形化粪池	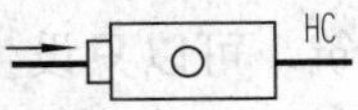 HC	
多孔管	 ————		存水弯	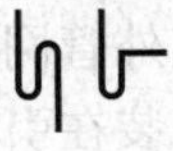	左图为 S 型右图为 P 型
管道立管	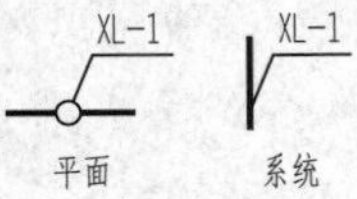 XL-1　XL-1 平面　系统	X：管道类别 L：立管 1：编号	闸阀	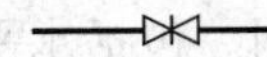	
立管检查口			截止阀		
清扫口	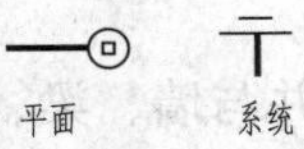 平面　系统		角阀	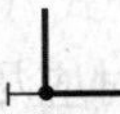	
通气帽	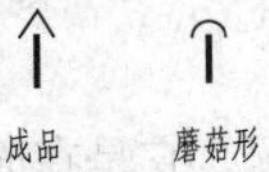 成品　蘑菇形		止回阀	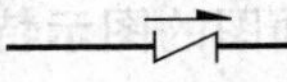	

续表

名　称	图　例	备　注	名　称	图　例	备　注
放水龙头	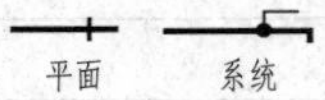 平面　　系统	左侧为平面 右侧为系统	坐式 大便器	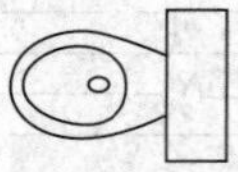	
立式 洗脸盆	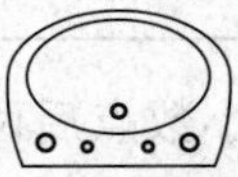		蹲式 大便器	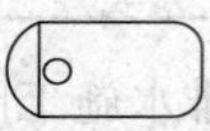	
浴盆			淋浴喷头	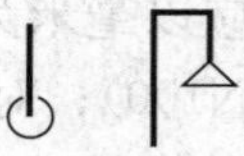	
自动冲 洗水箱	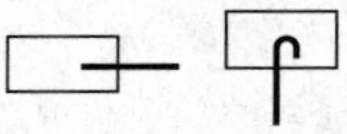	左侧为平面 右侧为系统	阀门井 检查井	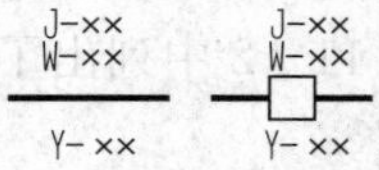 J-×× W-×× Y-××	以代号区别管道
污水池			洗涤池		

11.2　室内给水工程图

室内给水工程图包括室内给水平面图、室内给水系统图、管道安装详图、施工说明。

11.2.1　室内给水平面图

一、室内给水系统的组成

民用建筑室内给水系统按供水对象及要求不同，可分为生活用水系统和消防用水系统。对于一般的民用建筑，可以只设生活用水系统。室内给水系统一般由以下主要部分组成，如图 11-1 所示。

（1）引入管。自室外管网引入房屋内部的一段水平管道。

（2）水表节点。安装在引入管上的水表及前后阀门等装置的总称。在引入管上安装的水表、阀门、防水口等装置都应设置在水表井中。

（3）室内配水管网。包括水平干管、立管、支管。

（4）配水器具及附件。包括各种配水龙头、闸阀等。

（5）升压及贮水设备。当用水量大或水压不足时，需要设置水泵和水箱等设备。

根据给水干管敷设位置的不同，给水管网系统可分为下行上给式（图 11-2）、上行下给式（图 11-3）及中分式（图 11-4）三种。

布置室内给水管网时应尽量考虑：管系的选择应使管道最短并与墙、梁、柱平行敷设，同时便于检查；给水立管应靠近用水房间和用水点。

二、室内给水平面图的图示特点和表达方法

室内给水平面图主要反映卫生设备、管道及其附件的平面布置情况。它是在简化的建筑平面

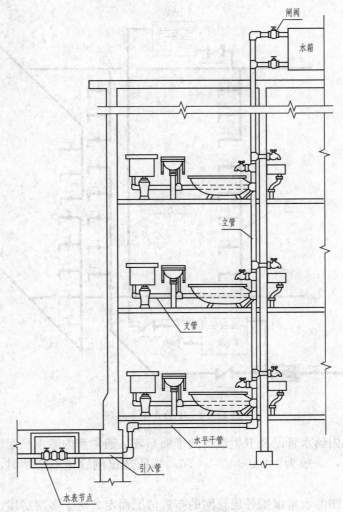

图 11-1 室内给水系统的组成

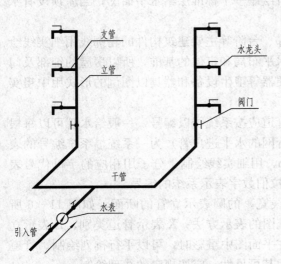

图 11-2 下行上给式给水系统

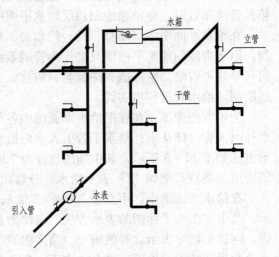

图 11-3 上行下给式给水系统

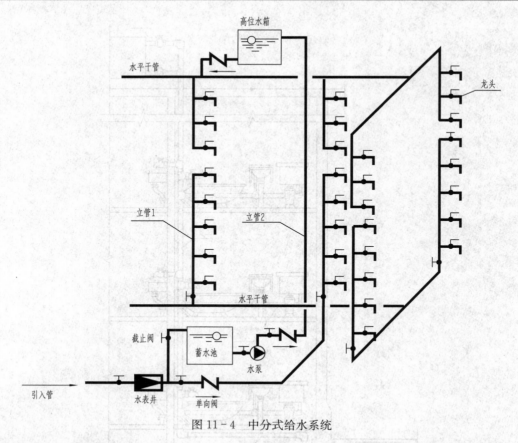

图 11-4　中分式给水系统

图基础上绘制出室内给水管网及卫生设备的平面布置。通常室内给水平面图采用与建筑平面
图相同的比例绘制，一般为 1∶100 或 1∶50，当所选比例表达不清楚时，可以采用 1∶25
的比例绘制。

　　室内给水平面图的数量根据各层管网的布置情况而定。对于多层房屋，底层的给水平面
图应单独绘制；楼层平面的管道布置若相同，可绘制一个标准层给水平面图；当屋顶设有水
箱及管道布置时，应单独绘制顶层给水平面图。

　　在给水平面图中，墙身、柱、门和窗、楼梯、台阶等主要建筑构件的轮廓线用细实线绘
制，由于房屋的建筑平面图只是作为管道系统水平布局和定位的基准，所以房屋的细部及门
窗代号均可省略。洗涤池、洗脸盆、浴盆、坐便器等卫生设备和器具以图例的形式用中粗实
线绘制，给水管道用粗实线。

　　为了方便读图，在底层给水平面图中各种管道应按系统予以编号。一般给水管可以每根
室外引入管（即从室外给水干管引入室内给水管网的水平进户管）为一系统，系统编号的表
示方法如图 11-5 所示，其中圆的直径为 10mm，用细实线绘制；分子用相应的字母代号表
示管道的类别，例如"J"表示给水；分母用阿拉伯数字表示系统的编号。

　　在给水平面图中，用直径 3mm（3 倍基本线宽）的圆表示立管的断面，如图 11-6 所
示。其中左图为平面图的表示方法，右图为系统图的表示方法；X 表示管道类别，L 表示立
管，阿拉伯数字表示立管的编号。当多根管道在平面图中重影时，可以平行排列绘制。管道
不论敷设在楼面（地面）之上或之下，均不考虑其可见性，应按规定的线型绘制。

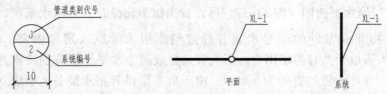

图 11 - 5　给水系统编号表示方法　　　　图 11 - 6　给水立管表示方法

三、阅读室内给水平面图

对于一般的中小型民用建筑，室内给排水管网布置不太复杂，通常将室内给水、排水平面图绘制在同一张图纸上。对于复杂的高层建筑或大型建筑，可以将室内给水、排水平面图分开绘制。

以前面介绍的教师公寓为例，因为其属于小型建筑，可以将室内给水、排水平面图合并绘制，但为了表述清楚，采取了分别绘制的方法。图 11 - 7、图 11 - 8 分别为教师公寓负一层给水平面图、一～四层给水平面图，图中中粗虚线（不可见）表示给水管道。由于该教师公寓的两个单元完全对称，为了方便起见，给水和排水平面图只介绍其中一个单元的。

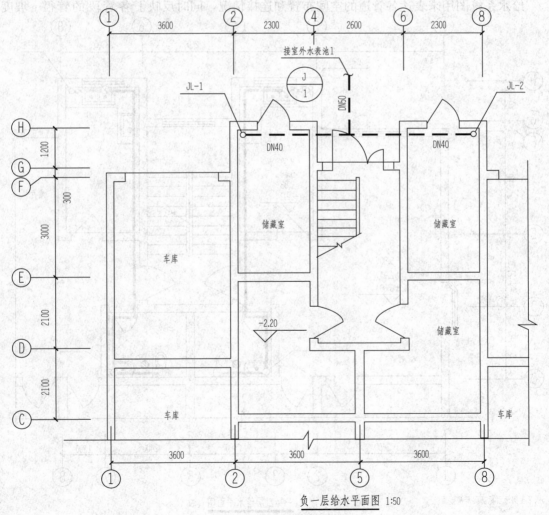

负一层给水平面图 1:50

图 11 - 7　负一层给水平面图

　　从负一层给水平面图（图 11-7）可以看出该单元设有一个给水系统，即给水系统 ①/1 。它是从建筑物北面室外的 1 号水表井通过给水引入管进入房屋内部。引入管的直径为50mm。因为该单元共有两家用户，引入管又分成两个水平干管分别将水送入给水立管 JL-1 和立管 JL-2，干管的直径为 40mm。由于负一层没有用水设备，所以立管 JL-1 和立管 JL-2 在该层没有设置支管，而是沿竖向直接到达一层用户的厨房。

　　在一～四层给水平面图（图 11-8）中，立管 JL-1 由西向东接出一个分支，支管管径为 20mm，并在支管上安装了截止阀、水表、和一个配水龙头，供厨房洗涤池用水。支管行至④轴线墙体由北向南进入卫生间，进入卫生间后，再由东向西折向南连接立管 JL-1′，立管 JL-1′再向东将水送给洗手盆和坐便器。立管 JL-2 的布置与立管 JL-1 完全对称。立管 JL-1 和立管 JL-2 沿竖向从负一层一直延伸到四层，向每层用户供水。一～四层的给水管网的平面布局完全一致。

11.2.2　室内给水系统图

　　给水系统图用来表达各管道的空间布置和连接情况，同时反映了各管段的管径、坡度、

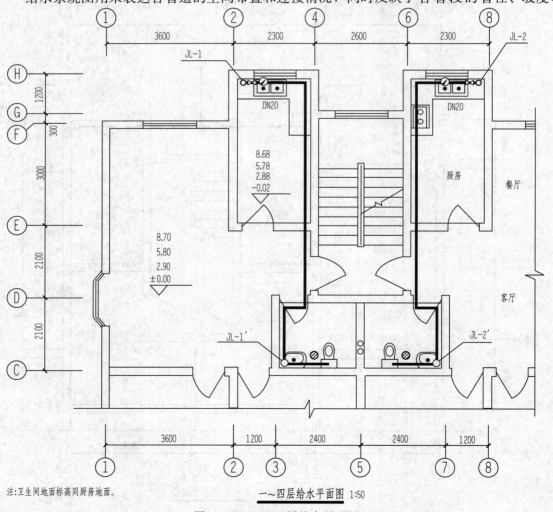

注:卫生间地面标高同厨房地面。

一～四层给水平面图　1:50

图 11-8　一～四层给水平面图

标高及附件在管道上的位置。因为给水管道在空间往往有转折、延伸、重叠及交叉的情况，所以为了清楚地表现管道的空间布局、走向及连接情况，系统图根据轴测投影原理，绘制出管道系统的正面斜等轴测图。

一、室内给水系统图的图示特点和表达方法

室内给水平面图是绘制室内给水系统图的基础图样。通常系统图采用与平面图相同的比例绘制，一般为 1：100 或 1：50，当局部管道按比例不易表示清楚时，可以不按比例绘制。

系统图习惯上采用 45°正面斜等轴测投影绘制。通常把高度方向作为 OZ 轴，OX 和 OY 轴则以能使图上管道简单明了，避免管道过多地交错为原则。三个方向的轴向伸缩系数相等均取 1。当系统图与平面图采用相同的比例绘制时，OX、OY 轴方向的尺寸可以直接在相应的平面图上量取，OZ 轴方向的尺寸按照配水器具的习惯安装高度量取。

室内给水主要表现给水系统的空间枝状结构，即系统图通常按独立的给水系统来绘制，每一个系统图的编号应与给水平面图中的编号一致。

给水系统图中的管道依然用粗实线表示，管道的配件或附件（如阀门、水表、龙头等）图例用中粗实线表示。卫生器具（如洗涤池、坐便器、浴盆等）不再绘制，只是画出相应卫生器具下面的存水弯或连接的横支管。

为了使系统图绘制简捷、阅读清晰，对于用水器具和管道布置完全相同的楼层，可以只画一层的所有管道，其他楼层省略，在省略处用 S 形折断符号表示，并注写"同底层"的字样。当管道的轴测投影相交时，位于上方或前方的管道连续绘制，位于下方或后方的管道则在交叉处断开，如图 11-9 所示。

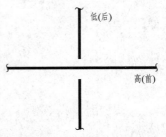

图 11-9 管道交叉表示方法

在给水系统图中，应对所有管段的直径、坡度和标高进行标注。管段的直径可以直接标注在管段的旁边或引出线引出。给水管为压力管，不需要设置坡度；系统图中的标高数字以米为单位。给水系统一般要求标注楼（地）面、屋面、引入管、支管水平段、阀门、龙头、水箱等部位的标高，给水管道的标高以管中心标高为准。图中的"＝"表示楼面，"⟍⟍⟍"表示地面。

二、阅读室内给水系统图

阅读系统图时，应与平面图中相同编号系统的平面布置图对照阅读。图 11-10 为前面介绍的教师公寓给水系统 ⊕ 的系统图。

从图 11-7 所示的负一层给水平面图可以看出，给水系统 JL-1 和 JL-2 的两根立管是对称布置的，所以图 11-10 中只绘制了给水系统 ⊕ 中给水立管 JL-1 的系统图。

如图 11-10 所示，给水系统 ⊕ 是将生活用水通过直径为 50mm 的引入管从室外水表井引入到室内，然后由直径为 40mm 的给水干管分配给位于两个用户厨房一角的立管，其中干管的埋设高度为－3.00m。立管 JL-1 穿过负一层和一层地面后在 1m 高处设置给水支管，经截止阀和水表将水先送至厨房洗涤池的配水龙头，再上行至 2.90m 的高度折向南进入卫生间，分别将水送至洗手盆和坐便器，并在支管末端上接太阳能进水口。给水支管的管径为 20mm。

立管 JL-1 继续穿过二层、三层、四层楼面向每层用户供水，给水支管的布局同一层。在立管 JL-1 到达五层时，因为五层上面设置阁楼，所以阁楼卫生间各配水器具的用水是由与五层立管相连的支管的分支立管 JL-1′穿过阁楼楼面向上供给，分支立管 JL-1′的管径为

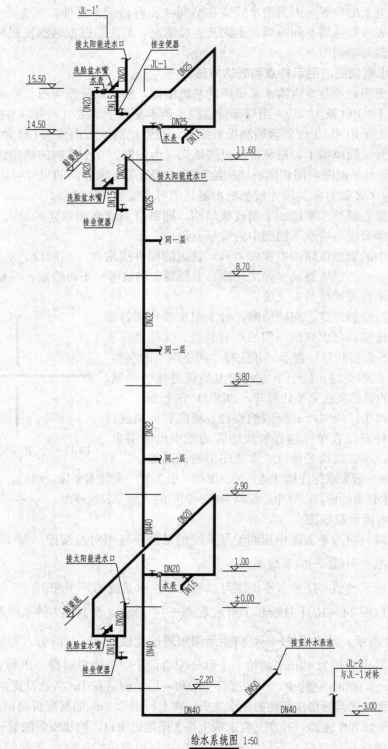

给水系统图 1:50

图 11-10　给水系统图

20mm，并在上面安装了截止阀和水表。立管 JL-1 从底层到顶层管径逐渐减小。

11.3 室内排水工程图

11.3.1 室内排水平面图
一、室内排水系统的组成

民用建筑室内排水系统的主要任务是排除生活污水和废水。一般室内排水系统由以下主要部分组成（图11-11）。

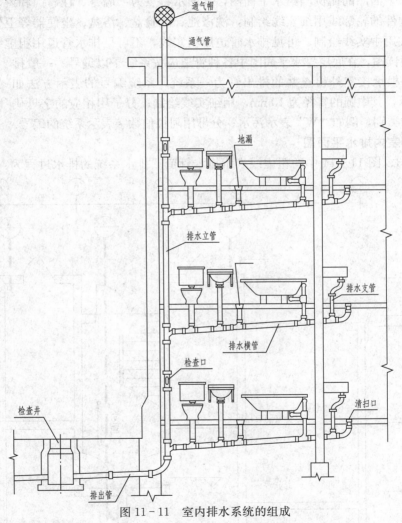

图11-11 室内排水系统的组成

（1）排水横管。连接卫生器具的水平管段。排水横管应沿水流方向设1‰～2‰的坡度。当卫生器具较多时，应在排水横管的末端设置清扫口。

（2）排水立管。连接各楼层排水横管的竖直管道，它汇集各横管的污水，将其排至建筑物底层的排出管。立管在首层和顶层应设有检查口，多层建筑则每隔一层设一个检查口，通常检查口的高度距室内地面为1.00m。

（3）排出管。将排水立管中的污水排至室外检查井的水平横管。其管径应大于连接的立管，且设有1‰～2‰坡向检查井的坡度。

（4）通气管。顶层检查口以上的一段立管称为通气管，用来排除臭气、平衡气压。通气管应高出屋面 300～700mm，且在管顶设置网罩以防杂物落入。

布置室内排水管网时应尽量考虑：立管的布置要便于安装和检修；立管应尽量靠近污物、杂质最多的卫生设备，横管设有斜向立管的坡度；排出管应以最短的途径与室外管道连接，并在连接处设检查井。

二、室内排水平面图的图示特点和表达方法

室内排水平面图的比例同给水平面图，其图示特点为：墙身、柱、门和窗、楼梯、台阶等主要建筑构件的轮廓线用细实线绘制，洗涤池、洗脸盆、浴盆、坐便器等卫生设备和器具以图例的形式用中实线绘制，可见排水管道用粗实线，不可见排水管道用粗虚线。

为了方便读图，在底层排水平面图中各种管道应按系统予以编号。一般排水管是以每一根承接室外检查井的排出管为一系统。系统编号的表示方法如图 11-12 所示，其中圆的直径为 10mm，用细实线绘制；分子用相应的字母代号表示管道的类别，例如"W"表示污水；分母用阿拉伯数字表示系统的编号。

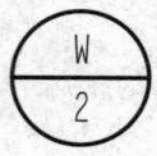

图 11-12　排水系统编号表示方法

三、阅读室内排水平面图

图 11-13、图 11-14 中的粗虚线表示排水管道。排水系统的排水过程为：水经过用水

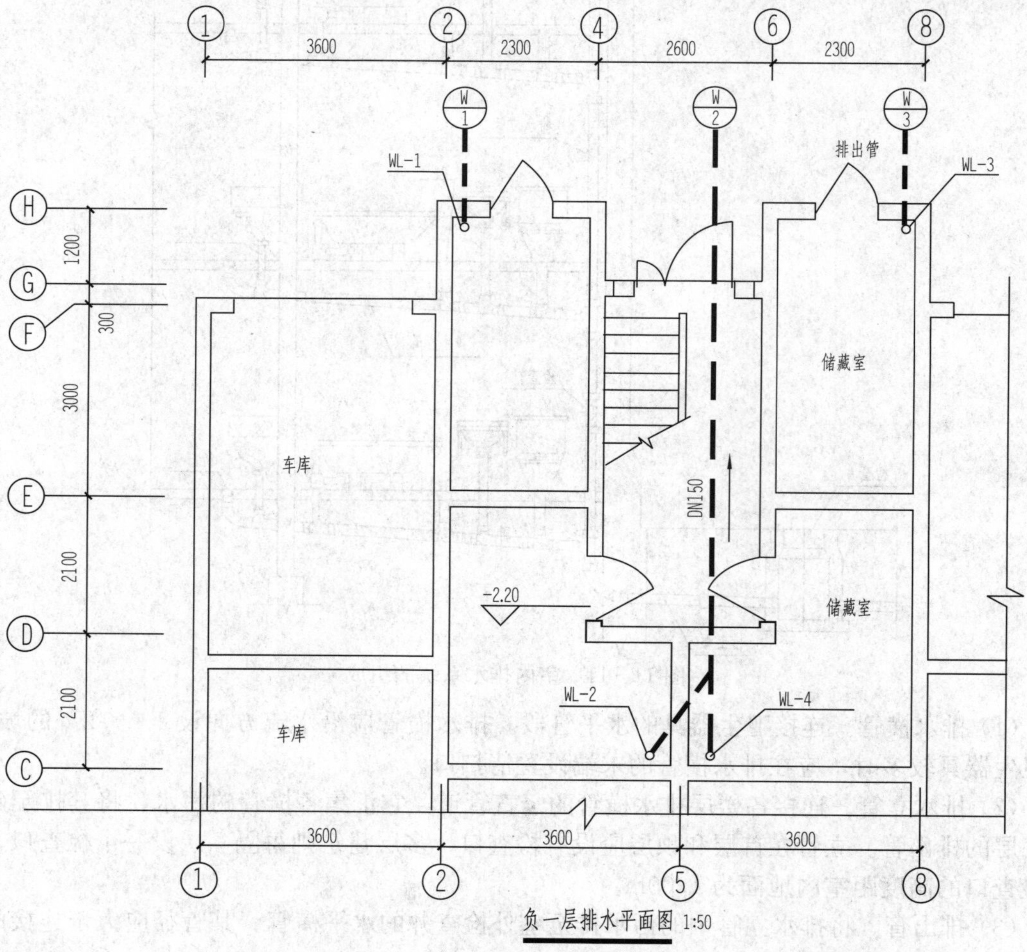

负一层排水平面图 1:50

图 11-13　负一层排水平面图

设备后由排水横管进入排水立管,再由排水立管汇集到排出管,最后由排出管排入室外的检查井。在阅读室内排水平面图时,应从顶层排水平面图开始看起。

从负一层排水平面图(图 11-13)可以看出西单元共有三个排水系统,分别为排水系统 $\binom{W}{1}$、$\binom{W}{2}$、$\binom{W}{3}$;共有四个排水立管,分别为排水立管 WL-1~WL-4。"W"为污水系统代号。

在负一层排水平面图中,排水立管 WL-2 和 WL-4 中的污水由一根排出管排入室外 2 号检查井,排出管的直径为 150mm。排水立管 WL-1 和 WL-3 中的污水分别经各自的排出管汇集到室外 1 号和 3 号检查井。排出管均设有朝向检查井方向的坡度。

从一~四层排水平面图(图 11-14)可以看出,单元内两侧用户各楼层卫生间的洗手盆、地漏和坐便器的生活污水分别排入排水立管 WL-2 和 WL-4。厨房洗涤池的生活污水分别排入排水立管 WL-1 和 WL-3。

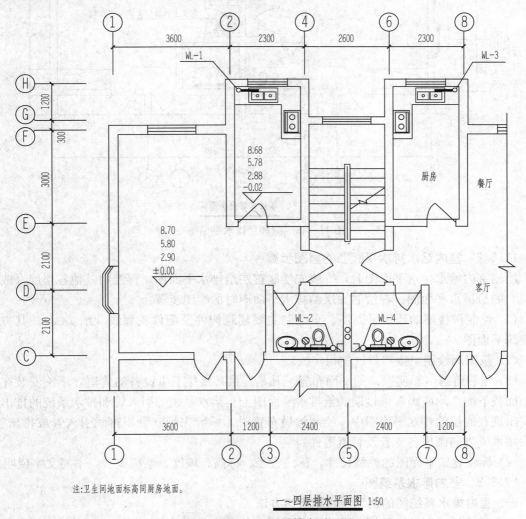

注:卫生间地面标高同厨房地面。

一~四层排水平面图 1:50

图 11-14 一~四层排水平面图

如图 11-15 为该教师公寓阁楼层的排水平面图,大家可以自己练习阅读,在此不再赘述。

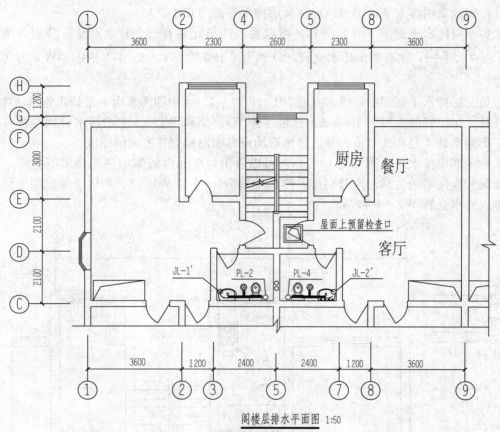

阁楼层排水平面图 1:50

图 11 - 15　阁楼层排水平面图

11.3.2　室内给水排水平面图的画图步骤

绘制室内给水排水平面图时，一般先绘制首层给排水平面图，再绘制其他各楼层（或标准层）的给排水平面图。在绘制底层给排水平面图时的绘图步骤：

（1）绘制该楼层的建筑平面图。只绘制主要建筑构件及配件轮廓线（细实线），其方法同建筑平面图。

（2）按图例绘制卫生器具（中粗实线）。

（3）绘制管道（粗实线）的平面布置。凡是连接某楼层卫生设备的管道，不论安装在楼板上面或下面，均应画在该楼层的给排水平面图上。给水系统的引入管和排水系统的排出管只需出现在底层给排水平面图中。绘制管道布置时，一般先画立管，再画引入管或排出管，最后按水流方向画出各支管及管道附件。

（4）标注建筑平面图的轴线尺寸，标注管径、标高、坡度、系统编号，书写文字说明。

11.3.3　室内排水系统图

一、室内排水系统图的图示特点和表达方法

室内排水系统图的比例同室内排水平面图，其表达方法同室内给水系统图，即同样采用正面斜等测图，排水管是以每一根承接室外检查井的排出管为一系统。

室内排水系统图的图示特点为：排水管（包括排出管、排水立管和排水横管）用粗实线绘制，通气管用粗虚线绘制，图中的"＝"表示楼面，"↗↗↗"表示地面。

由于排水管为重力管，应在排水横管旁边标注坡度，如"$i＝0.02$"，箭头表示坡向，当排水横管采用标准坡度时，可省略坡度标注，在施工说明中写明即可。

排水系统一般要求注楼（地）面、屋面、主要的排水横管、立管上的检查口、通气帽及排出管的起点等部位的标高，管道的标高以管内底标高为准。

二、阅读室内排水系统图

图 11-13 所示的负一层排水平面图可以看出，单元的排水系统 (W/1) 和 (W/3) 是对称设置的，所以只绘制了排水系统 (W/1) 和 (W/2) 的系统图。

从图 11-16 所示教师公寓的排水系统图可以看出，整个排水系统由底层的排出管、排水立管 WL-1 及与其相连的各层排水横管组成。排水系统 (W/1) 用来收集西侧用户厨房的生活污水，一至四层排水横管的布局相同，即在管径为 50mm 的横管上各连接一个厨房洗涤池下的 S 形存水弯（管径为 50mm）。排水立管 WL-1 管径为 75mm，在立管 WL-1 上设有距楼面高度为 1m 检查口，分别设置在负一层、一层、三层和四层，按要求检查口应隔层设置。在四层检查口以上的立管称为通气管（粗虚线部分），通气管高出屋面 500mm，并在顶端设有通气帽，防止杂物落入。立管下端的排出管管径为 100mm，起点的标高为-3.30m，并按标准坡度坡向室外 1 号检查井。

排水系统 (W/2) 用来收集单元内两侧用户卫生间的生活污水。整个排水系统由底层的排出管、排水立管 WL-2 和 WL-4 及与其相连的各层排水横管组成。立管 WL-2 与立管 WL-4 的布局对称，省略不画。一至四层楼卫生间内排水横管的布局相同，即在管径为 100mm 的横管上依次连接洗手盆下的 S 形存水弯（管径为 32mm）、地漏（管径为 50mm）、坐便器下的 P 形存水弯（管径为 100mm）。排水立管 WL-4 的管径为 100mm，在立管 WL-4 上设有距楼面高度为 1m 检查口，分别设置在负一层、一层、三层和四层。通气管高出屋面 500mm，并设有通气帽。立管下端的排出管的管径为 150mm，起点的标高为-3.30m，排出管汇集立管 WL-2 和 WL-4 中的污水并按标准坡度排向室外 2 号检查井。

11.3.4 室内给水排水系统图的画图步骤

室内给水排水系统图应按系统的编号分别绘制。系统布置完全相同或对称的可以只画一个，各楼层管网布局相同的只画一层。

（1）确定轴测轴的方向。为了使图面上管道清晰易读，避免出现管道过多交叉的现象，选择出 OX 轴和 OY 轴，高度方向作为 OZ 轴。

（2）绘制各系统的立管，定出室内地面线、楼面线和屋面线。

（3）从立管引画各楼层的横向管段。对于给水系统，先画引入管，再画与立管相连的横向支管。对于排水系统，先画排出管，再画与立管相连的排水横管。

（4）绘制管道附件（阀门、截止阀、水表、检查口等）、配水器具的存水弯及地漏等。这些都采用相应的图例绘制。

（5）绘制管道穿越的墙体。

（6）标注各管道的直径、坡度、标高等尺寸。

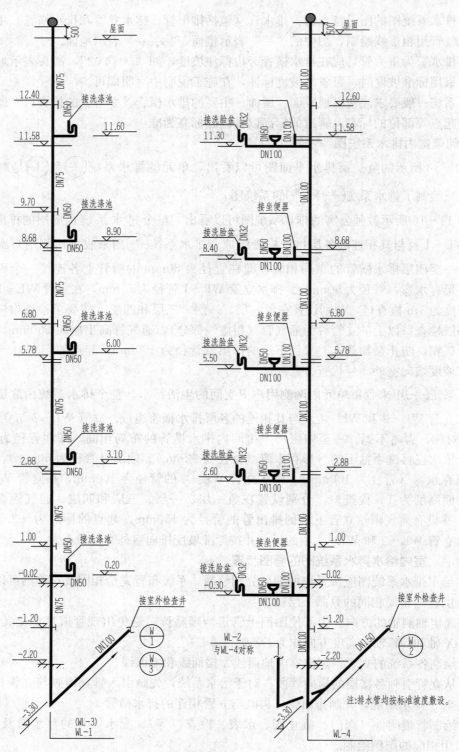

排水系统图 1:50

图 11-16　排水系统图

11.4 室外管网布置图

11.4.1 室外管网布置图

为了说明新建房屋室内给水排水管道与室外管网的连接情况，通常还要用较小比例（1：500，1：1000）画出室外管网的平面布置图。在此图中，只画出局部室外管网的干管，说明与给水引入管和污水排出管的连接情况。图 11 - 17（a）是教师公寓室外给水管网平面布置图，图 11 - 17（b）是它的室外排水管网平面布置图。

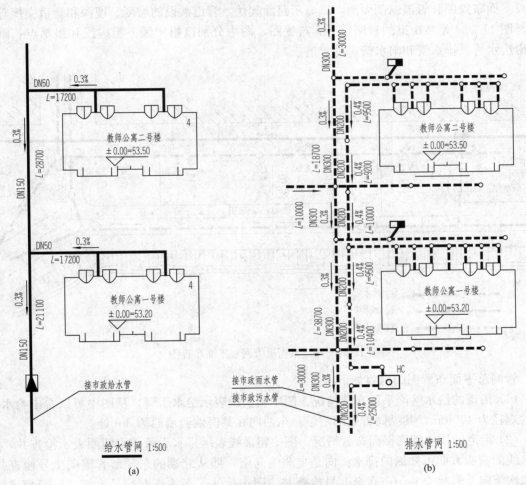

图 11 - 17　室外给排水管网平面布置图
(a) 给水管网；(b) 排水管网

室外管网平面布置图内容如下：

（1）给水管道用粗实线表示。房屋引入管处设有阀门井，一个居民区还应有消防栓和水表井。给水管道一般要标注直径、长度和坡度，如图 11 - 17（a）中的 DN、L 和 0.3％，管道坡度的设置是为了管道检修时放水所用。

（2）排水管道用粗虚线表示。由于排水管经常要疏通，所以在排水管的起端、两管相交点和转折点均要设置检查井，在图上用直径 2～3mm 的小圆圈表示。两检查井之间的管道应是直线，不能做成折线或曲线。排水管是重力自流管，从上流开始，在图上用箭头表示水流方向。图中排水干管和雨水管、粪便污水管等均用粗虚线表示。本例是把雨水管和污水管独立设置，分流排出，终端接入市政管道，如图 11-17（b）所示。

为了说明管道、检查井的埋设深度，管道坡度、管径大小等情况，对较简单的管网布置可直接在布置图中注上管径、长度、坡度、流向，如图 11-17（b）中的 DN、L 和 0.4%。

11.4.2 管道纵剖面图

由于整个市区管道种类繁多，布置复杂，因此，应按管道种类分别绘出每一条街道的管网总平面布置图和管道纵剖面图，以显示路面起伏，管道敷设的坡度、埋深和管道交接等情况。图 11-18 是某街道的管网总平面布置图，图中分别以粗实线、粗虚线和粗单点长画线画出给水管、排水管和雨水管三种管道。

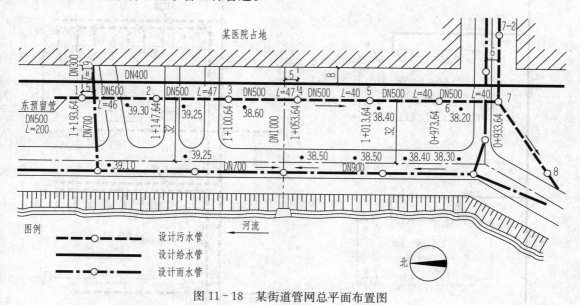

图 11-18　某街道管网总平面布置图

管网总平面布置图的内容如下：

（1）街道的给水管网平面布置情况。图中粗实线表示给水干管，从图中可以看出给水干管的直径为 400mm，其纵向管道的定位，东西向在某医院西墙西侧 8m 处。

（2）街道的排水管网平面布置情况。图中粗虚线表示排水干管，小圆圈表示检查井，从流水线的箭头方向可知纵向排水流向是自北流向南，即从北端的东预留管流向 1 号检查井，再依次流向 2 号检查井……直至 8 号检查井。图中标注了各检查井编号，如"1+147.64"；各检查井之间的水平距离，如"L=47"表示两检查井之间距离为 47m。排水干管的直径均为 500mm，纵向排水管道的定位，东西向在道路中心线西侧 32m 处，横向管道在 1 号、4 号和 7 号检查井处汇交。黑圆点旁边的数字表示自然地面标高。

（3）街道的雨水管网平面布置情况。图中粗单点长画线表示雨水干管，小圆圈表示雨水井，从流水线的箭头方向可知纵向雨水流向是自南北两端汇集到中部的雨水井，再流入西侧的河流中。图中还标注了各雨水干管的直径和三根横向雨水干管的定位。

图 11-19 是该街道排水干管纵剖面图。管道纵剖面图的内容和画法如下：

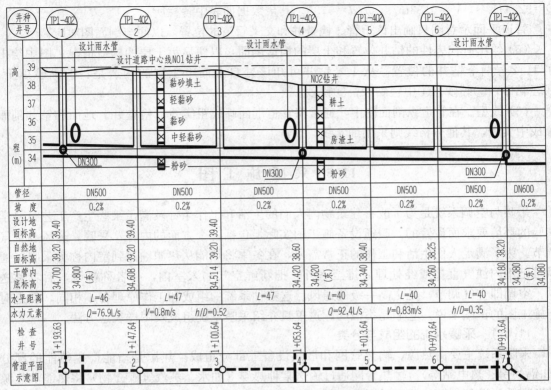

井种井号	TP1-402 ①	TP1-402 ②	TP1-402 ③	TP1-402 ④	TP1-402 ⑤	TP1-402 ⑥	TP1-402 ⑦
管径	DN500	DN500	DN500	DN500	DN500	DN500	DN600
坡度	0.2%	0.2%	0.2%	0.2%	0.2%	0.2%	0.2%
设计地面标高	39.40	39.40	39.40				
自然地面标高	39.20	39.20	39.20	38.60	38.40	38.25	38.20
干管内底标高	34.700 34.800(末)	34.608	34.514	34.420 34.620(末)	34.340	34.260	34.180 34.380(末) 34.080
水平距离	L=46	L=47	L=47	L=40	L=40	L=40	
水力元素	Q=76.9L/s	V=0.8m/s	h/D=0.52	Q=92.4L/s	V=0.83m/s	h/D=0.35	
检查井号	1+193.63	1+147.64	1+100.64	+053.64	1+013.64	0-973.64	0-913.64
管道平面示意图	1	2	3	4	5	6	7

图 11-19　街道污水干管纵剖面图

（1）管道纵剖面图的内容有：管道、检查井、地层的纵剖面图和该干管的各项设计数据。前者用剖面图表示，后者则在管道剖面图下方的表格列出。项目名称有干管的直径、坡度、埋设深度、设计地面标高、自然地面标高、干管内底标高、水平长度、设计流量 Q（单位时间内通过的水量，以 L/s 计）、流速 V（单位时间内水流通过的长度，以 m/s 计）、充盈度（表示水在管道内所充满的程度，以 h/D 表示，h 指水在管道断面内占有的高度，D 为管道的直径）。此外，在最下方，还应画出管道平面示意图，以便与剖面图对应。

（2）比例。一般竖横的比例为 10：1。这是由于管道的长度方向（图中的横向）比其直径方向（图中的竖向）大得多，为了说明地面起伏情况，通常在纵剖面图中采用横竖两种不同的比例。在图 11-19 中，竖向比例为 1：100（也可采用 1：200 或 1：50），横向比例为 1：1000（也可采用 1：2000 或 1：500），即竖横的比例为 10：1。

（3）管道剖面图的画法。管道纵剖面图是沿着干管轴线垂直剖开后画出来的，画图时，在高程栏中根据竖向比例（1 格代表 1m）绘出水平分格线；根据横向比例和两检查井之间的水平距离绘出竖直分格线。然后根据干管的直径、管内底标高、坡度、地面标高，在分格线内按上述比例画出干管、检查井的剖面图。管道和检查井在剖面图中都用双线表示，并把同一直径的设计管段都画成直线。此外，还应画出另一方向与该干管相交或交叉的管道断面。因为竖横比例不同，断面画成椭圆形。

（4）各项设计数据。在剖面图的下方注写各项设计数据。应注意不同管段之间设计数据的变化。例如 1 号检查井到 4 号检查井之间，干管的设计流量 $Q=76.9$L/s，流速 $V=0.8$m/s，充盈度 $h/d=0.52$。而 4 号检查井到 7 号检查井之间，干管的设计数据则变为

$Q=92.41$L/s，$V=0.83$m/s，$h/d=0.35$。其余数据如表中各栏所示。

管道平面示意图只画出该干管、检查井和交叉管道的位置，以便与剖面图对应。

（5）绘出有代表性的钻井位置和土层的构造剖面，以便显示土层的构造情况。图中绘出了1、2号两个钻井的位置。从1号钻井可知该处自上而下土层的构造是：①黏砂填土；②轻黏砂；③黏砂；④中轻黏砂；⑤粉砂。

（6）线型。在管道纵剖面图中，通常将管道剖面画成粗实线，检查井、地面和钻井剖面画成中实线，其他分格线则采用细实线。

11.5　采暖施工图

采暖与空调系统是为了改善建筑物内人们的生活和工作条件及满足某些生产工艺、科学实验的环境要求而设置的。暖通设备施工图实际上包括三个方面的内容：采暖、通风和空气调节。为了满足人们生活和工作的正常需要，在冬季将热能从热源输送到室内称为采暖。通风是把室内浊气直接或经处理后排至室外，把新鲜空气输入室内，前者称排风，后者称送风。空调即空气调节，是更高一级的通风。这三种系统的组成和工作原理各不相同，但是对于施工图的识图来说，它们是类似的。这里只介绍采暖系统组成及图样表达方法。

11.5.1　采暖系统的组成与分类

采暖系统主要由热源、输热管网和散热设备三部分组成。热源是指能产生热能的部分（如锅炉房、热电站等）。输热管网通过输送某种热媒（如水、蒸汽等媒介物）将热能从热源输送到散热设备。散热器以对流或辐射方式将输热管道输送来的热量传递到室内空气中，一般布置在各个房间的窗台下或沿内墙布置，以明装为多。

根据热源与散热器的位置关系，采暖系统可以分为局部采暖系统和集中采暖系统两种形式。局部采暖系统是指热源和散热器在同一个房间内，为使室内局部区域或局部工作地点保持一定温度要求而设置的采暖系统（如火炉采暖、煤气采暖、电热采暖等）。集中采暖系统是指热源和散热设备分别设置，利用一个热源产生的人通过管道向各个房间或各个建筑物供给热量的采暖方式。

在集中采暖系统中，根据热源被输送到散热设备使用的介质（或热媒）的不同又分为热水采暖系统、蒸汽采暖系统和热风采暖系统。其中最常采用的是热水采暖系统。

热水采暖系统采用的热媒是水。在热水采暖循环系统中主要依靠供给热水和回流冷水的容重差所形成的压力使水进行循环的称为自然循环热水采暖系统；而必须依靠水泵使水进行循环的称为机械循环热水采暖系统。

11.5.2　采暖系统的工作原理

图11-20是机械循环热水采暖系统示意图，图中锅炉是加热中心，从锅炉到散热器间的连接管道叫供热管，图中

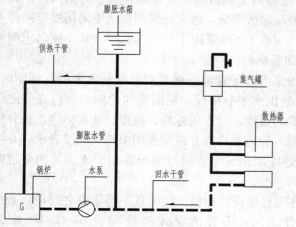

图11-20　机械循环热水采暖工作原理

粗实线部分，由散热器连向锅炉间的管道叫回水管，图中粗虚线部分。循环水泵装设在锅炉入口前的回水干管上。膨胀水箱是容纳水受热膨胀所增加的容积，与回水管相通，连接在水泵吸入口处，可保证系统安全可靠的工作。供热水平干管通常应有 0.003 的沿水流方向上升的坡度，在末端最高点设集气罐，以便集中排除空气。水在锅炉中被加热，以水泵作为循环动力使热水沿供热管道上升，进入散热器，散热后冷却了的水经回水管流回锅炉继续加热，这样，水不断地被加热，又不断地到散热器放热冷却，连续不断地在系统内循环流动。机械循环的优点是管径较小，覆盖范围大，锅炉房位置不受限制，适用于较大的采暖系统。

11.5.3　机械循环热水采暖系统形式

　　机械循环热水采暖系统供热有多种形式，根据供热水平干管的位置高低和供热立管的单双，可分为：双管上供下回式（图 11-21）、单管上供下回式（图 11-22）、单管下供上回式（图 11-23）和单管水平式（图 11-24）。其中双管上供下回式机械循环热水采暖系统是指将供热干管设在建筑物顶层，由此连接供热立管向下通往各层房间散热器，故称上供式；回水水平干管敷设在底层散热器的下部，与回水立管连接，故称下回式；每组立管都是两根，一根供热管，一根回水管，故称双管。其全称为双管上行下回式。

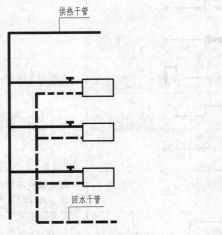

图 11-21　双管上供下回式　　　　　图 11-22　单管上供下回式

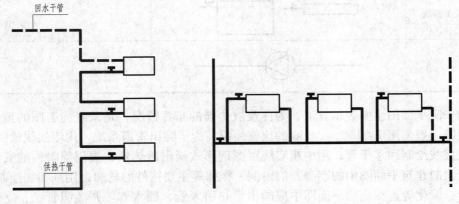

图 11-23　单管下供上回式　　　　　图 11-24　单管水平式

11.5.4 采暖平面图

采暖施工图一般由设计说明、采暖平面图、系统图、详图、设备及主要材料表等组成。采暖施工图中常用图例见表 11-3。

表 11-3 采暖施工图中常用图例

名　称	图　例	附　注
阀门（通用）截止阀	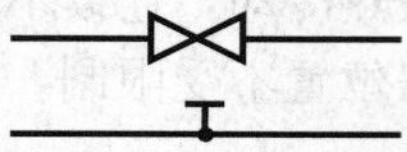	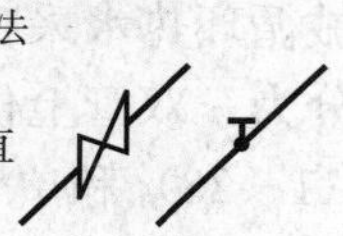 1. 没有说明时，表示螺纹连接法兰连接时  焊接时  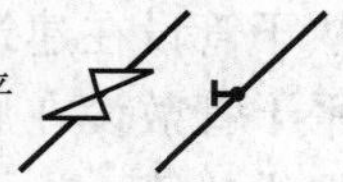
闸阀		2. 轴测画法 阀杆垂直 阀杆水平
球阀		
三通阀		
止回阀	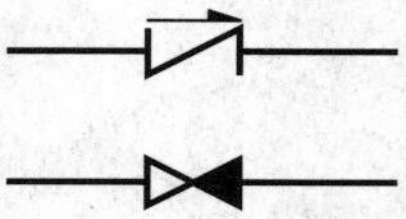	
集气罐排气装置	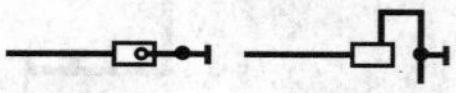	左图为平面图，右图为系统图
矩形补偿器		
固定支架	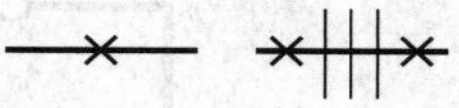	
坡度及坡向	$i=0.003$ 或 $i=0.003$	坡度数值不宜与管道起止点标高同时标注。标注位置同管径标注位置
散热器及手动放气阀	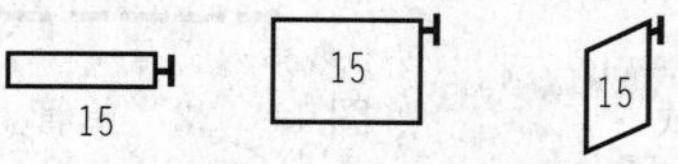 15　15　15	左图为平面图画法，中图为剖面图画法，右图为系统图、Y轴测方向画法
散热器及温控阀	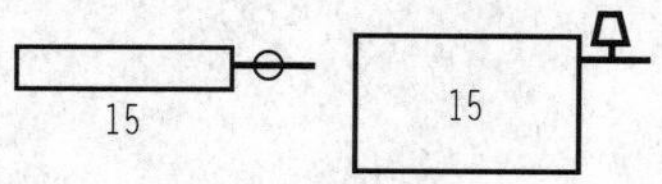 15　15	
水泵	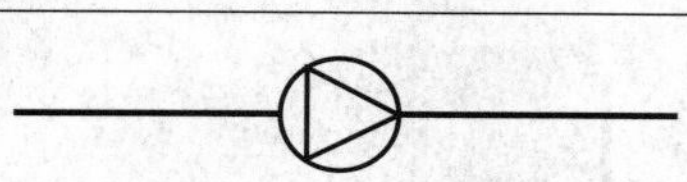	

室内采暖平面图主要表示管道、附件及散热器的布置情况，是采暖施工图的重要图样。采暖平面图一般采用 1∶100、1∶50 的比例绘制。为了突出管道系统，用粗实线绘制采暖干管；用粗虚线绘制回水干管；用中粗实线以图例形式画出散热器、阀门等附件的安装位置；用中实线绘制建筑平面图中的墙身、门窗洞、楼梯等主要构件的轮廓；用细实线绘制建筑家具的布置、绿化等。在底层平面图中应画出供热引入管、回水管，并注明管径、立管编号、散热器片数等。

图 11-25～图 11-29 分别为教师公寓负一层采暖平面图，一层采暖平面图，二、三层采暖平面图，四层采暖平面图和阁楼采暖平面图。由于该公寓左右完全对称，其各楼层的采暖平面图只画出了一半。整个建筑物户内采用下供下回的单管循环采暖系统。从负一层采暖平面图中可以看出西单元整个热水采暖的供水干管由北侧楼梯间墙体进入建筑物内部，然后接到两根立管分别向西单元的两个用户供热，两个用户采暖系统入口的编号分别为 R1 和 R2。由于储藏室没有采暖要求，立管直接穿过一层楼面向上向每层用户供热。每根立管都有水平横管连接每层用户的所有散热器，热水经过所有的散热器后，回流至回水立管，最后经回水干管流回热源。

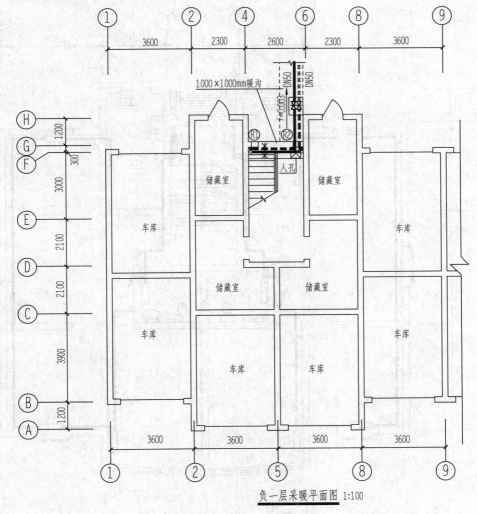

负一层采暖平面图 1:100

图 11-25　负一层采暖平面图

从图 11-26 一层采暖平面图中可以看出每个用户共设置六组散热器，除卫生间、客厅和厨房的三组散热器沿横墙布置，其余均设置在窗下。每组散热器的旁边标注出散热器的片数，如卫生间为 6 片，厨房为 15 片。连接散热器的供水管道的管径均为 20mm。引入管和回水干管的管径为 50mm，且设有 $i=0.003$ 坡向热源的坡度。该单元的东西两户的采暖管道的布局与散热器的位置完全对称，只是散热器的片数有所不同。西户客厅、餐厅以及西卧室因为靠外墙，散热快一些，为保证一定室内温度，其散热器片数比东户要多一些。

图 11-27 为二、三层采暖平面图，其管道及散热器布置与一层采暖平面图类似，所不同的是，一层楼底下是负一层，负一层没有暖气，因此一层的散热器片数相对多一些。而二、三层楼上楼下均有暖气，散热器片数就会少一些。读者可以自行对照图 11-28 四层采暖平面图以及图 11-29 阁楼采暖平面图与前面一层采暖平面图和二、三层采暖平面图的差别，并分析原因。

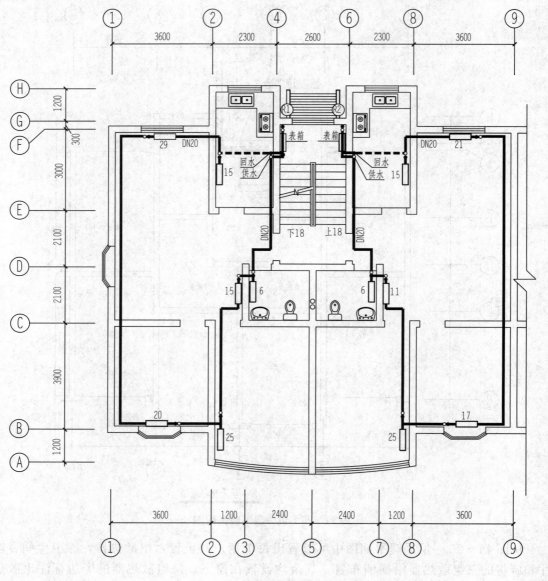

一层采暖平面图 1:100

图 11-26 一层采暖平面图

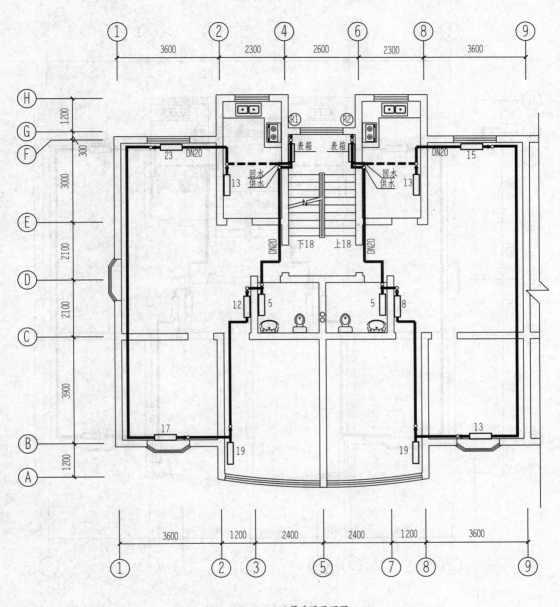

二、三层采暖平面图 1:100

图 11-27 二、三层采暖平面图

11.5.5 采暖系统图

采暖系统图表示从采暖入口到出口的采暖管道、散热器、主要附件的空间位置和相互关系。采暖系统图一般采用 45°的正面斜等轴测图绘制。通常将 OZ 轴竖放表达管道高度方向尺寸；OX 轴与房屋横向一致，OY 作为房屋纵向一致。

采暖系统图通常采用与采暖平面图相同的比例绘制，特殊情况下可以放大比例或不按比例绘制。当局部管道被遮挡、管线重叠，可采用断开画法。

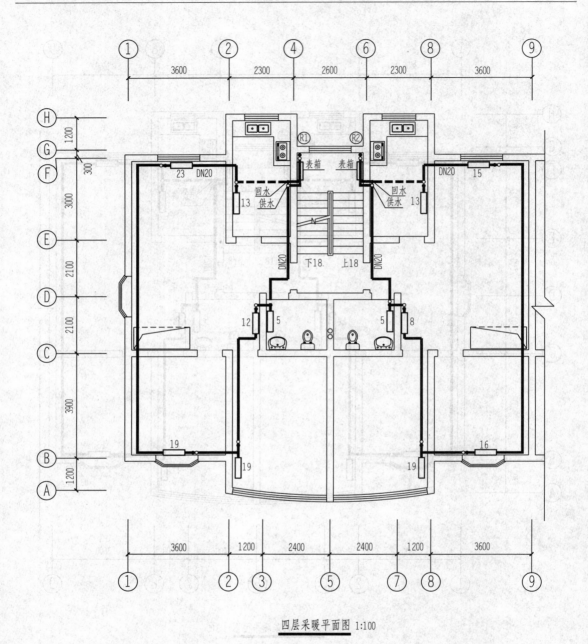

四层采暖平面图 1:100

图 11-28　四层采暖平面图

　　系统图中供热管用粗实线绘制；回水管用粗虚线绘制；散热设备、管道阀门等以图例形式用中实线绘制，并应在管道或设备附近标注管道直径、标高、坡度、散热器片数及立管编号；标注各楼层地面标高及有关附件的高度尺寸等。

　　图 11-30 为教师公寓西单元采暖系统图。由于该单元的两个用户的采暖系统除部分散热器的片数不同外，管道布局和散热器的位置均是对称的，所以系统图中只绘制了 R1 采暖系统的系统图。

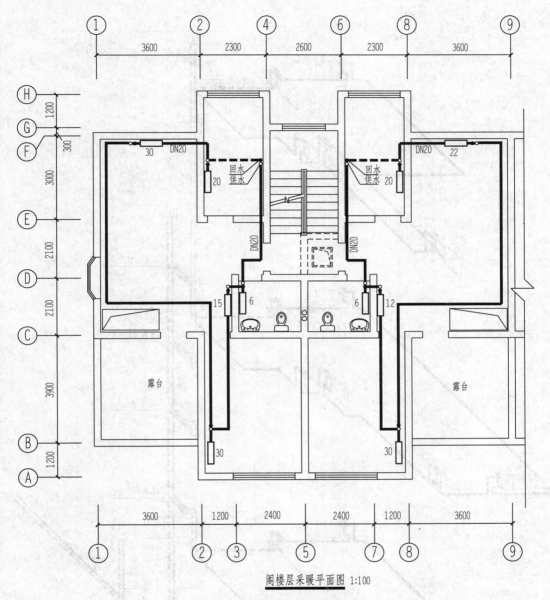

阁楼层采暖平面图 1:100

图 11-29 阁楼层采暖平面图

从系统图中可以看出，室外引入管由北向南进入室内，管径为 50mm 标高为－3.20m，坡度为 0.003。引入管分接两个立管形成两个用户的采暖入口，立管管径分别为 40mm、32mm。立管到达一层楼梯休息平台时，在标高为 1.45m 处连接管径为 20mm 的供水横管，横管上安装一个表箱。再由横管进入每个用户，依次连接卫生间、客厅、主卧室、次卧室、餐厅、厨房的散热器，热水经过厨房的散热器后经与之相连的回水横管流入回水立管，回水横管的管径为 20mm。每层供水横管均沿楼层地面敷设，每组散热器上均设一个手动跑风门。供水立管与回水立管平行设置，且在供回水立管的最高点安装自动排气阀。供回水立管从底层到顶层管径逐渐减小。所有的采暖管道在穿过墙体或楼板时均设有套管。

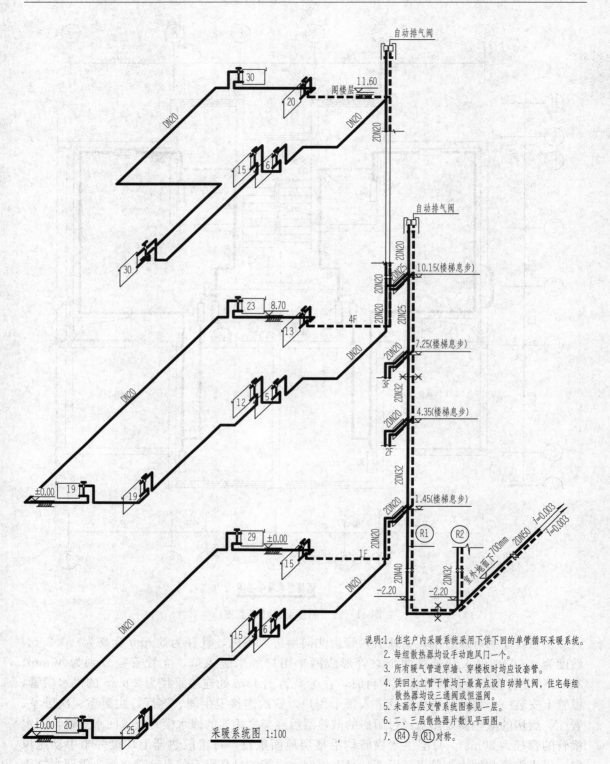

说明:1. 住宅户内采暖系统采用下供下回的单管循环采暖系统。
2. 每组散热器均设手动跑风门一个。
3. 所有暖气管道穿墙、穿楼板时均应设套管。
4. 供回水立管干管均于最高点设自动排气阀，住宅每组散热器均设三通阀或恒温阀。
5. 未画各层支管系统图参见一层。
6. 二、三层散热器片数见平面图。
7. R4 与 R1 对称。

采暖系统图 1:100

图 11-30　采暖系统图

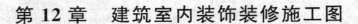

第12章　建筑室内装饰装修施工图

12.1　概　　述

在实际的建筑施工中，各专业的相关人员按照建筑施工图、结构施工图及设备施工图将建筑主体施工完毕后，部分建筑还需根据装修施工图进行装修施工，力求创造出更适宜人类居住的室内环境。这类用于建筑装饰装修施工的施工图称作建筑装饰装修工程施工图。建筑装饰装修施工图和建筑施工图是密不可分的，多数建筑装饰装修施工图是在建筑施工图的基础之上绘制而成的，是对建筑施工图的深化设计。

建筑装饰装修施工图不仅是建设单位（业主）委托施工单位进行施工的依据，同时也是工程造价师计算工程数量、编排工程预算、核算工程造价、衡量工程投资效益的依据。

12.1.1　比例、图线和图例

一、比例

图样的比例应根据图样用途与被绘对象的复杂程度选取。常用比例宜为 1∶1、1∶2、1∶5、1∶10、1∶15、1∶20、1∶25、1∶30、1∶40、1∶50、1∶75、1∶100、1∶150、1∶200。绘图所用的比例应根据房屋建筑室内装饰装修设计的不同部位、不同阶段的图纸内容和要求确定，并应符合表12-1的规定，对于特殊情况，可自定比例。

表 12-1　　　　　　　　　　　　绘 图 所 用 的 比 例

比例	部位	图纸内容
1∶200～1∶100	总平面、总顶面	总平面布置图、总顶面布置图
1∶100～1∶50	局部平面、局部顶面图	局部平面布置图、局部顶面布置图
1∶100～1∶50	不复杂的立面	立面图、剖面图
1∶50～1∶30	较复杂的立面	立面图、剖面图
1∶30～1∶10	复杂的立面	立面放大图、剖面图
1∶10～1∶1	平面及立面中需要详细表示的部位	详图
1∶10～1∶1	重点部位的构造	节点图

二、图线

房屋建筑室内装饰装修制图应采用实线、虚线、单点长画线、折断线、波浪线、点线、样条曲线、云线等线性，并应选用表12-2中的常用线性。

表 12 - 2　　　　　　　　　　　**房屋建筑室内装修装饰制图常用线型**

名称		线型	线宽	一般用途
实线	粗	——————	b	1. 平、剖面图中被剖切的房屋建筑和装饰装修构造的主要轮廓线 2. 房屋建筑室内装饰装修立面图的外轮廓线 3. 房屋建筑室内装饰装修构造详图、节点图中被剖切部分的主要轮廓线 4. 平、立、剖面图的剖切符号
	中粗	——————	$0.7b$	1. 平、剖面图中被剖切的房屋建筑和装饰装修构造的次要轮廓线 2. 房屋建筑室内装饰装修详图中的外轮廓线
	中	——————	$0.5b$	1. 房屋建筑室内装饰装修构造详图中的一般轮廓图 2. 小于 $0.7b$ 的图形线、家具线、尺寸线、尺寸界线、索引符号、标高符号、引出线、地面、墙面的高差分界线等
	细	——————	$0.25b$	图形和图例的填充线
虚线	中粗	— — — — —	$0.7b$	1. 表示被遮挡部分的轮廓线 2. 表示被索引图样的范围 3. 拟建、扩建房屋建筑室内装饰装修部分轮廓线
	中	— — — — —	$0.5b$	1. 表示平面中上部的投影轮廓 2. 预想放置的房屋建筑或构件
	细	- - - - - -	$0.25b$	表示内容与中虚线相同，适合小于 $0.5b$ 的不可见轮廓线
单点长画线	中粗	—·—·—·—	$0.7b$	运动轨迹线
	细	—·—·—·—	$0.25b$	中心线、对称线、定位轴线
折断线	细	——／\——	$0.25b$	不需要画全的断开界线
波浪线	细	～～～～	$0.25b$	1. 不需要画全的断开界线 2. 构造层次的断开界线 3. 曲线型构件断开界线
点线	细	· · · · · · · ·	$0.25b$	制图需要的辅助线
样条曲线	细	⌒⌒	$0.25b$	1. 不需要画全的断开界线 2. 制图需要的引出线
云线	中	〰〰	$0.5b$	1. 圈出被索引的图样范围 2. 标注材料的范围 3. 标注需要强调、变更或改动的区域

三、图例

常用房屋建筑室内装饰装修材料、常用家具、常用电器、常用厨具、常用洁具、常用景观配饰、常用灯光照明、常用设备图例应按表 12 - 3～表 12 - 11 绘制。当所要表示的材料或构件未包括在标准图例中时，可自编图例，但不得与标准图例中所列的图例重复，并在适当的位置画出该图例符号，并加以文字说明。

表 12 - 3　　　　　　　　　　　　　常用房屋建筑室内装饰装修材料图例（部分）

序号	名称	图例	备注
1	普通砖		包括实心砖、多孔砖、砌块等。断面较窄不易绘出图例线时，可涂黑，并在备注中加注说明，画出该材料图例
2	轻质砌块砖		指非承重砖砌体
3	轻质龙骨板材隔墙		注明材料品种
4	饰面砖		包括铺地砖、墙面砖、陶瓷锦砖等
5	多孔材料		包括水泥珍珠岩、沥青珍珠岩、泡沫混凝土、非承重加气混凝土、软木、蛭石制品等
6	纤维材料		包括矿棉、岩棉、玻璃棉、麻丝、木丝板、纤维板等
7	泡沫塑料材料		包括聚苯乙烯、聚乙烯、聚氨酯等多孔聚合物类材料
8	实木		表示木材横断面
			表示木材纵断面
9	胶合板		注明厚度或层数
10	石膏板		注明品种名称及厚度
11	普通玻璃	（立面）	注明材质、厚度
12	镜面	（立面）	注明材质、厚度
13	橡胶		
14	塑料		包括各种软、硬塑料及有机玻璃等
15	地毯		注明种类
16	窗帘	（立面）	箭头所示为开启方向

表 12 - 4 常用家具图例（部分）

序号	名称		图例	序号	名称		图例
1	沙发	单人沙发		4	床	单人床	
		双人沙发				双人床	
		三人沙发		5	橱柜	衣柜	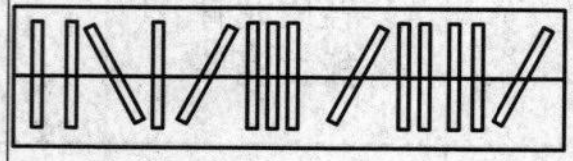
2	办公桌					低柜	
3	椅	办公椅				高柜	
		休闲椅					

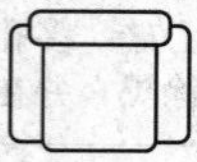

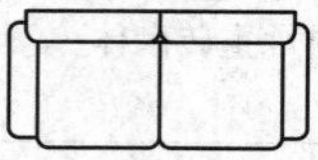

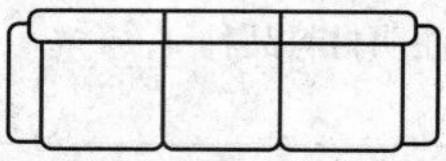

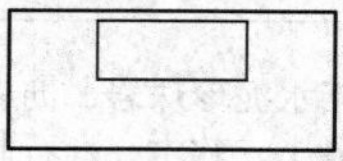

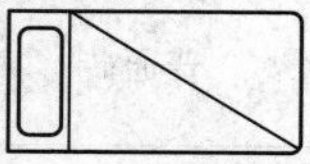

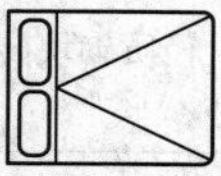

注 立面样式根据设计自定，其他家具图例可根据设计自定。

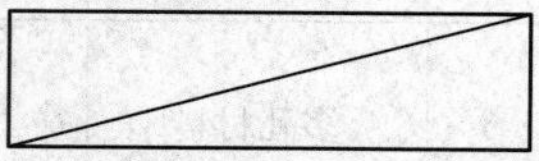

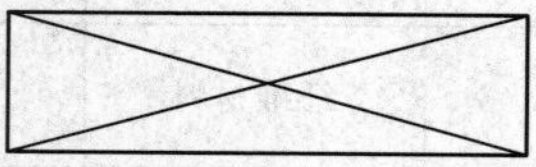

表 12 - 5 常用电器图例

序号	名称	图例	序号	名称	图例
1	电视	 TV	5	饮水机	WD
2	冰箱	 REF	6	电脑	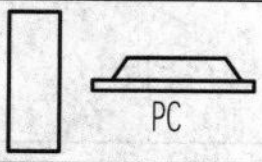 PC
3	空调	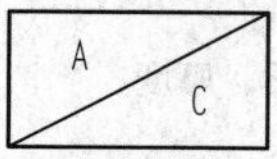 A C	7	电话	 TEL
4	洗衣机	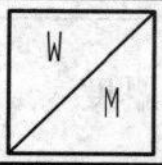 W M			

注 立面样式根据设计自定，其他电器图例可根据设计自定。

表 12 - 6 常见厨具图例（部分）

序号	名称		图例	序号	名称		图例
1	灶具	单头灶		2	水槽	单盆	
		双头灶				双盆	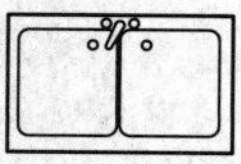

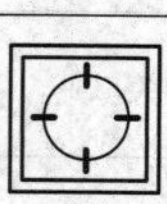

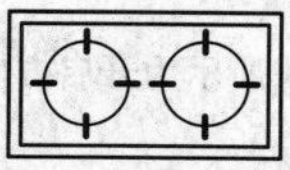

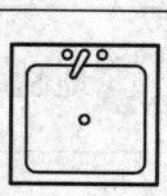

注 立面样式根据设计自定，其他厨具图例可根据设计自定。

表 12 - 7 　　　　　　　　　　　　常见洁具图例（部分）

序号	名称		图例	序号	名称		图例
1	大便器	坐式	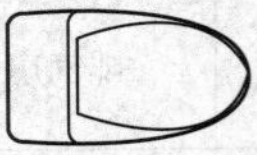	5	台盆	立式	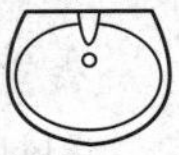
		蹲式	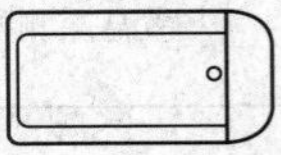			台式	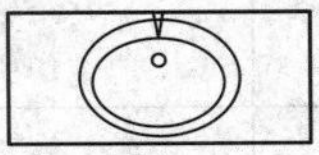
2	小便器		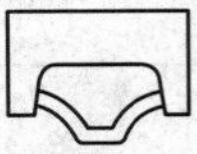			挂式	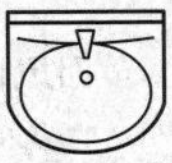
3	污水池		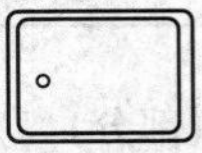	6	浴缸	长方形	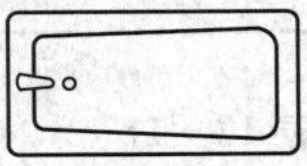
4	淋浴房		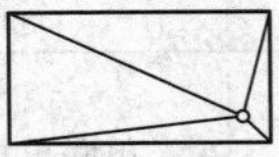			圆形	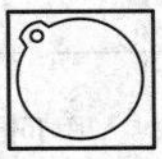

注　立面样式根据设计自定，其他洁具图例可根据设计自定。

表 12 - 8 　　　　　　　　　　　　常见景观配饰图例（部分）

序号	名称	图例	序号	名称		图例
1	阔叶植物				观花类	
2	针叶植物		4	盆景类	观叶类	
3	棕榈植物				山水类	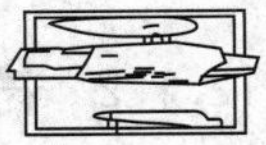

注　立面样式根据设计自定，其他景观配饰图例可根据设计自定。

表 12 - 9 　　　　　　　　　　　　常用灯光照明图例（部分）

序号	名称	图例	序号	名称	图例
1	艺术吊灯	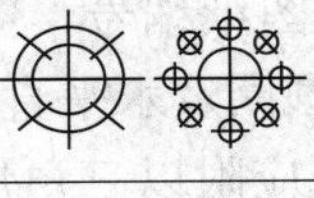	4	壁灯	
2	吸顶灯		5	落地灯	
3	暗藏灯带	 — — — — — —	6	台灯	

表 12 - 10   **常用设备图例（部分）**

序号	名称	图例	序号	名称	图例
1	送风口	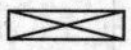 ▭（条形）	3	排气扇	 ▦
		 ▧（方形）	4	感温探测器	 ↓
2	回风口	 ▬（条形）	5	感烟探测器	 S
		 ▬（方形）			

表 12 - 11   **常用开关、插座图例（部分）**

序号	名称	图例	序号	名称	图例
1	单向二、三极电源插座		5	单联单控开关	
2	网络插座	 ◀ C	6	双联单控开关	
3	直线电话插座	 ◀	7	三联单控开关	
4	有线电视插座	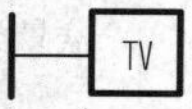 ⊢ TV	8		

12.1.2　符号

一套完整的房屋建筑装饰装修图的每张图纸之间是相互关联相互补充的，除此之外，装饰装修施工图也需要引用部分标准图集中的标准做法，为了建立图纸与图纸之间及图纸与标准图集之间的关联关系，需要用到索引符号。索引符号根据具体的作用不同，可分为立面索引符号、剖切索引符号、详图符号、设备索引符号。

表示室内立面在平面上的位置及立面图所在图纸编号，应在平面图上使用立面索引符号。立面索引符号应由圆圈、水平直径组成，且圆圈及水平直径应以细实线绘制。根据图面比例，圆圈直径可选择 8～10mm。立面索引符号应附以三角形箭头，且三角形箭头方向应与投射方向一致。圆圈中的上半圆处应用英文字母注写立面编号，与立面图的图名（如"客厅 A 立面图"）相对应，立面编号应以顺时针方向排序，如图 12 - 1（b）所示。圆圈中的下半圆处应用数字注写对应的立面图所在的图纸编号，当立面的索引位置不产生歧义时，立面索引符号中也可以不注写图纸编号，如图 12 - 1（c）、（d）、（e）所示。圆圈中水平直径、数字及字母（垂直）的方向应保持不变。

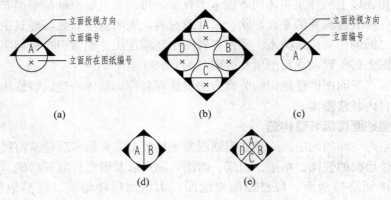

图 12-1　立面索引符号

表示剖切面在界面上的位置或图样所在图纸编号，应在被索引的界面或图样上使用剖切索引符号。剖切索引符号应由圆圈、直径组成，圆及直径应以细实线绘制。根据图面比例，圆圈的直径可选择 8～10mm。圆圈内应注明编号及索引图所在的页码。剖切索引符号应附三角形箭头，且三角形箭头方向应与圆圈中直径、数字及字母（垂直于直径）的方向保持一致，并应随投射方向而变，如图 12-2 所示。（剖切索引符号与立面索引符号有什么不同？）

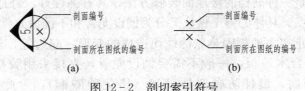

图 12-2　剖切索引符号

表示局部放大图样在原图上的位置及本图样所在的页码，应在被索引图样上使用详图索引符号。剖切索引符号应由圆圈、直径组成，圆及直径应以细实线绘制。根据图面比例，圆圈的直径可选择 8～10mm。圆圈内应注明编号及索引图所在的页码，如图 12-3 所示。

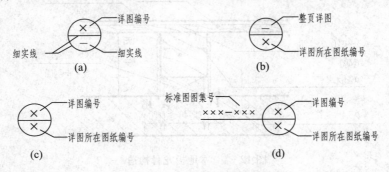

图 12-3　详图索引符号

（a）本页索引符号；（b）整页索引符号；（c）不同页索引符号；（d）标准图索引符号

12.2　建筑装饰装修平面布置图

建筑装饰装修平面布置图与建筑平面图类似，假想一水平剖切面在窗台上方将建筑整个剖开，移去剖切面以上的建筑实体向下做水平投影，得到的投影图就是平面布置图。平面布置图主要表明各种装修布置的平面形状、尺寸及材料，表明这些布置与建筑主体之间以及这些布置与布置之间的相对位置关系。平面布置图中还需使用立面索引符号标明建筑装饰装修立面图在平面图上的位置及立面图所在的图纸编号。

建筑装饰装修平面图中楼地面的装修方法仅注写名称，具体的建筑装修构造一般不在图中说明，多引自内装修图集。

12.2.1　楼地面建筑装修构造

楼地面是室内空间的底层，一般在钢筋混凝土楼板上需要做多层建筑面层或饰面层，由他们共同完成楼地面的装饰、粘接、固定、防潮、隔声以及敷设管道等功能。常见的楼地面建筑构造有整体面层楼地面、块材面层楼地面、木材面层楼地面、低温辐射热水采暖楼地面。

整体面层楼地面种类多、使用广。使用最广泛的是水泥砂浆楼地面，其构造简单，造价低廉且坚固耐磨，但是美观度较差，不易清洁，属于低档的楼地面。

块材面层楼地面耐磨、耐久，不怕水且易于清洁，施工简易，价格较低且装修效果较好，属于中高档楼地面，适用于人流量大且对清洁度要求较高的房间，常见的装修面层有普通地砖面层和防滑地砖面层。

木材面层楼地面是一种高档的楼地面装修方法，具有弹性好、舒适度高、装修效果好，易清洁但不耐水的特点。具体的施工做法又分为铺设龙骨和不铺设龙骨两种。铺设龙骨主要是针对实木地板，防止实木地板因热胀冷缩而造成的变形、起边等，还能起到防潮、调平的作用；至于强化复合木地板，一般不需要铺设龙骨，直接采用胶粘剂粘贴。木材用于楼地面要特别注意防腐，最佳防腐剂是 CCA（铬化砷酸铜），除此之外也可采用 ACQ（季铵铜）、B_2O_3（硼酸盐），如无以上三种，也可采用氟化钠，效果略差但使用方便，如图 12-4 所示。

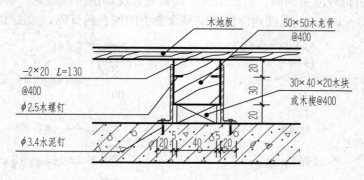

图 12-4　木地板龙骨构造

低温热水辐射楼地面的特点是采暖用热水管以盘管的形式埋置于楼地面内。该楼地面的主要构造层有面层、填充层、保暖层、防水层等。面层一般为厚度较小、散热较好的材料，如地砖、薄形木板等，面层应适当分格。填充层一般为细石混凝土，其内埋置热水管和两层低碳钢丝网。上层钢丝网用于防止地面开裂，下层钢丝网用于固定热水管。保温层一般为聚苯乙烯泡沫板上覆一层真空镀铝聚酯薄膜，防水层多采用聚氨酯涂料。现代房屋中常见的建筑楼（地）面建筑面层及装修做法见表 12-12。

表 12 - 12　　　　　　　　现代房屋中常见的建筑楼（地）面建筑面层及装修做法

序号	名称	简图	厚度	构造做法	
				地面	楼面
1	水泥砂浆面层（无防水层）	地面　楼面	$a=100$ $b=20$	1. 20 厚 1：2.5 水泥砂浆，表面撒适量水泥粉抹压平整 2. 刷水泥浆一道（内掺建筑胶）	
				3. 80 厚 C15 混凝土垫层 4. 夯实土	3. 现浇钢筋混凝土楼板或预制楼板上现浇叠合层
2	水泥砂浆面层（有防水层）	地面　楼面	$a=175$ $b=95$	1. 15 厚 1：2.5 水泥砂浆，表面撒适量水泥粉抹压平整 2. 35 厚 C20 细石混凝土 3. 1.5 厚聚氨酯防水层 4. 最薄处 20 厚 1：3 水泥砂浆或 C20 细石混凝土找坡层，抹平 5. 水泥浆一道（内掺建筑胶）	
				6. 80 厚 C15 混凝土垫层 7. 夯实土	6. 现浇钢筋混凝土楼板或预制楼板上现浇叠合层
3	地砖面层（无防水层）	地面　楼面	$a=110$ $b=30$	1. 8～10 厚地砖，干水泥擦缝 2. 20 厚 1：3 水泥砂浆结合层，表面撒水泥粉 3. 水泥浆一道（内掺建筑胶）	
				4. 80 厚 C15 混凝土垫层 5. 夯实土	5. 现浇钢筋混凝土楼板或预制楼板上现浇叠合层
4	防滑地砖面层（有防水层）	地面　楼面	$a=165$ $b=85$	1. 8～10 厚防滑地砖，干水泥擦缝 2. 30 厚 1：3 水泥砂浆结合层，表面撒水泥粉 3. 1.5 厚聚氨酯防水层（两道） 4. 最薄处 20 厚 1：3 水泥砂浆或细石混凝土找坡层，抹平 5. 水泥浆一道（内掺建筑胶）	
				6. 80 厚 C15 混凝土垫层 7. 夯实土	6. 现浇钢筋混凝土楼板或预制楼板上现浇叠合层
5	单层长条硬木面层	地面　楼面	$a=170$ $b=90$	1. 地板漆 2 道（地板成品已带油漆者无此道工序） 2. 100×18 长条硬木企口地板（背面满刷氟化钠防腐剂） 3. 50×50 木龙骨@400 架空 20，表面刷防腐剂	
				4. 80 厚 C15 混凝土垫层 5. 夯实土	4. 现浇钢筋混凝土楼板或预制楼板上现浇叠合层

续表

序号	名称	简图	厚度	构造做法	
				地面	楼面
6	强化复合木地板面层（有衬垫）	地面　楼面	$a=115$ $b=35$	1. 8厚强化企口复合木地板，板缝用胶黏剂粘铺 2. 3～5厚泡沫衬垫 3. 20厚1：2.5水泥砂浆 4. 水泥浆一道（内掺建筑胶）	
				5. 80厚C15混凝土垫层 6. 夯实土	5. 现浇钢筋混凝土楼板或预制楼板上现浇叠合层
7	通体砖面层采暖地板	地面　楼面	$a=215$ $b=135$	1. 8～10厚通体砖，干水泥擦缝 2. 20厚1：3干硬性水泥砂浆结合层 3. 水泥浆一道（内掺建筑胶） 4. 60厚C15细石混凝土（上下配φ3@50钢丝网片，中间配乙烯散热管） 5. 0.2厚真空镀铝聚酯薄膜 6. 20厚聚苯乙烯泡沫板（或10厚微孔聚乙烯保温复合板） 7. 1.5厚聚氨酯涂料防潮层（两道） 8. 20厚1：3水泥砂浆找平层	
				9. 80厚C15混凝土垫层 10. 夯实土	9. 现浇钢筋混凝土楼板或预制楼板上现浇叠合层
8	强化复合木地板采暖地板	地面　楼面	$a=210$ $b=130$	1. 8厚强化企口复合木地板 2. 20厚1：2.5水泥砂浆找平层 3. 水泥浆一道（内掺建筑胶） 4. 60厚C15细石混凝土（上下配φ3@50钢丝网片，中间配乙烯散热管） 5. 0.2厚真空镀铝聚酯薄膜 6. 20厚聚苯乙烯泡沫板（或10厚微孔聚乙烯保温复合板） 7. 1.5厚聚氨酯涂料防潮层（两道） 8. 20厚1：3水泥砂浆找平层	
				9. 80厚C15混凝土垫层 10. 夯实土	9. 现浇钢筋混凝土楼板或预制楼板上现浇叠合层
				9. 80厚C15混凝土垫层 10. 150厚碎石夯入土中	9. 60厚LC7.5轻骨料混凝土 10. 现浇钢筋混凝土楼板或预制楼板上现浇叠合层

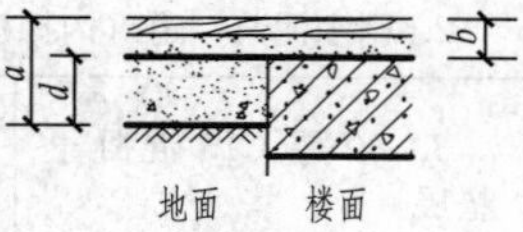

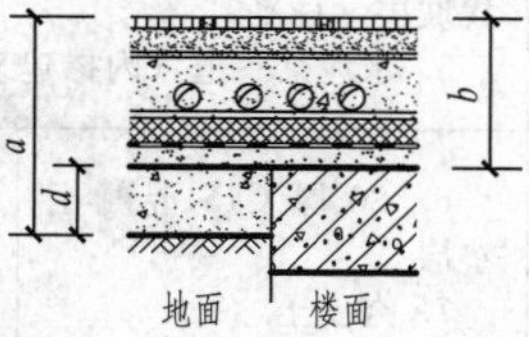

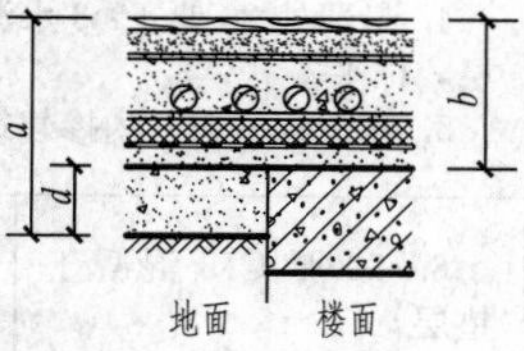

注 找坡层<30厚时用1：3水泥砂浆，≥30厚时用C20细石混凝土。

12.2.2 建筑装饰装修平面图图示内容及方法

建筑装饰装修施工图是在建筑平面图的基础上进行的深化设计，因此建筑平面图中所需绘制的内容，如墙体、门窗及用涂黑的方式表示的混凝土墙或柱等均需在建筑装饰装修施工图中绘出。除此之外，建筑装饰装修施工图着重需要表明的是各房间的地面做法，以及家具、厨具、洁具、装饰物、开关插座等的位置及尺寸，力求准确的表达装饰装修后的效果，方便装修过程中的水电改造施工及各类家具、厨具、洁具等的订制或购买。

一、线型线宽

建筑装饰装修平面图中墙体采用粗实线绘制，窗户采用两根中实线及两根细实线绘制，其余所绘内容如家具、设备的图例等均采用中实线绘制。

二、绘制范围

与结构施工图或建筑施工图不同，由于建筑装饰装修的委托方一般为某一户的业主，因此建筑装饰装修的图示范围一般为一户，而不是一层。

三、尺寸标注

建筑装饰装修平面布置图所需标注的尺寸分为两类，即外部尺寸和内部尺寸。

建筑装饰装修平面布置图的外部尺寸一般有两道尺寸线，由外向内，第一道尺寸线为户型的总尺寸，即户型的总长、总宽。第二道为细部尺寸，标注墙厚及房间的净尺寸。由于装修施工时，房间内的墙体已施工完成，无需轴线及轴号对墙体进行定位，因此装修施工图无需注写轴线及轴号。

建筑装饰装修平面布置图的内部尺寸注写家具的外形尺寸及部分家具重要的定位尺寸，方便家具的定制及摆放，当某家具的外形尺寸不方便在图纸上注写时，可以"宽×长"的形式在此件家具的图例符号内部注明，也可利用引出线引出注明。

四、楼（地）面做法

楼（地）面的装修做法一般以铺设地板或瓷砖为主，有防水要求的房间以铺设防滑地砖为主，一般不采用木地板饰面，装饰装修的做法一般以较小的字号注写在房间名称的下方。当采用地板铺设时，需注明地板的材质，例如"实木地板铺设"或"复合地板铺设"等；当采用瓷砖铺设时，需注明瓷砖的材质及瓷砖的尺寸，如"800×800 抛光砖铺设"或"300×300 防滑地砖铺设"等，方便装修过程中对于原材料的购置。

五、家具、家电及设备

在装饰装修平面图中各类家具、家电及设备一般采用图例符号注明其大致的位置及数量。当采用表 14-3～表 14-7 中规范规定的图例符号注明时，可不注写图例符号的含义；当采用自定义的非规范规定的图例符号注明时，需在图纸中图例栏内注写此类图例的名称。当某些家具、家电或设备使用的数量较少或造型比较复杂，不适宜采用图例符号注明时，可在图纸中画出此类家具、家电或设备的大致形状或外轮廓，并在外轮廓线内部注写相应的名称，也可用引出线引出注明。

六、其他

建筑装饰装修平面图中需注明与立面图对应的立面索引符号，在入户门处需标注箭头示意入户方向，不同的房间可按照其使用功能尽量采用不同的名称命名，如两个房间使用功能相同，可采用"主次"的命名方式区分，如"主卧"、"次卧"，平面图的图示内容如图 12-5 所示。

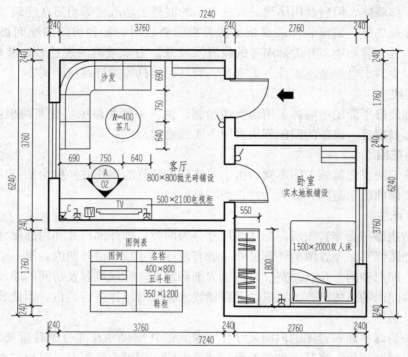

图 12-5　建筑装饰装修平面示意图

12.2.3　读图实例

下图以教师公寓 1～5 轴西户为例，说明建筑装饰装修平面图的图示内容及阅读方法。

按照图中所示的入户方向从入户门处入门，右边设有单联单控开关及鞋柜，单联单控开关操纵入户门处走廊顶的吸顶灯，鞋柜采用自制的图例表示，其尺寸在图例表中已注明，宽为 350mm，长为 1200mm。

卫生间门外的墙上设有三联单控开关，此开关操纵客厅顶部的吊灯、卫生间内的吸顶灯及排气扇。卫生间内部设置有淋浴喷头、洗手盆组合柜、洗衣机及马桶。淋浴喷头采用自制图例表示；洗手盆组合柜采用绘制其外轮廓线，在轮廓线内部注写名称及尺寸的方法表示；卫生间地面采用防滑地砖铺设，所采用的防滑地砖的尺寸为 300×300。除此之外，卫生间内部还注明了风道及给排水管；卫生间墙体内侧还设置有单相二、三级电源插座，为清楚地表达插座与各类设备的相对位置关系，插座均采用较为简单的自制图例表示。

厨房门口的墙上设置有单联单控开关，操纵着厨房顶部的吸顶灯。厨房地面采用抛光砖铺设，所采用的抛光砖尺寸为 800×800。厨房内部设有整体橱柜及冰箱，整体橱柜的尺寸在图中已注明。厨房墙体内侧设有多处单相二、三级电源插座，除此之外，还注明了烟道及给排水管。

客厅地面由实木地板铺设，室内布置有沙发、茶几、立式空调、电视柜及电视，其中电视柜采用绘制其轮廓线，引出线引注名称及尺寸的方式表示；电视柜所在的内墙一侧设置有网络插座、有线电视插座及两个单相二、三级电源插座。客厅内部还注写了立面索引符号，与建筑装饰装修立面图中的客厅 A 立面图相对应。餐厅地面采用实木地板铺设，室内布置有餐桌餐椅及观花类盆景。由于餐桌餐椅的位置比较灵活，故仅给出示意位置，未注明相对尺寸。

卧室地面均采用实木地板铺设，室内布置有衣柜、床头柜、双人床、书架、五斗柜、写字台和办公椅。床头柜上放置有台灯，床头柜和写字台所在的墙面上设置有单相二、三级电源插座。家具的尺寸及名称均在其轮廓线内部注明或用引出线引注。由于各件家具均为靠边墙布置或相邻布置，相对位置关系较为清楚，因此未标注相对位置尺寸。建筑装饰装修平面布置如图 12-6 所示。

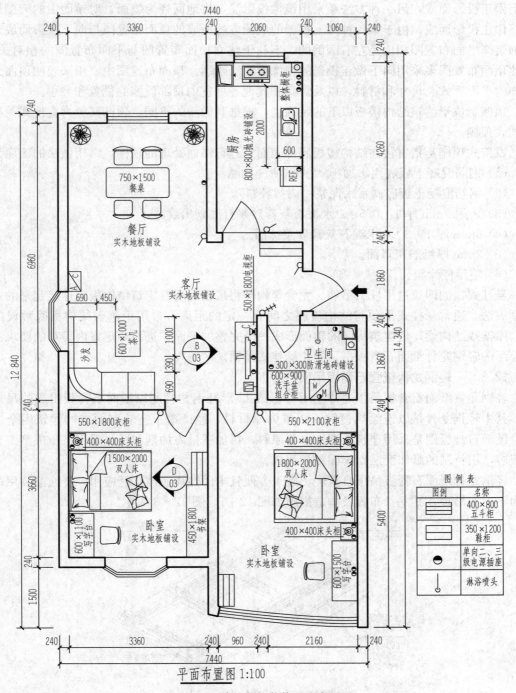

平面布置图 1:100

图 12-6　建筑装饰装修平面布置图

12.3　建筑装饰装修顶面布置图

建筑装饰装修顶面布置图有两种形成方式：一种是假想房屋水平剖开后，移去下面部分向上做正投影而成；另一种方法是采用镜像投影法，将地面视为镜面，对镜面中的天棚形象向下作正投影而成。由于第一种向上投影的成图方法所成的顶面布置图与向下投影而成建筑装饰装修平面布置图相比是左右颠倒的，不利于建立顶面布置图与平面布置图的相对关系，因此顶面布置图多采用向下做正投影的镜像投影法绘制。顶面布置图主要用来表明顶面天棚装饰的平面形式、尺寸和材料，以及灯具和其他各种室内顶部设施的位置和大小。

顶棚是位于建筑结构楼板以下的装饰层，根据其做法的不同，顶棚又分为直接式顶棚和悬挂式顶棚。

直接式顶棚是指直接在结构楼板底部表面上进行饰面处理的顶棚，常用做法的工序为：

（1）钢筋混凝土板底用水加 10% 火碱清洗油腻。

（2）钢筋混凝土板底刷素水泥浆（内掺胶料）。

（3）采用 2mm 厚 1∶0.5∶1 水泥石灰膏砂浆打底划出纹路。

（4）6mm 厚 1∶3∶9 水泥石灰膏砂浆抹面。

（5）2mm 厚纸筋灰罩面。

（6）喷顶棚涂料。

悬挂式顶棚即通过吊杆、吊筋、龙骨等构件将吊顶面层与建筑结构板底连接起来的一种顶棚做法。通常悬挂式吊顶与结构板底之间有一定的距离，常用于遮盖结构板底敷设的管道、屋架或结构梁，使建筑房间的顶面形成一个完整的平面，进而满足室内美观的要求。下面介绍的轻钢龙骨纸面石膏板吊顶属于悬挂式吊顶。

12.3.1　轻钢龙骨纸面石膏板吊顶

轻钢龙骨纸面石膏板吊顶通常是用 C 形或 U 形轻钢龙骨配以纸面石膏板组成的吊顶系统。其中轻钢龙骨是以连续热镀锌钢板带为原材料，经冷弯工艺轧制而成的建筑用金属骨架。纸面石膏板则是采用建筑石膏为主要原料，掺加适量添加剂和纤维采用挤压成型工艺做成板芯，用特制的纸作面层，牢固粘接而成。

轻钢龙骨纸面石膏板吊顶自重轻、施工方便且牢固性强而被广泛应用，普通家装用吊顶多为不上人吊顶，其龙骨布置及构造措施如图 12-7、图 12-8 所示。

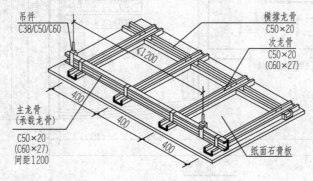

图 12-7　不上人吊顶示意图

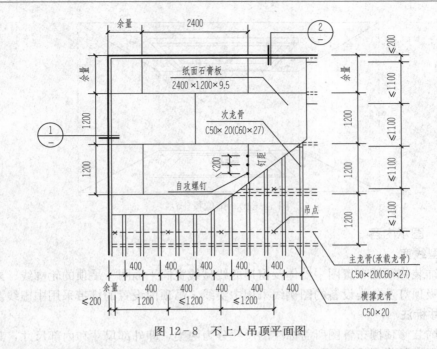

图 12-8　不上人吊顶平面图

部分室内吊顶的边缘处会设置灯槽，内置 LED 灯，用于装饰照明，灯槽做法如图 12-9 所示。

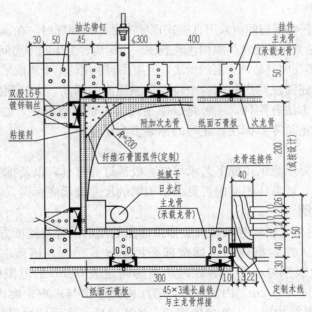

图 12-9　灯槽做法

12.3.2　图样画法

顶棚平面图应采用镜像投影法绘制，各房间的位置应与建筑装饰装修平面图完全一致，如图 12-10 所示。

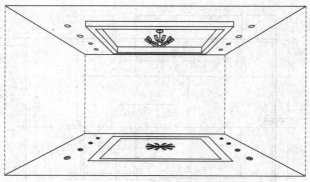

图 12-10 镜像投影法

12.3.3 图示内容

一、线型线宽

建筑装饰装修顶棚布置图中墙体及窗户的线型线宽同平面图。吊顶的轮廓线、外漏结构梁线、吊灯吸顶灯及各类设备的图例线采用中实线，吊顶内设置的灯带采用中虚线。

二、尺寸标注

建筑装饰装修顶棚布置图所需标注的尺寸分为两类，即外部尺寸和内部尺寸，其中外部尺寸应与建筑装饰装修平面图完全一致。内部尺寸应注写部分重要的吊顶凹凸处的定位尺寸。

三、顶棚

当客厅、餐厅、卧室等房间中采用直接式顶棚或悬挂式顶棚时，在顶棚布置图中需注明其装饰面层的做法，家装常用的做法为喷白色乳胶漆。当厨房、卫生间等房间中采用集成吊顶（如铝扣板吊顶）时，可不注明其装饰面层的做法，但须注明采用的单个集成吊顶的尺寸。

在顶棚平面图中还需注写房间内各个位置顶棚顶面的标高，方便顶棚处各类凹凸造型以及吊顶的施工。注写方法有两种，一种是以原顶高为正负零点标注，注写的标高多为负值；一种是以室内地面为正负零点标注，注写的标高多为正值。

四、其他

顶棚平面图中需要示意出顶棚上艺术吊灯、吸顶灯等灯具，以及排气扇等设备的类型及相对位置，除此之外，还需注明室内可见的结构梁的尺寸及梁底标高。

12.3.4 读图示例

现以图 12-11 为例，说明建筑装饰装修顶面图的图示内容及阅读方法。

从入户门入户，入户走廊内的顶棚全部采用悬挂式吊顶，吊顶底距离原顶的高度为0.2m，吊顶中央设置吸顶灯一个。客厅内距离房间边缘 0.5m 的范围内采用悬挂式吊顶，吊顶底距离原顶的高度为 0.2m，内置灯带，客厅内的吊顶与入户走廊内的吊顶一起弱化了入户后 0.4m 高的可见结构梁对人产生的视觉上的压迫感。客厅中央采用直接式顶棚，做法为乳胶漆漆白，客厅照明采用艺术吊灯和吸顶灯。餐厅顶棚的装修方法与客厅类似，与客厅的悬挂式吊顶一起弱化可见结构梁的视觉效应，窗户边设置窗帘盒和窗帘。厨房和卫生间均采用铝扣板吊顶，单个铝扣板的尺寸为 300mm×300mm，厨房和卫生间采用铝扣板上的嵌入灯照明，卫生间设置有排气扇，除此之外厨房和卫生间内还示意出了烟道、风道及下水道的相对位置。次卧采用的悬挂式吊顶较为复杂，边缘线由三个圆弧相切组成，可采用厂家定做现场安装的方式。主卧采用两级吊顶，一级吊顶距离原顶的高度为 0.26m，第二级吊顶距离原顶的高度为 0.2m，中间圆形的区域采用直接式吊顶，圆心处设置艺术吊灯。除此之外，图内还标注了室内可见结构梁的尺寸，梁高为 400mm，梁宽为 200mm。

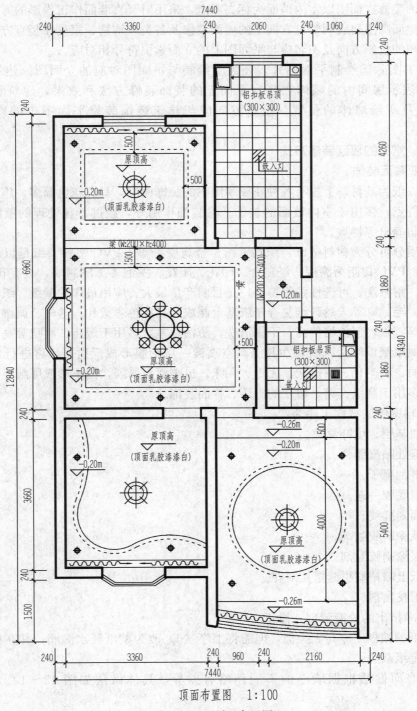

顶面布置图　　1:100

图 12-11　顶面布置图

12.4　建筑装饰装修立面图

　　建筑装饰装修立面图以室内地面为标高零点，采用对竖直墙面作正投影的方式而成。建筑装饰装修立面图主要表明竖直方向上的墙面装修及各类装饰物、家具在竖直方向上的标高关系。立面图的投影方向及图名应与平面图上的立面索引符号相对应。

　　装修施工图除需绘制平面图外，还需要绘制与平面图对应的立面图。建筑装饰装修立面图主要表示房间内的墙体在竖直平面上的装饰装修方法和效果，建筑装饰装修立面图的图名及所绘墙体的位置、投影方向应与建筑装饰装修平面图中的索引符号相对应。

12.4.1　常见的墙面装修方式

一、壁纸贴面装饰

　　壁纸是以纸为基材，上覆有各种花纹和图案的装饰面层，具有花色繁多，施工简易，装修效果好等特点，多用于室内墙面的装饰。除装饰作用外，经过特殊处理的壁纸还具有吸声、防火、防静电等特点。

　　根据材质分可分为塑料壁纸、织物壁纸、金属壁纸等。PVC 塑料壁纸是以优质木浆纸或布为基材，PVC 树脂为涂层，经复合、印花、压花、发泡等工序制成，具有花色品种多、耐磨、耐折、耐擦洗、可选性强等特点，是目前产量最大、应用最广的壁纸。织物复合壁纸是将丝、棉、毛、麻等天然纤维复合于纸基上制成，具有色彩柔和、透气、调湿、吸声、无毒、无异味等特点，但价格偏高，不易清洗，防污性差，多用于饭店、酒吧等高档场所的内墙装饰。金属壁纸以纸为基材，在其上真空喷镀一层铝膜形成反射层，再进行各种花色饰面，效果华丽、不老化、耐擦洗、无毒、无味。虽喷镀金属膜，但不形成屏蔽能反射部分红外线辐射，多用于高级宾馆、舞厅的内墙、柱面装饰。

　　PVC 塑料壁纸的裱糊工序为：

　　（1）清扫基层、填补缝隙。

　　（2）接缝处贴嵌缝膏。

　　（3）找平刮腻子。

　　（4）涂刷底胶一遍。

　　（5）墙面划准线。

　　（6）壁纸涂刷胶黏剂。

　　（7）基层涂刷胶黏剂。

　　（8）壁纸上墙裱糊拼缝搭接对花。

　　（9）赶压胶黏剂。

　　（10）擦净挤出的胶液清理、修正。

　　复合壁纸的裱糊工序与之类似，但需将工序（6）改为壁纸浸水湿润，并在擦净挤出的胶液之前将壁纸裁边。

　　壁纸的墙面做法根据墙面的不同而略有差异，具体做法如图 12-12、图 12-13所示。

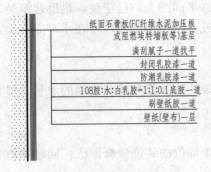

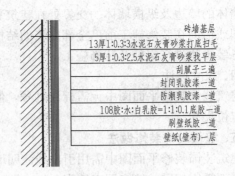

图 12-12　纸面石膏板基层　　　　　　　图 12-13　砖墙基层

二、陶瓷墙砖装饰

陶瓷墙砖是由秸土或其他无机非金属原料，经成型、烧结等工艺制成，具有无毒无味、防潮、易清洁等特点，多用于厨房、卫生间的墙面装饰。用于室内墙面装饰的陶瓷墙砖按照材料分可分为釉面砖和瓷质砖两种。釉面砖是指砖的表面经过烧釉处理的砖，釉面色彩丰富，但耐磨性较差。瓷质砖是由天然石料破碎后添加化学黏合剂压合经高温烧结而成，具有天然石材的质感，吸水率低，防潮耐磨耐腐蚀。

粘贴陶瓷墙砖的施工流程：清洁墙体基底→刷界面剂→聚合物砂浆（根据陶瓷墙砖吸水率选择胶粘剂）→贴陶瓷墙砖（嵌缝剂填缝、修整清理）。陶瓷墙砖的阴角阳角处理及基层做法如图 12-14、图 12-15 所示。

图 12-14　阳角做法　　　　　　　图 12-15　阴角做法

12.4.2　图示内容

一、线型线宽

被剖切到的墙体、吊顶的轮廓线采用粗实线绘制。被剖切到的门采用 4 根实线表示，最外侧两根为中实线，内侧用两根细实线表示门扇。表示墙纸花纹的填充线用细实线绘制，墙面凹凸的边缘线用中实线绘制，内藏灯带用中虚线绘制。其余各类家具的轮廓线均采用中实线绘制。

二、图名

命名建筑装饰装修立面图时，首先书写本张立面图所在的房间名称，其次注明与平面图中索引符号相对应的英文字母，例如"餐厅 A 立面图"、"次卧 B 立面图"。

三、绘制范围

建筑装饰装修立面图的绘制范围应为整面墙体。在竖直方向上应从地面绘制到顶棚的原顶标高处，在水平方向上的起止位置应为所绘墙面的墙边或纵横墙体的交界处，由于房间内全部墙体的墙边及纵横墙体的交界处在建筑装饰装修平面图上均已定位，借助建筑装饰装修平面图或借助在装修施工前已全部完工的结构墙体或二次结构墙体，可在水平方向上对墙面上的各装饰物进行定位及装饰施工。

四、尺寸标注

建筑装饰装修平面图中无需标注轴号，但是需要注写各家具及装饰物的水平及竖直方向上的定位尺寸。

五、墙面装饰装修做法

建筑装饰装修平面图中需用引出线注明墙面各个部位的装饰装修做法，同样装饰装修做法的墙面需用相同的填充图案填充。

12.4.3　读图示例

客厅 B 立面图表达的是电视墙的装修方法，由图名可以得知这张立面图与平面图客厅中编号为 B 的索引符号对应。墙体最上方为顶棚吊顶，无需装饰，除去吊顶尺寸，电视墙装修面高 2.5m，宽 2.1m。整个墙面采用"木龙骨＋九厘板＋石膏板"的方式加厚 15cm，内藏两条灯带，在悬挂液晶电视的范围内内凹 4～10cm，保证液晶电视安装完毕后与外凸面平齐。整个墙体装饰面外贴墙纸装饰（用户自选），如图 12-16 所示。

次卧 D 立面图表达的是次卧墙面的装修方法，由图名可以得知这张立面图与平面图次卧中编号为 D 的索引符号对应，如图 12-17 所示。墙体最上方为顶棚吊顶，无需装饰，除去吊顶尺寸，电视墙装修面高 2.5m，宽 3.66m。墙面采用"木龙骨＋多层板"的方式加厚 5.5cm，并外贴墙纸装饰（用户自选）。在双人床的上方距地面 1.5m 处设置书架，背板采用茶色镜，托板采用水曲柳，采用半开放白漆。由剖切索引符号得知此墙面详细的装修构造参见①剖面图。

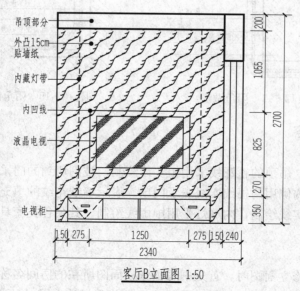

客厅B立面图 1:50

图 12-16　客厅 B 立面图

注：1. 内凹线范围内内凹 15cm，各凹面所贴墙纸的类型同外凸面；

2. 液晶电视挂好后与外凸面平齐

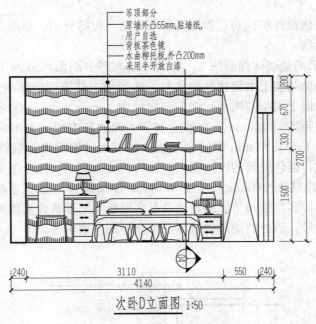

吊顶部分
原墙外凸55mm,贴墙纸,用户自选
背板茶色镜
水曲柳托板,外凸200mm
采用半开放白漆

次卧D立面图 1:50

图 12-17　次卧 D 立面图

12.5　建筑装饰装修剖面图

由于建筑装饰装修平面图和立面图均无法表示装修层内部的构造，因此需要用一个假想的平面把室内某装饰空间垂直剖开，得到的正投影图就是剖面图。剖面图主要用来表明装饰结构与建筑结构、结构材料与饰面材料之间的构造关系。

剖面图又分为整体剖面图和局部剖面图。整体剖面图又称剖立面图，是用一个剖切平面将整个房间剖开，然后画出切开房间内部空间物体的投影。局部剖面图是对平面图和立面图中的某个装修结构进行剖切之后得到的正投影图，多用来表示某个装修的内部构造。由于整体剖面图与立面图的表达内容类似，因此在建筑装饰装修施工图中多采用局部剖面图。

12.5.1　图示内容

一、线型线宽

被剖切到的墙体、吊顶、龙骨、托板等的轮廓线采用粗实线，墙体的材料填充符号采用细实线，未被剖切到的轮廓线采用中实线绘制。

二、图名

多采用"剖面编号＋剖面图"的方式来命名，例如"①剖面图"、"Ⓐ剖面图"。剖面编号应与剖面所在位置的剖面索引符号相对应。

三、尺寸标注

需注明装修结构内部各种构件的厚度、高度、间距等，当某些板材的厚度过薄不便于标注时，可在用多层引出线注明装修做法时，将板材的厚度写入装修做法中，例如"3.5mm厚多层板"。

四、装修做法

可用多层引出线依次注明剖切位置处的装修做法，包括材质、厚度、工艺等。

12.5.2　读图示例

如图 12-18 所示的是墙体剖面图 1，与次卧立面图中剖面编号为 1 的剖切索引符号对应，表达的是次卧墙体与墙上书架的装饰装修方法。由上往下，墙体的最上端是吊顶部分，吊顶往下的墙面（除墙上书架范围内）先安装尺寸为 30mm×40mm 的木龙骨，纵横双向井字形布置，纵横向间距均为 400mm，在墙上书架的四边各增加一条木龙骨，加强刚度，方便收边。然后在龙骨上安装 15mm 厚的多层板，在板上贴墙纸进行装饰，墙上书架的背板由一块茶色玻璃组成，茶色玻璃的四角通过广告钉与墙面固定。墙上书架的托板采用水曲柳托板，厚 30mm，突出墙面 200mm，通过 M6 隐形膨胀螺栓与墙面连接，间距为 300mm。由于图幅比例的关系，多层板与吊顶的连接以及多层板与地面的连接均未示出。因此这两个地方采用详图索引符号，两处的细部构造将在节点详图中表示。

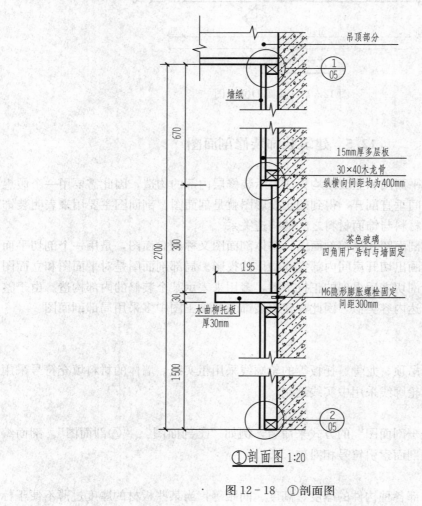

图 12-18　①剖面图

12.6　建筑装饰装修详图

建筑装饰装修详图是利用较大的比例绘制的局部详图，主要用于表明装饰装修某些局部的构造和细部的尺寸。建筑装饰装修详图又分为节点详图和构配件详图。节点详图是将两个或者多个装饰面的交汇点或构造的连接部位，按照垂直或者水平方向剖开，用较大比例绘制的详图。构配件详图是用较大的比例绘制的室内各种配套设施的详图，例如酒吧台、酒吧柜、服务台及各类家具，除此之外还包括结构上的一些装饰构件，如装饰门、门窗套、装饰隔断等。

建筑装饰装修详图又分为节点详图和构配件详图。节点详图是用较大的比例绘制装饰面的交汇点或构造连接部位，借此展示其内部构造及施工工艺。构配件详图则是用较大的比例绘制室内各种与装修有关的配套设施，借此详尽的说明他们的样式、用料、尺寸、做法等。

12.6.1　节点详图

一、线型线宽

被剖切到的墙体、吊顶、龙骨、多层板板等的轮廓线采用粗实线，墙体、龙骨等的材料填充符号采用细实线，未被剖切到的轮廓线采用中实线绘制。

二、图名

采用"详图编号＋详图"的方式命名，例如"①详图"、"Ⓐ详图"，详图编号应与索引处的详图索引符号相对应。

三、尺寸标注

尽可能详尽的注明全部的细部尺寸，满足施工的要求。

四、图示内容

注明每个构件的形状、材质、连接方法。

五、读图示例

如图 12-19 所示，①详图为次卧墙上装饰用多层板与顶棚底板的构造做法。木龙骨与多层板通过硬木压顶与顶棚连接，硬木压顶的尺寸如图所示。多层板上设置有直径为 10 的通气孔，通气孔上有墙纸覆盖。硬木压顶及木龙骨均由材料符号（实木木纹图案）填充，多层板示意出板内构造。

如图 12-19 所示，②详图为次卧墙上装饰用多层板地面踢脚板处的构造做法，多层板与地面之间留有缝隙，用于释放多层板的膨胀变形，也可用于通风透气。踢脚板可直接购买成品，在其顶部加设木龙骨一道，确保踢脚板顶端力的传递。

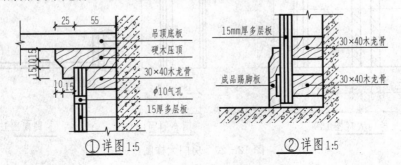

图 12-19　详图

12.6.2 构配件详图

一、线型线宽

大样图及侧立面图中家具等构配件的轮廓线采用中实线绘制，剖面图及详图中被剖切到的轮廓线采用粗实线绘制，混凝土墙、木门等构件的图例填充符号采用细实线绘制。

二、图名

采用"名称＋大样图"的命名方式，例如"房门大样图"、"书柜大样图"。

三、尺寸标注

注明构配件及其附属装饰物的详细尺寸，方便购置或定做。

四、图示方法

可采用平面图、立面图、剖面图、侧立面图、节点详图等多种表达方法对构配件的形状和内部构造进行说明。

五、读图示例

图 12-20 是建筑装修构配件详图中的房门大样图，表达了室内房门及门套的定制尺寸和装饰方法，方便房门的定制加工。

由房门大样图可以看出，门扇的基本尺寸为 750mm×2000mm，与门套采用铰链（又称合页）连接。木门的材质为胡桃木，扇面的装饰方法为镶嵌铝塑板。为了与门扇装饰保持一致，门套均采用胡桃饰面。图 12-20 中①详图展示了门套与墙体的连接方法，可使用气钉枪将两条木龙骨与墙体相连，再将长 240mm 厚 18mm 的衬板和长 195mm 厚 9mm 的衬板与龙骨连接。门套线采用成品门套线，具体的尺寸不做限制。

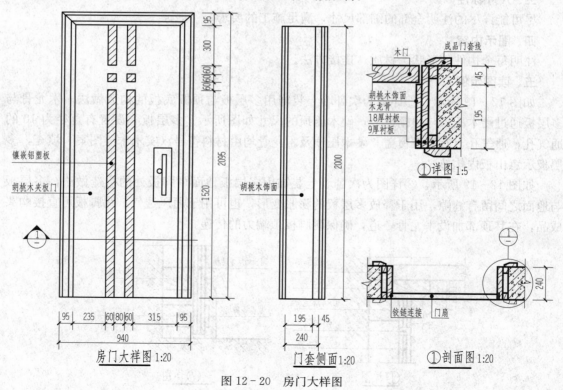

图 12-20　房门大样图

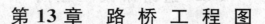

第13章　路桥工程图

道路是一种主要承受移动荷载（车辆、行人）反复作用的带状工程结构物，其基本组成部分包括路基、路面，以及桥梁、涵洞、隧道、防护工程、排水设施等附属构造物。因此，道路工程图是由表达线路整体状况的道路路线工程图和表达各工程实体构造的桥梁、隧道和涵洞等工程图组合而成。

桥梁是修筑道路时保证车辆通过江河、山谷、低洼地带的构造物。对于道路路线工程图和桥梁、涵洞、隧道等构造物的工程图，是表达设计思想、绘制工程图样的基本原理，都采用前面所述的正投影理论和方法。本章主要介绍道路路线工程图和桥梁工程图的表达方法。

13.1　基本制图标准

对于各类专业制图，国家都制定了相应的国家标准，如《道路工程制图标准》（GB 50162—1992）、《水利水电工程制图标准　水工建筑物》（SL 732—2013）、《房屋建筑制图统一标准》（GB/T 50001—2010）等。

一、图纸的幅面

道路工程施工图的图纸幅面要求与建筑施工图的图纸幅面要求有所不同。图纸的幅面及图框线尺寸应符合表 13-1 的规定。

表 13-1　　　　　　　　　　　图 幅 及 图 框 尺 寸

图幅代号	A0	A1	A2	A3	A4
$b \times l$	841×1189	594×841	420×594	297×420	210×297
a	35	35	35	30	25
c	10	10	10	10	10

注　表中的参数 a、c、b、l 的含义同表 1-1（参考图 1-2）。

二、图线

道路工程施工图中的线型和线宽应符合相关规定。

13.2　道路路线工程图

13.2.1　道路的分类和组成

一、分类

道路是车辆通行和行人步行的带状结构，是人们生产、生活必需的。根据性质、组成和作用的不同，道路可分为公路、城市道路、厂矿道路和农村道路。

公路是指连接城市、乡村和工矿基地等主要供汽车行驶，具有一定技术和设施的道路。城市道路是指在城市范围内供车辆和行人通行，具有一定技术和设施的道路。厂矿道路是指为工厂、矿山运输车辆通行服务的道路。林区道路是指修建在林区，供各种林业运输工具通行的道路。乡村道路是指修建在农村、农场，供行人和农业运输工具通行的道路。

本节介绍公路和城市道路的表达方法。

二、组成

道路是布置在地表主要承受机动车辆行驶及其荷载反复作用的带状空间结构物。道路路线是指沿道路长度方向的行车道的中心线。道路由于受到地形、地貌自然条件的限制，在平面上有弯曲，纵面上有起伏。在弯曲处和高低起伏变化处为满足车辆行驶的顺畅、安全、舒适以及一定速度的要求，必须用一定半径的曲线连接，所以道路路线在平面和纵面上都是由直线和曲线两大部分组成的。平面上的曲线称为平曲线（主要在转弯处设置）；纵断面上的曲线称为竖曲线（主要在上坡、下坡等边坡处设置）。

道路工程图根据图示内容的不同，分为表达道路整体形状的路线工程图和表达单个组成部分的结构构造详图。

13.2.2　公路路线工程图

公路路线工程图包括路线平面图、路线纵断面图和路基横断面图。

一、路线平面图

公路路线平面图的作用是表达路线的方向和水平线型（直线和转弯方向）以及路线两侧一定范围内的地形、地物情况。

道路路线具有狭而长的特点，一般无法把整条路线画在一张图纸内。通常分段画在多张图纸上，每张图样上注明序号、张数、指北针和拼接标记。

如图 13-1 所示为某公路 K1+000～K1+220 段的路线平面图。其内容包括地形、路线两部分。

（一）地形部分

路线平面图的比例一般为 1：2000～1：5000。地形是用等高线和地物图例表示的，表示地物常用的平面图图例见表 13-2。

在地形图中，等高线愈密表示地势愈陡峭，反之则地势愈平坦。图中标注了若干点的地面高程数值。沿线有两个水准点符号，用来作为地面高程测量的参照。

图形左侧有一片房屋，山坡上种植了一些果树。沿线还有一些高压线。

为了确定方位和路线的走向，地形图上需画出指北针或坐标网。

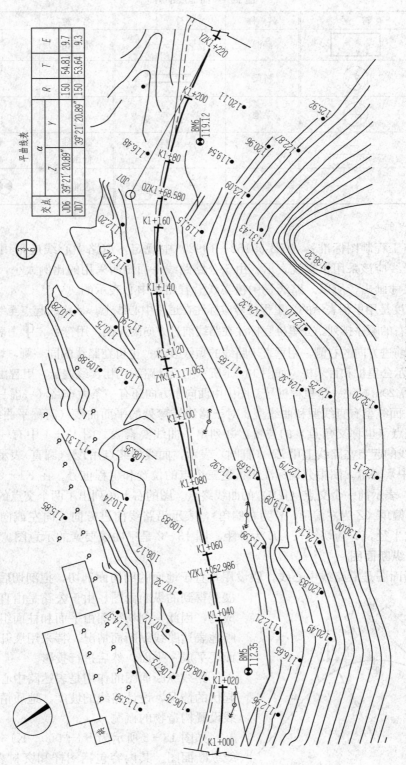

平曲线表

交点	α	Y	R	T	E
JD6	39°21′20.89″		150	54.81	9.7
JD7	39°21′20.89″	39°21′20.89″	150	53.64	9.3

图 13-1 公路路线平面图

表 13－2   **道 路 平 面 图 图 例**

名　称	符　号	名　称	符　号	名　称	符　号
房屋	▭	涵洞	>—· ·—<	水稻田	↓ ↓ ↓
学校	⊗	桥梁	⌐══⌐	草地	‖ ‖ ‖ ‖
医院	⊕	菜地	⅄ ⅄	河流	〰
大车路	— - — - —	旱田	⊥⊥ ⊥⊥	高压线 低压线	◄◄—○—►► ◄—○—►
小路	·········	果树	○○ ○○	水准点	⊗ BM5 38.146

（二）路线部分

在《道路工程制图标准》（GB 50162—1992）中规定，道路中心线应采用细点画线表示，路基边缘线应该采用粗实线表示。由于公路路线平面图所采用的比例太小，公路的宽度无法按实际尺寸画出，所以，路线是用粗实线沿着路线中心表示的。

路线的长度是用里程表示的。里程桩号应标注在道路中心线上，从路线起点至终点，按从小到大，从左到右的顺序排列。公里桩宜标注在路线前进方向的左侧，用符号"♀"表示，百米桩宜标注在路线前进方向的右侧，用垂直于路线的短线表示；也可在路线的同一侧，均采用垂直于路线的短线表示公里桩和百米桩。如图 13－1 所示的设计路线用粗实线表示，里程由 K0＋000 到 K0＋220，每隔 20m 标注一个里程桩号。图中由西向东方向还有一条大车路（一虚一实表示）。

路线的平面线型有直线型和曲线型。对于路线转弯处的平面曲线（简称平曲线），在平面图中要标出交点（也称交角点）的位置，并列出平曲线要素表。图 13－1 中有一个 7 号交点JD7，此段曲线的起点在路线上用 ZY（直圆）表示，曲线的终点用 YZ（圆直）表示，曲线的中点用 QZ（曲中）表示。图中分别标注出了这三个点的位置和里程桩号。在 K1＋052.986 处还有 YZ（圆直）表示前一个交点（JD6）的曲线终点。图的右上角列出了两个交点的平曲线要素表。其中 α 为偏角（Z 为左偏角，Y 为右偏角），表示沿路线前进方向，向左或向右偏转的角度。R 为曲线半径，T 为切线长，E 为外距。图 13－2 是平曲线要素的示意图。

二、路线纵断面图

路线纵断面图是沿路线中心线，假设用垂直于地面的剖切面剖切，把剖切后的竖向断面展开得到的纵断面图。由于公路是由直线和曲线组成的，因此，剖切平面由平面和柱面组成。为了清晰地表达路线纵断面情况，特采用展开的方法将断面展平成一平面，然后进行投影。

路线纵断面图的作用是表达路中心线地面高低起伏的情况，设计路线的坡度、地质情况，以及沿线设置构造物的概况。

如图 13－3 所示为 K1＋000～K1＋220 段的路线纵断面图。其内容包括图样和资料表两大部分，图样应布置在图幅上部，资料表应采用表格形式布

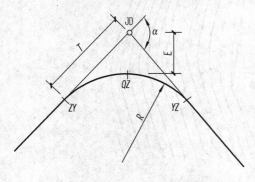

图 13－2　平曲线要素

置在图幅下部，图样与资料表的内容要对应。

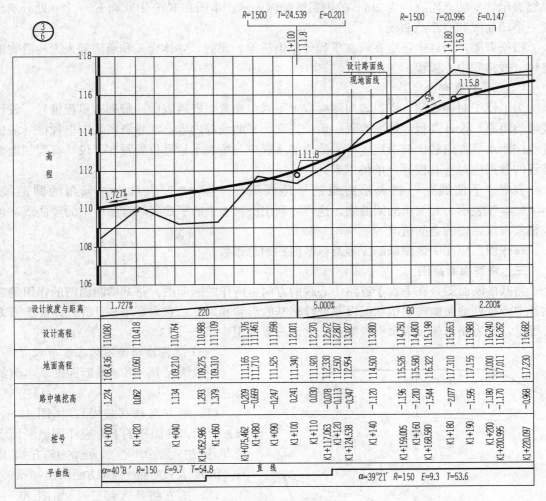

图13-3 路线纵断面图

（一）图样部分

图样中由左至右表示路线的前进方向，由于路线纵断面图是用展开剖切方法获得的断面图，因此它的长度就表示了路线的长度。在图样中，水平方向表示长度，垂直方向表示高程。

由于路线的高差与其长度相比小很多，为了清晰显示垂直方向路线高度的变化，规定断面图中的水平距离与垂直高程宜按不同的比例绘制，水平比例尺与平面图一致，采用1：2000～1：5000，垂直比例尺相应用1：200～1：500，即垂直方向的比例按水平方向的比例放大十倍。

图中不规则的细折线表示设计中心线处的纵向地面线，它是沿中心线的原地面各点高程的连线。粗实线表示公路路线纵向设计线。比较设计线和地面线的相对高度，可以决定填挖方地段和填挖高度。

当路线纵向坡度发生变化时，为保证车辆顺利行驶，应设置竖向曲线（简称竖曲线）。竖曲线分为凸曲线和凹曲线两种，分别用"⌐⌐"和"⌐⌐"符号表示，并在其上标注竖曲线的半径（R）、切线长（T）和外距（E）。竖曲线符号一般画在图样的上方，切线应用细虚线表示，变坡点用直径为 2mm 的中粗线圆圈表示。本图在 K1＋100 和 K1＋180 处分别设置一个凹曲线和一个凸曲线。

根据需要，图样中还应在所在里程处标出桥梁、涵洞、立体交叉和通道等人工构造物的名称、规格和中心里程。

（二）资料表部分

为了便于对照查阅，资料表与图样应上下对应布置。资料表中一般列有里程桩号、设计坡度与距离、设计高程、地面高程、填挖高度、平曲线等内容。注意资料表中里程桩号的位置要按照水平方向的比例确定，桩号数值的字底应与所表示桩号位置对齐。设计高程、地面高程的数据应对准其桩号，单位以米计。

表中"平曲线"一栏表示路线的平面线型，"⌐‾‾‾⌐"表示为左偏角的圆曲线，"⌐‗‗‗⌐"表示为右偏角的圆曲线。这样，利用资料表中的平曲线结合图样中的竖曲线，可以想象出该路段的空间情况。

每张图上应注明该图纸的序号及纵断面图的总张数。

三、路基横断面图

路基横断面图是在垂直于道路中心线的方向上所作的断面图。路基横断面图的作用是表达各中心桩处地面横向起伏状况以及设计路基的形状和尺寸。它主要用来计算公路的土石方工程量，并为路基施工提供资料数据。比例一般采用 1∶50～1∶200。

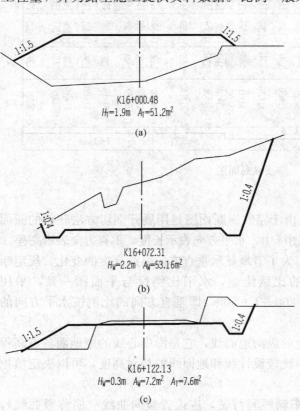

图 13-4　路基横断面图

（一）路基横断面图的基本形式

一般情况下，路基横断面的基本形式有三种：

（1）填方路基（路堤）。如图 13-4（a）所示，在图样的下方应注明该断面图的里程桩号，中心线处的填方高度 H_T（m）以及该断面处的填方面积 A_T（m²）。

（2）挖方路基（路堑）。如图 13-4（b）所示，在图样的下方应注明该断面图的里程桩号，中心线处的挖方高度 H_W（m）以及该断面处的挖方面积 A_W（m²）。

（3）半填半挖路基。如图 13-4（c）所示，在图样的下方应注明该断面图的里程桩号，中心线处的填（挖）方高度 H_W（m）以及该断面处的填方面积 A_T（m²）和挖方面积 A_W（m²）。

（二）画路基横断面图时的注意事项

路基横断面图一般沿着路线前进方向每隔 10m 或 20m 绘制一个路基横断面图。路基横断面图在图样绘制和图面布置时，应遵循以下几个要点：

（1）路基横断面的设计线用粗实线绘制，原有地面线用细实线绘制，路中心线应用细点画线表示。

（2）路基横断面图的下方应标注桩号（K 表示）、断面挖填土的面积（A_W 表示挖土面积，A_T 表示填土面积）、原地面中心线到路基设计中心线的距离（H_W 表示原地面中心线高于路基设计中心线，H_T 表示原地面中心线低于路基设计中心线）。

（3）路基横断面图应按桩号的顺序排列，并从图纸的左下方开始画，先由下向上，再由左向右排列，如图 13-5 所示。

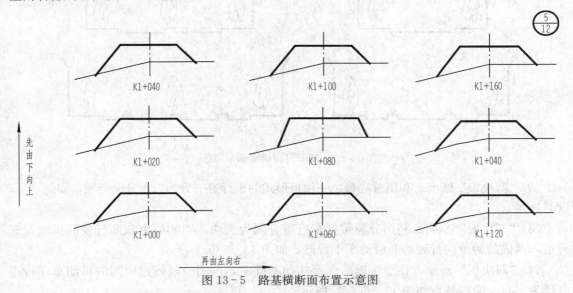

图 13-5 路基横断面布置示意图

（4）由于路基横断面图样较多，会绘制在多张图纸上，因此，每张路基横断面图的右上角应注明该张图纸的编号及横断面图的总张数。

（三）路基土石方数量计算

路基工程是道路施工的主体工程之一，土石方量较大，沿线的路面形状不规则，高低起伏变化多样，精确计算土石方量相当困难，因此，工程上多采用近似计算。

假设两相邻横断面间的土体为一棱柱体，棱柱体的横断面面积采用相邻两断面的平均面积，即两相邻横断面间的路基土石方量的计算公式为

$$V = \frac{1}{2}\ (A_1 + A_2)\ L$$

式中　A_1，A_2——相邻两横断面的面积；

　　　　L——相邻两横断面间的距离。

13.2.3　城市道路路线工程图

凡位于城市范围以内，供车辆及行人通行的具备一定技术条件和设施的道路，称为城市道路。与公路相比，它具有组成复杂、功能多样、行人和车辆交通量大、交叉点多等特点，因此首先需要在横断面的布置设计中综合解决技术问题。所以城市道路工程图先做横断面图，再做平面图和纵断面图。

一、横断面图

道路的横断面图在直线段是垂直于道路中心线方向的断面图，而在平曲线上则是法线方

向的断面图。道路的横断面是由车行道、人行道、绿化带和分车带等几部分组成。

（一）横断面的基本形式

根据机动车道和非机动车道不同的布置形式，城市道路横断面的布置有以下四种基本形式：

（1）"一块板"断面。把所有车辆都组织在同一个车行道上混合行驶，车行道布置在道路中央，如图 13-6（a）所示。

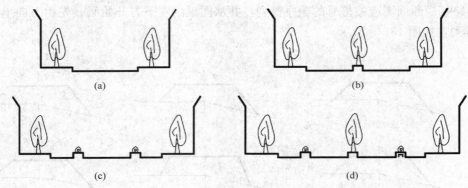

图 13-6　城市道路横断面示意图

（2）"两块板"断面。利用分隔带把一块板形式的车行道一分为二，分向行驶，如图13-6（b）所示。

（3）"三块板"断面。利用分隔带把车行道分隔为三块，中间的为双向行驶的机动车车行道，两侧的为单向行驶的非机动车车行道，如图 13-6（c）所示。

（4）"四块板"断面。在三块板断面形式的基础上，再用分隔带把中间的机动车车行道分隔为二，分向行驶，如图 13-6（d）所示。

（二）横断面图的内容

当道路分期修建、改建时，应在同一张图纸中表示出规划、设计和原有道路横断面，并注明各道路中心线之间的位置关系。规划道路中心线应采用双点画线表示，在图中还应绘出车行道、人行道、绿带、照明、新建或改建的地下管道等各组成部分的位置和宽度，以及排水方向、横坡等。横断面图一般采用 1：100～1：200 的比例绘制。

如图 13-7 所示为某路段的横断面形式，道路宽 18m，其中车行道宽 10m，两侧人行道各宽 4m。路面排水坡度为 1.5%，箭头表示流水方向。路面结构图采用 1：10 的详图表示方法，图 13-7 中表示了车行道和人行道的具体做法。

二、路线平面图

城市道路平面图是用来表示城市道路方向、平面线型和车行道、人行道布置以及沿路两侧一定范围内的地形、地物情况。从中可以了解道路走向、占地面积以及修建该路段应拆除的原有地物情况。

如图 13-8 所示为某段道路的改建平面设计图，比例为 1：500；图中粗实线表示为该段道路的设计线，加粗的折线为建筑规划红线；道路转角处设置了 5m 宽的无障碍人行道。图中标注了各条车行道、人行道的宽度尺寸，标注了路口转弯处的圆弧半径。

十字路口中的虚线是规划 16 号线和 25 号线的分界线；十字路口的北侧有一条原有山东路，山东路的东侧有一个建筑物。

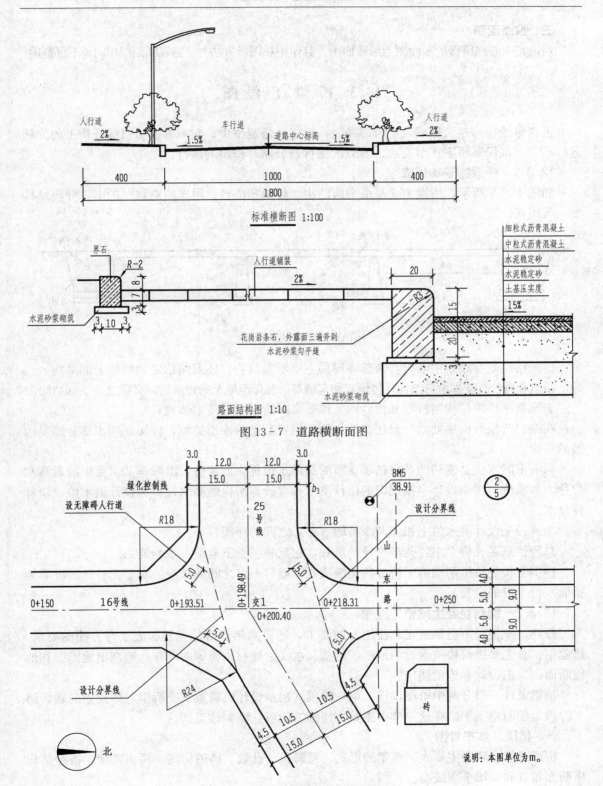

标准横断图 1:100

路面结构图 1:10

图 13-7 道路横断面图

图 13-8 道路路线平面图

说明：本图单位为m。

三、纵断面图

沿道路中心线所做的断面图为纵断面图，其作用和图示方法与公路纵断面图相同。不再赘述。

13.3 桥 梁 工 程 图

道路路线在跨越天然或人工障碍物时，就需要修筑桥梁。它一方面可以保证桥上的交通运行，又可以保证桥下宣泄流水、船只的通行或公路、铁路的运行。

13.3.1 桥梁的基本组成

如图 13-9 所示，桥梁主要是由桥跨结构、桥墩和桥台、附属构造物（护岸、导流结构物）等组成。

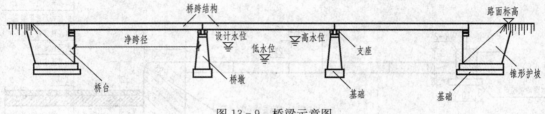

图 13-9 桥梁示意图

桥跨结构是在路线中断时，跨越障碍的主要承载结构，还习惯称之为桥的上部结构。

桥墩和桥台是支撑桥跨结构并将恒载和车辆等活载传至地基的建筑物，又称之为下部结构。

支座是在桥跨结构与桥墩和桥台的支撑处之间所设置的传力装置。

在路堤与桥台衔接处，一般还在桥台两侧设置石砌的锥形护坡，以保证迎水部分路堤边坡的稳定。

河流中的水位是变动的，在枯水季节的最低水位称为低水位，洪峰季节河流中的最高水位称为高水位，桥梁设计中按规定的设计洪水频率计算所得的高水位称为设计洪水位，简称设计水位。

净跨径是设计洪水位上相邻两个桥墩（台）之间的净距。

总跨径是多孔桥梁中各孔净跨径的总和，它反映了桥下宣泄洪水的能力。

桥梁全长是桥梁两端两个桥台的侧墙或八字墙后端点之间的长度。对于无桥台的桥梁为桥面系行车道的全长。

13.3.2 钢筋混凝土梁桥工程图

修建一座桥，不但要满足其使用上的要求，还要满足经济、美观、施工等方面的要求。修建前，首先要进行桥位附近的地形、地质、水文、建材来源等的调查，绘制出地形图和地质断面图，供设计和施工使用。

桥梁设计一般分两个阶段设计，第一阶段（初步设计）着重解决桥梁总体规划问题，第二阶段是编制施工图。在这一节中主要介绍第二阶段：编制施工图。

一、桥梁总体布置图

桥梁总体布置图主要表明桥梁的形式、总跨径、孔数、桥道标高、桥面宽度、桥跨结构横断面布置和桥梁平面线型。

以图 13-10 所示的梁式桥为例，介绍桥梁总体布置图的内容和表达方法。

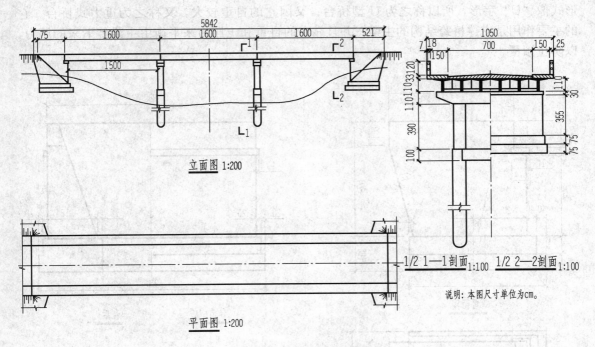

图 13-10　梁式桥总体布置图

（一）立面图

在立面图中，反映出该桥全长为 58.42m，净跨径为 15m，总跨径为 45m，共 3 孔的梁式桥。桥台为重力式桥台，桥墩为桩柱式轻型桥墩。由于桩基础较长，采用折断画法。由于立面图的比例较小，因此桥面铺垫层、人行道和栏杆均未表示出。

在工程图中，习惯假设没有填土或填土为透明体，因此埋在土里的基础和桥台部分，仍用实线表示，并且只画出结构物可以看见的部分，不可见的部分省略不画。

（二）平面图

此图也只画出可见部分，由于比例较小，桥栏杆也未表示，只表示出车行道和人行道的宽度，以及锥形护坡的一部分投影。

（三）侧面图

此图是由 1/2 1—1 剖面和 1/2 2—2 剖面拼成的一个侧面图，在工程图中常常采用这种表示法，并且为了表达清楚，该图的比例比平面图和立面图的比例放大一倍。

由图中可以看出桥梁的上部结构为 6 片 T 型梁组成，桥面宽为 10.50m，车行道宽为 7m，两侧的人行道宽各为 1.5m，即表示为净 7.0+2×1.5（m）。由于 T 型梁断面面积较小，采用涂黑的方式表示。

下部构造一半为桥台，一半为桥墩，且只画出可见部分，详细尺寸及构造均在构造详图中介绍。

二、施工图

施工图是对桥梁各部分构件进行详细的设计、计算，绘制的施工详图。

（一）桥台图

如图 13-11 所示为桥台施工图，桥台由基础、前墙、侧墙和台帽组成。由于它的平面形式像"U"字形，所以称之为 U 型桥台；又因它的自重较大，又称之为重力式桥台。它的主要作用是支撑桥跨结构的主梁，并且靠它的自重和土压力来平衡由主梁传下来的压力，以防止倾覆。

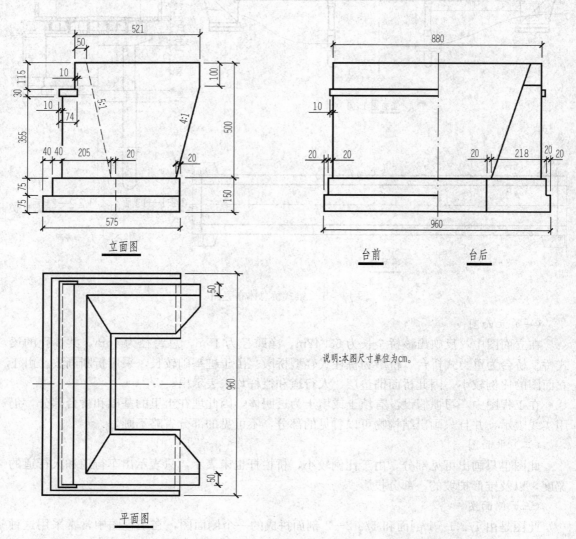

图 13-11　桥台施工图

侧面图是由 1/2 台前和 1/2 台后合成表示的。所谓台前，是指人站在桥下观看桥台，所得到的投影。所谓台后，是指人站在路堤上观看桥台，得到的投影，此图只画可以看到的部分。

桥台图是考虑没有填土情况下画出的。

（二）桥墩图

如图 13-12 所示为钻孔桩双柱式桥墩的一般构造图，它是由墩帽（上盖梁）、双柱、联系梁和桩基础组成。由于构造简单，它只用立面图和侧面图表示，上盖梁长 900cm，高 110cm，宽 120cm；立柱直径为 D100cm，轴间距 520cm；联系梁高 100cm，宽 70cm；钻孔

桩直径为 $D120$cm。

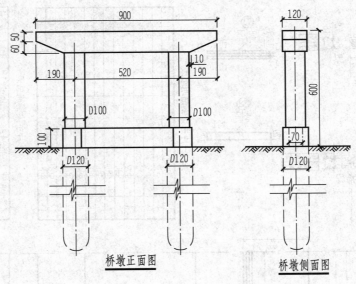

桥墩正面图　　　　　桥墩侧面图

说明：图中尺寸均为cm。

图 13 - 12　桥墩施工图

（三）主梁图（T 型梁梁肋钢筋布置图）

如图 13 - 13 所示为主梁的断面图，T 型主梁是由梁肋、横隔板和翼板组成的。因为 T 型梁每根宽度较小，因此在使用中常常是几根并在一起，所以人们习惯上称两侧的 T 型梁为边主梁，中间的 T 型梁为中主梁。T 型梁之间主要是靠横隔板联系在一起，所以中主梁两侧均有横隔板，而边主梁只有一侧有横隔板。

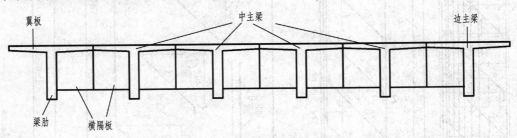

图 13 - 13　主梁断面示意图

如图 13 - 14 所示为长 16m 的 T 型梁的梁肋骨架钢筋布置图，其中 1、2、3、5 为主筋（受力主筋），4 为架立钢筋，12、13 为箍筋，10 为分布钢筋，6、7、8、9 也为受力钢筋。

跨中断面图清楚地反映出 1、2、3、5、10、4 的钢筋布置情况，在支点断面图中可以看到上、下均有 4 号钢筋出现，这是因为 4 号钢筋在支点处作回弯造成的。

公路中线在水平上的投影称为公路路线平面图；沿着中线竖直剖切公路，再将竖直曲线展开成平面，即得到公路路线的纵断面图；公路中线上的任意一点处的法向剖断面称为公路路线在该点处的横断面图。

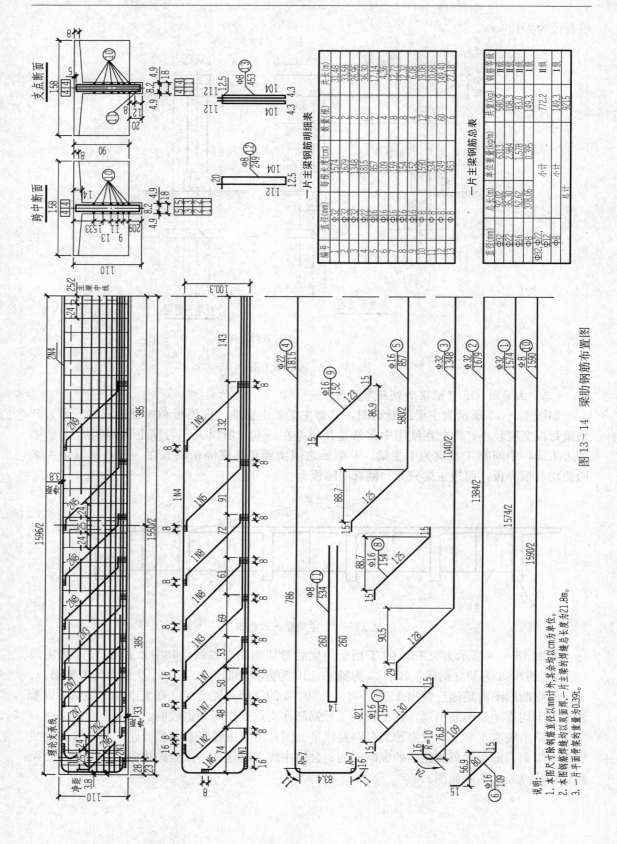

图 13-14 梁肋钢筋布置图

说明：
1. 本图尺寸除钢筋直径以mm计外，其余均以cm为单位。
2. 本图钢筋焊缝均以双面焊，一片主梁的焊缝总长度为21.8m。
3. 一片平面中骨架的重量为0.39t。

第14章 机 械 图

在工业和民用建筑的设计、施工和养护过程中，经常会遇到各种机械设备的选型、安装、革新和维修等问题；建筑中有些构造设备和配件，如灯饰、门窗开关、金属栏杆和扶手等，在进行设计时，都要按照机械图的规定绘制图样；工业厂房的设计与建造，与厂房中的机器和设备有着密切的关系，而这些机器和设备的图样也都是一些机械图样。因此，作为一个建筑工程技术人员，需要掌握一定的机械制图知识。

机械图与建筑图，都是按照正投影的原理进行绘制的，有许多相同或相通之处：如采用多面正投影表达外部形状，可以用假想的剖切方法来表达形体的内部形状与构造，通过尺寸标注来表达形体的大小，图中还应注写文字说明、画上图框和标题栏等。但是，由于专业特点不同，表达形体的侧重点不同，机械图与建筑图又有各自的特点。

机械图的绘制与阅读必须符合国家标准《机械制图》的各项规定。

表达机器和机件的图样称为机械图。机器是由若干部件和零件装配而成的。装配时，通常是先把零件组装成部件，然后再由部件和零件组装成整个机器。因此，机械图主要有零件图和装配图两种。零件又分为标准零件、常用零件和一般零件三种。

本章主要内容包括：机械图的图示特点，即与建筑图在表达上的不同之处；标准零件与常用零件的规定画法；零件图的画法与阅读；装配图的特点与阅读。

14.1 机械图的图示特点

机械图与建筑图在图名、图名的标注方法、材料图例、尺寸标注等方面有许多不同，另外机械图还有自己的一些特殊规定。尺寸标注将在零件图中讲解。

14.1.1 基本视图

将机件置于一假想正六面体内，向六面体的六个面投影所得的视图为基本视图。六个视图分别是由前向后、由上向下、由左向右投影所得的主视图、俯视图和左视图，以及由右向左、由下向上、由后向前投影所得的右视图、仰视图和后视图。各基本投影面的展开方式如图 14-1（a）所示，展开后各视图的配置如图 14-1（b）所示。

基本视图一般不用标注名称。为了方便看图，在图 14-1（b）中我们将图名写在了上方括号内，基本视图具有"长对正、高平齐、宽相等"的投影规律。

在表达机件的图样时，不必六个基本视图都画，在明确表达机件的前提下，应使视图的数量为最少。

可见，机械图的六个基本视图与建筑图的六个基本视图形成过程与展开方法是完全一样的，但图的名称不同，表 14-1 给出了不同投射方向上机械图与建筑图图名的对应关系。

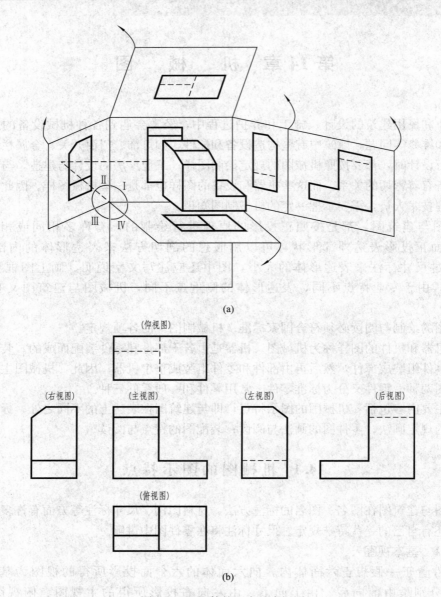

(a)

(b)

图 14-1　机件的六个基本视图

表 14-1　　　　　　　　　　机械图与建筑图的基本视图对应关系

投射方向	从前向后	从上向下	从左向右	从后向前	从下向上	从右向左
机 械 图	主视图	俯视图	左 视 图	后 视 图	仰视图	右 视 图
建 筑 图	正立面图	平 面 图	左侧立面图	背立面图	底 面 图	右侧立面图

14.1.2　向视图

向视图是可自由配置的视图。若一个机件的基本视图不能按基本视图的规定位置配置，或不能画在同一张图纸上，则可画成向视图。这时，应在视图上方标注大写拉丁字母"×"，称为"×向视图"，在相应的视图附近用箭头指明投射方向，并注写相同的字母，如图 14-2 所示。

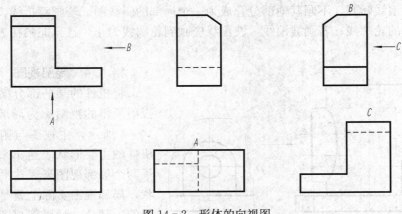

图 14 - 2 形体的向视图

建筑图的图名写在图的下方，图名下方还要加上粗实线；而机械图的图名是写在图的上方的。

14.1.3 斜视图

如图 14 - 3 所示的连接弯板，其倾斜部分在基本视图上不能反映实形，表达得不够清楚，不方便画图与读图。为此，可选用一个新的投影面，使它与机件的倾斜部分表面平行，然后将倾斜部分向新投影面投影，这样便可使倾斜部分在新投影面上反映实形。

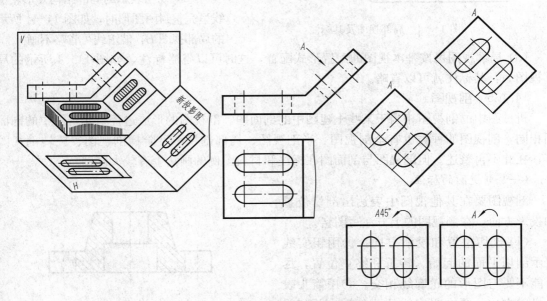

图 14 - 3 斜视图及其标注

这种向不平行于任何基本投影面的平面投射所得的视图称为斜视图。斜视图可以按基本视图的形式配置并标注，必要时也可配置在其他适当位置。斜视图的标注与向视图类似，用箭头表示投影方向，并在箭头旁边写上大写拉丁字母编号，在斜视图的上方标注相应大写拉丁字母。在不引起误解时，允许将视图旋转配置，表示该视图名称的大写拉丁字母应靠近旋转符号的箭头端，也允许将旋转角度标注在字母之后，如图 14 - 3 所示。

因为斜视图只是为了表达构件的倾斜结构的局部形状，所以画出了结构形状后，就可以用双折线或波浪线断开，不画其他部分，成为一个局部的斜视图。若画双折线，双折线的两端应超出图形的轮廓线；若画波浪线，波浪线应画到轮廓线为止，且只能画在表示物体的实体的图形上。

14.1.4 局部视图

将机件的某一部分向基本投影面投射所得的视图称为局部视图。如图14-4所示，主视图与俯视图已经把机件的主要形状表达出来了，又采用了两个局部视图来表达局部结构的形状，局部视图实际上就是某个基本视图的一部分。画局部视图的主要目的是为了减少绘图工作量，局部视图的标注与向视图类似。

局部视图表达要注意：

（1）局部视图的断裂边界应以波浪线或双折线表示。

（2）仅当表示的局部结构外形轮廓线呈完整封闭图形时，如图14-4所示的局部视图 B，波浪线可省略不画。

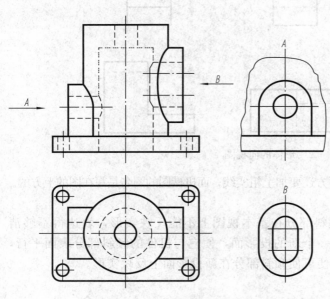

图 14-4   局部视图及其标注

（3）局部视图可按基本视图的配置形式配置，这时可以省略标注，如图14-4所示的局部视图 A，其标注就可以省略。

14.1.5 剖视图

机械图中的剖视图相当于某些土建图中的剖面图。剖视图的形成过程与建筑图中的剖面图相同，剖视图的种类也有全剖视图、半剖视图、局部剖视图、阶梯剖视图、旋转剖视图等，在此不再赘述。但剖视图与剖面图在标注和材料图例的画法上有较大区别。

（一）剖视图的标注

剖视图要在其他视图中表达出剖切位置和投影方向，在剖视图的上方注写图名。

（1）剖切位置和投射方向：①用粗实线表示剖切平面的起始、转折和终止位置，尽可能不要与图形的轮廓线相交。②用箭头表示投射方向，画在粗实线的两外端，并与粗短线垂直，如图14-5所示的俯视图。

（2）图名的书写：在剖视图的上方用大写拉丁字母标出剖视图的名称"×—×"，并在剖切符号附近注上相同的字母（当图形拥挤时，转折处可不写字母），字母必须水平书写。

下列情况可以省略标注：①当剖视图按基本视图关系配置时，可省略箭头。②当单

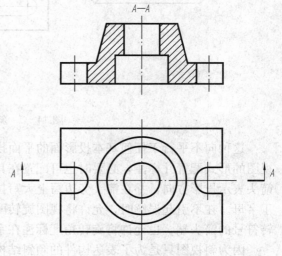

图 14-5   剖视图的标注

一剖切平面通过物体的对称平面或基本对称平面，且剖视图按基本视图关系配置时，可以不加标注，如图 14-5 所示的标注就可以省略。

（二）剖切材料图例

剖切平面与机件接触的部分，称为剖面。为了区别剖到和未剖到的部分，要在剖到的实体部分画上剖面符号，国家标准《机械制图 剖面区域的表示法》（GB 4457.5—2013）规定了各种材料剖面符号的画法，见表 14-2。

表 14-2   机械图材料剖面图例

材 料 名 称	剖 面 符 号	材 料 名 称	剖 面 符 号
金属材料，通用剖面线（已有规定剖面符号者除外）	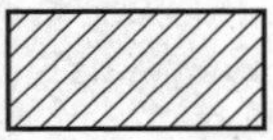	木质胶合板（不分层数）	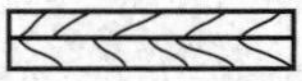
线圈绕组元件	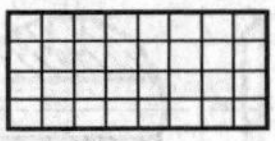	基础周围的泥土	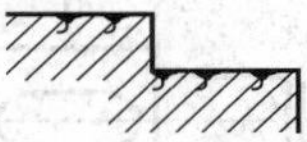
转子、电枢、变压器和电抗器等的叠钢片		混凝土	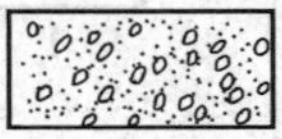
非金属材料（已有规定剖面符号者除外）		钢筋混凝土	
型砂、填砂、粉末冶金、砂轮、硬质合金刀片等	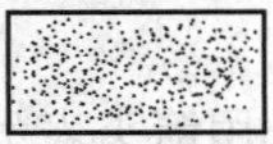	砖	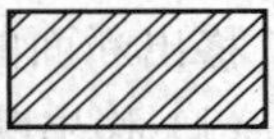
玻璃及供观察用的其他透明材料	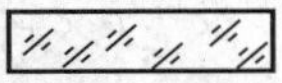	格网（筛网、过滤网等）	
木材 纵剖面		液体	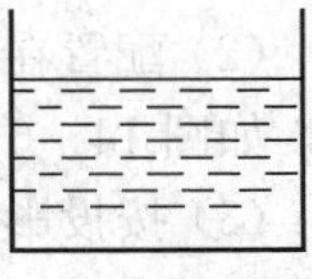
木材 横剖面			

画材料图例时，需要注意在同一张图样中，同一个机件的所有剖视图的剖面符号应该相同。例如金属材料的剖面符号，都画成与水平线成 45°，方向相同间隔均匀的细实线。

14.1.6 断面图

假想用剖切面将物体的某处切断，仅画出该剖切面与物体接触部分的图形，这个图形称为断面图，简称断面。断面按其配置的位置不同，分为移出断面和重合断面。

（一）移出断面

画在视图轮廓线以外的断面，称为移出断面。例如图 14-6 中的断面均为移出断面。

移出断面的轮廓线用粗实线绘制，图形位置应尽量配置在剖切位置符号或剖切平面迹线的延长线上如图 14-6（a）所示，也允许放在图上任意位置，如图 14-6（c）、（d）所示。当断面图形对称时，也可将断面画在视图的中断处，如图 14-6（b）所示。

当剖切平面通过机件上回转面形成的孔或凹坑的轴线时，这些结构应按剖视画出，如图 14-6（a）、（e）所示。当剖切平面通过非圆孔但会导致出现完全分离的两个断面时，这种结构也应按剖视画出，在不致引起误解时，允许将图形旋转，如图 14-6（f）所示。

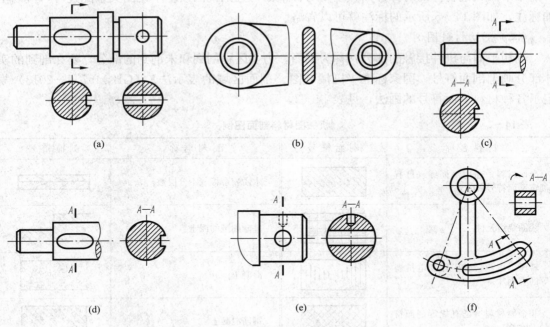

图 14-6　移出断面图

移出断面的标注：

（1）移出断面一般用剖切符号表示剖切位置，用箭头表示投影方向，并注上字母，在断面图的上方应用同样的字母标出相应的名称"×—×"（×——大写拉丁字母），如图14-6（c）所示的 A—A 断面图。

（2）配置在剖切符号延长线上不对称的移出断面，可以省略断面图名称（字母）的标注，如图 14-6（a）所示。

（3）按投影关系配置的不对称移出断面及不配置在剖切符号延长线上的对称移出断面图均可省略前头，如图 14-6（d）、（e）中的 A—A 断面图所示。

（4）配置在剖切平面迹线延长线上的对称移出断面图和配置在视图中断处的移出断面图，均不必标注。如图 14-6（a）、（b）所示。

（二）重合断面

画在视图轮廓线内部的断面，称为重合断面，如图 14-7 所示。

重合断面的轮廓线用细实线绘制，当视图的轮廓线与重合断面的图形线相交或重合时，视图的轮廓线仍要完整地画出，不得中断。

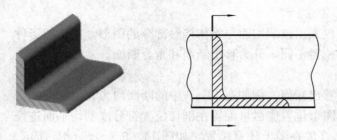

图 14-7　重合断面画法

重合断面的标注：配置在剖切符号上的不对称重合断面图，必须用剖切符号表示剖切位置，用箭头表示投射方向，但可以省略断面图名称（字母）的标注，如图 14-7 所示。对称的重合断面图只需在相应的视图中用点画线画出剖切位置，其余内容不必标注。

14.1.7 局部放大图

为了清楚地表示机件上某些细小结构，将机件的部分结构，用大于原图形的比例画出的图形，称为局部放大图。

局部放大图与放大部位的原表达方式无关可画成：视图、剖视图、断面图。局部放大图应尽量配置在被放大部位附近。画局部放大图时，除螺纹牙型、齿轮、链轮的齿形外，其余按图 14-8 所示用细实线圈出被放大的部位。

当同一机件上有几个被放大部分时，必须用大写罗马数字依次标明被放大的部位，并在局部放大图的上方标出相应的罗马数字和所采用的比例，如图 14-8 所示。

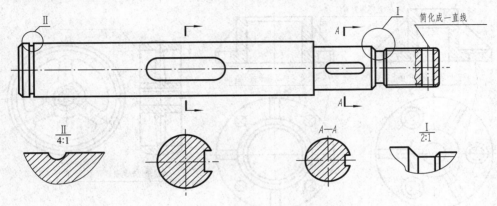

图 14-8 局部放大图

14.1.8 简化画法和规定画法

国家标准《机械制图 图样画法 视图》（GB/T 4458.1—2002）规定了简化画法和一些规定画法，现分别介绍如下：

（1）当机件具有若干相同结构（齿、槽等），并按一定规律分布时，只需要画出几个完整的结构，其余用细实线连接，在零件图中则必须注明该结构的总数，如图 14-9 所示。

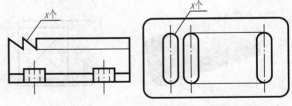

图 14-9 成规律分布的若干相同结构的简化画法

（2）若干直径相同且成规律分布的孔（圆孔、螺孔、沉孔等），可以仅画出一个或几个。其余只需用点画线表示其中心位置，在零件图中应注明孔的总数，如图 14-10 所示。

（3）对于机件的肋、轮辐及薄壁等，如按纵向剖切，这些结构都不画剖面符号，而用粗实线将它与其邻接的部分分开。当零件回转体上均匀分布的肋、轮辐、孔等结构不处于剖切平面上时，可将这些结构旋转到剖切平面上画出，如图 14-11 所示。

（4）当图形不能充分表达平面时，可用平面符号（相交的两细实线）表示，见图 14-12。

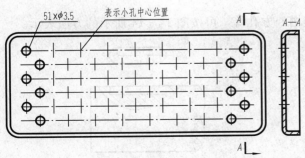

图 14-10 成规律分布的相同孔的简化画法

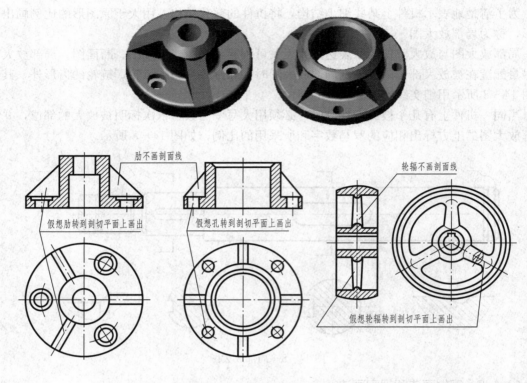

图 14-11   回转体上均匀分布的肋、孔的画法

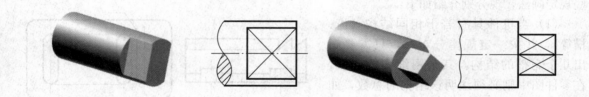

图 14-12   表示平面的简化画法

（5）机件上斜度不大的结构，如在一个图形中已表达清楚时，其他图形可按小端画出，如图 14-13 所示。

（6）零件上对称结构的局部视图，如键槽、方孔等，可按图 14-14 所示的方法表示。

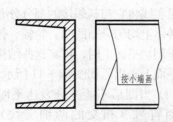

图 14-13   斜度不大结构的简化画法

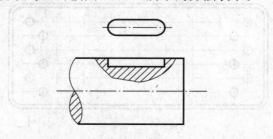

图 14-14   零件上对称结构局部剖视图的简化画法

　　(7) 圆柱形法兰和类似机件上的均匀分布的孔，可按图 14-15 所示的方法绘制，孔的位置应按规定从机件外向该法兰端面方向投影所得的位置画出。

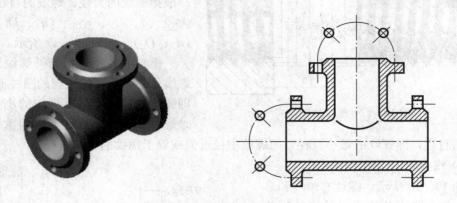

图 14-15　法兰盘上孔的画法

14.2　标准件和常用件的画法

　　在机器或仪器中，有些大量使用的机件，如螺栓、螺母、螺柱、螺钉、键、销、轴承等，它们的结构和尺寸均已标准化、系列化，称为标准件；还有些机件，如齿轮、弹簧等，它们的部分参数也已标准化、系列化。这些零件由于使用量大，其结构和尺寸都已全部或部分标准化，列在机械设计手册中，以便设计时选用。因此机械图中它们的表示方法往往采用简化画法，不必画出其真实形状。

14.2.1　螺纹与螺纹紧固件

一、螺纹的各要素

(一) 牙型

　　在通过螺纹轴线的断面上，螺纹的轮廓形状，称为螺纹牙型。它有三角形、梯形、锯齿形和矩形等。不同的螺纹牙型，有不同的用途，如图 14-16 所示。

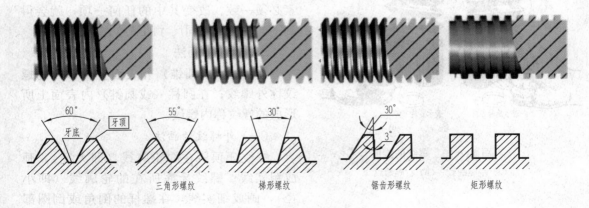

图 14-16　常见的螺纹牙型

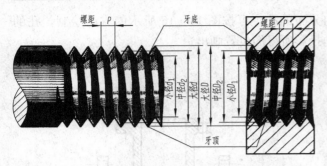

图 14 - 17　螺纹的直径

（二）公称直径

公称直径是代表螺纹尺寸的直径，一般指螺纹的大径。螺纹的直径有 3 个：大径（d、D）、小径（d_1、D_1）和中径（d_2、D_2）。如图 14 - 17 所示。

螺纹的大径是指与外螺纹牙顶或内螺纹牙底相重合的假想的圆柱面的直径，即螺纹的最大直径。螺纹的小径是指与外螺纹牙底或内螺纹牙顶相重合的假想圆柱面的直径，即螺纹的最小直径，而螺纹中径近似或等于螺纹的平均直径。

（三）线数 n

如图 14 - 18 所示，螺纹有单线和多线之分。沿一条螺旋线形成的螺纹为单线螺纹；沿轴向等距分布的两条或两条以上的螺旋线所形成的螺纹为多线螺纹。

（四）螺距 P 和导程 P_h

螺纹相邻两牙在中径线上对应两点间的轴向距离，称为螺距 P。同一条螺旋线上的相邻两牙在中径线上对应两点

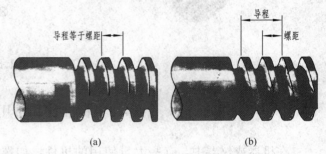

图 14 - 18　螺的线数、螺距和导程
(a) 单线螺纹；(b) 双线螺纹

间的轴向距离，称为导程 P_h。单线螺纹的导程等于螺距，即 $P_h = P$，如图 14 - 18 （a） 所示；多线螺纹的导程等于线数乘螺距，即 $P_h = nP$，图 14 - 18 （b） 为双线螺纹，其导程等于螺距的两倍，即 $P_h = 2P$。

（五）螺纹的旋向

螺纹的旋向分右旋螺纹和左旋螺纹。其判断方法如图 14 - 19 所示，常用右旋螺纹。

内、外螺纹连接时，螺纹的上述五项要素必须一致。改变其中的任何一项，就会得到不同规格和不同尺寸的螺纹。

二、螺纹的画法

在圆柱（或圆锥）外表面上所形成的螺纹称外螺纹；在圆柱（或圆锥）内表面上所形成的螺纹称内螺纹。

（一）外螺纹的画法

螺纹牙顶所在的轮廓线（即大径），画成粗实线；螺纹牙底所在的轮廓线（即小径），画成细实线，在螺杆的倒角或倒圆部

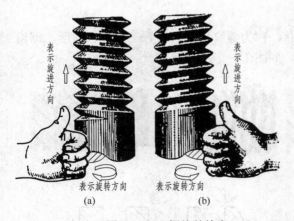

图 14 - 19　螺纹的旋向
(a) 左旋螺纹；(b) 右旋螺纹

分也应画出。小径通常画成大径的 0.85 倍，如图 14 - 20 所示的主视图。在垂直于螺

纹轴线的投影面上的视图中，表示牙底的细实线圆只画约 3/4 圈，此时倒角省略不画，如图 14-20 所示的左视图。

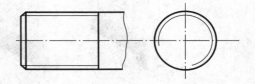

图 14-20 外螺纹的画法

（二）内螺纹的画法

内螺纹通常画成剖视图，在剖视图中，螺纹牙顶所在的轮廓线（即小径），画成粗实线；螺纹牙底所在的轮廓线（即大径）画成细实线，剖面线要画到小径为止，如图 14-21 的主视图所示。在垂直于螺纹轴线的投影面上的视图中，表示牙底的细实线圆也只画约 3/4 圈，倒角也省略不画。

绘制不穿通螺纹孔时，一般应将钻孔深度与螺纹部分的深度分别画出，钻头头部形成的锥顶角画成 120°。

（三）内外螺纹旋合的画法

旋合的内外螺纹，旋合部分按外螺纹画出，其余部分按各自的画法画出，如图 14-22 所示。

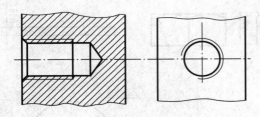

图 14-21 内螺纹的画法

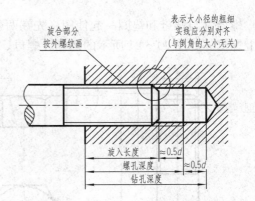

图 14-22 内外螺纹的旋合画法

三、螺纹的标注

螺纹按国标的规定画法画出后，图上并未表明牙型、公称直径、螺距、线数和旋向等要素，因此，需要用标注代号或标记的方式来说明。

螺纹的标注内容及格式为：

$$\boxed{特征代号}\ \boxed{公称直径}\times\boxed{导程\ (P\ 螺距)}\ \boxed{旋向}\ —\!\!\!—\ \boxed{公差带代号}\ —\!\!\!—\ \boxed{旋合长度代号}$$

特征代号，普通螺纹为 M，梯形螺纹为 Tr，非螺纹密封的管螺纹为 G，锯齿形螺纹为 B。

如 M16×1.5LH-6g-s，表示普通细牙螺纹，螺距为 1.5，左旋（LH 表示左旋，不标注旋向则为右旋），公差带代号为 6g（字母大写为内螺纹，小写为外螺纹），旋合长度短（s 表示短，n 表示一般，l 表示长）的外螺纹。

又如 Tr40×7-7e，表示梯形螺纹，公称直径 40，螺距 7，公差带代号 7e 的右旋外螺纹。

四、螺纹紧固件

常用的螺纹紧固件有螺栓、螺柱、螺钉、螺母和垫圈等，如图 14-23 所示。

五、螺栓连接的画法

螺栓连接通常用来连接两个厚度不太厚且经常拆卸的物体。

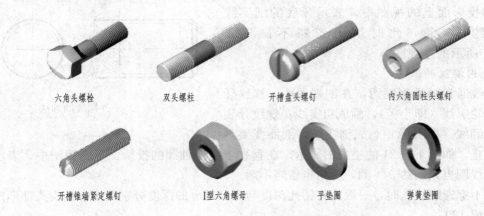

六角头螺栓　　双头螺柱　　开槽盘头螺钉　　内六角圆柱头螺钉

开槽锥端紧定螺钉　　I型六角螺母　　平垫圈　　弹簧垫圈

图 14-23　常用螺纹紧固件

螺栓常与螺母和垫圈一起使用，先在两个被连接物体上打孔，然后插入螺栓，套上垫圈拧上螺母。如图 14-24 所示的螺栓、螺母、垫圈的比例画法。

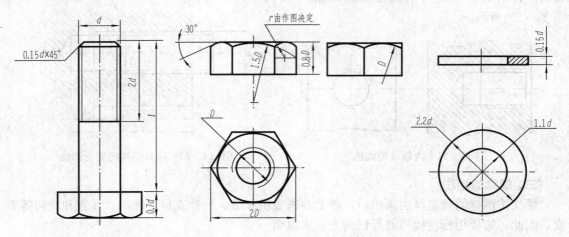

图 14-24　螺栓、螺母、垫圈的画法

画螺纹紧固件连接图时，应遵守下述基本规定：

（1）两零件接触表面只画一条线，不接触表面应画两条线。

（2）两零件邻接时，不同零件的剖面线方向应相反，或者方向一致、间隔不等。

（3）对于紧固件和实心零件（如螺钉、螺栓、螺母、垫圈、键、销、球及轴等），若剖切平面通过它们的轴线时，则这些零件都按不剖绘制，仍画外形；需要时，可采用局部剖视。

螺栓连接的比例画法见图 14-25，其简化画法见图 14-26。

螺栓的长度 L 按下式计算

$$L_{计} = \delta_1 + \delta_2 + 0.15d（垫圈厚）+ 0.8d（螺母厚）+ 0.3d（伸出端）$$

计算出来以后再查表取值。

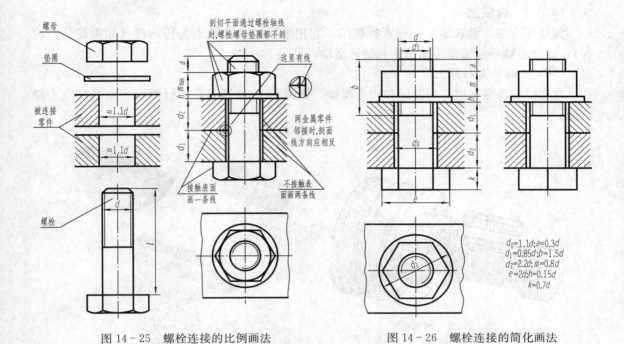

图 14-25 螺栓连接的比例画法

图 14-26 螺栓连接的简化画法

$d_0=1.1d; a=0.3d$
$d_1=0.85d; b=1.5d$
$d_2=2.2d; m=0.8d$
$e=2d; h=0.15d$
$k=0.7d$

六、螺钉连接

螺钉头部的近似画法如图 14-27 所示。图 14-28 所示为螺钉连接的画法。

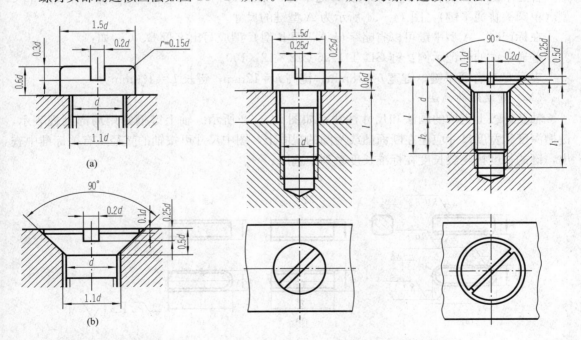

图 14-27 螺钉头部的近似画法

(a) 开槽圆柱头和盘头螺钉;

(b) 开槽沉头螺钉

图 14-28 螺钉连接的画法

14.2.2　键联结

键是标准件。键联结是一种可拆联结。它用来联结轴及轴上的传动件（如齿轮、带轮等），以便与轴一起转动传递扭矩和旋转运动，见图 14‑29。

（一）键的种类和标记

常用键有普通平键、半圆键和钩头楔键，如图 14‑30 所示，设计时可根据其特点合理选用。

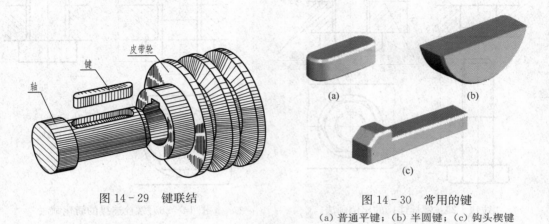

图 14‑29　键联结

图 14‑30　常用的键
（a）普通平键；（b）半圆键；（c）钩头楔键

普通平键的型式有 A 型〔双圆头普通平键，见图 14‑30（a）〕、B 型（方头平键）和 C 型（单圆头普通平键），图 14‑31 所示为 A 型键的尺寸。

在标记时，A 型平键可以省略字母 A，而 B 型 C 型应写出字母 B、C。如：

普通平键的标记示例：键 GB/T 1096 C18×12×100。

表示 C 型普通平键，键宽 $b=18$mm，键高 $h=12$mm，键长 $L=100$mm。

（二）键联结的画法

轴及轮毂上键槽的画法和尺寸注法，如图 14‑32 所示。轴上键槽常用局部剖视表示，键槽深度和宽度尺寸应注在断面图或为圆的视图上，图中尺寸可按轴的直径从有关标准中查出，键的长度按轮毂长度在标准长度系列中选用。

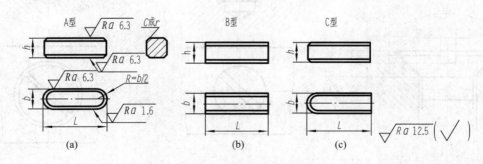

图 14‑31　A 型键的尺寸

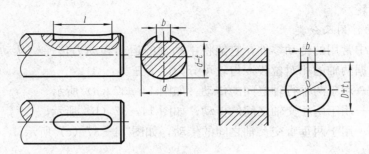

图 14 - 32 键槽的画法和尺寸注法

图 14 - 33 所示为平键联结的画法，当沿着键的纵向剖切时，按不剖绘制；当沿着键的横向剖切时，则要画上剖面线。通常用局部剖视图表示轴上键槽的深度及零件之间的联结关系。键与被联结零件的接触面是侧面，故画一条线，而顶面不接触，留有一定间隙，故画两条线。

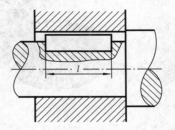
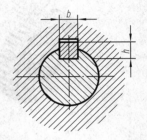

图 14 - 33 普通平键联结的画法

14.2.3 销连接

销通常用于零件间定位、连接和防松。

销的种类较多。常用的销有圆锥销、圆柱销、开口销等（图 14 - 34），开口销与槽型螺母配合使用，可起防松作用。销还可作为安全装置中的过载剪断元件。

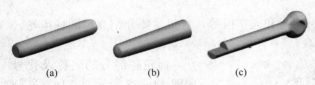

图 14 - 34 常用的销
（a）圆柱销；（b）圆锥销；（c）开口销

销的标记示例：

销 GB/T 119.1 10m6×90。

表示公称直径 $d=10$mm、公差为 m6、公称长度 $L=90$mm，材料为钢、不经淬火、不经表面处理的圆柱销。

销连接时与周围零件表面紧密接触，圆柱销和圆锥销连接的画法如图 14 - 35、图 14 - 36所示。

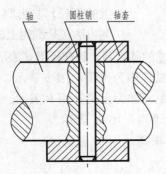
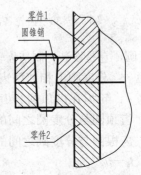

图 14 - 35 圆柱销连接的画法　　　　图 14 - 36 圆锥销连接的画法

14.2.4　齿轮

（一）齿轮的作用及分类

齿轮是机器中常用的传动零件，它能将主动轴的运动和动力传递给从动轮，并有变速、换向的作用。根据两轴的相对位置，齿轮可分为以下三类：

圆柱齿轮——用于两平行轴之间的传动，如图 14-37（a）所示。

圆锥齿轮——用于两相交轴之间的传动，如图 14-37（b）所示。

涡轮蜗杆——用于两垂直交叉轴之间的传动，如图 14-37（c）所示。

（a）　　　　　　　　　　　　　（b）　　　　　　　　　　　　　（c）

图 14-37　常见的传动齿轮

（a）圆柱齿轮；（b）圆锥齿轮；（c）涡轮蜗杆

圆柱齿轮按其齿形方向可分为：直齿、斜齿和人字齿等，这里主要介绍直齿圆柱齿轮。

（二）直齿圆柱齿轮各部分的名称及参数

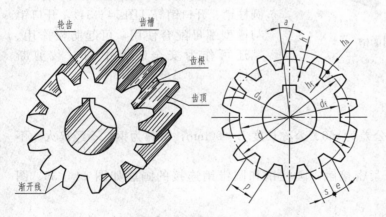

图 14-38　齿轮各部分的名称

齿轮各部分的名称及代号如图 14-38 所示。

（1）齿顶圆 d_a：通过轮齿顶部的圆称为齿顶圆，其直径用 d_a 表示。

（2）齿根圆 d_f：通过轮齿根部的圆称为齿根圆，其直径用 d_f 表示。

（3）分度圆 d：标准齿轮的齿槽宽 e（相邻两齿廓在某圆周上的弧长）与齿厚 s（一个齿两侧齿廓在某圆周上的弧长）相等的圆称为分度圆，它是设计、制造齿轮时计算各部分尺寸的基准圆，其直径用 d 表示。

（4）齿距 p：分度圆上相邻两齿廓对应点之间的弧长称为齿距，用 p 表示。

（5）齿高 h：轮齿在齿顶圆和齿根圆之间的径向距离称为齿高，用 h 表示。

齿顶高：齿顶圆与分度圆之间的径向距离称为齿顶高，用 h_a 表示。

齿根高：齿根圆与分度圆之间的径向距离称为齿根高，用 h_f 表示。

全齿高：$h = h_a + h_f$。

（6）中心距 a：两啮合齿轮轴线之间的距离，用 a 表示。

直齿圆柱齿轮的基本参数主要包括：

1）齿数 z：齿轮上轮齿的个数，用 z 表示。

2）模数 m：模数是齿距与圆周率 π 的比值，即 $m=\dfrac{P}{\pi}$，单位为 mm。它表示了轮齿的大小，为了简化计算，规定模数是计算齿轮各部分尺寸的主要参数，且已标准化，见表 14-3。

表 14-3   渐开线圆柱齿轮的标准模数

第一系列	0.1, 0.12, 0.15, 0.2, 0.25, 0.3, 0.4, 0.5, 0.6, 0.8, 1, 1.25, 1.5, 2, 2.5, 3, 4, 5, 6, 8, 10, 12, 16, 20, 25, 32, 40, 50
第二系列	0.35, 0.7, 0.9, 1.75, 2.25, 2.75, (3.25), 3.5, (3.75), 4.5, 5.5, (6.5), 7, 9, (11), 14, 18, 22, 28, (30), 36, 45

注 优先采用第一系列，其次是第二系列，括号内的模数尽量不用。

3）压力角：两啮合齿轮的齿廓在接触点处的受力方向与运动方向之间的夹角。若接触点在分度圆上，则为两齿廓公法线与两分度圆公切线的夹角，用 α 表示。我国标准齿轮分度圆上的压力角为 $20°$，通常所说的压力角是指分度圆上的压力角。

两标准直齿圆柱齿轮正确啮合传动的条件是模数和压力角都相等。

（三）直齿圆柱齿轮各部分尺寸的计算公式

齿轮的基本参数 z，m，α 确定之后，齿轮各部分的尺寸可按表 14-4 中的公式计算。

表 14-4   直齿圆柱齿轮各部分尺寸的计算公式

基本参数：模数 m、齿数 z、压力角 $20°$

各部分名称	代号	计 算 公 式	各部分名称	代号	计 算 公 式
分度圆直径	d	$d=mz$	齿根圆直径	d_f	$d_f=m(z-2.5)$
齿顶高	h_a	$h_a=m$	齿距	p	$p=\pi m$
齿根高	h_f	$h_f=1.25m$	分度圆齿厚	s	$s=\dfrac{1}{2}\pi m$
齿顶圆直径	d_a	$d_a=m(z+2)$	中心距	a	$a=\dfrac{1}{2}(d_1+d_2)=\dfrac{1}{2}m(z_1+z_2)$

（四）单个圆柱齿轮的画法

单个齿轮的画法，一般用全剖的非圆视图和端视图两个视图表示（图 14-39）。

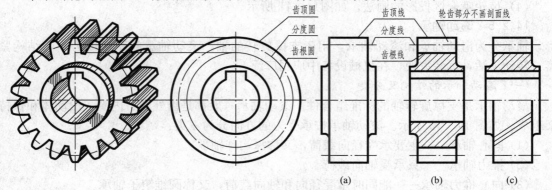

图 14-39 单个齿轮的画法
（a）外形；（b）全剖（直齿）；（c）半剖（斜齿）

（1）在视图中，齿顶圆和齿顶线用粗实线表示。分度圆和分度线用点画线表示（分度线应超出轮廓 2～3mm）。齿根圆和齿根线画细实线或省略不画。

（2）在剖视图中，齿根线用粗实线表示，轮齿部分不画剖面线。在端视图中齿根圆用细实线表示或省略不画。

（3）齿轮的其他结构，按投影画出。

（五）圆柱齿轮啮合的画法

两个标准齿轮相互啮合时，两轮分度圆处于相切的位置，此时分度圆又称为节圆。啮合区的规定画法如下：

（1）在投影为圆的视图（端视图）中，两齿轮的节圆相切。齿顶圆和齿根圆有两种画法：

画法一：啮合区的齿顶圆画粗实线，齿根圆画细实线，如图 14-40（a）所示。

画法二：啮合区的齿顶圆省略不画，整个齿根圆可都不画，如图 14-40（b）所示。

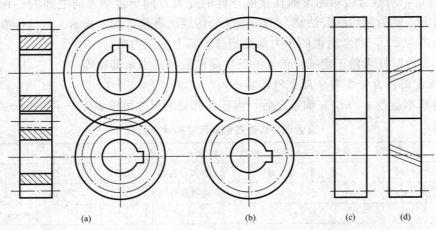

图 14-40　圆柱齿轮啮合的画法

（2）在投影为非圆的剖视图中，两轮节线重合，画点画线。齿根线画粗实线。齿顶线的画法是主动轮的轮齿作为可见画成粗实线，从动轮的轮齿被遮住部分画成虚线，如图 14-41 所示。

（3）在投影为非圆的视图中，啮合区的齿顶线和齿根线不必画出，节圆画成粗实线，如图 14-40（c）、（d）所示。

（4）齿轮啮合区投影的画法，如图 14-41 所示。

14.2.5　滚动轴承

轴承分为滑动轴承和滚动轴承，用于支撑旋转的轴。滚动轴承的摩擦助力小，结构紧凑、转动灵活，拆装方便，在机械设备中应用广泛。

（一）滚动轴承的结构及分类

滚动轴承是支撑旋转轴的标准组合件。滚动轴承一般都是由外圈、内圈、滚动体和保持架组成。如图 14-42 所示。滚动轴承按承受力的方向分为三类：

（1）向心轴承——主要承受径向载荷，又称深沟球轴承。

（2）推力轴承——只承受轴向载荷。

（3）向心推力轴承——能同时承受径向和轴向载荷，又称圆锥滚子轴承。

（二）滚动轴承的代号（GB/T 276—2013）

滚动轴承用代号（字母加数字）表示滚动轴承的结构、种类、尺寸、公差等级、技术性能等特征，它由前置代号、基本代号和后置代号构成。其排列顺序为：

前置代号　基本代号　后置代号

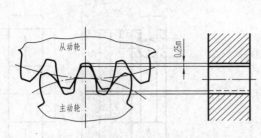

图 14 - 41　齿轮啮合区投影的画法

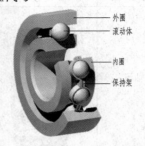

图 14 - 42　滚动轴承的构造及种类

前置代号和后置代号是轴承在结构形状、尺寸、公差、技术要求等有改变时，在其基本代号的左、右添加的补充代号。需要时可查阅有关国家标准《滚动轴承　深沟球轴承　外形尺寸》（GB/T 276—2013）。

基本代号表示轴承的基本类型、结构和尺寸，是轴承代号的基础。基本代号由轴承类型代号、尺寸系列代号、内径代号构成，其排列方式如下：

轴承类型代号　尺寸系列代号　内径代号

轴承类型代号用数字或字母来表示，具体可查阅《滚动轴承　代号方法》（GB/T 272—1993）。

尺寸系列代号由轴承的宽（高）度系列代号和直径系列代号组合而成，用两位数字来表示。它的主要作用是区别内径相同而宽度和外径不同的轴承。具体代号请查阅相关标准。

内径代号：内径代号表示轴承的公称内径（轴承内圈的孔径），一般也为两位数组成。当内径尺寸在 20～480mm 的范围内时，内径尺寸＝内径代号×5。

例如：轴承代号 6206

6——类型代号，表示深沟球轴承。

2——尺寸系列代号，原为 02，对此种轴承首位 0 省略。

06——内径代号（内径尺寸＝6×5＝30mm）。

滚动轴承的标记内容：名称、代号和国家标准号。

例如：滚动轴承 6206 GB/T 276—2013。

（三）滚动轴承的画法

滚动轴承通常可采用三种画法绘制，即通用画法、特征画法和规定画法。常用滚动轴承的画法如表 14 - 5。

表 14 - 5　　　　　　　　　　　　　　　常用滚动轴承的画法

名称，标准号和代号	结构形式	主要尺寸	规定画法	特征画法
深沟球轴承 GB/T 276—1994 6000		D d B		

名称，标准号和代号	结构形式	主要尺寸	规定画法	特征画法
圆锥滚子轴承 GB/T 276—1994 30000		D d T B C		
推力球轴承 GB/T 301—1994 51000		D d T		

14.2.6 弹簧

弹簧是常用零件，其作用主要是减震、复位、夹紧、测力和储能等。

弹簧的种类很多，常用的有螺旋弹簧、涡卷弹簧和板弹簧等，如图 14-43 所示，其中螺旋弹簧应用较广。根据受力情况，螺旋弹簧又分为压缩弹簧、拉伸弹簧和扭转弹簧。这里主要介绍圆柱螺旋压缩弹簧的各部分名称及画法。

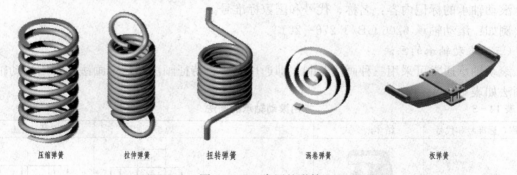

| 压缩弹簧 | 拉伸弹簧 | 扭转弹簧 | 涡卷弹簧 | 板弹簧 |

图 14-43 常用的弹簧

（一）圆柱螺旋压缩弹簧的各部分名称及尺寸关系

弹簧的各部分名称及尺寸关系如图 14-44（a）所示。

（1）簧丝直径 d：制作弹簧的簧丝直径。

（2）弹簧中径 D：弹簧的平均直径，按标准选取。

（3）弹簧内径 D_1：弹簧的最小直径，$D_1 = D - d$。

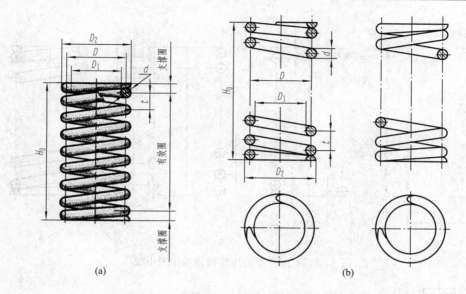

图 14 - 44　圆柱螺旋压缩弹簧各部分名称及画法

（4）弹簧外径 D_2：弹簧的最大直径，$D_2 = D + d$。

（5）展开长度 L：弹簧制造时坯料的长度，$L = n_1 \sqrt{(\pi D)^2 + t^2} \approx \pi D n_1$。

（二）单个圆柱螺旋压缩弹簧的画法

（1）在平行于弹簧轴线的投影面上的视图中，各圈的轮廓线应画成直线，如图14 - 44（b）所示。

（2）有效圈在四圈以上的弹簧，中间各圈可省略不画，而用通过中径的点画线连接起来，这时，弹簧的长度可适当缩短。弹簧两端的支撑圈不论有多少圈，均可按图 14 - 44（b）的形式绘制。

（3）无论是左旋和右旋，弹簧画图时均可画成右旋，但左旋要加注"左"字。

（三）圆柱螺旋压缩弹簧的作图步骤

若已知弹簧的中径 D、簧丝直径 d、节距 t 和圈数，先算出自由高度 H_0，然后按下列步骤作图：

（1）根据 D 和 H_0 画矩形 $ABCD$，如图 14 - 45（a）所示。

（2）根据簧丝直径 d，画支撑部分的圆和半圆，如图 14 - 45（b）所示。

（3）根据节距画有效圈部分的圆，如图 14 - 45（c）所示。

（4）按右旋方向作相应圆的公切线及剖面线，加深，完成作图，如图 14 - 45（d）所示。

（四）圆柱螺旋压缩弹簧在装配图中的画法

（1）在装配图中，弹簧中间各圈采取省略画法后，弹簧后面的结构按不可见处理。可见轮廓线只画到弹簧钢丝的断面轮廓线或中心线上，如图 14 - 46（a）所示。

（2）簧丝直径 $d \leqslant 2\mathrm{mm}$ 的断面，允许用涂黑表示，如图 14 - 46（b）所示。

（3）弹簧钢丝直径在图形上等于或小于 2mm 时，允许采用示意画法，如图 14 - 46（c）所示。

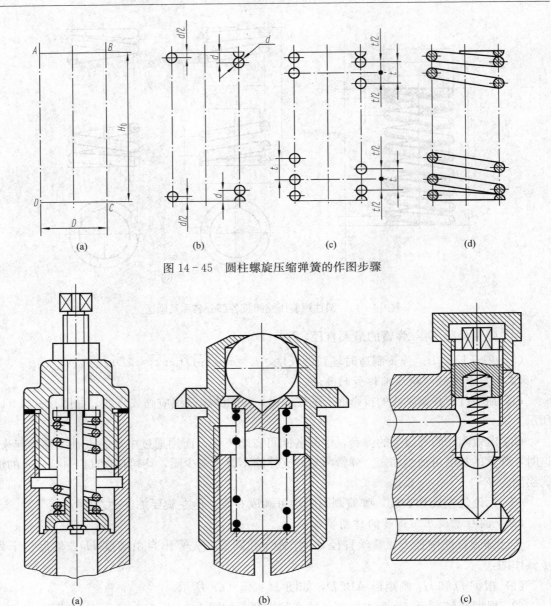

图 14-45　圆柱螺旋压缩弹簧的作图步骤

图 14-46　圆柱螺旋压缩弹簧在装配图中的画法

14.3　零　件　图

14.3.1　零件图的定义、作用和内容

　　任何一台机器或部件，都是由若干个零件按照一定的装配关系和技术要求装配而成的。用来表达机器或部件装配关系的图样称为装配图；用来表达单个零件的图样称为零件图。

　　图 14-47 所示为球阀的轴测装配图。球阀是管道系统中控制流体流量和启闭的部件，共由 13 种零件组成。当球阀的阀芯处于图 14-47 所示的位置时，阀门全部开启，管道通

畅。转动扳手带动阀杆和阀芯旋转 90°时，则阀门全部关闭，管道断流，此球阀的装配图见
14.4 节。

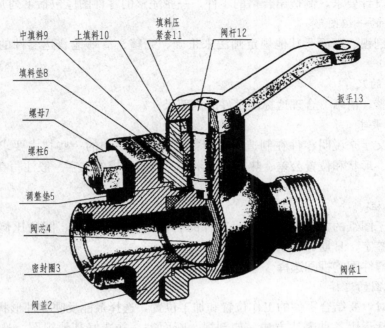

图 14-47　球阀的轴测装配图

如图 14-48 所示，此球阀种序号为 4 的零件（阀芯）的零件图。零件图是生产中指导

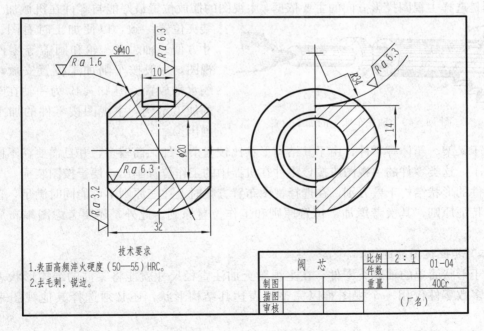

图 14-48　阀芯零件图

制造和检验零件的依据。零件图要表达零件的形状、大小，还要为零件的加工、检验、测量提供必要的技术要求。

为了保证设计要求，制造出合格的零件，一张完整的零件图应包括下列几方面的内容。

（一）完整的一组图形

用视图、剖视、断面及其他规定画法来正确、完整、清晰地表达零件的各部分形状和结构。

（二）完整的尺寸

正确、完整、清晰、合理地标注零件的全部尺寸。

（三）技术要求

用符号或文字来说明零件在制造、检验等过程中应达到的一些技术要求，如表面粗糙度、尺寸公差、形状和位置公差、热处理要求等。技术要求的文字一般注写在标题栏上方图纸空白处。

（四）标题栏

标题栏位于图纸的右下角，应填写零件的名称、材料、数量、图的比例以及设计、描图、审核人的签字、日期等各项内容。

14.3.2 零件图的视图选择

（一）主视图的选择

选择视图时，要结合零件的工作位置和加工位置，选择最能反映零件形状特征的视图作为主视图，包括运用各种表达方法，如剖视、断面等，并选好其他视图。选择视图的原则是：在完整、清晰地表达零件内外形状和结构的前提下，尽量减少视图数量。

主视图应能清楚地反映出零件各组成部分的形状及各功能部分的相对位置关系。形状特征原则是选择主视图投影方向的主要依据，主视图的摆放位置最好能与零件在机械加工时的装夹位置一致，以便加工时看图、看尺寸方便。轴、套、轮和圆盖等零件的主视图，一般按车削加工位置安放，即轴线水平放置。图 14-49 为一轴在车床上的加工示例，主视图按零件的加工位置画出。

图 14-49　轴在车床上的加工位置

对于叉架、箱体等零件，由于其结构形状比较复杂，加工面较多，并且需要在不同的机床上加工，这类零件的主视图应按该零件在机器中的工作位置画出，便于按图装配。

零件的形状结构千差万别，在选择视图布置方案时上述三原则不可能同时满足，首先考虑形状特征原则，其次考虑加工位置原则和工作位置原则。此外，还要考虑图幅布局的合理性。

（二）其他视图的选择

对于形状简单的轴套类零件，在主视图上加注直径尺寸就能将零件的结构形状表达清楚。但多数零件仅用一个视图难以完整地表达其结构形状，还必须选择其他视图来补充说明。

选择其他视图时应从以下几个方面考虑：

（1）根据零件的复杂程度和结构特征，其他视图应对主视图中没有表达清楚的结构形状特征和相对位置进行补充表达。

（2）选择其他视图时，应优先考虑选用基本视图，尽量在基本视图中选择剖视。

（3）对尚未表达清楚的局部形状和细小结构，可补充必要的局部视图和局部放大图，尽量按投影关系放置在有关视图的附近。

（4）选择视图除完整、清晰外，视图数量要恰当，有时为了保证尺寸注得正确、完整、清晰，也可适当增加某个图形。

14.3.3 机械图的尺寸标注

机械图、零件图的尺寸标注与建筑图有着较大的区别：机械图中不论是线性尺寸还是直径半径尺寸，尺寸起止符号都用箭头表示，而建筑图中线性尺寸的起止符号为倾斜 45°短粗线。下面介绍机械图尺寸标注的要求及注法。

（一）尺寸标注的基本要求

与建筑图类似，机械图尺寸标注的也有基本要求：

正确——所标注的尺寸应严格遵守国家标准中有关尺寸标注的规定，注写的尺寸数字要准确。

完整——所标注的尺寸必须齐全，能够完全确定立体的形状和大小，不重复，不遗漏。

清晰——每个尺寸在图形中的布置应该适当、清楚，便于看图。

合理——所注尺寸符合设计和加工、测量要求。应掌握尺寸基准的选择原则；分清重要尺寸和非重要尺寸；重要尺寸应从主要基准注出，非重要尺寸应从便于加工和测量出发注出。

（二）基本体、截交、相贯后立体的尺寸标注

基本体的尺寸标注与建筑图标注法接近，在此不再赘述。

具有切口的基本体，应首先注出基本体的尺寸，然后再注出确定截平面位置，截交线本身不允许标注尺寸。

相贯两基本形体，应标注两基本形体的尺寸和两形体的相对位置的尺寸，相贯线本身不允许标注尺寸，如图 14-50 和图 14-51 所示，带叉号的是不能标注的尺寸。

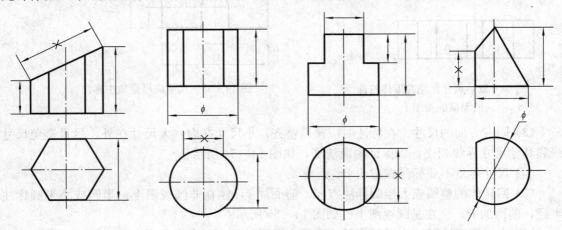

图 14-50 带有截交线的立体的尺寸标注

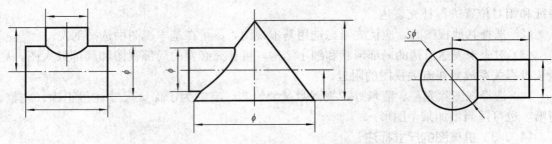

图 14-51 带有相贯线的立体的尺寸标注

（三）尺寸标注的基本原则

按照形体分析法，组合体可以分解成若干的基本形体。组合体的尺寸分三类：定形尺寸、定位尺寸和总体尺寸。

标注尺寸时，必须首先确定尺寸标注的起点，即基准。组合体长、宽、高三个方向均需标注尺寸，因此三个方向均需要设立主要尺寸基准。常见的尺寸基准主要有主要的对称面、重要的端面、底面及主要的回转体的轴线等。

在标注尺寸时，应符合以下基本原则：

（1）尺寸尽可能标注在表示形体特征最明显的视图上，如图 14-52 所示。

（2）同一形体的尺寸应尽量集中标注，并尽可能的标注在该形体的两个视图之间，以便于读图和想象出物体的空间形状，如图 14-53 所示。

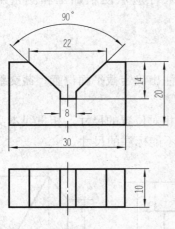

图 14-52 尺寸标注在形体特征
最明显的视图上

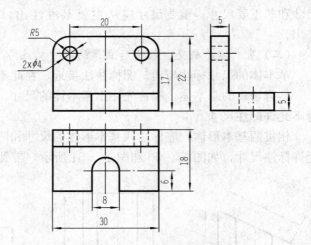

图 14-53 尺寸应尽量集中标注

（3）同一方向的尺寸，在标注时应排列整齐，小尺寸在内，大尺寸在外，尽量避免尺寸线和其他尺寸界线相交，以保证图面清晰，如图 14-54 所示。

（4）尺寸尽量不要标注在虚线上。

（5）回转体的整圆或大半圆标注直径，前面加 ϕ，注在非圆视图上；半圆或小半圆标注半径，前面加 R，注在是圆视图上。如图 14-55 所示。

（6）为了便于读图，应尽量将尺寸配置在图形外面，只有当图形内有足够的空白处或必要时才可以标注在视图内。

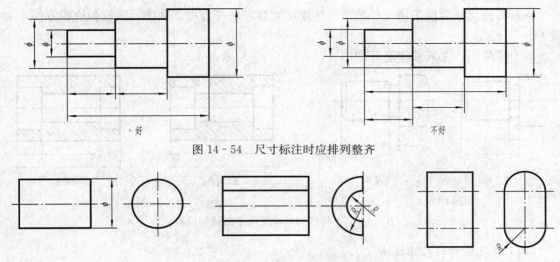

图 14-54　尺寸标注时应排列整齐

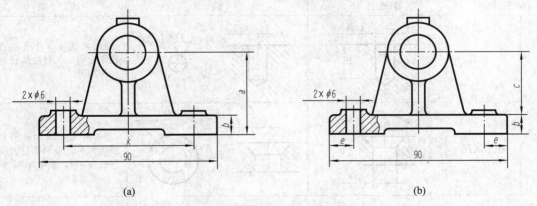

图 14-55　圆形尺寸的标注

（7）零件上的主要尺寸必须直接注出：主要尺寸是指直接影响零件在机器或部件中的工作性能和准确位置的尺寸，如零件间的配合尺寸、重要的安装定位尺寸等，如图 14-56 所示。

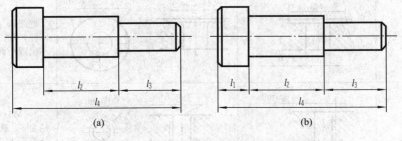

图 14-56　重要尺寸要直接注出
（a）正确；（b）不正确

（8）应避免出现封闭尺寸链：零件同一方向上的尺寸可以首尾相接，列成尺寸链的形式，但应避免构成封闭的尺寸链。次要尺寸如图 14-57 所示的 l_1 应空出不标。

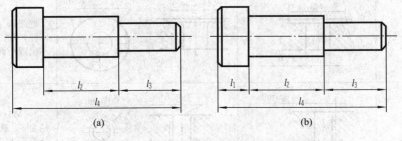

图 14-57　避免形成封闭的尺寸链
（a）正确；（b）不正确

（9）标注尺寸要便于加工和测量：标注尺寸要考虑符合加工顺序、测量和检验方便，如图 14 - 58 所示。

对于零件图，尤其要注意其中的（7）、（8）、（9）条。

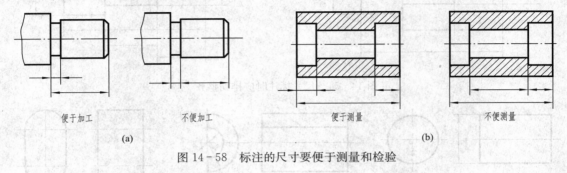

便于加工　　　　　　　不便加工　　　　　　　便于测量　　　　　　　不便测量

(a)　　　　　　　　　　　　　　　　　　　　　　　(b)

图 14 - 58　标注的尺寸要便于测量和检验

（四）常见结构的尺寸注法

表 14 - 6 给出了机械零件中常见孔结构的尺寸注法。

表 14 - 6　　　　　　　　　　　　　孔的结构形式和尺寸注法

结构类型		普通注法	旁 注 法		说 明
光孔	一般孔	4×φ5 〔图〕10	4×φ5▼10	4×φ5▼10	4×φ5 表示 4 个孔的直径均为 φ5。三种注法任选一种均可
沉孔	锥形沉孔	90° φ13 6×φ7	6×φ7 φ13×90	6×φ7 ∨φ13×90°	6×φ7 表示 6 个孔的直径均为 φ7。锥形部分大端直径为 φ13，锥角为 90°
	柱形沉孔	φ12 4.5 4φ×6.4	4×φ6.4 ⊔φ12▼4.5	4×φ6.4 ⊔ φ12▼4.5	4 个柱形沉孔的小孔直径为 φ6.4，大孔直径为 φ13，深度为 4.5
	锪平面孔	φ20 4×φ9	4×φ9 ⊔φ20	4×φ9 ⊔φ20	锪平面 φ20 的深度不需标注，加工时一般锪平到不出现毛面为止
螺纹孔	通孔	3×M6-7H	3×M6-7H	3×M6-7H	3×M6-7H 表示 3 个直径为 6，螺纹中径、顶径公差带为 7H 的螺孔

续表

结构类型		普 通 注 法	旁 注 法		说 明
螺纹孔	不通孔	3×M6-7H 深10	3×M6-7H↓10	3×M6-7H↓10	深10是指螺孔的有效深度尺寸为10,钻孔深度以保证螺孔有效深度为准,也可查阅有关手册确定
	不通孔	3×M6 10 12	3×M6↓10 孔↓12	3×M6↓10 孔↓12	需要注出钻孔深度时,应明确标注出钻孔深度尺寸

14.3.4　零件的结构工艺性简介

零件在机器中所起的作用,决定了它的结构形状。大部分零件都要经过热加工和机械加工等过程制造出来,因此,设计零件时,首先必须满足零件的工作性能要求,同时还应考虑到制造和检验的工艺合理性,以便有利于加工制造。常见的工艺结构有铸造工艺结构和机械加工工艺结构。

一、铸造零件的工艺结构

复杂零件的毛坯大多是通过铸造得到的。铸件的结构形状应有利于防止出现铸造缺陷。一般的铸造结构有以下几种。

（一）拔模斜度

用铸造方法制造零件的毛坯时,为了便于将木模从砂型中取出,一般沿木模拔模的方向作成约1：20的斜度,称为拔模斜度。因而铸件上也有相应的斜度,如图14-59（a）所示。这种斜度在图上可以不标注,也可不画出,如图14-59（b）所示。必要时,可在技术要求中注明。

（二）铸造圆角

在铸件毛坯各表面的相交处,都有铸造圆角（图14-60）。这样既便于起模,又能防止在浇铸时铁水将砂型转角处冲坏,还可避免铸件在冷却时产生裂纹或缩孔。铸造圆角半径在图上一般不注出,而写在技术要求中。

如图14-60所示的铸件毛坯底面（作安装面）通常需经切削加工,这时铸造圆角将被削平。

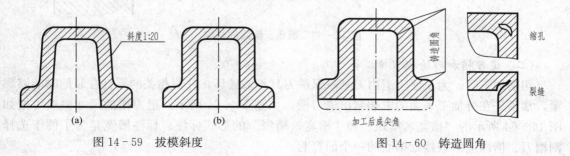

图14-59　拔模斜度　　　　　　　　　　　　　图14-60　铸造圆角

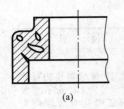 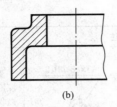 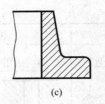

图 14-61　铸件壁厚的变化

（a）壁厚不均匀产生缩孔；（b）壁厚均匀；（c）壁厚渐变过渡

（三）铸件壁厚

在浇铸零件时，为了避免各部分因冷却速度不同而产生缩孔或裂纹，铸件的壁厚应保持大致均匀，或采用渐变的方法，见图 14-61。

（四）凸台和凹坑

零件上与其他零件接触的表面，一般都要进行加工。为了节约加工费用，降低成本，尽量减少加工面积，同时，适当减少接触面积还可以增加接触的稳定性。为此，在铸件毛坯上经常铸出各种凸台和凹坑，如图 14-62 所示。

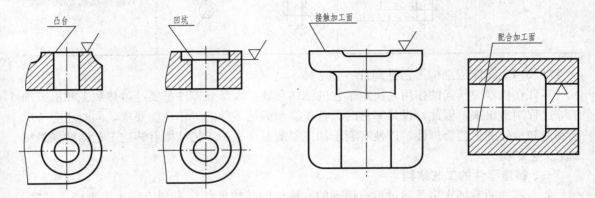

图 14-62　凸台和凹坑

二、机械加工零件的工艺结构

（一）倒角和圆角

为了便于安装和安全操作，在轴端、孔口及零件的端部常加工出倒角。另外，为避免应力集中而引起裂断，在阶梯轴的轴肩处常加工成圆角过渡，成为倒圆。倒角、倒圆的尺寸标注如图 14-63 所示（其中只有 45°倒角才允许倒角宽度尺寸与角度连注）。

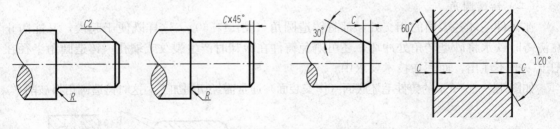

图 14-63　倒角、倒圆的结构

（二）退刀槽和砂轮越程槽

切削加工时，为了便于退出刀具，保护刀具不被破坏，并使相关的零件在装配时能够靠紧，常预先在待加工表面的末端制出退刀槽，如图 14-64 所示。退刀槽的尺寸一般可按如图 14-64 所示的"槽宽×槽颈"和"槽宽×槽深"的形式标注。标注槽宽是为了便于选择割槽刀。槽深应由最接近槽底的一个面算起。

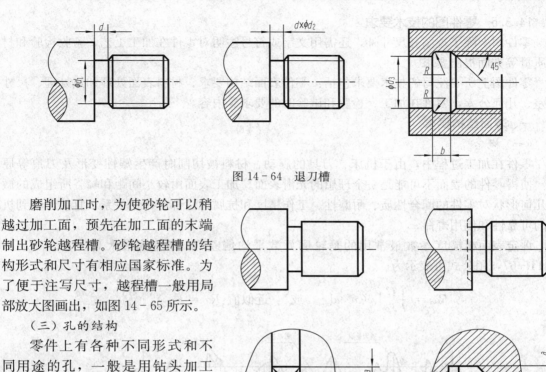

图 14-64 退刀槽

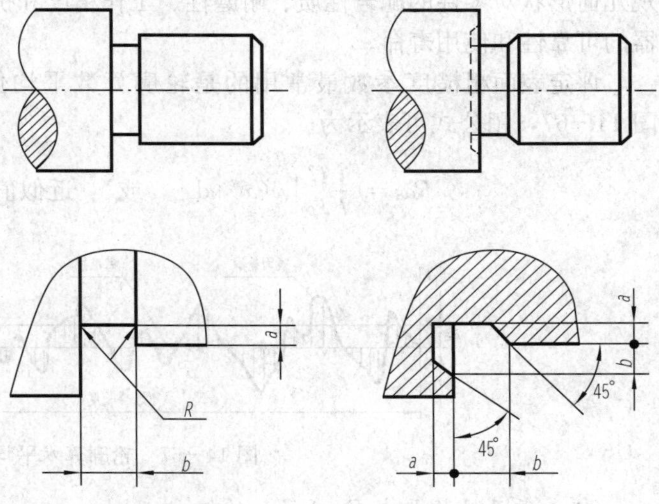

磨削加工时，为使砂轮可以稍越过加工面，预先在加工面的末端制出砂轮越程槽。砂轮越程槽的结构形式和尺寸有相应国家标准。为了便于注写尺寸，越程槽一般用局部放大图画出，如图 14-65 所示。

（三）孔的结构

零件上有各种不同形式和不同用途的孔，一般是用钻头加工孔。由于钻头带有一个接近 120°的钻尖角，所以它加工出的不通孔也带有一个顶角接近 120°的圆锥孔，在图 14-66（a）中，这个钻尖角画成 120°而不必标出尺寸，钻孔深度也不包括锥坑。

图 14-65 砂轮越程槽

钻孔时，钻头应与孔端表面垂直，否则只是单刀切削，钻头易歪斜、折断。如必须在斜面或曲面上钻孔时，则应先把该表面铣平或预先铸出凸台或凹坑，然后再钻孔，如图 14-66（c）、（d）、（e）所示。

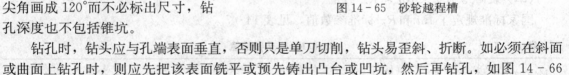

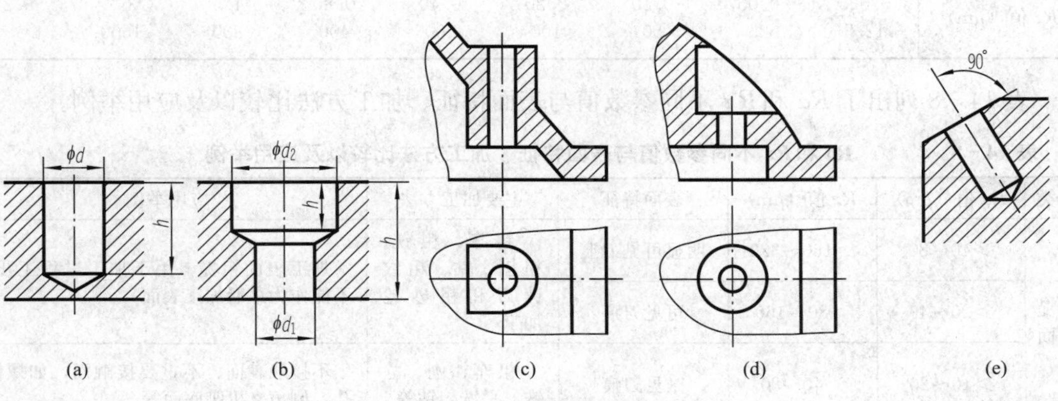

图 14-66 孔的工艺结构
（a）盲孔；（b）通孔；（c）凸台；（d）凹坑；（e）斜面

14.3.5　零件图的技术要求

零件图上除了视图和尺寸外，还需用文字或符号注明对零件在加工工艺、验收检验和材料质量等方面提出要求。

零件图上所要注写的技术要求包括：零件表面结构要求、材料表面处理和热处理、尺寸公差、几何公差，零件在加工、检验和试验时的要求等内容。

一、表面结构要求

（一）概念

零件在加工过程中，由于机床、刀具的震动、材料被切削时产生塑性变形及刀痕等原因，使得零件的表面不可能是一个理想的光滑表面。加工表面由较小间距和峰谷所组成的微观几何形状对零件的配合性质、耐磨性、工作精度和抗腐蚀性都有密切关系，直接影响到机器的可靠性和使用寿命。

评定表面粗糙度参数最常用的是轮廓算数平均偏差 Ra 和轮廓最大高度 Rz，Ra 见图 $14-67$，用公式可表示为

$$Ra = \frac{1}{l} \int_0^2 |y(x)| \, \mathrm{d}x \quad \text{或} \quad 近似值：Ra = \frac{1}{n} \sum |y_i|$$

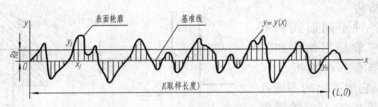

图 $14-67$　轮廓算术平均偏差

（二）表面结构要求 Ra 和 Rz 的值

国家标准规定了 Ra 和 Rz 标准参数值，见表 $14-7$。

表 14-7　　　　　　　　　　　　　　　**Ra 和 Rz 标准参数值**

Ra 值（μm）	0.012	0.025	0.05	0.10	0.20	0.40	0.80
	1.6	3.2	6.3	12.5	25	50	100
Rz 值（μm）	0.025	0.05	0.10	0.20	0.40	0.80	1.6	3.2	6.3
	12.5	25	50	100	200	400	800	1600	

表 $14-8$ 列出了 Ra 和 Rz 不同参数值与表面特征、加工方法比较以及应用举例。

表 14-8　　　　　　　　**Ra 和 Rz 不同参数值与表面特征、加工方法比较以及应用举例**

分类	Ra 值（μm）	Rz 值（μm）	表面特征	主要加工方法	应用举例
粗糙表面	>40~80	>160~320	明显可见刀痕	粗车、粗铣、粗刨、钻、粗纹锉刀和粗砂轮加工	加工表面粗糙，用于加工过程工步，不作为最后加工表面
	>20~40	>80~160	可见刀痕		
	>10~20	>40~80	微见刀痕	粗车、刨、立铣、平铣、钻等	不接触表面、不重要接触面，如螺栓孔、倒角、机座底面等

续表

分类	Ra 值（μm）	Rz 值（μm）	表面特征	主要加工方法	应用举例
半光表面	>5~10	>20~40	可见加工痕迹	精车、精铣、精刨、铰、镗、粗磨等	没有相对运动的零件接触面，如箱体的盖、套筒要求紧密结合表面、键和键槽工作表面；相对运动速度不高的接触面，如支架孔、衬套、带轮轴孔的工作表面
	>2.5~5	>10~20	微见加工痕迹		
	>1.25~2.5	>6.3~10	看不见加工痕迹		
光表面	>0.63~1.25	>3.2~6.3	可辨加工痕迹方向	精车、精铰、精拉、精镗、精磨、珩磨等	要求很好密合的接触面，如滚动轴承，销的配合面；相对运动速度较高的接触面，如滑动轴承的配合表面、齿轮轮齿的工作表面
	>0.32~0.63	>1.6~3.2	微辨加工痕迹方向		
	>1.6~0.32	>0.8~1.6	不可辨加工痕迹方向		
极光表面	>0.08~1.6	>0.4~0.8	暗光泽面	研磨、抛光、超级精细研磨、镜面磨削	精密量具表面、极重要零件的摩擦面，如气缸内表面、精密机床的主轴轴颈、坐标镗床和加工中心主轴轴颈等
	>0.04~0.08	>0.2~0.4	亮光泽面		
	>0.02~0.04	>0.05~0.2	镜状光泽面		
	≤0.01	≤0.05	镜面		高精度量仪、量块的工作表面

（三）表面结构图形符号和标注

零件表面结构图形的画法见图 14-68。

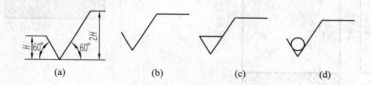

图 14-68　表面结构符号的画法

(a) 基本符号画法；(b) 允许任何工艺；(c) 去除材料；(d) 不去除材料

零件表面结构的标注应遵循下列原则：

（1）在图样中，每一表面一般只标注一次，并尽可能标注在相应的尺寸及其公差的同一视图上。

（2）表面结构要求图形符号的尖端必须从材料外指向表面，可标注在图样可见轮廓线、可见轮廓线延长线、尺寸线、尺寸界线或者带箭头或黑点的引出线上。

（3）图样中所注的表面结构要求是对完工零件表面的要求，除非另有说明。

（4）表面结构要求的标注和读取方向应与图样中尺寸数字的标注和读取方向一致。

表面结构要求的标注示例见图 14-69。

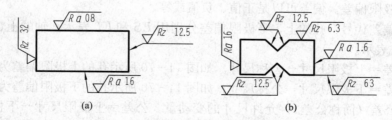

图 14-69　表面结构要求在图样上的标注

二、公差与配合

在日常生活中，自行车或汽车的零件坏了，可以买个新的换上，并能很好地满足使用要求。其所以能这样方便，就因为这些零件具有互换性。

所谓零件的互换性是指：同一规格的任一零件在装配时不经选择或修配，就达到预期的配合性质，满足使用要求。零件具有互换性，不但给装配、修理机器带来方便，还可用专用设备生产，提高产品数量和质量，同时降低产品的成本。要满足零件的互换性，就要求控制零件的尺寸控制在一个合理的范围内。

（一）公差的有关术语

在零件的加工中，由于机床精度、刀具磨损、测量误差等因素的影响，不可能把零件的尺寸做得绝对准确，一定会产生误差。为了保证互换性和产品质量，必须将零件尺寸的加工误差控制在一定的范围内，规定出尺寸变动量，这个允许的尺寸变动量就称为尺寸公差，简称公差。关于尺寸公差的有关术语，以图 14-70 所示圆柱孔的尺寸为例，简要说明如下：

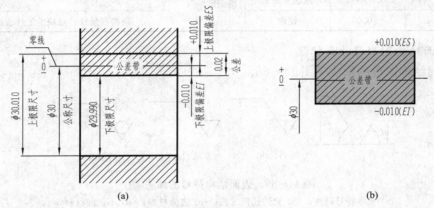

图 14-70　极限与配合的有关术语
（a）尺寸公差名词解释；（b）公差带图

（1）公称尺寸：设计时给定的尺寸，如图 14-70 所示的 $\phi30$。

（2）实际尺寸：零件制成后实际量得的尺寸。

（3）极限尺寸：允许尺寸变化的两个界限值。它以公称尺寸为基数来确定，两个界限值中较大的一个称为上极限尺寸，如图 14-70 所示孔的上极限尺寸为 $\phi30.010$。较小的一个称为下极限尺寸，如图 14-70 所示孔的下极限尺寸为 $\phi29.990$。实际尺寸在两个极限尺寸之间就算合格。

（4）极限偏差（简称偏差）：极限尺寸与公称尺寸之差。极限偏差有上极限偏差和下极限偏差，统称极限偏差。偏差可以是正值、负值或零。

国标规定偏差代号：孔的上、下极限偏差分别用 ES 和 EI 表示；轴的上、下极限偏差分别用 es 和 ei 表示。

上极限偏差＝上极限尺寸－公称尺寸。如图 14-70 所示孔的上极限偏差为＋0.010。

下极限偏差＝下极限尺寸－公称尺寸。如图 14-70 所示孔的下极限偏差为－0.010。

（5）尺寸公差（简称公差）：允许尺寸的变动量。公差＝上极限尺寸－下极限尺寸＝上极限偏差－下极限偏差。如图 14-70 所示，孔的公差为 0.020。公差总是正值。

（6）零线：在公差与配合图解中，用以确定偏差的一条基准直线，称为零偏差线。通常零线表示公称尺寸，如图 14 - 70 所示。

（7）尺寸公差带（简称公差带）：在公差带图中，由代表上、下极限偏差的两条直线所限定的一个区域，如图 14 - 70（b）所示。

（二）标准公差和基本偏差

公差带由"公差带大小"和"公差带位置"两个要素组成，公差带大小由标准公差确定，公差带位置由基本偏差确定，因此孔轴公差带由标准公差和基本偏差两个要素组成，如图 14 - 71 所示。

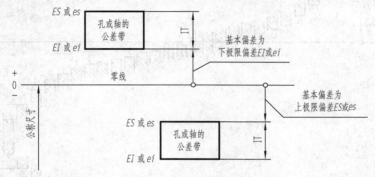

图 14 - 71　公差带大小及位置

国家标准表列的、用于确定公差带大小的任一公差为标准公差。标准公差数值与其尺寸分段和公差等级有关。公差等级用于确定尺寸精度的标准。国家标准将公差等级分为 20 级，即 IT01、IT0、IT1、IT2、…、IT18。IT 表示标准公差，后面的阿拉伯数字表示公差等级。从 IT0 至 IT18，尺寸的精度依次降低，而相应的标准公差数值依次增大，标准公差的数值如表 14 - 9 所示。

表 14 - 9　　　　　　　　　　标准公差数值表（摘自 GB/T 1800.1—2009）

公称尺寸 (mm)		公 差 等 级																		
大于	至	IT01	IT0	IT1	IT2	IT3	IT4	IT5	IT6	IT7	IT8	IT9	IT10	IT11	IT12	IT13	IT14	IT15	IT16	IT17	IT18
		μm													mm						
	3	0.3	0.5	0.8	1.2	2	3	4	6	10	14	25	40	60	0.10	0.14	0.25	0.40	0.60	1.0	1.4
3	6	0.4	0.6	1	1.5	2.5	4	5	8	12	18	30	48	75	0.12	0.18	0.30	0.48	0.75	1.2	1.8
6	10	0.4	0.6	1	1.5	2.5	4	6	9	15	22	36	58	90	0.15	0.22	0.36	0.58	0.90	1.5	2.2
10	18	0.5	0.8	1.2	2	3	5	8	11	18	27	43	70	110	0.18	0.27	0.43	0.70	1.10	1.8	2.7
18	30	0.6	1	1.5	2.5	4	6	9	13	21	33	52	84	130	0.21	0.33	0.52	0.84	1.30	2.1	3.3
30	50	0.6	1	1.5	2.5	4	7	11	16	25	39	62	100	160	0.25	0.39	0.62	1.00	1.60	2.5	3.9
50	80	0.8	1.2	2	3	5	8	13	19	30	46	74	120	190	0.30	0.46	0.74	1.20	1.90	3.0	4.6
80	120	1	1.5	2.5	4	6	10	15	22	35	54	87	140	220	0.35	0.54	0.87	1.40	2.20	3.5	5.4
120	180	1.2	2	3.5	5	8	12	18	25	40	63	100	160	250	0.40	0.63	1.00	1.60	2.50	4.0	6.3
180	250	2	3	4.5	7	10	14	20	29	46	72	115	185	290	0.46	0.72	1.15	1.85	2.90	4.6	7.2
250	315	2.5	4	6	8	12	16	23	32	52	81	130	210	320	0.52	0.81	1.30	2.10	3.20	5.2	8.1
315	400	3	5	7	9	13	18	25	36	57	89	140	230	360	0.57	0.89	1.40	2.30	3.60	5.7	8.9
400	500	4	6	8	10	15	20	27	40	63	97	155	250	400	0.63	0.97	1.55	2.50	4.00	6.3	9.7

基本偏差是国家标准规定的用于确定公差带相对于零线位置的上极限偏差或下极限偏差，一般指靠近零线的那个极限偏差。当公差带位于零线上方时，基本偏差为下极限偏差；

当公差带位于零线的下方时，基本偏差为上极限偏差，如图 14 - 72 所示。

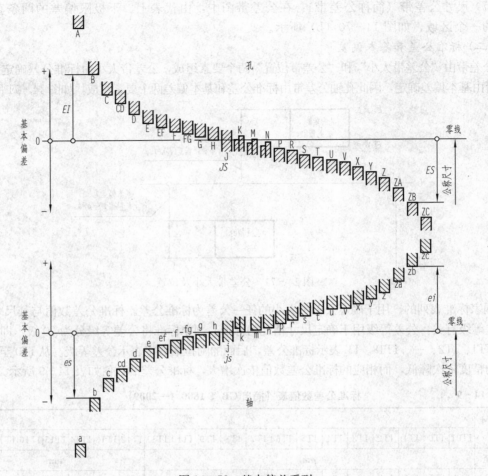

图 14 - 72　基本偏差系列

按国家标准规定，孔和轴各有 28 个基本偏差，它们的代号用拉丁字母表示：用大写表示孔，小写表示轴。

轴的基本偏差从 a～h 为上极限偏差，从 j～zc 为下极限偏差，js 的上、下极限偏差分别为 $+\dfrac{\text{IT}}{2}$ 和 $-\dfrac{\text{IT}}{2}$。

孔的基本偏差从 A～H 为下极限偏差，从 J～ZC 为上极限偏差。JS 的上、下极限偏差分别为 $+\dfrac{\text{IT}}{2}$ 和 $-\dfrac{\text{IT}}{2}$。

基本偏差系列只表示公差带的位置，不表示公差带的大小，因此，公差带的一端是开口的。根据孔的与轴的基本偏差和标准公差，可计算孔和轴的另一偏差。

孔　$ES=EI+\text{IT}$　或　$EI=ES-\text{IT}$。

轴　$es=ei+\text{IT}$　或　$ei=es-\text{IT}$。

（三）孔、轴的公差带代号

孔、轴的公差带代号由基本偏差与公差等级代号组成。

例如 φ50H8 的含义是:

公称尺寸为 φ50,公差等级为 8 级,基本偏差为 H 的孔的公差带。

又如 φ50f7 的含义是:

公称尺寸为 φ50,公差等级为 8 级,基本偏差为 f 的轴的公差带。

(四)配合

公称尺寸相同的、相互结合的孔与轴公差带之间的关系称为配合。这里的孔与轴主要指圆柱形的内、外表面,也包括内、外平面组成的结构。孔和轴配合时,由于它们的尺寸不同,将产生间隙或过盈的情况。国家标准规定分为有间隙配合、过盈配合和过渡配合三类。

(1)间隙配合。孔的实际尺寸总比轴的实际尺寸大,即孔与轴装配在一起时具有间隙(包括最小间隙为零)的配合。此时孔的公差带完全在轴的公差带之上,如图 14-73 所示。

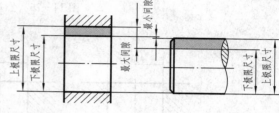

图 14-73 间隙配合

(2)过盈配合。孔的实际尺寸总比轴的实际尺寸小,即孔与轴装配在一起时具有过盈(包括最小过盈为零)的配合。此时孔的公差带完全在轴的公差带之下,如图 14-74 所示。

(3)过渡配合。孔的实际尺寸可能比轴的实际尺寸大也可能小,即孔与轴装配在一起时可能具有间隙或过盈的配合。此时孔的公差带与轴的公差带相互交叠,如图 14-75 所示。

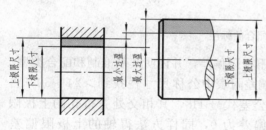

图 14-74 过盈配合

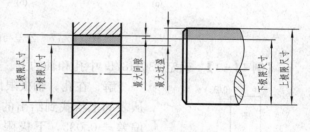

图 14-75 过渡配合

(五)公差与配合在图样上的标注

在装配图上标注公差配合,一般是在公称尺寸右边标出配合代号。配合代号由孔和轴的公差带代号组成,用分式的形式表示。分子是孔的公差代号(或偏差),分母是轴的公差代号(或偏差),如图 14-76 (a)~(e)所示。

在零件图上标注孔和轴的公差有三种形式,如图 14-77 所示。

如图 14-77 (a)所示,在孔或轴的公称尺寸后面标注公差带代号。这种注法可与采用专用量具检验零件统一起来,以适应大批量生产的要求。图 14-77 (b)所示,注出公称尺寸和上、下极限偏差数值。这种注法主要用于小量或单件生产,以便加工和检验时减少辅助时间。图 14-77 (c)所示,注出公称尺寸,并同时注出公差带代号和上、下极限偏差数值。这种注法适用于生产规模不确定的情况或量具不确定时。

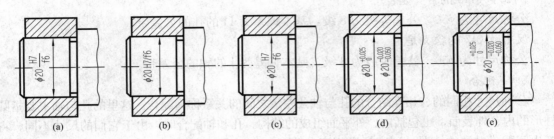

图 14 - 76　公差与配合的标注

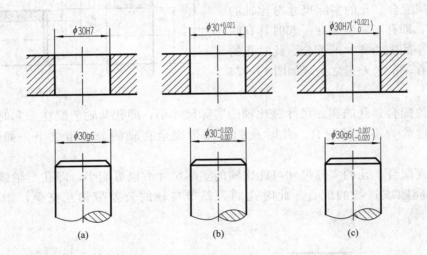

图 14 - 77　公差与配合的标注

【例 14 - 1】　确定 $\phi30H8/f7$ 中孔和轴的上、下极限偏差，并说明其基准制和配合类型。

图 14 - 78　公差带图

解　在孔、轴极限偏差附表中公称尺寸栏找到 >24～30，再从表的上行找到给出的公差代号 H8，其相交处查得孔的上极限偏差 +0.033，下极限偏差为 0，同样方法得轴的上极限偏差 -0.020，下极限偏差 -0.041。孔的公差为 IT=(+0.033)-0=0.033mm，轴的公差 IT=-0.020-(-0.041)=0.021mm。由于基本偏差代号中有大写字母 H，故为基孔制。从其公差带图 14-78 可知，配合种类为间隙配合。

三、几何公差

机械零件按在加工中的尺寸误差，根据使用要求用尺寸公差加以限制。而对加工零件的几何形状和相对几何要求的位置误差，则用几何公差加以限制。

几何公差，即形状和位置公差，是指零件的实际形状和实际位置对理想形状和理想位置的允许变动量。

（一）几何公差的代号

在技术图样中，几何公差应采用代号标注，当无法采用代号标注时，允许在技术要求中用文字说明。国家标准中规定几何公差为两大类共 19 项，各项名称及对应符号见

表 14 – 10。

表 14 - 10 几 何 公 差 符 号

公差	特征项目	符号	有或无基准要求	公差	特征项目	符号	有或无基准要求
形状公差	直线度	——	无	方向公差	线轮廓度	⌒	有
	平面度	▱	无		面轮廓度	⌓	有
	圆度	○	无	位置公差	位置度	⊕	有或无
	圆柱度	⌭	无		同轴（同心）度	◎	有
	线轮廓度	⌒	无		对称度	═	有
	面轮廓度	⌓	无		线轮廓度	⌒	有
方向公差	平行度	//	有		面轮廓度	⌓	有
	垂直度	⊥	有	跳动公差	圆跳动	↗	有
	倾斜度	∠	有		全跳动	⌰	有

　　几何公差的代号由几何公差有关项目的符号、框格和指引线、公差数值以及基准代号的字母组成，如图 14 - 79 所示。

　　框格和带箭头的指引线均用细实线画出，指示箭头和尺寸箭头画法相同，框格应水平或垂直绘制。框格高度是图样中尺寸数字高度的两倍，它的长度视需要而定。框格从左到右填写以下内容：第一格填写几何公差的符号；第二格填写几何公差数值和有关符号；第三格和以后各格填写基准代号的字母和有关符号。框格中的数字、字母、符号与图样中的数字等高。

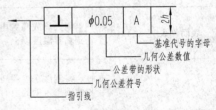

图 14 - 79 几何公差代号及基准代号

　　（二）几何公差的标注举例

　　如图 14 - 80 （a）所示形位几何代号表示：滚柱实际轴线与理想轴线之间的变动量，即滚柱的轴线必须保持在理想轴线位置 ϕ0.006 mm 的圆柱面内。

　　如图 14 - 80 （b）所示，圆柱表面上任一素线的形状所允许的变动全量（0.03mm），在圆柱轴线方向上任一横截面的实际圆所允许的变动全量（0.02mm）。

　　而图 14 - 80 （c）表示箭头所指的上表面与 A 基准面（下方表面）之间应该平行，所允许的最大变动全量为 0.05mm。

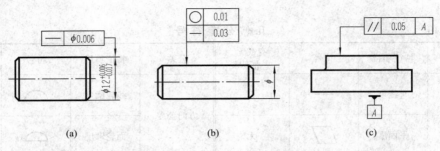

（a）　　　　　　　　　（b）　　　　　　　　　（c）

图 14 - 80　　几何公差标注实例

四、常用热处理及表面处理方法

很多零件再加工过程中，需要进行热处理或表面处理，通常用文字技术要求的形式将表面处理和热处理方式写在零件图中，如图 14 - 48 所示中的淬火等。表 14 - 11 给出了常用的表面处理及热处理方法。

表 14 - 11　　　　　　　　　　　　　　常用表面处理及热处理方法

名称	代号	说　　　明	目　　　的
退火	5111	将钢件加热到临界温度以上，保温一段时间，然后以一定速度缓慢冷却	用于消除铸、锻、焊零件的内应力，以利切削加工，细化晶粒，改善组织，增加韧性
正火	5121	将钢件加热到临界温度以上，保温一段时间，然后在空气中冷却	用于处理低碳和中碳结构钢及渗碳零件，细化晶粒，增加强度和韧性，减少内应力，改善切削性能
淬火	5131	将钢件加热到临界温度以上，保温一段时间，然后急速冷却	提高钢件强度和耐磨性。但淬火后会引起内应力，使钢变脆，所以淬火后必须回火
回火	5141	将淬硬的钢件加热到临界温度以下某温度，保温一段时间，然后冷却到室温	降低淬火后的内应力和脆性，提高钢的塑性和冲击韧性
调质	5151	淬火后在（450～650）℃进行高温回火	提高韧性及强度。重要的齿轮、轴、丝杠等零件需要调质
表面淬火	5210	用火焰或高频电流将钢件表面迅速加热到临界温度以上，急速冷却	提高钢件表面的硬度及耐磨性，而芯部又保持一定的韧性，使零件既耐磨又能承受冲击，常用来处理齿轮等
渗碳	5310	将钢件在渗碳剂中加热，停留一段时间，使碳渗入钢的表面后，再淬火和低温回火	提高钢件表面的硬度，耐磨性、抗拉强度等。主要用于低碳、中碳（C<0.40%）结构钢的中小零件
时效处理	时效	低温回火后，精加工之前，加热到（100～150）℃保持 5～20h，空气冷却；对铸件也可以放在露天中一年以上进行天然时效处理	消除内应力、稳定形状和尺寸，常用于处理精密机件，如量具、精密丝杆、床身导轨、精密轴承等
发蓝发黑	发蓝或发黑	将零件置于氧化性介质内加热氧化，使表面形成一层氧化铁保护膜	防腐蚀，美化，常用于螺纹连接件

14.3.6　读零件图

（一）读零件图的方法和步骤

零件图是指生产中指导制造和检验该零件的主要图样，它不仅应将零件的材料，内、外结构形式和大小表达清楚，而且还要对零件的加工、检验、测量提供必要的技术要求。读零件图时，应联系零件在机器或部件中的位置、作用，以及与其他零件的关系，才能理解和读懂零件图。识读零件图的一般方法和步骤如下：

（1）概括了解。从标题栏了解零件的名称、材料、比例、质量等内容。从名称可判断该零件属于哪一类零件，从材料可大致了解其加工方法，从绘图比例可估计零件的实际大小。必要时，最好对照机器、部件实物或装配图了解该零件的装配关系等，从而对零件有初步的了解。

（2）分析视图间的联系和零件的结构形状。分析零件各视图的配置以及相互之间的投影关系，运用形体分析和线面分析读懂零件各部分结构，想象出零件的形状。看懂零件的结构形状是读零件图的重点，组合体的读图方法仍适用于读零件图。读图的一般顺序是先整体、后局部；先主体结构、后局部结构；先读懂简单部分，再分析复杂部分。

（3）分析尺寸和技术要求。分析零件的长、宽、高三个方向的尺寸基准，从基准出发查找各部分的定形、定位尺寸，并分析尺寸的加工精度要求。必要时还要联系机器或部件与该零件有关的零件一起分析，以便深入理解尺寸之间的关系，以及所标注的尺寸公差、几何公差和表面结构要求等技术要求。

（4）综合归纳。零件图表达了零件的结构形式，尺寸及其精度要求等内容，它们之间是相互关联的。读图时应将视图、尺寸和技术要求综合考虑。才能对这个零件形成完整的认识。

（二）读图举例

我们来阅读如图 14－81 所示的齿轮轴零件图。

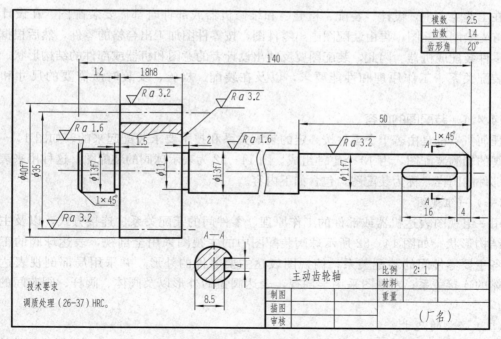

图 14－81 齿轮轴零件图

从标题栏和图形可以看出，该零件是主动齿轮轴，属轴套类零件。用一个主视图和一个断面图来表达轴，轴线横放。主视图表示轴的整体情况，对齿轮进行了局部剖视，再加一个断面表达出键槽，就将结构表达清楚了。该轴是齿轮油泵的一个主要零件，其主动齿轮与从动齿轮啮合，完成油的加压过程，其具体工作原理见本章 14.4。

零件图要求尺寸应齐全合理，但不允许重复标注，且不允许注成封闭的尺寸链，将最不重要的一段取消标注，以保证其他各段尺寸的准确，也就保证了产品的质量。如图 14-81 所示，轴长度方向以右端面作为主要基准，保证右端 50 和槽 4 的尺寸，再以左端面为次要基准，保证 12 和 18 加工尺寸。加工每一个尺寸都存在误差，若将各段尺寸都标注，误差将造成总长尺寸不能保证。

用来说明加工该零件时对其表面的要求，如图 14-81 所示，标注表面结构要求，如 $\sqrt{Ra\,3.2}$ 和 $\sqrt{Ra\,1.6}$。该齿轮轴有四个尺寸有公差要求，$\phi40f7$、$\phi13f7$、$\phi11f7$、$18h8$，根据机械制图标准中极限与配合的有关数值表，可以查其公差范围。如 $\phi40f7$ 的尺寸变动值查得为上极限偏差 -0.025，下极限偏差为 -0.050，即表示尺寸允许在 $\phi39.950 \sim \phi39.975$ 之间变动。

同理，查表 $\phi13f7$ 的尺寸允许在 $\phi12.966 \sim \phi12.984$ 之间变动；$\phi11f7$ 的尺寸允许在 $\phi11.966 \sim \phi11.984$ 之间变动；$18h8$ 的尺寸允许在 $\phi17.922 \sim \phi18$ 之间变动。

图的左下方，填写了轴要进行调质处理，并要达到一定硬度。

14.4 装 配 图

在工业生产中，设计、装配、检验、和维修机器或部件时都需要装配图。在设计机器时，首先绘制装配图，再由装配图画出零件图，按零件图加工出合格的零件，然后根据装配图把零件装配成机器。因此，装配图要反映出设计者的意图和机器或部件的结构形状、零件间的装配关系、工作原理和性能要求，以及在装配、检验、安装时所需的尺寸和技术要求。

14.4.1 装配图的内容

任何机器都是由若干个零件按一定的装配关系和技术要求装配起来的。如图 14-47 所示球阀的轴测装配图，由 13 个零件组成。图 14-82 为表示球阀的装配图，这种用来表达机器或部件的图样，称为装配图，包含如下内容。

（一）一组视图

用一组视图表达机器或部件的工作原理、零件间的装配关系、连接方式，以及主要零件的结构形状。如图 14-82 所示球阀装配图中的主视图采用全剖视，表达球阀的工作原理和各主要零件间的装配关系；俯视图表达主要零件的外形，并采用局部剖视表达扳手与阀体的连接关系；左视图采用半剖视，表达阀盖的外形以及阀体、阀杆、阀芯间的装配关系。

（二）必要的尺寸

用来标注机器或部件的规格尺寸、零件之间的配合或相对位置尺寸、机器或部件的外形尺寸、安装尺寸以及设计时确定的其他重要尺寸等。

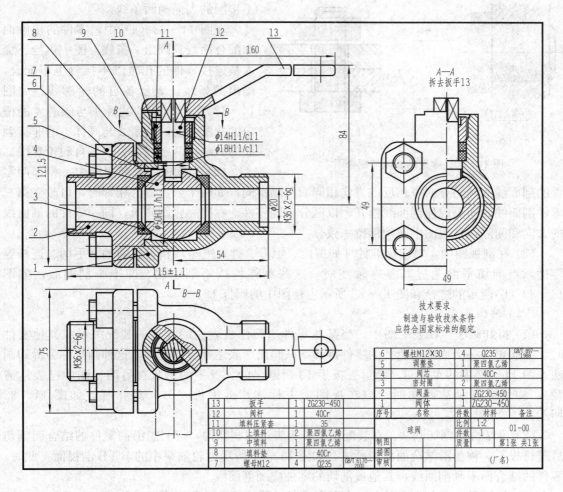

图 14-82　球阀装配图

（三）技术要求

说明机器或部件的装配、安装、调试、检验、使用与维护等方面的技术要求，一般用文字写出。

（四）序号、明细栏和标题栏

在装配图中，为了便于迅速、准确地查找每一零件，对每一零件编写序号，并在明细栏中依次列出零件序号、名称、数量、材料等。在标题栏中写明装配体的名称、图号、比例以及设计、制图、审核人员的签名和日期等。

14.4.2　装配图的表达方法

装配图重点表达零件之间的装配关系、零件的主要形状结构、装配体的内外结构形状和工作原理等。机械制图的相关国家标准对装配体的表达方法作了相应的规定，画装配图时应将机件的表达方法与装配体的表达方法结合起来，共同完成装配体的表达。

（一）规定画法

（1）相邻两零件的接触面或基本尺寸相同的轴孔配合面，只画出一条线表示公共轮廓；

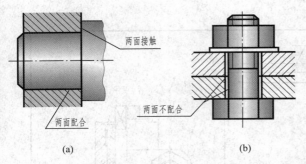

图 14-83　零件的表面与配合面

不接触的表面画两条线。

在图 14-83（a）中，零件的接触面和配合面，只画出一条线。图中螺栓、穿入被连接零件的孔时既不接触也不配合，画出两条线，表示各自的轮廓线。如图 14-82 所示阀杆 13 的榫头与阀芯 4 的槽口的非配合面，阀盖 2 与阀体 1 的非接触面等，画出两条线，表示各自的轮廓线。

（2）在剖视图或断面图中，相邻两零件的剖面线的倾斜方向应相反或方向相同而间隔不同；如两个以上零件相邻时，可改变第三零件剖面线的间隔或使剖面线错开，以区分不同零件。在同一张图样上，同一零件的剖面线的方向和间隔在各视图中必须保持一致。

（3）在剖视图中，对于标准件（如螺栓、螺母、键、销等）和实心的轴、手柄、连杆等零件，当剖切平面通过其基本轴线时，这些零件均按不剖绘制，即不画剖面线，如图 14-83（b）所示的螺栓和图 14-82 所示主视图中的阀杆 12。

（二）特殊画法

（1）拆卸画法。在装配图中，当某些零件遮挡住被表达的零件的装配关系或其他零件时，可假想将一个或几个遮挡的零件拆卸，只画出所表达部分的视图，这种画法称为拆卸画法。图 14-82 中的左视图，是拆去扳手 13 后画出的（扳手的形状在另两视图中已表达清楚）。应用拆卸画法画图时，应在视图上方标注"拆去件××"等字样，如图 14-82 所示。

（2）沿结合面剖切画法。在装配图中，为表达某些结构，可假想沿两零件的结合面剖切后进行投影，称为沿结合面剖切画法，如图 14-87 所示齿轮油泵中的 B—B 剖视面。此时，零件的结合面不画剖面线，其他被剖切的零件应画剖面线。

（3）假想画法。在装配图中，为了表示运动零件的运动范围或极限位置，可采用双点画线画出其轮廓，如图 14-82 所示的俯视图，用双点画线画出了扳手的另一个极限位置。

（4）夸大画法。在装配图中，对于薄片零件、细丝弹簧、微小的间隙等，当无法按实际尺寸画出或虽能画出但不明显时，可不按比例而采用夸大画法画出。如图 14-82 所示主视图中件 5 的厚度，就是夸大画出的。

（三）简化画法

（1）在装配图中，零件的工艺结构如小圆角、倒角、退刀槽等允许不画出；螺栓、螺母的倒角和因倒角而产生的曲线允许省略，如图 14-84 所示。

（2）在装配图中，若干相同的零件组（如螺纹紧固件组等），允许仅详细地画出一处，其余各处以点画线表示其位置，如图 14-84 所示的螺钉画法。

（3）在装配图中，滚动轴承按《机械制图　滚动轴承表示法》（GB/T 4459.7—1998）的规定，采用特征画法或规定画法。如图 14-84 所示中滚动轴承采用了规定（简化）画法。在同一图样中，一般只允许采用同一种画法。

（4）在剖视图或断面图中，如果零件的厚度在 2mm 以下，允许用涂黑代替剖面符号，如图 14-84 所示的垫片。

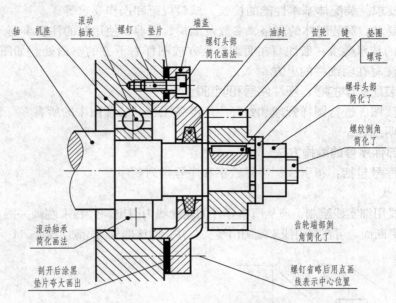

图 14-84 装配图中的简化画法

14.4.3 装配图中的尺寸和技术要求

（一）装配图的尺寸标注

装配图中，不必也不可能注出所有零件的尺寸，只需标注出说明机器或部件的性能、工作原理、装配关系、安装要求等方面的尺寸。这些尺寸按其作用分为以下几类：

（1）性能（规格）尺寸。表示机器或部件性能（规格）的尺寸。这类尺寸在设计时就已确定，是设计、了解和选用该机器或部件的依据，如图 14-82 所示球阀的管口直径 $\phi20$。

（2）装配尺寸。由两部分组成，一部分是各零件间配合尺寸，如图 14-82 所示的 $\phi50H11/h11$ 等尺寸。另一部分是装配有关零件间的相对位置尺寸，如图 14-82 所示左视图中的 49。

（3）外形尺寸。表示装配体外形轮廓大小的尺寸所示，即总长、总宽和总高。它为包装、运输和安装过程所占的空间提供了依据。如图 14-82 所示球阀的总长、总宽和总高分别为 115 ± 1.1、75 和 121.5。

（4）安装尺寸。机器或部件安装时所需的尺寸，如图 14-82 所示主、左视图中的 84、54 和 M36×2-6g 等。

（5）其他重要尺寸。在设计中确定，又不属于上述几类尺寸的一些重要尺寸，如运动零件的极限尺寸、主体零件的重要尺寸等。

上述五类尺寸，并非在每一张装配图上都必须注全，有时同一尺寸可能有几种含义，图 14-82 中的 115 ± 1.1，即是外形尺寸，又与安装有关。在装配图上到底应标注哪些尺寸，应根据装配体作具体分析后进行标注。

（二）技术要求的注写

装配图上一般注写以下几方面的技术要求：

（1）装配要求。在装配过程中的注意事项和装配后应满足的要求。如保证间隙、精度要求、润滑和密封的要求等。

（2）检验要求。装配体基本性能的检验、试验规范和操作要求等。

（3）使用要求。对装配体的规格、参数及维护、保养、使用时的注意事项及要求。

装配图上的技术要求一般注写在明细栏上方或图样右下方的空白处。如图 14 - 82 所示的技术要求，注写在明细栏的上方。

14.4.4　装配图中的零、部件序号和明细栏

为了便于读图、进行图样管理和做好生产准备工作，装配图中的所有零、部件必须编写序号，并填写明细栏。

一、零、部件序号的编排方法

零、部件序号包括：指引线、序号数字和序号排列顺序。

（一）指引线

（1）指引线用细实线绘制，应从所指零件的轮廓线内引出，并在末端画一圆点。若所指零件很薄或为涂黑断面，可在指引线末端画出箭头，并指向该部分的轮廓，如图 14 - 85（a）所示。

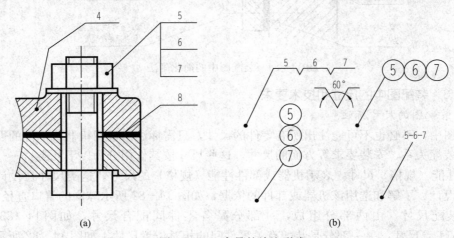

图 14 - 85　序号的编注形式

（2）指引线的另一端可弯折成水平横线、为细实线圆或为直线段终端，如图 14 - 85 所示。

（3）指引线相互不能相交，当通过有剖面线的区域时，不应与剖面线平行。必要时，指引线可以画成折线，但只允许曲折一次。

（4）一组紧固件或装配关系清楚的零件组，可采用公共指引线，如图 14 - 85（b）所示。

（二）序号数字

（1）序号数字应比图中尺寸数字大一号或两号，但同一装配图中编注序号的形式应一致。

（2）相同的零、部件的序号应一个序号，一般只标注一次。多次出现的相同零、部件，必要时也可以重复标注。

（三）序号的排列

在装配图中，序号可在一组图形的外围按水平或垂直方向顺次整齐排列，排列时可按顺时针或逆时针方向，但不得跳号，如图 14 - 82 所示。

二、明细栏

明细栏是机器或部件中全部零件的详细目录，应画在标题栏上方，当位置不够用时，可

续接在标题栏左方。明细栏外框竖线为粗实线，其余各线为细实线，其下边线与标题栏上边线重合，长度相等。

明细栏中，零、部件序号应按自下而上的顺序填写，以便在增加零件时可继续向上画格。《技术制图 标题栏》（GB/T 10609.1—2008）规定了标题栏和明细栏的统一格式。学校制图作业明细栏可采用图 14 - 86 所示的格式。明细栏"名称"一栏中，除填写零、部件名称外，对于标准件还应填写其规格，有些零件还要填写一些特殊项目，如齿轮应填写"$m =$"、"$z =$"，标准件的国标号应填写在"备注"中。

图 14 - 86 推荐学生使用的标题栏、明细栏

14.4.5 读装配图

读装配图的目的是：了解部件的作用和工作原理，了解各零件间的装配关系、拆装顺序及各零件的主要结构形状和作用，了解主要尺寸、技术要求和操作方法。

一、读装配图的方法和步骤

（一）概括了解

读装配图时，首先由标题栏了解机器或该部件的名称；由明细栏了解组成机器或部件中各零件的名称、数量、材料及标准件的规格，估计部件的复杂程度；由画图的比例、视图大小和外形尺寸，了解机器或部件的大小；由产品说明书和有关资料，并联系生产实践知识，了解机器或部件的性能、功用等，从而对装配图的内容有一个概括了解。

（二）分析视图

首先找到主视图，再根据投影关系识别其他视图的名称，找出剖视图、断面图所对应的剖切位置。根据向视图或局部视图的投射方向，识别出表达方法的名称，从而明确各视图表达的意图和侧重点，为下一步深入看图做准备。

（三）分析零件，读懂零件的结构形状

分析零件，就是弄清每个零件的结构形状及其作用。一般应先从主要零件入手，然后是其他零件。当零件在装配图中表达不完整时，可对有关的其他零件仔细观察和分析，然后再作结构分析，从而确定该零件的内外结构形状。

（四）分析装配关系和工作原理

对照视图仔细研究部件的装配关系和工作原理，是深入看图的重要环节。在概括了解装配图的基础上，从反映装配关系、工作原理明显的视图入手，找到主要装配干线，分析各零件的运动情况和装配关系；再找到其他装配干线，继续分析工作原理、装配关系、零件的连接、定位以及配合的松紧程度等。

二、读装配图实例

如图 14 - 87 所示为齿轮油泵的装配图。齿轮油泵是机器中用来输送润滑油的一个部件。对照零件序号和明细栏可知：齿轮油泵由泵体、左右端盖、运动零件（传动齿轮、齿轮轴

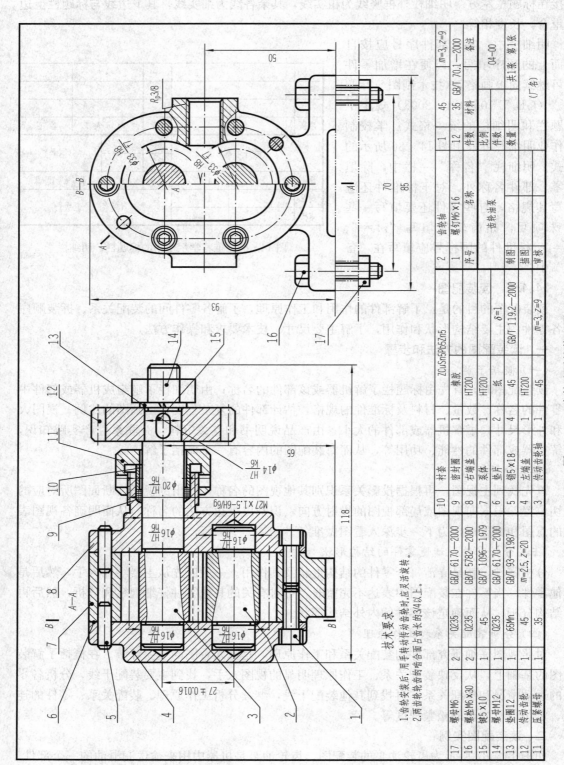

技术要求

1. 齿轮安装后，用手转动传动齿轮时，应灵活旋转。
2. 两齿轮齿的啮合面占齿长的3/4以上。

10	衬套	1	ZCuSn5Pb5Zn5			
9	密封圈	1	橡胶			
8	右端盖	1	HT200			
7	泵体	1	HT200			
6	垫片	2	纸	$\delta=1$		
5	销5×18	4	45	GB/T 119.2—2000		
4	左端盖	1	HT200			
3	传动齿轮	1	45	$m=3,Z=9$		
2	齿轮油轴	1	45	$m=3,z=9$		
1	螺钉M6×16	12	35	GB/T 70.1—2000		备注
序号	名称	数量	材料			备注

齿轮油泵					
比例	件数		04-00		
数量	件数		共1张 第1张		
制图			(厂名)		
描图					
审核					

17	螺母M6	2	Q235	GB/T 6170—2000	
16	螺栓M6×30	2	Q235	GB/T 5782—2000	
15	键5×10	1	45	GB/T 1096—1979	
14	螺母M12	1	Q235	GB/T 6170—2000	
13	垫圈12	4	65Mn	GB/T 93—1987	
12	主动齿轮	1	45	$m=2.5,z=20$	
11	压紧螺母	1	35		

图 14 - 87　齿轮油泵的装配图

等)、密封零件和标准件等 17 种零件装配而成,属于中等复杂程度的部件。三个方向的外形尺寸分别是 118mm、85mm、93mm,体积不大。

齿轮油泵采用两个基本视图表达。主视图采用全剖视图,反映了组成齿轮油泵的各个零件间的装配关系。左视图采用了沿垫片 6 与泵体 7 结合面处的剖切画法,产生了"B—B"半剖视图,又在吸、压油口处画出了局部剖视图,清楚地表达了齿轮油泵的外形和齿轮的啮合情况。

从装配图看出,泵体 7 的外形形状为长圆,中间加工成 8 字形通孔,用以安装齿轮轴 2 和传动齿轮轴 3;四周加工有两个定位销孔和六个螺孔,用以定位和旋入螺钉 1 并将左端盖 4 和右端盖 8 连接在一起;前后铸造出凸台并加工成螺孔,用以连接吸油和压油管道;下方有支撑脚架与长圆连接成整体,并在支撑脚架上加工有通孔,用以穿入螺栓将齿轮油泵与机器连接在一起。左端盖 4 的外形形状为长圆,四周加工有两个定位销孔和六个阶梯孔,用以定位和装入螺钉 1 将左端盖 4 与泵体连接在一起;在长圆结构左侧铸造出长圆凸台,以保证加工支承齿轮轴 2、传动齿轮轴 3 的孔的几个深度;右端盖 8 的右上方铸造出圆柱形结构,外表面加工螺纹,可以使零件压紧螺母,内部加工成通孔以保证齿轮传动轴伸出,其他结构与左端盖 4 相似。其他零件的结构形状请读者自行分析。

泵体 7 是齿轮油泵中的主要零件之一,它的空腔中容纳了一对吸油和压油的齿轮。将齿轮轴 2、传动齿轮轴 3 装入泵体后,两侧有左端盖 4、右端盖 8 支承这一对齿轮轴的旋转运动。由销 5 将左、右端盖定位后,再用螺钉 1 将左、右端盖与泵体连接,为了防止泵体与端盖的结合面处和传动齿轮轴 3 伸出端漏油,分别用垫片 6 和密封圈 9、衬套 10、压紧螺母 11 密封。

齿轮轴 2、传动齿轮轴 3、传动齿轮 12 等是齿轮油泵中的运动零件。当传动齿轮 12 按逆时针方向(从左视图观察)转动时,通过键 15 将扭矩传递给传动齿轮轴 3,结构齿轮啮合带动齿轮轴 2,使齿轮轴 2 按顺时针方向转动,如图 14-88 所示。齿轮油泵的主要功用是通过吸油、压油,为机器提供润滑油。当一对齿轮在泵体中

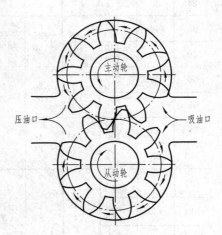

图 14-88　齿轮油泵工作原理

作啮合传动时啮合区内右边空间的压力降低,产生局部真空,油池内的油在大气压力作用下进入油泵低压区的吸油口。随着齿轮的转动,齿槽中的油不断沿箭头方向被带到左边的压油口把油压出,送到机器需要润滑的部位。

根据零件在部件中的作用和要求,应注出相应的公差带代号。由于传动齿轮 12 要通过键 15 传递扭矩并带动传动齿轮轴 3 转动,因此需要定出相应的配合。在图中可以看到,它们之间的配合尺寸是 $\phi14H7/k6$;齿轮轴 2 和传动齿轮轴 3 与左、右端盖的配合尺寸是 $\phi16H7/h6$;衬套 10 右端盖 8 的孔配合尺寸是 $\phi20H7/h6$;齿轮轴 2 和传动齿轮轴 3 的齿顶圆与泵体 7 内腔的配合尺寸是 $\phi33H8/f7$。各处配合的基准制、配合类别请读者自行判断。

尺寸 27±0.016 是齿轮轴 2 和传动齿轮轴 3 的中心距,准确与否将直接影响齿轮的啮合传动。尺寸 65 是传动齿轮轴线离泵体安装面的高度尺寸。这两个尺寸分别是设计和安装所要求的尺寸。吸、压油口的尺寸 $R_p3/8$ 表示尺寸代号为 3/8 的 55°密封圆柱内螺纹。两个螺栓之间的尺寸 70 表示齿轮油泵与机器连接时的安装尺寸。

附录Ⅰ　优先配合中轴的极限偏差

附表 1　　　　　　　　　　　　　　　优先配合中轴的极限偏差　　　　　　　　　　　　　μm

基本尺寸 (mm)		公差带												
大于	至	c	d	f	g	h				k	n	p	s	u
		11	9	7	6	6	7	9	11	6	6	6	6	6
—	3	−60 −120	−20 −45	−6 −16	−2 −8	0 −6	0 −10	0 −25	0 −60	+6 0	+10 +4	+12 +6	+20 +14	+24 +18
3	6	−70 −145	−30 −60	−10 −22	−4 −12	0 −8	0 −12	0 −30	0 −75	+9 +1	+16 +8	+20 +12	+27 +19	+31 +23
6	10	−80 −170	−40 −76	−13 −28	−5 −14	0 −9	0 −15	0 −36	0 −90	+10 +1	+19 +10	+24 +15	+32 +23	+37 +28
10	14	−95 −205	−50 −93	−16 −34	−6 −17	0 −11	0 −18	0 −43	0 −110	+12 +1	+23 +12	+29 +18	+39 +28	+44 +33
14	18													
18	24	−110 −240	−65 −117	−20 −41	−7 −20	0 −13	0 −21	0 −52	0 −130	+15 +2	+28 +15	+35 +22	+48 +35	+54 +41
24	30													+61 +48
30	40	−120 −280	−80 −142	−25 −50	−9 −25	0 −16	0 −25	0 −62	0 −160	+18 +2	+33 +17	+42 +26	+59 +43	+76 +60
40	50	−130 −290												+86 +70
50	65	−140 −330	−100 −174	−30 −60	−10 −29	0 −19	0 −30	0 −74	0 −190	+21 +2	+39 +20	+51 +32	+72 +53	+106 +87
65	80	−150 −340											+78 +59	+121 +102
80	100	−170 −390	−120 −207	−36 −71	−12 −34	0 −22	0 −35	0 −87	0 −220	+25 +3	+45 +23	+59 +37	+93 +71	+146 +124
100	120	−180 −400											+101 +79	+166 +144
120	140	−200 −450	−145 −245	−43 −83	−14 −39	0 −25	0 −40	0 −100	0 −250	+28 +3	+52 +27	+68 +43	+117 +92	+195 +170
140	160	−210 −460											+125 +100	+215 +190
160	180	−230 −480											+138 +108	+235 +210
180	200	−240 −530	−170 −285	−50 −96	−15 −44	0 −29	0 −46	0 −115	0 −290	+33 +4	+60 +31	+79 +50	+151 +122	+265 +236
200	225	−260 −550											+159 +130	+287 +258
225	250	−280 −570											+169 +140	+313 +284
250	280	−300 −620	−190 −320	−56 −108	−17 −49	0 −32	0 −52	0 −130	0 −320	+36 +4	+66 +34	+88 +56	+190 +158	+347 +315
280	315	−330 −650											+202 +170	+382 +350
315	355	−360 −720	−210 −350	−62 −119	−18 −54	0 −36	0 −57	0 −140	0 −360	+40 +4	+73 +37	+98 +62	+226 +190	+426 +390
355	400	−400 −760											+244 +208	+471 +435
400	450	−440 −840	−230 −385	−68 −131	−20 −60	0 −40	0 −63	0 −155	0 −400	+45 +5	+80 +40	+108 +68	+272 +232	+530 +490
450	500	−480 −880											+292 +252	+580 +540

附录Ⅱ 优先配合中孔的极限偏差

附表 2 　　　　　　　　　　　优先配合中孔的极限偏差 　　　　　　　　μm

基本尺寸 (mm)		公　差　带											
		C	D	F	G		H			K	N	P	S	U
大于	至	11	9	8	7	7	8	9	11	7	7	7	7	7
—	3	+120 +60	+45 +20	+20 +6	+12 +2	+10 0	+14 0	+25 0	+60 0	0 −10	−4 −14	−6 −16	−14 −24	−18 −28
3	6	+145 +70	+60 +30	+28 +10	+16 +4	+12 0	+18 0	+30 0	+75 0	+3 −9	−4 −16	−8 −20	−15 −27	−19 −31
6	10	+170 +80	+76 +40	+35 +13	+20 +5	+15 0	+22 0	+36 0	+90 0	+5 −10	−4 −19	−9 −24	−17 −32	−22 −37
10	14	+205 +95	+93 +50	+43 +16	+24 +6	+18 0	+27 0	+43 0	+110 0	+6 −12	−5 −23	−11 −29	−21 −39	−26 −44
14	18													
18	24	+240 +110	+117 +65	+53 +20	+28 +7	+21 0	+33 0	+52 0	+130 0	+6 −15	−7 −28	−14 −35	−27 −48	−33 −54
24	30													−40 −61
30	40	+280 +120	+142 +80	+64 +25	+34 +9	+25 0	+39 0	+62 0	+160 0	+7 −180	−8 −33	−17 −42	−34 −59	−51 −76
40	50	+290 +130												−61 −86
50	65	+330 +140	+174 +100	+76 +30	+40 +10	+30 0	+46 0	+74 0	+190 0	+9 −21	−9 −39	−21 −51	−42 −72	−76 −106
65	80	+340 +150											−48 −78	−91 −121
80	100	+390 +170	+207 +120	+90 +36	+47 +12	+35 0	+54 0	+87 0	+220 0	+10 −25	−10 −45	−24 −59	−58 −93	−111 −146
100	120	+400 +180											−66 −101	−131 −166
120	140	+450 +200											−77 −117	−155 −195
140	160	+460 +210	+245 +145	+105 +43	+54 +14	+40 0	+63 0	+100 0	+250 0	+12 −28	−12 −52	−28 −68	−85 −125	−175 −215
160	180	+480 +230											−93 −133	−195 −235
180	200	+530 +240											−105 −151	−219 −265
200	225	+550 +260	+285 +170	+122 +50	+61 +15	+46 0	+72 0	+115 0	+290 0	+13 −33	−14 −60	−33 −79	−113 −159	−241 −287
225	250	+570 +280											−123 −169	−267 −313
250	280	+620 +300	+320 +190	+137 +56	+69 +17	+52 0	+81 0	+130 0	+320 0	+16 −36	−14 −66	−36 −88	−138 −190	−295 −347
280	315	+650 +330											−150 −202	−330 −382
315	355	+720 +360	+350 +210	+151 +62	+75 +18	+57 0	+89 0	+140 0	+360 0	+17 −40	−16 −73	−41 −98	−169 −226	−369 −426
355	400	+760 +400											−187 −244	−414 −471
400	450	+840 +440	+385 +230	+165 +68	+83 +20	+63 0	+97 0	+55 0	+400 0	+18 −45	−17 −80	−45 −108	−209 −272	−467 −530
450	500	+880 +480											−229 −292	−517 −580

参 考 文 献

[1] 赵景伟，宋琦. 土木工程制图. 北京：中国建材出版社，2006.

[2] 莫正波，宋琦. 建筑制图. 北京：中国电力出版社，2008.

[3] 於辉，李祥城. 建筑制图. 北京：中国电力出版社，2010.

[4] 丁宇明，黄水生. 土建工程制图. 北京：高等教育出版社，2004.

[5] 中华人民共和国住房和城乡建设部. GB/T 50001—2010 房屋建筑制图统一标准. 北京：中国计划出版社，2011.

[6] 中华人民共和国住房和城乡建设部. GB/T 50103—2010 总图制图标准. 北京：中国计划出版社，2011.

[7] 中华人民共和国住房和城乡建设部. GB/T 50104—2010 建筑制图标准. 北京：中国计划出版社，2011.

[8] 中华人民共和国住房和城乡建设部. GB/T 50106—2010 建筑给水排水制图标准. 北京：中国建筑工业出版社，2011.

[9] 中华人民共和国住房和城乡建设部. GB/T 50114—2010 暖通空调制图标准. 北京：中国建筑工业出版社，2011.

[10] 中华人民共和国住房和城乡建设部. GB/T 50105—2010 建筑结构制图标准. 北京：中国建筑工业出版社，2011.

[11] 朱育万，等. 画法几何及土木工程制图. 3 版. 北京：高等教育出版社，2005.

[12] 何斌，等. 建筑制图. 5 版. 北京：高等教育出版社，2005.

[13] 中国建筑标准设计研究院. 11G101-1、11G101-2、11G101-3 混凝土结构施工图平面整体表示方法制图规则和构造详图. 北京：中国建筑工业出版社，2011.

[14] 中华人民共和国住房和城乡建设部. 13J502-1　内装修—墙面装修. 北京：中国计划出版社，2013.

[15] 中华人民共和国住房和城乡建设部. 13J502-3　内装修—楼（地）面装修. 北京：中国计划出版社，2013.

[16] 中华人民共和国住房和城乡建设部. 12J502-2　内装修—室内吊顶. 北京：中国计划出版社，2013.

[17] 中华人民共和国住房和城乡建设部. JGJ/T 244—2011　房屋建筑室内装饰装修制图标准. 北京：中国建筑工业出版社，2012.

[18] 董航，于东波. 装饰装修施工图识读入门. 北京：中国建材工业出版社，2012.